工业和信息化人才培养规划教材
Industry And Information Technology Training Planning Materials

Technical And Vocational Education
高职高专计算机系列

计算机辅助设计——AutoCAD 2012中文版基础教程（第2版）

Computer Aided Design

李善锋 孙志刚 ◎ 主编
刘青玲 李森 姜勇 ◎ 副主编

人民邮电出版社
北京

图书在版编目（CIP）数据

计算机辅助设计 ：AutoCAD 2012中文版基础教程 / 李善锋，孙志刚主编. -- 2版. -- 北京 ：人民邮电出版社，2013.3（2023.8重印）
工业和信息化人才培养规划教材. 高职高专计算机系列
ISBN 978-7-115-30278-6

Ⅰ. ①计… Ⅱ. ①李… ②孙… Ⅲ. ①计算机辅助设计－AutoCAD软件－高等职业教育－教材 Ⅳ. ①TP391.72

中国版本图书馆CIP数据核字(2013)第004356号

内容提要

本书结合实例介绍 AutoCAD 应用知识，重点培养学生利用 AutoCAD 绘图的技能，提高他们解决实际问题的能力。

全书共分 11 章，主要内容包括 AutoCAD 用户界面及基本操作，创建及设置图层，绘制二维图形对象，编辑图形，书写文字及标注尺寸，查询图形信息，图块及外部参照的应用，使用设计中心及工具选项板，输出图形，创建三维实体模型及 AutoCAD 证书考试练习题等。

本书可作为高等职业学校信息技术相关专业“计算机辅助设计与绘图”课程的教材，也可作为工程技术人员及计算机爱好者的自学参考书。

◆ 主　　编　李善锋　孙志刚
副 主 编　刘青玲　李　森　姜　勇
责任编辑　王　平
◆ 人民邮电出版社出版发行　　北京市丰台区成寿寺路 11 号
邮编　100164　　电子邮件　315@ptpress.com.cn
网址　http://www.ptpress.com.cn
北京天宇星印刷厂印刷
◆ 开本：787×1092　1/16
印张：16.5　　2013 年 3 月第 2 版
字数：419 千字　　2023 年 8 月北京第 11 次印刷

ISBN 978-7-115-30278-6

定价：34.50 元

读者服务热线：(010) 81055256　印装质量热线：(010) 81055316
反盗版热线：(010) 81055315

前言

AutoCAD 是 CAD 技术领域中一个基础性的应用软件包，由于它具有丰富的绘图功能及简便易学的优点，因而受到广大工程技术人员的普遍欢迎。目前，我国很多高等职业院校的信息技术相关专业，都将“计算机辅助设计与绘图”作为一门重要的专业课程。为了帮助高职院校的教师能够比较全面、系统地讲授这门课程，使学生能够熟练地使用 AutoCAD 来进行设计与绘图，作者编写了本书。

本书突出实用性，注重培养学生的实践能力，具有以下特色。

- 在充分考虑课程教学内容及特点的基础上组织本书内容及编排方式。书中既介绍了 AutoCAD 的基础理论知识，又提供了非常丰富的绘图练习，便于教师采取“边讲边练”的教学方式。
- 以绘图实例贯穿全书，将理论知识融入大量的实例中，使学生在实际绘图过程中不知不觉地掌握理论知识，提高绘图技能。
- 本书实践内容的编写参考了人力资源和社会保障部职业技能证书考试的相关规定，与人力资源和社会保障部颁发的职业技能鉴定标准相衔接。最后一章提供了 AutoCAD 证书考试练习题，使学生的课程学习与技能证书的获得紧密相连，学习更具目的性。

为方便教师教学，本书配备了内容丰富的教学资源包，包括素材、所有案例的效果演示、PPT 电子教案、习题答案、教学大纲和 2 套模拟试题及答案。任课老师可登录人民邮电出版社教学服务与资源网（www.ptpedu.com.cn）免费下载使用。

本课程的建议教学时数为 72 学时，各章的教学课时可参考下面的课时分配表。

章节	课程内容	课时分配	
		讲授	实践训练
第 1 章	AutoCAD 用户界面及基本操作	2	2
第 2 章	设置图层、颜色、线型及线宽	2	4
第 3 章	绘制直线、圆及简单平面图形	4	4
第 4 章	绘制多边形、椭圆及简单平面图形	4	4
第 5 章	编辑图形	3	4
第 6 章	创建二维复杂图形对象	3	4
第 7 章	书写文字和标注尺寸	3	4
第 8 章	查询信息、块及外部参照	3	4
第 9 章	打印图形	2	2
第 10 章	三维建模	4	6
第 11 章	AutoCAD 证书考试练习题	2	2
课时总计		32	40

本书由李善锋、孙志刚任主编，刘青玲、李森、姜勇任副主编。参加编写工作的还有沈精虎、黄业清、宋一兵、谭雪松、向先波、冯辉、计晓明、董彩霞、滕玲等。由于编者水平有限，书中难免存在疏漏之处，敬请广大读者指正。

编　者

2012 年 12 月

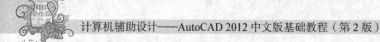

目 录

第1章

AutoCAD 用户界面及基本操作

本章介绍的主要内容如下。

- 调用 AutoCAD 命令的方法。
- 选择对象的常用方法。
- 快速缩放、移动图形及全部缩放图形。
- 重复命令和取消已执行的操作。
- 新建、打开及保存图形文件。
- AutoCAD 用户界面。

通过本章的学习，读者应了解 AutoCAD 工作界面的组成和各组成部分的功能，并掌握一些常用的基本操作等。

1.1 学习 AutoCAD 基本操作

本节将介绍用 AutoCAD 绘制图形的基本过程，并介绍一些常用的基本操作。

1.1.1 绘制一个简单图形

【练习 1-1】：用 AutoCAD 绘图的基本过程。

1. 启动 AutoCAD 2012。
2. 单击菜单浏览器图标，选择菜单命令【新建】(或单击快速访问工具栏上的按钮)，打开【选择样板】对话框，如图 1-1 所示。该对话框中列出了用于创建新图形的样板文件，默认的样板文件是“acadiso.dwt”。单击打开(O)按钮，根据选择的样板新建一个图形文件。
3. 按下状态栏上的按钮、按钮、按钮。

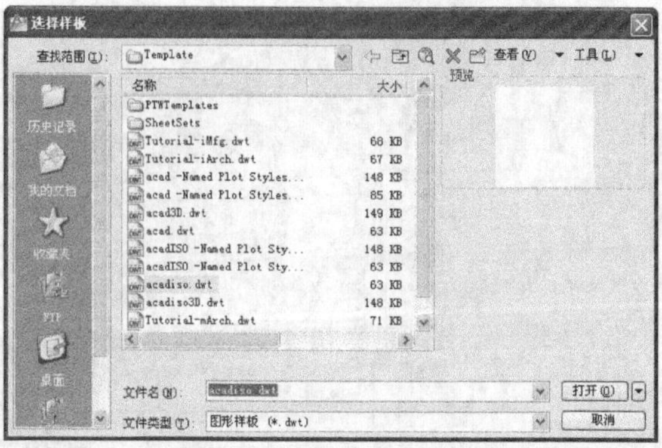

图 1-1 【选择样板】对话框

4. 单击功能区中【绘图】面板上的按钮，AutoCAD 提示如下。

```
命令: _line 指定第一点:                      //单击 A 点，如图 1-2 所示
指定下一点或 [放弃(U)]: 520                  //向下移动鼠标光标，输入线段长度并按 Enter 键
指定下一点或 [放弃(U)]: 300                  //向右移动鼠标光标，输入线段长度并按 Enter 键
指定下一点或 [闭合(C)/放弃(U)]: 130          //向下移动鼠标光标，输入线段长度并按 Enter 键
指定下一点或 [闭合(C)/放弃(U)]: 800          //向右移动鼠标光标，输入线段长度并按 Enter 键
指定下一点或 [闭合(C)/放弃(U)]: C            //输入"C"，按 Enter 键结束命令
```

结果如图 1-2 所示。

5. 按 Enter 键重复画线命令，绘制线段 *BC*，如图 1-3 所示。
6. 单击程序窗口顶部的按钮，线段 *BC* 消失，再单击该按钮，连续折线也消失。单击按钮，连续折线又显示出来，继续单击该按钮，线段 *BC* 也显示出来。

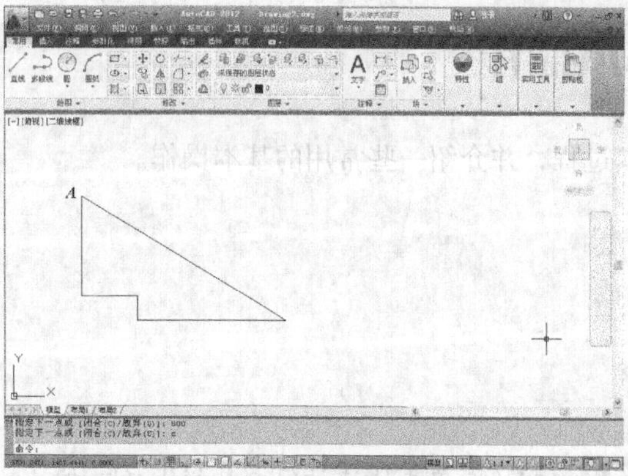

图 1-2 绘制封闭线框

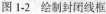

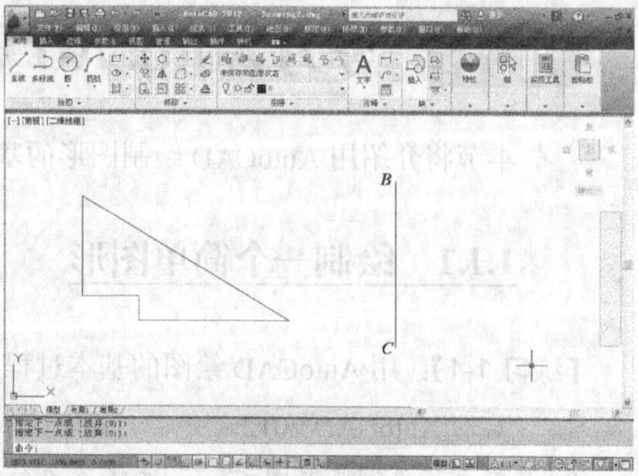

图 1-3 绘制线段 *BC*

7. 输入绘制圆命令全称 CIRCLE 或简称 C，AutoCAD 提示如下。

```
命令: CIRCLE                                          //输入命令，按 Enter 键确认
指定圆的圆心或 [三点(3P)/两点(2P)/切点、切点、半径(T)]:
                                                      //单击 D 点，指定圆心，如图 1-4 所示
指定圆的半径或 [直径(D)]: 150                         //输入圆半径，按 Enter 键确认
```

结果如图 1-4 所示。

8. 单击功能区中【绘图】面板上的按钮，AutoCAD 提示如下。

```
命令: _circle 指定圆的圆心或 [三点(3P)/两点(2P)/切点、切点、半径(T)]:
        //将鼠标光标移动到端点 E 处，系统自动捕捉该点，单击鼠标左键确认，如图 1-5 所示
指定圆的半径或 [直径(D)] <150.0000>: 200                    //输入圆半径，按 Enter 键
```

结果如图 1-5 所示。

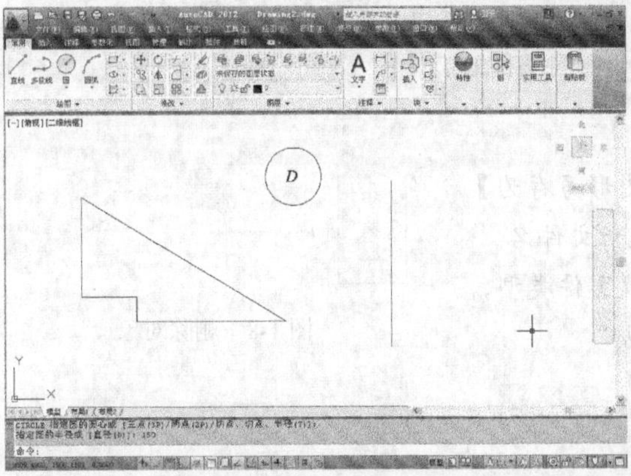

图 1-4　画圆 *D*

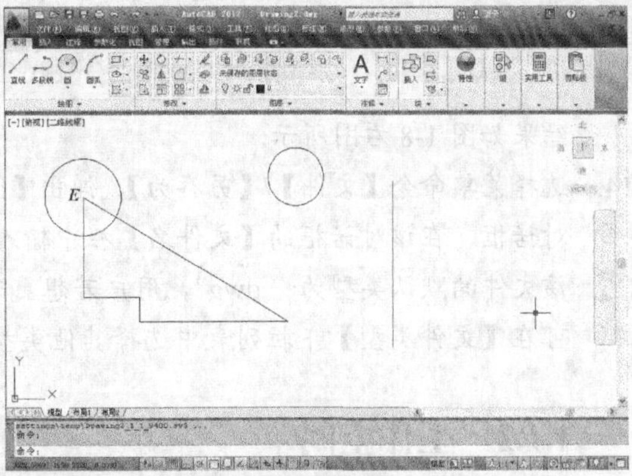

图 1-5　画圆 *E*

9. 单击程序窗口右下角的按钮，选择【AutoCAD 经典】命令，进入“AutoCAD 经典”工作空间，观察程序界面的变化。再选择【草图与注释】命令，又返回“草图与注释”工作空间。
10. 单击导航栏上的按钮，鼠标光标变成手的形状。按住鼠标左键并向右拖动鼠标光标，直至图形不可见为止，按 Esc 键或 Enter 键退出。
11. 单击导航栏上的按钮，图形又全部显示在窗口中，如图 1-6 所示。
12. 单击鼠标右键，在弹出的快捷菜单中选择【缩放】命令，鼠标光标变成放大镜形状，此时按住鼠标左键并向下拖动鼠标光标，图形缩小，如图 1-7 所示，按 Esc 键或 Enter 键退出。

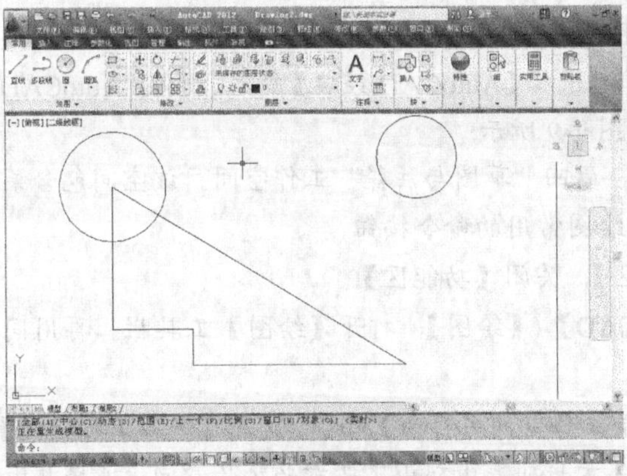

图 1-6　范围缩放图形

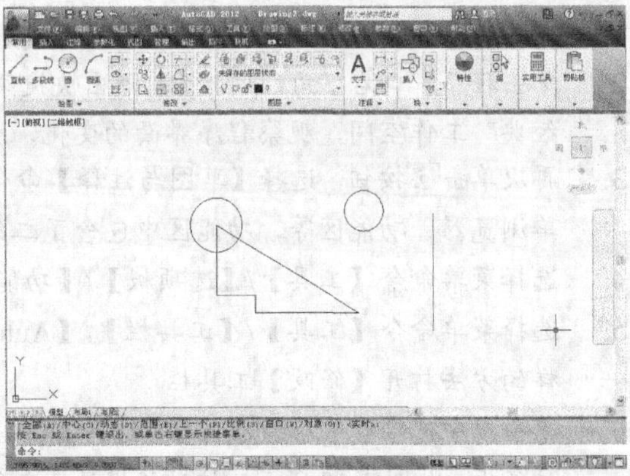

图 1-7　缩小图形

13. 单击【修改】面板上的按钮（删除对象），AutoCAD 提示如下。

```
命令: _erase
选择对象:                        //单击 F 点，如图 1-8 左图所示
指定对角点: 找到 4 个              //向右下方拖动鼠标光标，出现一个实线矩形窗口
                                 //在 G 点处单击一点，矩形窗口内的对象被选中，被选对象变为虚线
选择对象:                        //按 Enter 键删除对象
命令:ERASE                       //按 Enter 键重复命令
选择对象:                        //单击 H 点
指定对角点: 找到 2 个              //向左下方拖动鼠标光标，出现一个虚线矩形窗口
                                 //在 I 点处单击一点，矩形窗口内及与该窗口相交的所有对象都被选中
选择对象:                        //按 Enter 键删除圆和直线
```

结果如图 1-8 右图所示。

14. 选择菜单命令【文件】/【另存为】，弹出【图形另存为】对话框，在该对话框的【文件名】栏中输入新文件名。该文件的默认类型为“.dwg”，用户若想更改文件类型，可在【文件类型】下拉列表中选择其他类型。

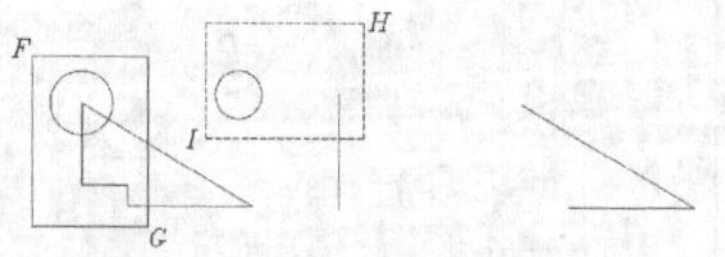

图 1-8　删除对象

1.1.2　工作空间

工作空间是 AutoCAD 用户界面中包含的工具栏、面板及选项板等元素的组合。当用户绘制二维或三维图形时，就切换到相应的工作空间，此时，AutoCAD 仅显示出与绘图任务密切相关的工具栏及面板等，而隐藏一些不必要的界面元素。

AutoCAD 提供的默认的工作空间有以下 4 个。

- 草图与注释。
- 三维基础。
- 三维建模。
- AutoCAD 经典。

用户可以修改已定义的工作空间，也可以根据绘图需要创建新的工作空间。

【练习 1-2】：修改及创建工作空间。

1. 利用默认的样板文件“acadiso.dwt”创建新图形。
2. 单击程序窗口右下角的⚙按钮，弹出快捷菜单，选择【AutoCAD 经典】命令，进入“AutoCAD 经典”工作空间，观察程序界面的变化，如图 1-9 所示。
3. 再次单击⚙按钮，选择【草图与注释】命令，返回“草图与注释”工作空间。该空间包含菜单浏览器、功能区等，功能区中包含了二维绘图常用的命令按钮。
4. 选择菜单命令【工具】/【选项板】/【功能区】，关闭【功能区】。
5. 选择菜单命令【工具】/【工具栏】/【AutoCAD】/【绘图】，打开【绘图】工具栏。再用同样的方法打开【修改】工具栏。
6. 单击程序窗口右下角的⚙按钮，选择【将当前工作空间另存为】命令，弹出【保存工作空间】对话框，如图 1-10 所示。该对话框的【名称】下拉列表中列出了已有的工作空间，选择其中之一或直接输入新的工作空间名称，单击 保存 按钮。

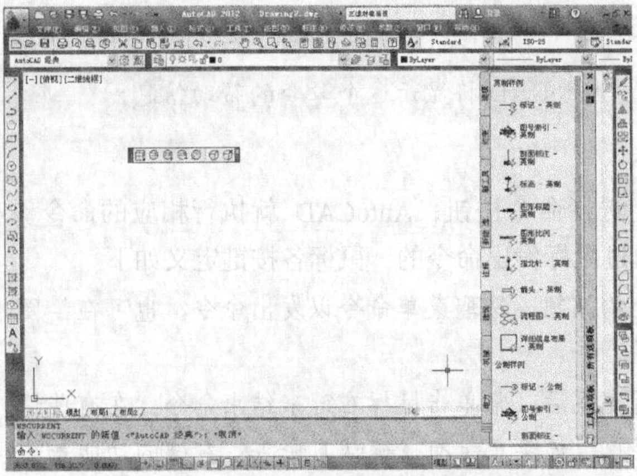

图 1-9 “AutoCAD 经典”工作空间

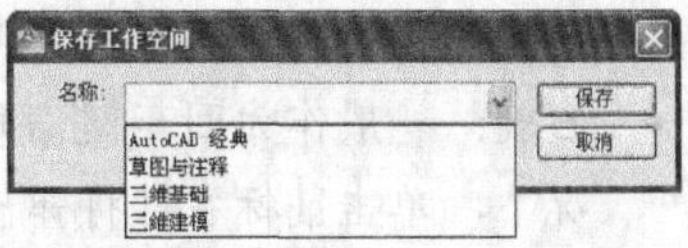

图 1-10 【保存工作空间】对话框

1.1.3 调用命令

启动 AutoCAD 命令的方法一般有两种，一种是在命令行中输入命令的全称或简称，另一种是用鼠标在功能区、菜单栏或工具栏上选择命令按钮。

一、使用键盘发出命令

在命令行中输入命令的全称或简称，AutoCAD 就执行相应的命令。

一个典型的命令执行过程如下。

```
命令: CIRCLE                                  //输入命令全称 CIRCLE 或简称 C，按 Enter 键
指定圆的圆心或 [三点(3P)/两点(2P)/切点、切点、半径(T)]: 90,100
                                              //输入圆心坐标，按 Enter 键
指定圆的半径或 [直径(D)] <50.7720>: 70         //输入圆半径，按 Enter 键
```

（1）方括号“[]”中以“/”隔开的内容表示各个选项。若要选择某个选项，则需输入圆括号中的字母，字母可以是大写或小写形式。例如，想通过 3 点画圆，就输入“3P”。

（2）尖括号“<>”中的内容是当前默认值。

AutoCAD 的命令执行过程是交互式的，当用户输入命令后，需按 Enter 键确认，系统才执行该命令。而执行过程中，AutoCAD 有时要等待用户输入必要的绘图参数，如输入命令选项、点的坐标或其他几何数据等。输入完成后，也要按 Enter 键，AutoCAD 才继续执行下一步操作。

很多命令可以透明使用，即在 AutoCAD 执行某个命令的同时再输入其他命令。透明使用命令的形式是在当前命令提示行上以“'+命令”的形式输入要发出的另一个命令。以下例子可以说明透明使用命令的方法。

```
命令: CIRCLE                                       //在屏幕上画圆
指定圆的圆心或 [三点(3P)/两点(2P)/切点、切点、半径(T)]: 200,100
                                                   //输入圆心坐标
指定圆的半径或 [直径(D)] <50.2511>: 'cal            //发出 CAL 命令计算圆的半径
                                                   （透明使用命令）
>>>> 表达式: 30+40                                  //输入计算表达式
指定圆的半径或 [直径(D)]: 70                         //计算结果
```

要点提示 当使用某一命令时按 F1 键，AutoCAD 将显示这个命令的帮助信息。

二、利用鼠标发出命令

用鼠标在功能区、菜单栏或工具栏上选择命令按钮，AutoCAD 就执行相应的命令。利用 AutoCAD 绘图时，用户在多数情况下是通过鼠标发出命令的，鼠标各按键定义如下。

- 左键：拾取键，用于单击工具栏上的按钮、选取菜单命令以发出命令，也可在绘图过程中指定点、选择图形对象等。
- 右键：一般作为回车键，命令执行完成后，常单击鼠标右键来结束命令。在有些情况下，单击鼠标右键将弹出快捷菜单，该菜单上有【确认】命令。右键的功能是可以设定的，选取菜单命令【工具】/【选项】，打开【选项】对话框，如图 1-11 所示。用户在该对话框【用户系统配置】选项卡的【Windows 标准操作】分组框中可以自定义右键的功能。例如，用户可以设置右键仅仅相当于回车键。

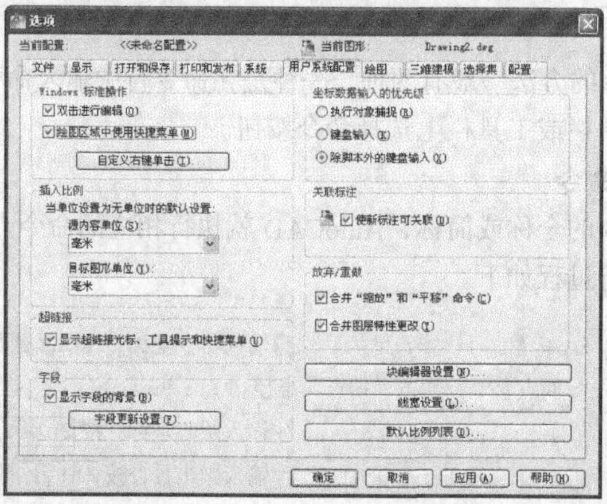

图 1-11 【选项】对话框

- 滚轮：向前转动滚轮，放大图形；向后转动滚轮，缩小图形。缩放基点为十字光标点，默认情况下，缩放量为 10%。按住滚轮并拖曳鼠标光标，则平移图形。双击滚轮，全部缩放图形。

1.1.4 选择对象的常用方法

使用编辑命令时需要选择对象，被选对象构成一个选择集。AutoCAD 提供了多种构造选择集的方法。默认情况下，用户能够逐个拾取对象，也可利用矩形、交叉窗口一次选取多个对象。

一、用矩形窗口选择对象

当 AutoCAD 提示"选择对象"时，用户在图形元素左上角或左下角单击一点，然后向右拖动鼠标光标，此时 AutoCAD 显示一个实线矩形框，使此框完全包含要编辑的图形实体，再单击一点，矩形框中的所有对象（不包括与矩形边相交的对象）被选中，被选中的对象将以虚线形式表示出来。

下面通过 ERASE 命令来演示这种选择方法。

【练习 1-3】：用矩形窗口选择对象。

打开“1-3.dwg”文件，如图 1-12 左图所示。用 ERASE 命令将左图修改为右图。

```
命令：_erase
选择对象：                          //在 A 点处单击，如图 1-12 左图所示
指定对角点：找到 9 个                //在 B 点处单击
选择对象：                          //按 Enter 键结束
```

结果如图 1-12 右图所示。

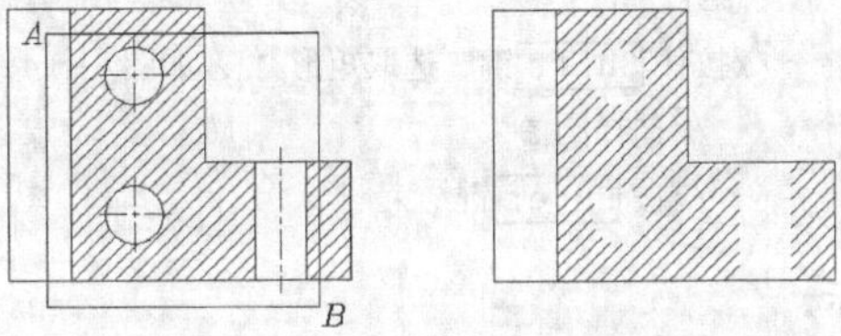

图 1-12　用矩形窗口选择对象

要点提示　当 HIGHLIGHT 系统变量处于打开状态（等于 1）时，AutoCAD 才以高亮度形式显示被选择的对象。

二、用交叉窗口选择对象

当 AutoCAD 提示“选择对象”时，用户在要编辑的图形元素右上角或右下角单击一点，然后向左拖动鼠标光标，此时出现一个虚线矩形框，使该矩形框包含被编辑对象的一部分，而让其余部分与矩形框边相交，再单击一点，则框内的对象和与框边相交的对象全部被选中，被选中的对象将以虚线形式表示出来。

下面通过 ERASE 命令来演示这种选择方法。

【练习 1-4】：用交叉窗口选择对象。

打开“1-4.dwg”文件，如图 1-13 左图所示。用 ERASE 命令将左图修改为右图。

```
命令：_erase
选择对象：                          //在 C 点处单击，如图 1-13 左图所示
指定对角点：找到 14 个               //在 D 点处单击
选择对象：                          //按 Enter 键结束
```

结果如图 1-13 右图所示。

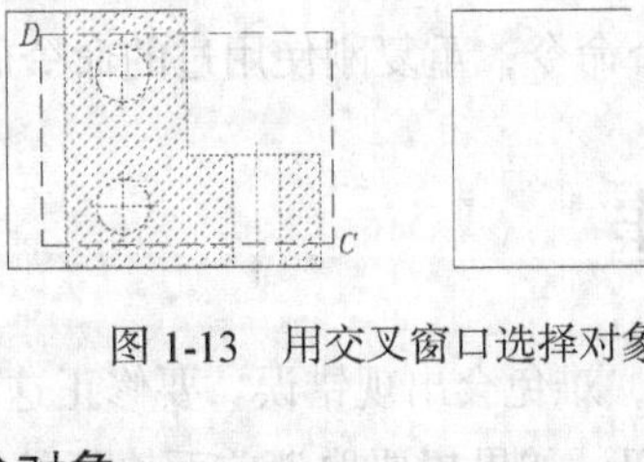

图 1-13　用交叉窗口选择对象

三、给选择集添加或去除对象

在编辑过程中，用户构造选择集常常不能一次完成，需向选择集中添加或删除对象。在添加

对象时，用户可直接选取，也可以利用矩形窗口、交叉窗口选择要加入的图形元素。若要删除对象，可先按住Shift键，再从选择集中选择要清除的图形元素。

下面通过 ERASE 命令来演示修改选择集的方法。

【练习 1-5】：修改选择集。

打开“1-5.dwg”文件，如图 1-14 左图所示。用 ERASE 命令将左图修改为右图。

```
命令: _erase
选择对象:                          //在 C 点处单击，如图 1-14 左图所示
指定对角点: 找到 8 个              //在 D 点处单击
选择对象: 找到 1 个，删除 1 个，总计 7 个
                        //按住 Shift 键，选取矩形 A ，如图 1-14 中图所示，该矩形从选择集中去除
选择对象:找到 1 个，总计 8 个      //选择圆 B
选择对象:                          //按 Enter 键结束
```

结果如图 1-14 右图所示。

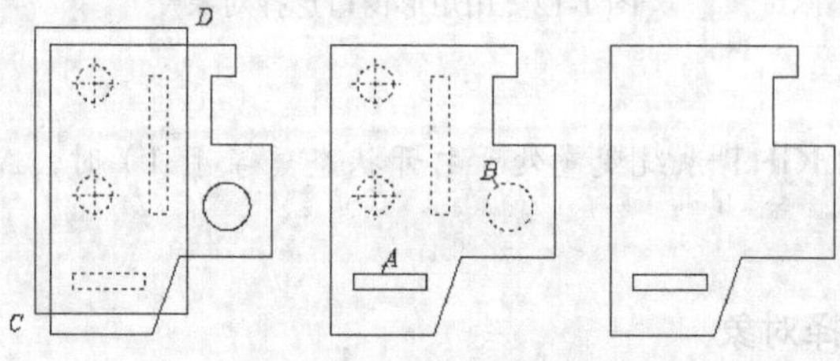

图 1-14　修改选择集

1.1.5　删除对象

ERASE 命令用来删除图形对象，该命令没有任何选项。要删除一个对象，用户可以用鼠标光标先选择该对象，然后单击【修改】面板上的按钮，或输入命令 ERASE（简称 E），也可先发出删除命令，再选择要删除的对象。

1.1.6　撤销和重复命令

用户发出某个命令后，可随时按Esc键终止该命令。此时，AutoCAD 又返回命令行。

有时在图形区域内偶然选择了图形对象，该对象上出现了一些高亮的小框，这些小框被称为关键点，可用于编辑对象（在后面的章节中将详细介绍）。用户若要取消这些关键点，按Esc键即可。

绘图过程中，经常重复使用某个命令，重复刚使用过的命令的方法是直接按Enter键。

1.1.7　取消已执行的操作

在使用 AutoCAD 绘图的过程中，难免会出现错误。要修正这些错误，用户可使用 UNDO 命令或单击快速访问工具栏上的按钮。如果想要取消前面执行的多个操作，可反复使用 UNDO 命令或反复单击按钮。此外，也可单击按钮右边的按钮，然后选择要放弃的几个操作。

当取消一个或多个操作后，若又想恢复原来的效果，用户可使用 REDO 命令或单击快速访问工具栏上的按钮。此外，也可单击按钮右边的按钮，然后选择要恢复的几个操作。

1.1.8　快速缩放及移动图形

AutoCAD 的图形缩放及移动功能是很完善的，使用起来也很方便。绘图时，经常通过导航栏上的、按钮或鼠标滚轮来完成这两项功能。此外，不论 AutoCAD 命令是否运行，单击鼠标右键，弹出快捷菜单，该菜单上的【缩放】及【平移】命令也能实现同样的功能。

一、缩放图形

单击导航栏上的按钮，选择【实时缩放】命令，或选择右键快捷菜单上的【缩放】命令，AutoCAD 进入实时缩放状态，鼠标光标变成放大镜形状，此时按住鼠标左键向上拖动鼠标光标，就可以放大视图，向下拖动鼠标光标就缩小视图。要退出实时缩放状态，可按 Esc 键、Enter 键或单击鼠标右键打开快捷菜单，然后选择【退出】命令。

若使用的是滚轮鼠标，则向前转动滚轮，AutoCAD 将围绕鼠标光标所在的位置放大图形，向后转动滚轮，则缩小图形。

二、平移图形

单击按钮，或选择右键快捷菜单上的【平移】命令，AutoCAD 进入实时平移状态，鼠标光标变成手的形状，此时按住鼠标左键并拖动鼠标光标，就可以平移视图。要退出实时平移状态，可按 Esc 键、Enter 键或单击鼠标右键打开快捷菜单，然后选择【退出】命令。

若使用的是滚轮鼠标，按住滚轮移动鼠标光标，则移动图形。

1.1.9　利用矩形窗口放大视图及返回上一次的显示

在绘图过程中，用户经常要将图形的局部区域放大，以方便绘图；绘制完成后，又要返回上一次的显示，以观察绘图效果。利用右键快捷菜单的相关选项及【视图】选项卡中【二维导航】面板上的窗口及上一个按钮可实现这两项功能。

一、通过窗口按钮放大局部区域

单击窗口按钮，AutoCAD 提示"指定第一个角点："，拾取 *A* 点，再根据 AutoCAD 的提示拾取 *B* 点，如图 1-15 左图所示。矩形框 *AB* 是设定的放大区域，其中心是新的显示中心，系统将尽可能地将该矩形内的图形放大以充满整个程序窗口。图 1-15 右图显示了放大后的效果。

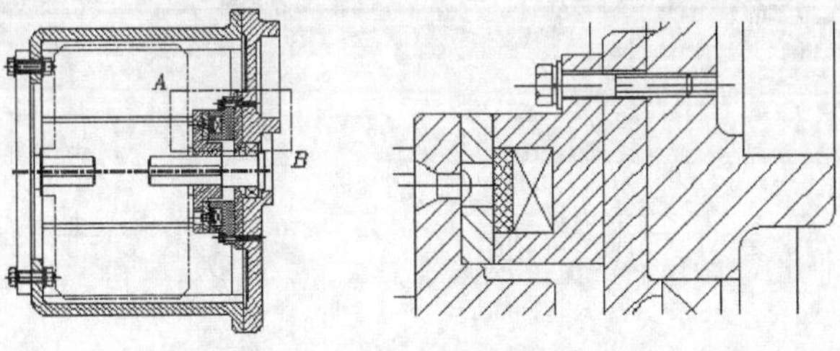

图 1-15　窗口缩放

二、通过上一个按钮返回上一次的显示

单击上一个按钮，AutoCAD 将显示上一次的视图。若用户连续单击此按钮，则系统将恢复前几次（最多 10 次）显示过的图形。绘图时，用户可利用此项功能返回原来的某个视图。

1.1.10 将图形全部显示在窗口中

双击鼠标中键，将所有图形对象充满图形窗口显示出来。

单击导航栏上的按钮上的按钮，选择【范围缩放】命令，则全部图形以充满整个程序窗口的状态显示出来。

单击鼠标右键，选择【缩放】命令，再次单击鼠标右键，选择【范围缩放】命令，则全部图形充满整个程序窗口显示出来。

1.1.11 设定绘图区域的大小

AutoCAD 的绘图空间是无限大的，但用户可以设定程序窗口中显示出的绘图区域的大小。绘图时，事先对绘图区域大小进行设定，将有助于用户了解图形分布的范围。当然，用户也可在绘图过程中随时缩放（使用工具）图形以控制其在屏幕上显示的效果。

设定绘图区域大小有以下两种方法。

（1）将一个圆以充满整个程序窗口的方式显示出来，依据圆的尺寸就能轻易地估计出当前绘图区域的大小了。

【练习 1-6】：设定绘图区域的大小。

1. 单击【绘图】面板上的按钮，AutoCAD 提示如下。

```
命令: _circle 指定圆的圆心或 [三点(3P)/两点(2P)/切点、切点、半径(T)]:
                                            //在屏幕的适当位置单击一点
指定圆的半径或 [直径(D)]: 50                //输入圆半径
```

2. 双击鼠标中键，直径为 100 的圆充满整个绘图窗口显示出来，如图 1-16 所示。

（2）用 LIMITS 命令设定绘图区域大小。该命令可以改变栅格的长宽尺寸及位置。栅格是点在矩形区域中按行、列形式分布形成的图案，如图 1-17 所示。当栅格在程序窗口中显示出来后，用户就可根据栅格分布的范围估算出当前绘图区域的大小了。

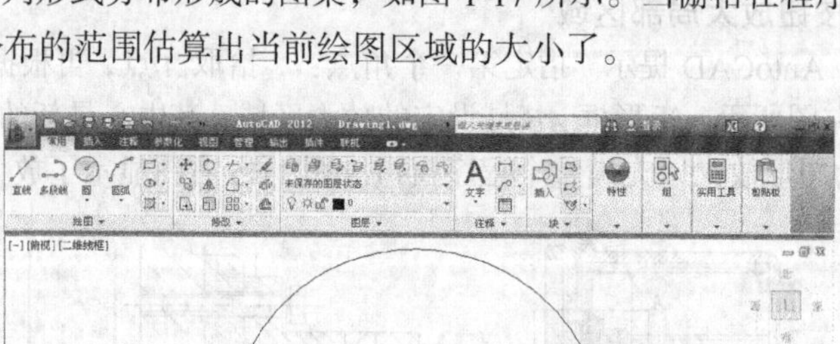

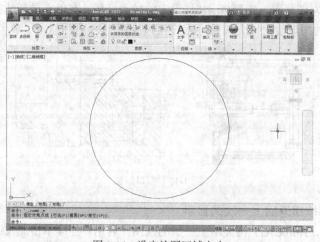

图 1-16 设定绘图区域大小

【练习 1-7】：用 LIMITS 命令设定绘图区域的大小。

1. 选择菜单命令【格式】/【图形界限】，AutoCAD 提示如下。

```
命令: '_limits
指定左下角点或 [开(ON)/关(OFF)] <0.0000,0.0000>:100,80
                    //输入 A 点的 x、y 坐标值，或任意单击一点，如图 1-17 所示
指定右上角点 <420.0000,297.0000>: @150,200
                    //输入 B 点相对于 A 点的坐标，按 Enter 键
```

2. 将鼠标光标移动到程序窗口下方的▦按钮上，单击鼠标右键，选择【设置】命令，打开【草图设置】对话框，取消对【显示超出界线的栅格】复选项的选择。
3. 关闭【草图设置】对话框，单击▦按钮，打开栅格显示，再选择菜单命令【视图】/【缩放】/【范围】，使矩形栅格充满整个程序窗口。
4. 选择菜单命令【视图】/【缩放】/【实时】，按住鼠标左键向下拖动鼠标光标，使矩形栅格缩小，如图 1-17 所示。该栅格的长宽尺寸是“150 × 200”，且左下角点 A 的坐标为（100,80）。

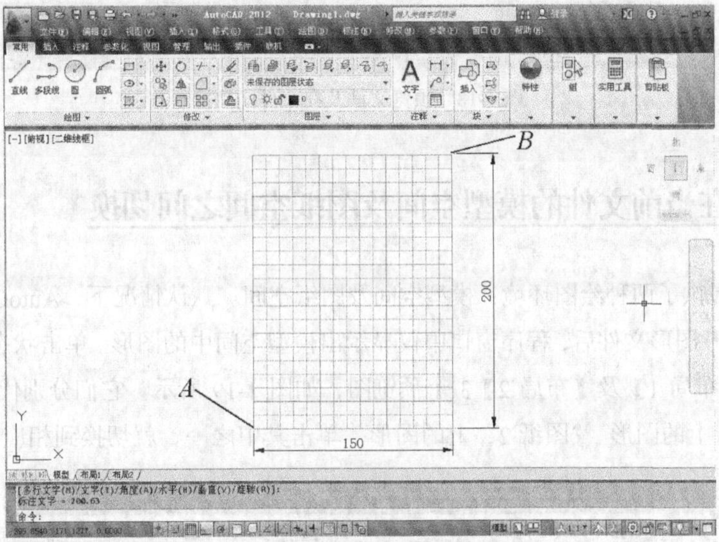

图 1-17　设定绘图区域大小

1.1.12　预览打开的文件及在文件间切换

AutoCAD 是一个多文档环境，用户可同时打开多个图形文件。要预览打开的文件及在文件间切换，可采用以下方法。

单击程序窗口底部的▭按钮，显示出所有打开文件的预览图。图 1-18 中，已打开 3 个文件，预览图显示了 3 个文件中的图形。

单击某一预览图，就切换到该图形。

打开多个图形文件后，可利用【窗口】主菜单（通过菜单浏览器访问菜单）控制多个文件的显示方式，如可将它们以层叠、水平或竖直排列形式布置在主窗口中。

多文档设计环境具有 Windows 窗口的剪切、复制和粘贴功能，因而可以快捷地在各个图形文

件之间复制、移动对象。考虑到复制的对象需要在其他图形中准确定位，还可在复制对象的同时指定基准点，这样在执行粘贴操作时就可根据基准点将图元复制到正确的位置。

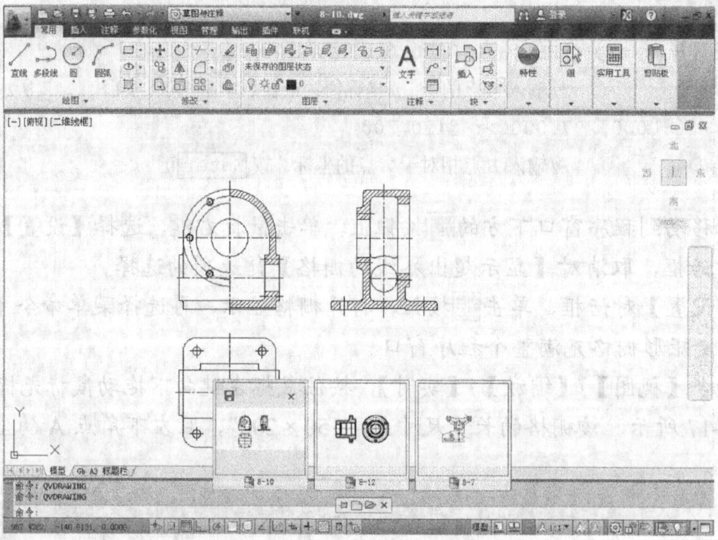

图 1-18　预览文件及在文件间切换

1.1.13　在当前文件的模型空间及图纸空间之间切换

AutoCAD 提供了两种绘图环境：模型空间及图纸空间。默认情况下，AutoCAD 的绘图环境是模型空间。打开图形文件后，程序窗口中仅显示出模型空间中的图形。单击状态栏上的 按钮，出现【模型】、【布局 1】及【布局 2】3 个预览图，如图 1-19 所示。它们分别代表模型空间中的图形、“图纸 1”上的图形、“图纸 2”上的图形。单击其中之一，就切换到相应的图形。

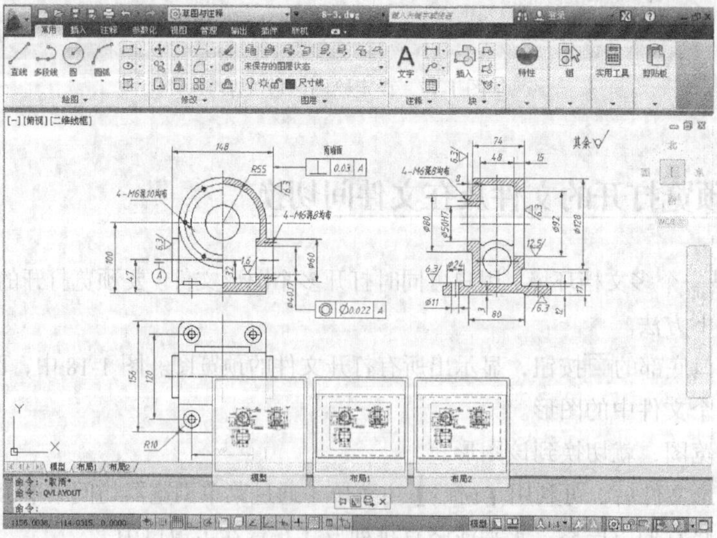

图 1-19　显示模型空间及图纸空间的预览图

1.2 图形文件管理

图形文件管理一般包括创建新文件，打开已有的图形文件，保存及浏览、搜索图形文件，输入及输出其他格式文件等。

1.2.1 创建新图形文件

在 AutoCAD 中创建新的图形文件时，一般是通过样板文件创建新文件，这样新文件就具有与样板文件相同的绘图设置。

命令启动方法

- 菜单命令:【文件】/【新建】。
- 工具栏:【快速访问】工具栏上的按钮。
- :【新建】/【图形】。
- 命令：NEW。

启动新建图形命令后，AutoCAD 打开【选择样板】对话框，如图 1-20 所示。在该对话框中，用户可选择样板文件或基于公制、英制测量系统创建新图形。

要点提示 创建新图形时，若系统变量 STARTUP 为 1，则 AutoCAD 打开【创建新图形】对话框；若该变量为 0，则打开【选择样板】对话框。

在具体的设计工作中，为使图纸统一，许多项目（如字体、标注样式、图层及标题栏等）都需要设定为相同标准。建立标准绘图环境的有效方法是使用样板文件。在样板文件中已经保存了各种标准设置，这样每当创建新图形时，就能以此文件为原型文件，将它的设置复制到当前图样中，使新图具有与样板图相同的作图环境。

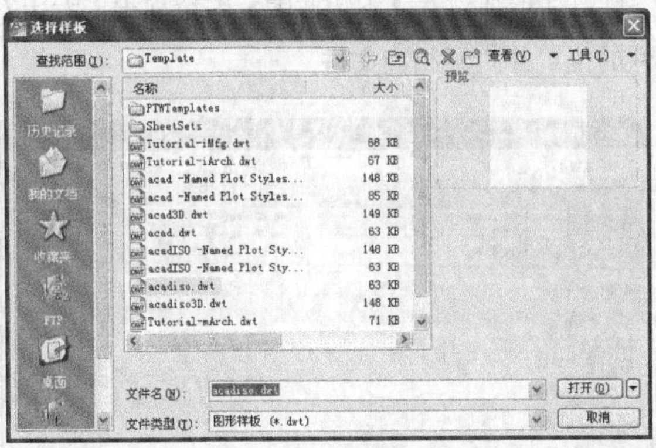

图 1-20 【选择样板】对话框

AutoCAD 中有许多标准的样板文件，它们都保存在 AutoCAD 安装目录的“Template”文件夹中，扩展名为“.dwt”。用户也可根据需要建立自己的标准样板。

AutoCAD 提供的样板文件分为 6 大类，它们分别对应不同的制图标准。

- ANSI 标准。
- DIN 标准。
- GB 标准。
- ISO 标准。
- JIS 标准。
- 公制标准。

在【选择样板】对话框的 打开(O) 按钮旁边有一个带箭头的按钮，单击此按钮，弹出下拉列表。该列表部分选项如下。

- 【无样板打开-英制】：基于英制测量系统创建新图形，AutoCAD 使用内部默认值控制文字、标注、默认线型和填充图案文件等。
- 【无样板打开-公制】：基于公制测量系统创建新图形，AutoCAD 使用内部默认值控制文字、标注、默认线型和填充图案文件等。

1.2.2 打开图形文件

AutoCAD 能直接打开的图形文件类型包括“.dwg”、“.dxf”及“.dwt”等，可一次打开一个或多个图形文件。

命令启动方法

- 菜单命令：【文件】/【打开】。
- 工具栏：【快速访问】工具栏上的按钮。
- ：【打开】/【图形】。
- 命令：OPEN。

启动打开图形命令后，AutoCAD 打开【选择文件】对话框，如图 1-21 所示。该对话框与微软公司 Office 2003 中相应对话框的样式及操作方式类似，用户可直接在对话框中选择要打开的文件，或在【文件名】栏中输入要打开文件的名称（可以包含路径）。此外，还可在文件列表框中通过双击文件名打开文件。该对话框顶部有【查找范围】下拉列表，左边有文件位置列表，用户可利用它们确定要打开文件的位置并打开相应文件。

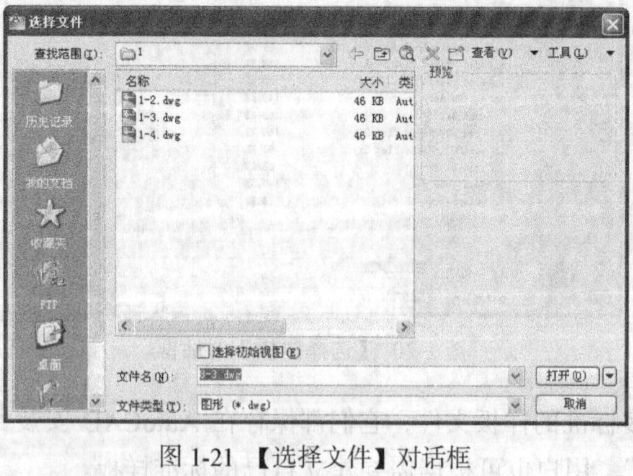

图 1-21 【选择文件】对话框

如果需要根据名称、位置或修改日期等条件来查找文件，用户可选取【选择文件】对话框【工具】下拉列表中的【查找】选项。此时，AutoCAD 打开【查找】对话框，在该对话框中，用户可利用某种特定的过滤器在子目录、驱动器、服务器或局域网中搜索所需文件。

1.2.3　保存图形文件

将图形文件存入磁盘时，一般采取两种方式：一种是以当前文件名保存图形，另一种是指定新文件名存储图形。

一、以当前文件名快速保存

命令启动方法

- 菜单命令：【文件】/【保存】。
- 工具栏：【快速访问】工具栏上的按钮。
- ：【保存】。
- 命令：QSAVE。

发出快速保存命令后，系统将当前图形文件以原文件名直接存入磁盘，而不会给用户任何提示。若当前图形文件名是默认名且是第一次存储文件，则 AutoCAD 弹出【图形另存为】对话框，如图 1-22 所示。在该对话框中，用户可指定文件的存储位置、文件类型及输入新文件名。

二、换名存盘

命令启动方法

- 菜单命令：【文件】/【另存为】。
- ：【另存为】。
- 命令：SAVEAS。

启动换名保存命令后，AutoCAD 打开【图形另存为】对话框，如图 1-22 所示。用户在该对话框的【文件名】栏中输入新文件名，并可在【保存于】及【文件类型】下拉列表中分别设定文件的存储目录和类型。

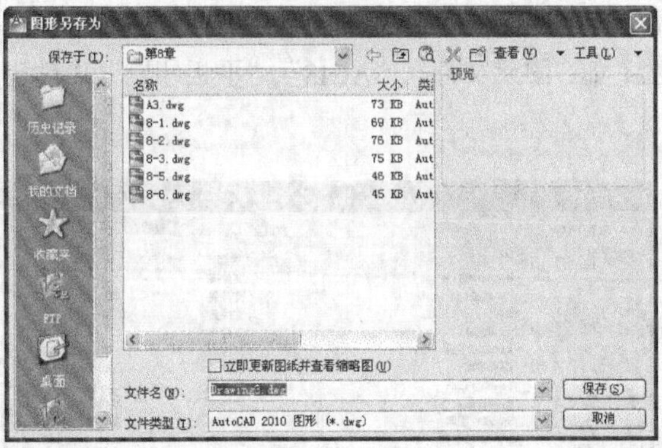

图 1-22　【图形另存为】对话框

1.2.4　输入及输出其他格式文件

AutoCAD 2012 提供了图形输入与输出接口，这不仅可以将其他应用程序中处理好的数据传送给 AutoCAD，以显示其图形，还可以把它们的信息传送给其他应用程序。

一、输入不同格式文件

命令启动方法

- 菜单命令：【文件】/【输入】。
- 工具栏：【插入】工具栏上的按钮。
- 面板：【输入】面板上的按钮。
- 命令：IMPORT。

启动输入命令后，AutoCAD 打开【输入文件】对话框。在其中的【文件类型】下拉列表框中可以看到，系统允许输入“图元文件”、“ACIS”及“3D Studio”等格式的图形文件，如图 1-23 所示。

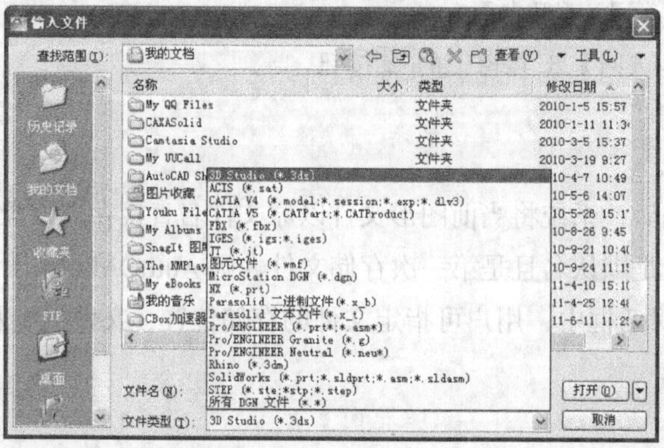

图 1-23 【输入文件】对话框

二、输出不同格式文件

命令启动方法

- 菜单命令：【文件】/【输出】。
- 命令：EXPORT。

启动输出命令后，AutoCAD 打开【输出数据】对话框，如图 1-24 所示。用户可以在【保存于】下拉列表中设置文件输出的路径，在【文件名】栏中输入文件名称，在【文件类型】下拉列表中选择文件的输出类型，如“图元文件”、“ACIS”、“平板印刷”、“封装 PS”、“DXX 提取”、“位图”及“块”等。

图 1-24 【输出数据】对话框

1.3 AutoCAD 用户界面详解

AutoCAD 2012 用户界面主要由菜单浏览器、快速访问工具栏、功能区、绘图窗口、命令提示窗口和状态栏等组成，如图 1-25 所示。下面分别介绍各部分的功能。

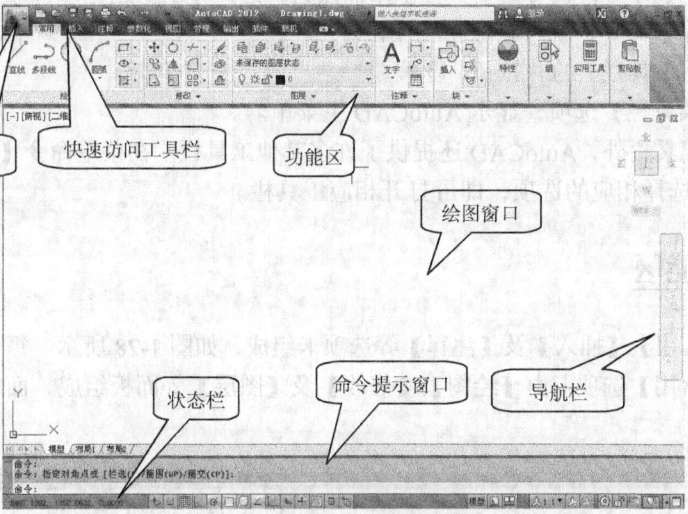

图 1-25　AutoCAD 2012 用户界面

1.3.1　菜单浏览器

单击【菜单浏览器】按钮，展开菜单浏览器，如图 1-26 所示。该菜单包含【新建】、【打开】及【保存】等常用命令。在菜单浏览器顶部的搜索栏中输入关键字或短语，就可定位相应的菜单命令。选择搜索结果，即可执行相应命令。

图 1-26　菜单浏览器

单击菜单浏览器顶部的按钮，显示最近使用的文件。单击按钮，显示已打开的所有图形文件。将鼠标光标悬停在文件名上时，将显示预览图片及文件路径、修改日期等信息。

1.3.2　快速访问工具栏及其他工具栏

快速访问工具栏用于存放经常访问的命令按钮，在此工具栏的任一按钮上单击鼠标右键，弹出快捷菜单，如图 1-27 所示。选择【自定义快速访问工具栏】命令，就可向工具栏中添加按钮；选择【从快速访问工具栏中删除】命令，就可删除相应按钮。

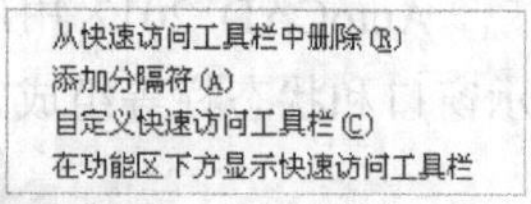

图 1-27　快捷菜单

单击快速访问工具栏上的按钮，显示草图与注释；单击按钮选择【显示菜单栏】选项，显示 AutoCAD 主菜单。

除快速访问工具栏外，AutoCAD 还提供了许多其他工具栏。在菜单命令【工具】/【工具栏】/【AutoCAD】下选择相应的选项，即可打开相应工具栏。

1.3.3　功能区

功能区由【常用】、【插入】及【注释】等选项卡组成，如图 1-28 所示。每个选项卡又由多个面板组成，如【常用】选项卡由【绘图】、【修改】及【图层】等面板组成，面板上布置了许多命令按钮及控件。

图 1-28　功能区

单击功能区顶部的按钮，展开或收拢功能区。

单击某一面板上的按钮，展开该面板。单击按钮，固定该面板。

用鼠标右键单击任一选项卡标签，弹出快捷菜单，选择【显示选项卡】选项下的选项卡名称，关闭相应选项卡。

选择菜单命令【工具】/【选项板】/【功能区】，可打开或关闭功能区，对应的命令为 RIBBON 及 RIBBONCLOSE。

在功能区顶部位置单击鼠标右键，弹出快捷菜单，选择【浮动】命令，就可移动功能区，还能改变功能区的形状。

1.3.4　绘图窗口

绘图窗口是用户绘图的工作区域，该区域无限大。其左下方有一个表示坐标系的图标，此图标指示了绘图区的方位，图标中的箭头分别指示 x 轴和 y 轴的正方向。

当移动鼠标光标时，绘图区域中的十字形光标会跟着移动。与此同时，绘图区底部的状态栏中将显示光标点的坐标数值。单击该区域可改变坐标的显示方式。

绘图窗口包含了两种绘图环境：一种称为模型空间，另一种称为图纸空间。在此窗口底部有 3 个选项卡：【模型】【布局 1】【布局 2】。默认情况下，【模型】选项卡是按下的，表明当前绘图环境是模型空间，用户一般在这里按实际尺寸绘制二维或三维图形。当选择【布局 1】或【布局 2】选项卡时，就切换至图纸空间。可以将图纸空间想象成一张图纸（系统提供的模拟图纸），用户可在这张图纸上将模型空间的图样按不同缩放比例布置在图纸上。

1.3.5 导航栏

导航栏中主要有以下导航工具。

- 平移：沿屏幕平移视图。
- 缩放工具：用于增大或减小模型的当前视图比例的导航工具集。
- 动态观察工具：用于旋转模型当前视图的导航工具集。

1.3.6 命令提示窗口

命令提示窗口位于 AutoCAD 程序窗口的底部，用户输入的命令、系统的提示及相关信息都反映在此窗口中。默认情况下，该窗口仅显示 3 行，将鼠标光标放在窗口的上边缘，鼠标光标变成双向箭头，按住鼠标左键向上拖动鼠标光标就可以增加命令窗口显示的行数。

按 F2 键打开命令提示窗口，再次按 F2 键又可关闭此窗口。

1.3.7 状态栏

状态栏上将显示绘图过程中的许多信息，如十字形光标的坐标值、一些提示文字等，还包含许多绘图辅助工具。

1.4 综合练习——布置用户界面及设定绘图区域大小

【练习 1-8】：布置用户界面，练习 AutoCAD 基本操作。

1. 启动 AutoCAD，打开【绘图】及【修改】工具栏并调整工具栏的位置，如图 1-29 所示。

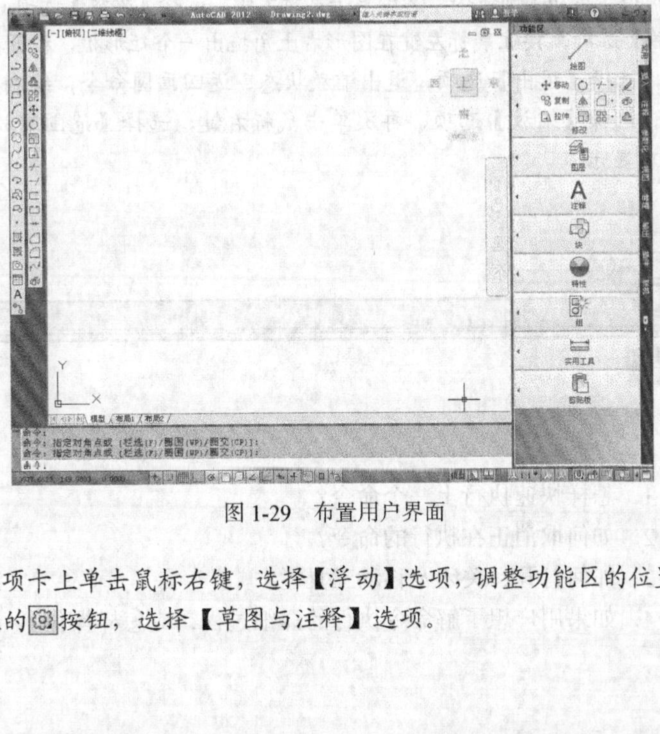

图 1-29　布置用户界面

2. 在功能区的选项卡上单击鼠标右键，选择【浮动】选项，调整功能区的位置，如图 1-29 所示。
3. 单击状态栏上的⚙按钮，选择【草图与注释】选项。

4. 利用 AutoCAD 提供的样板文件“Acad.dwt”创建新文件。
5. 设定绘图区域的大小为 1 500 × 1 200，打开栅格显示。单击鼠标右键，选择【缩放】选项。再次单击鼠标右键，选择【范围缩放】选项，使栅格充满整个图形窗口显示出来。
6. 单击【绘图】面板上的⊙按钮，AutoCAD 提示如下。

```
命令: _circle 指定圆的圆心或 [三点(3P)/两点(2P)/切点、切点、半径(T)]:
                                          //在屏幕空白处单击一点
指定圆的半径或 [直径(D)] <30.0000>: 1         //输入圆半径
命令:                                      //按 Enter 键重复上一个命令
CIRCLE 指定圆的圆心或 [三点(3P)/两点(2P)/切点、切点、半径(T)]:
                                          //在屏幕上单击一点
指定圆的半径或 [直径(D)] <1.0000>: 5          //输入圆半径
命令:                                      //按 Enter 键重复上一个命令
CIRCLE 指定圆的圆心或 [三点(3P)/两点(2P)/切点、切点、半径(T)]: *取消*
                                          //按 Esc 键取消命令
```

7. 单击【视图】选项卡中【二维导航】面板上的按钮，使圆充满整个绘图窗口。
8. 单击鼠标右键，选择【选项】选项，打开【选项】对话框，在【显示】选项卡的【圆弧和圆的平滑度】文本框中输入 10 000。
9. 利用导航栏上的、按钮移动和缩放图形。
10. 以文件名“User.dwg”保存图形。

【练习 1-9】：布置用户界面，练习 AutoCAD 基本操作。

1. 打开文件“1-9.dwg”。
2. 单击鼠标右键，选择【缩放】选项，进入缩放状态，再次单击鼠标右键，选择【窗口缩放】选项。按住鼠标左键在图形左上角拖出一个矩形框，松开鼠标左键放大图形。
3. 继续单击鼠标右键，选择【窗口缩放】选项，再次放大图形左上角。
4. 单击鼠标右键，选择【缩放为原窗口】选项，图形显示返回最初的情况。
5. 不要退出缩放状态，启动画圆命令，然后单击鼠标右键，选择【缩放】选项，再次单击鼠标右键，选择【窗口缩放】选项，按住鼠标左键在图形右上角拖出一个矩形框，松开鼠标左键放大图形。
6. 单击鼠标右键，选择【退出】选项，退出缩放状态，返回画圆命令，绘制半径为 1 500 的圆。
7. 单击鼠标右键，选择【缩放】选项，再次单击鼠标右键，选择【范围缩放】选项，让整个图形充满图形窗口显示。

习题

一、思考题

1. 怎样快速执行上一个命令？
2. 如何取消正在执行的命令？
3. 如何打开、关闭及移动工具栏？
4. 如果用户想了解命令执行的详细过程，应怎样操作？

5．AutoCAD 用户界面主要由哪几部分组成？

6．绘图窗口包含哪几种绘图环境？如何在它们之间切换？

7．利用【标准】工具栏上的哪些按钮可以快速缩放及移动图形？

8．要将图形全部显示在图形窗口中应如何操作？

二、操作题

1．以下练习内容包括重新布置用户界面、恢复用户界面及切换工作空间等。

（1）移动功能区并改变功能区的形状，如图 1-30 所示。

（2）打开【绘图】、【修改】、【对象捕捉】及【建模】工具栏，移动所有工具栏的位置，并调整【建模】工具栏的形状。

（3）单击状态栏上的按钮，选择【草图与注释】选项，用户界面恢复成原始布置。

（4）单击状态栏上的按钮，选择【AutoCAD 经典】选项，切换至"AutoCAD 经典"工作空间。

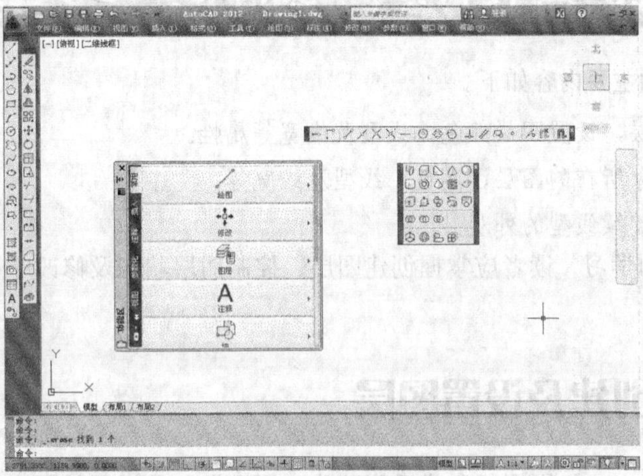

图 1-30 重新布置用户界面

2．以下练习内容包括创建及存储图形文件、熟悉 AutoCAD 命令执行过程及快速查看图形。

（1）利用 AutoCAD 提供的样板文件"acadiso.dwt"创建新文件。

（2）进入模型空间，单击【绘图】面板上的按钮，AutoCAD 提示如下。

```
命令: _circle 指定圆的圆心或 [三点(3P)/两点(2P)/切点、切点、半径(T)]:
                                                  //在屏幕上单击一点
指定圆的半径或 [直径(D)] <30.0000>: 50              //输入圆半径
命令:                                              //按 Enter 键重复上一个命令
CIRCLE 指定圆的圆心或 [三点(3P)/两点(2P)/ 切点、切点、半径(T)]:
                                                  //在屏幕上单击一点
指定圆的半径或 [直径(D)] <50.0000>: 100             //输入圆半径
命令:                                              //按 Enter 键重复上一个命令
CIRCLE 指定圆的圆心或 [三点(3P)/两点(2P)/ 切点、切点、半径(T)]: *取消*
                                                  //按 Esc 键取消命令
```

（3）单击导航栏上的按钮使图形充满整个绘图窗口显示出来。

（4）利用导航栏上的、按钮来移动和缩放图形。

（5）以文件名"User.dwg"保存图形。

第2章

设置图层、颜色、线型及线宽

本章介绍的主要内容如下。

- 创建图层，设置图层颜色、线型及线宽等属性。
- 改变对象所在的图层、颜色、线型及线宽等。
- 控制非连续线型的外观。

通过本章的学习，读者应掌握创建图层、控制图层状态及修改非连续线型外观的方法。

2.1 创建及设置图层

可以将 AutoCAD 图层想象成透明胶片，用户把各种类型的图形元素画在上面，AutoCAD 再将它们叠加在一起显示出来。如图 2-1 所示，图层 *A* 上绘有挡板，图层 *B* 上绘有支架，图层 *C* 上绘有螺钉，最终的显示结果是各层内容叠加后的效果。

用 AutoCAD 绘图时，图形元素处于某个图层上。默认情况下，当前层是 0 层，若没有切换至其他图层，则所画图形在 0 层上。每个图层都有与其相关联的颜色、线型和线宽等属性信息，用户可以对这些信息进行设定或修改。当在某一图层上绘图时，生成图形元素的颜色、线型和线宽就与当前层的设置完全相同（默认情况下）。对象的颜色将有助于辨别图样中的相似实体，而线型、线宽等特性可轻易地表示出不同类型的图形元素。

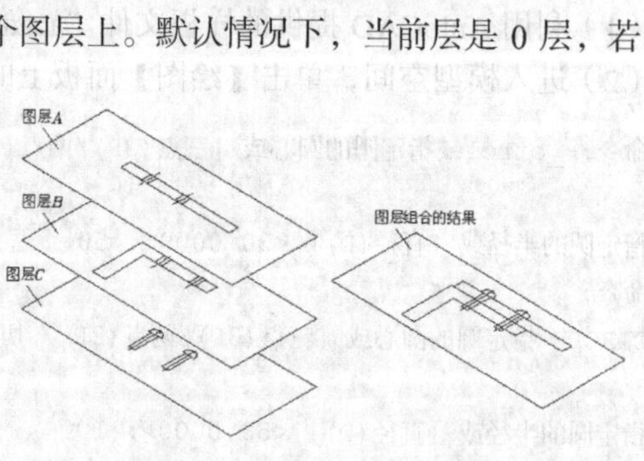

图 2-1　图层

图层是用户管理图样的强有力的工具。绘图时应考虑将图样划分为哪些图层以及按什么样的标准进行划分。如果图层的划分合理且采用了良好的命名，则图形信息会清晰、有序，给以后修改、观察及打印图样带来很大便利。例如，机械图常根据图形元素的性质创建以下层。

- 轮廓线层。
- 中心线层。
- 虚线层。
- 剖面线层。
- 尺寸标注层。
- 文字说明层。

【练习 2-1】：下面的练习说明如何创建及设置图层。

一、创建图层

1. 单击【图层】面板上的按钮，打开【图层特性管理器】对话框，再单击按钮，列表框中显示出名为“图层 1”的图层。
2. 为便于区分不同图层，用户应取一个能表征图层上图元特性的新名字来取代该默认名。直接输入“轮廓线层”，列表框中的“图层 1”就被“轮廓线层”代替，继续创建其他图层，结果如图 2-2 所示。

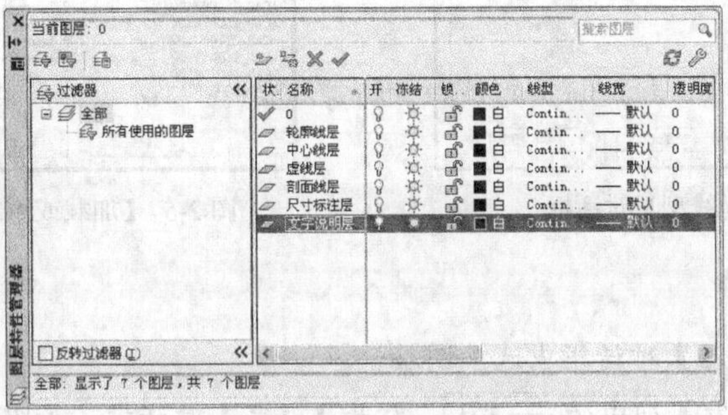

图 2-2　创建图层

请注意，图层“0”前有绿色标记“√”，表示该图层是当前层。

要点提示　若在【图层特性管理器】对话框的列表框中事先选中一个图层，然后单击按钮或按 Enter 键，则新图层与被选择的图层具有相同的颜色、线型和线宽等属性。

二、指定图层颜色

1. 在【图层特性管理器】对话框中选中图层。
2. 单击图层列表中与所选图层关联的图标■白，此时打开【选择颜色】对话框，如图 2-3 所示。

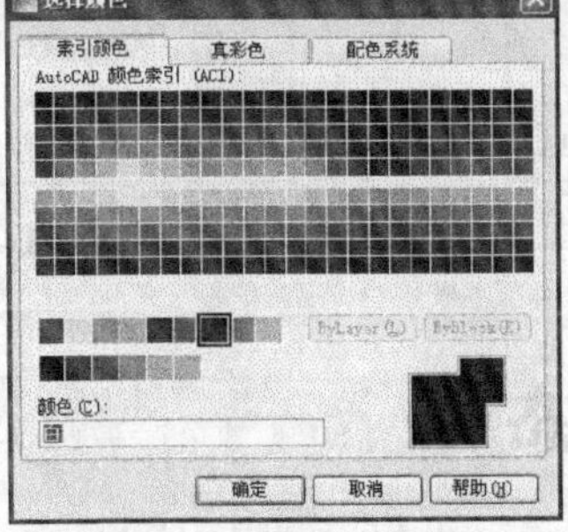

图 2-3　【选择颜色】对话框

三、给图层分配线型

1. 在【图层特性管理器】对话框中选中图层。
2. 该对话框图层列表的【线型】列中显示了与图层相关联的线型。默认情况下，图层线型是“Continuous”。单击“Continuous”，打开【选择线型】对话框，如图 2-4 所示。通过该对话框，用户可以选择一种线型或从线型库文件中加载更多线型。
3. 单击 加载(L)... 按钮，打开【加载或重载线型】对话框，如图 2-5 所示。该对话框列出了线型文件中包含的所有线型，用户可在列表框中选择一种或几种所需的线型，再单击 确定 按钮，这些线型就被加载到 AutoCAD 中。当前线型文件是“acadiso.lin”，单击 文件(F)... 按钮，可选择其他线型库文件。

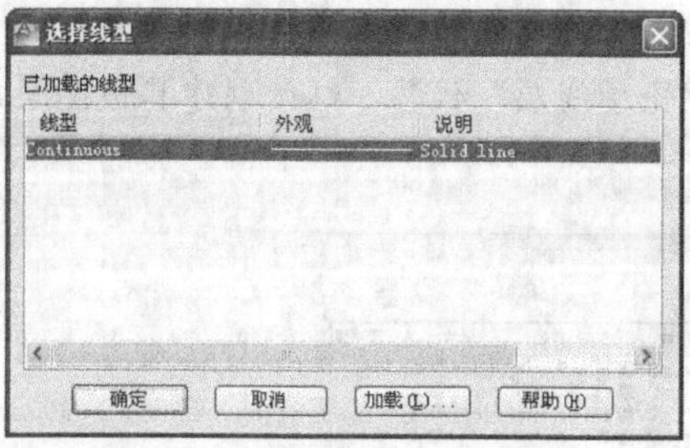

图 2-4 【选择线型】对话框

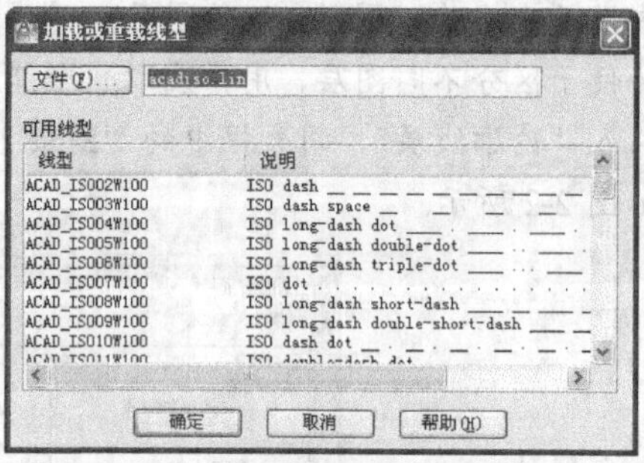

图 2-5 【加载或重载线型】对话框

四、设置线宽

1. 在【图层特性管理器】对话框中选中图层。
2. 单击图层列表【线宽】列中的 —— 默认，打开【线宽】对话框，如图 2-6 所示。通过该对话框，用户可设置线宽。

如果要使图形对象的线宽在模型空间中显示得更宽或更窄一些，可以调整线宽比例。在状态栏的 + 按钮上单击鼠标右键，弹出快捷菜单，选取【设置】命令，打开【线宽设置】对话框，如图 2-7 所示，在该对话框的【调整显示比例】分组框中移动滑块就可改变显示比例值。

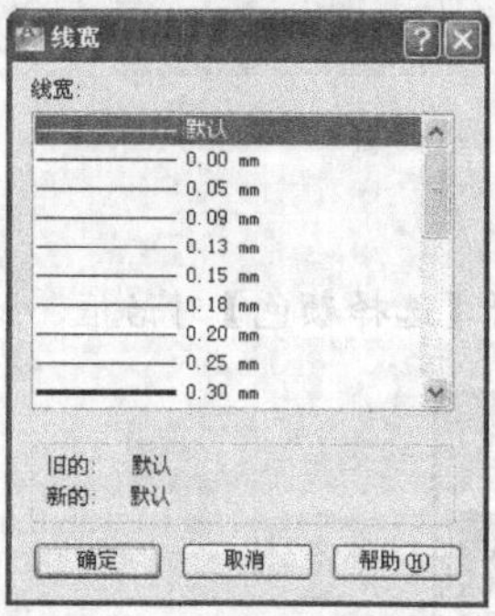

图 2-6 【线宽】对话框

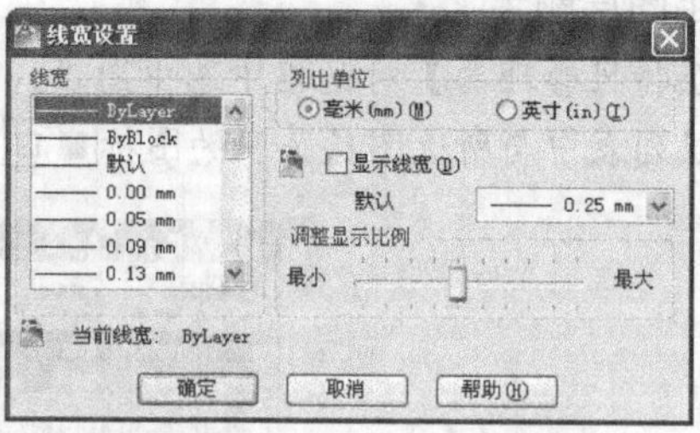

图 2-7 【线宽设置】对话框

2.2 控制图层状态

如果工程图样包含大量信息且有很多图层，那么用户可通过控制图层状态使编辑、绘制及观察等工作变得更方便。图层状态主要包括打开与关闭、冻结与解冻、锁定与解锁、打印与不打印等，AutoCAD 用不同形式的图标表示这些状态。用户可通过【图层特性管理器】对话框或【图层】面板上的【图层控制】下拉列表对图层状态进行控制，如图 2-8 所示。

下面对图层状态作详细说明。

（1）打开/关闭：单击图标，将关闭或打开某一图层。打开的图层是可见的，而关闭的图层不可见，也不能被打印。当重新生成图形时，被关闭的图层将一起生成。

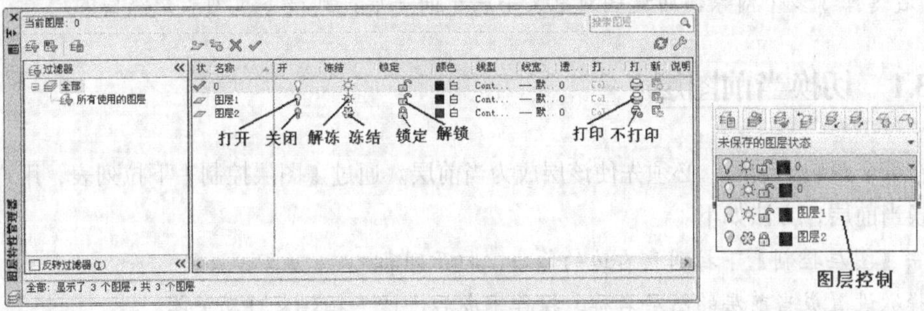

图 2-8　控制图层状态

（2）解冻/冻结：单击图标，将冻结或解冻某一图层。解冻的图层是可见的；若冻结某个图层，则该层变为不可见，也不能被打印。当重新生成图形时，系统不再重新生成该层上的对象，因而冻结一些图层后，可以加快 ZOOM、PAN 等命令和许多其他操作的运行速度。

要点提示　解冻一个图层将引起整个图形重新生成，而打开一个图层则不会导致这种现象发生（只是重画这个图层上的对象），因此如果需要频繁地改变图层的可见性，应关闭该图层而不应冻结。

（3）解锁/锁定：单击图标，将锁定或解锁图层。被锁定的图层是可见的，但图层上的对象不能被编辑。用户可以将锁定的图层设置为当前层，并能向它添加图形对象。

（4）打印/不打印：单击图标，就可设定图层是否打印。指定某层不打印后，该图层上的对象仍会显示出来。图层的不打印设置只对图样中的可见图层（图层是打开的并且是解冻的）有效。若图层设为可打印，但该层是冻结的或关闭的，此时 AutoCAD 也不会打印该层。

2.3　有效地使用图层

绘制复杂图形时，用户常常从一个图层切换至另一个图层，频繁地改变图层状态或将某些对象修改到其他层上。如果用户对这些操作不熟练，将会降低设计效率。控制图层的一种方法是单击【图层】面板上的按钮，打开【图层特性管理器】对话框，通过该对话框完成上述任务。此外，还有一种更简捷的方法——使用【图层】面板上的【图层控制】下拉列表，如图 2-9 所示。该下拉列表包含了当前图形中的所有图层，并显示各层的状态图标。该列表主要包含以下 3 项功能。

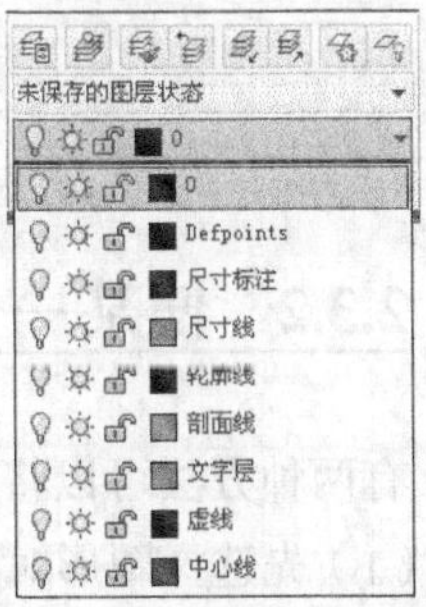

图 2-9　【图层控制】下拉列表

- 切换当前图层。
- 设置图层状态。
- 修改已有对象所在的图层。

【图层控制】下拉列表有 3 种显示模式。

- 若用户没有选择任何图形对象，则该下拉列表显示当前图层。
- 若选择了一个或多个对象，而这些对象又同属一个图层，则该下拉列表显示该层。
- 若选择了多个对象，而这些对象又不属于同一层，则该下拉列表是空白的。

2.3.1 切换当前图层

要在某个图层上绘图，必须先使该层成为当前层。通过【图层控制】下拉列表，用户可以快速地切换当前层，方法如下。

1. 单击【图层控制】下拉列表右边的箭头，打开列表。
2. 选择欲设置成当前层的图层名称。操作完成后，该下拉列表自动关闭。

要点提示 此种方法只能在当前没有对象被选择的情况下使用。

切换当前图层也可在【图层特性管理器】对话框中完成，在该对话框中选择某一图层，然后单击对话框左上角的✓按钮，则被选择的图层变为当前层。显然，此方法比前一种要繁琐一些。

要点提示 在【图层特性管理器】对话框中选择某一图层，然后单击鼠标右键，弹出快捷菜单，如图 2-10 所示。利用此菜单，用户可以设置当前层、新建图层或选择某些图层。

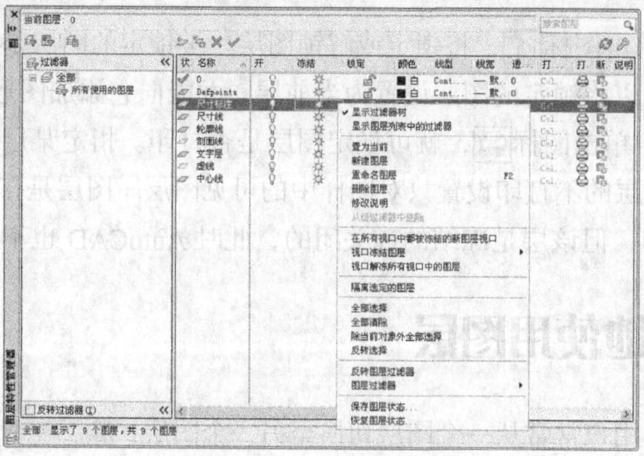

图 2-10 弹出快捷菜单

2.3.2 使某一个图形对象所在的图层成为当前层

有两种方法可以将某个图形对象所在的图层修改为当前层。

（1）先选择图形对象，【图层控制】下拉列表中将显示出该对象所在的图层，再按 Esc 键取消选择，然后通过【图层控制】下拉列表切换当前层。

（2）单击【图层】面板上的按钮，AutoCAD 提示"选择将使其图层成为当前图层的对象:"，选择某个对象，则此对象所在的图层就成为当前层。显然，此方法更简捷一些。

2.3.3　修改图层状态

【图层控制】下拉列表中也显示了图层状态图标，单击图标就可以切换图层状态。在修改图层状态时，该下拉列表将保持打开状态，用户能一次在列表中修改多个图层的状态。修改完成后，单击列表框顶部将列表关闭。

2.3.4　修改已有对象的图层

如果用户想把某个图层上的对象修改到其他图层上，可先选择该对象，然后在【图层控制】下拉列表中选取要放置的图层名称。操作结束后，列表框自动关闭，被选择的图形对象便转移到新的图层上。

2.4　改变对象颜色、线型及线宽

用户通过【特性】面板可以方便地设置对象的颜色、线型及线宽等。默认情况下，该工具栏上的【颜色控制】、【线型控制】和【线宽控制】3 个下拉列表中显示"ByLayer"，如图 2-11 所示。"ByLayer"的意思是所绘对象的颜色、线型和线宽等属性与当前层所设定的完全相同。本节将介绍怎样临时设置即将创建的图形对象的这些特性及如何修改已有对象的这些特性。

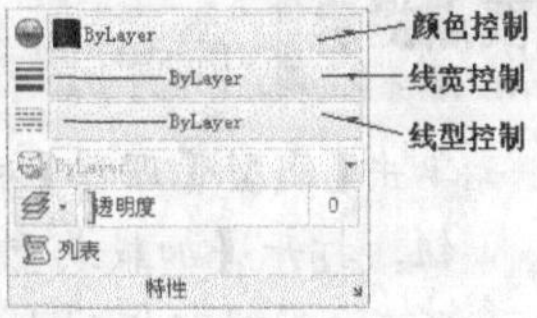

图 2-11　【特性】面板

2.4.1　修改对象颜色

用户要改变已有对象的颜色，可通过【特性】面板上的【颜色控制】下拉列表，具体方法如下。

1. 选择要改变颜色的图形对象。
2. 在【特性】面板上打开【颜色控制】下拉列表，然后从列表中选择所需颜色。
3. 若选取【选择颜色】选项，则打开【选择颜色】对话框，如图 2-12 所示。通过该对话框，用户可以选择更多种类的颜色。

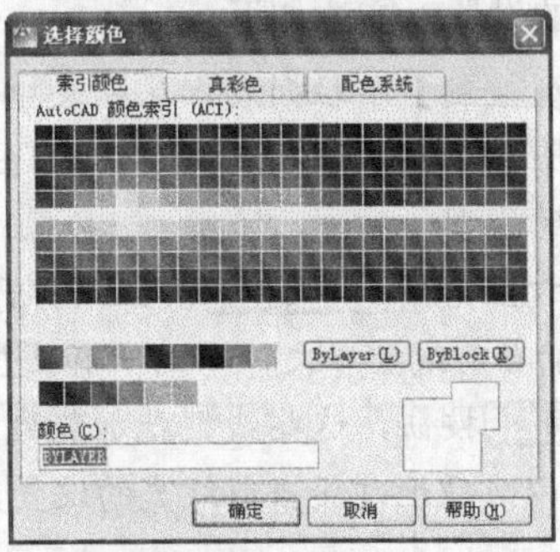

图 2-12　【选择颜色】对话框

2.4.2 设置当前颜色

默认情况下，用户在某一图层上创建的图形对象都将使用图层所设置的颜色。若想改变当前的颜色设置，可通过【特性】面板上的【颜色控制】下拉列表，具体步骤如下。

1. 打开【特性】面板上的【颜色控制】下拉列表，从列表中选择一种颜色。
2. 当选取【选择颜色】选项时，AutoCAD 打开【选择颜色】对话框，如图 2-12 所示。在该对话框中，用户可做更多选择。

2.4.3 修改已有对象的线型或线宽

修改已有对象线型、线宽的方法与修改对象颜色类似，具体步骤如下。

1. 选择要改变线型的图形对象。
2. 在【特性】面板上打开【线型控制】下拉列表，从列表中选择所需线型。
3. 选取该列表的【其他】选项，则打开【线型管理器】对话框，如图 2-13 所示。在该对话框中，用户可选择一种或加载更多种线型。

要点提示 用户可以利用【线型管理器】对话框中的 删除 按钮来删除未被使用的线型。

4. 单击【线型管理器】对话框右上角的 加载(L)... 按钮，打开【加载或重载线型】对话框，如图 2-5 所示。该对话框列出了当前线型库文件中的所有线型，用户在列表框中选择一种或几种所需的线型，再单击 确定 按钮，这些线型就加载到 AutoCAD 中。
5. 修改线宽也是利用【线宽控制】下拉列表，步骤与上述类似，这里不再重复。

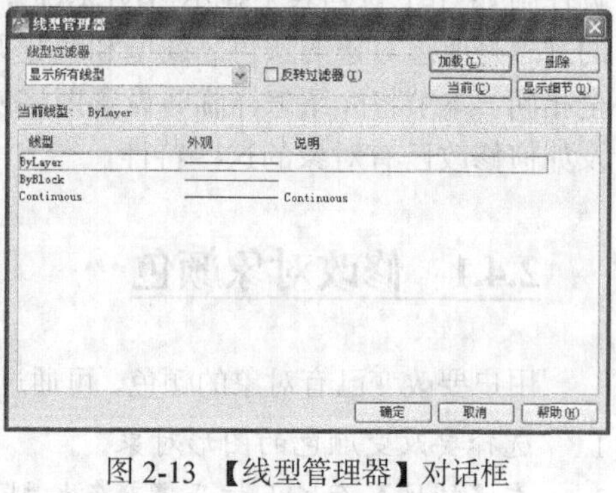

图 2-13 【线型管理器】对话框

2.4.4 设置当前线型或线宽

默认情况下，绘制的对象采用当前图层所设置的线型、线宽。若要使用其他种类的线型、线宽，则必须改变当前线型、线宽的设置，方法如下。

1. 打开【特性】面板上的【线型控制】下拉列表，从列表中选择一种线型。
2. 若选取【其他】选项，则弹出【线型管理器】对话框，如图 2-13 所示。用户在该对话框中选择所需线型或加载更多种类的线型。
3. 单击【线型管理器】对话框右上角的 加载(L)... 按钮，打开【加载或重载线型】对话框，如图 2-5 所示。该对话框列出了当前线型库文件中的所有线型，用户在列表框中选择一种或几种所需的线型，再单击 确定 按钮，这些线型就加载到 AutoCAD 中。
4. 在【线宽控制】下拉列表中可以方便地改变当前线宽的设置，步骤与上述类似，这里不再重复。

2.5 管理图层

管理图层主要包括排序图层、显示所需的一组图层、删除不再使用的图层和重新命名图层等，下面分别进行介绍。

2.5.1 排序图层及按名称搜索图层

在【图层特性管理器】对话框的列表框中可以很方便地对图层进行排序。单击列表框顶部的【名称】标题，AutoCAD 就将所有图层以字母顺序排列出来，再次单击此标题，排列顺序就会颠倒过来。单击列表框顶部的其他标题，也有类似的作用。例如，单击标题【开】，则图层按关闭、打开状态进行排列。

假设有几个图层名称均以某一字母开头，如 D-wall、D-door、D-window 等，若想从【图层特性管理器】对话框的列表中快速找出它们，可在【搜索图层】文本框中输入要寻找的图层名称，名称中可包含通配符“*”和“？”，其中“*”可用来代替任意数目的字符，“？”用来代替任意一个字符。例如，输入“D*”，则列表框中立刻显示所有以字母“D”开头的图层。

2.5.2 使用图层特性过滤器

如果图样中包含的图层较少，那么可以很容易地找到某个图层或具有某种特征的一组图层，但当图层数目达到几十个时，这项工作就变得相当困难了。图层特性过滤器可帮助用户轻松完成这一任务，该过滤器显示在【图层特性管理器】对话框左边的树状图中，如图 2-14 所示。树状图表明了当前图形中所有过滤器的层次结构。用户选中一个过滤器，AutoCAD 就在【图层特性管理器】对话框右边的列表框中列出满足过滤条件的所有图层。默认情况下，系统提供以下 3 个过滤器。

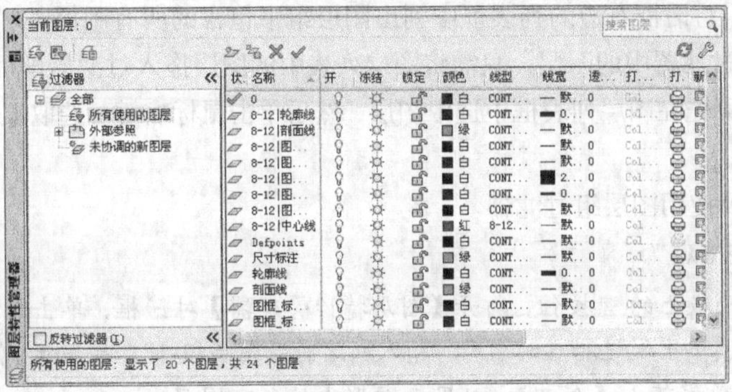

图 2-14 【图层特性管理器】对话框

- 全部：显示当前图形中的所有图层。
- 所有使用的图层：显示当前图形中所有对象所在的图层。
- 外部参照：显示外部参照图形的所有图层。

【练习 2-2】：创建及使用图层特性过滤器。

1. 打开文件“2-2.dwg”。

2. 单击【图层】面板上的按钮，打开【图层特性管理器】对话框，单击该对话框左上角的按钮，打开【图层过滤器特性】对话框，如图 2-15 所示。
3. 在【过滤器名称】文本框中输入新过滤器的名称“名称和颜色过滤器”。
4. 在【过滤器定义】列表框的【名称】列中输入“no*”，在【颜色】列中选择红色，则符合这两个过滤条件的 3 个图层显示在【过滤器预览】列表框中，如图 2-15 所示。
5. 单击 确定 按钮，返回【图层特性管理器】对话框。在该对话框左边的树状图中选择新建过滤器，此时右边列表框中列出所有满足过滤条件的图层。

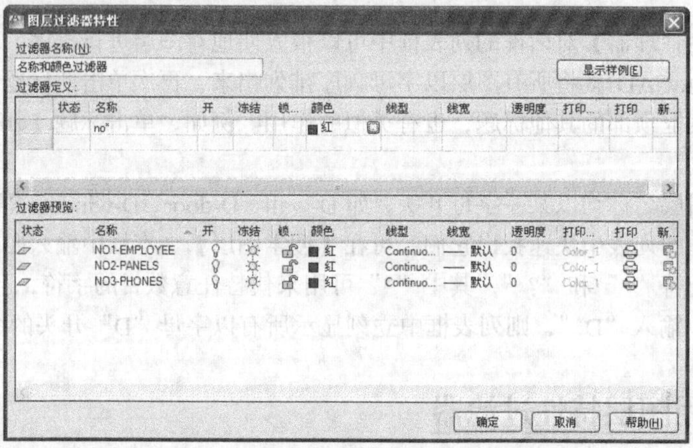

图 2-15 【图层过滤器特性】对话框

2.5.3 使用图层组过滤器

用户可以将经常用到的一个或多个图层定义为图层组过滤器。该过滤器也显示在【图层特性管理器】对话框左边的树状图中，如图 2-14 所示。当选中一个图层组过滤器时，AutoCAD 就在【图层特性管理器】对话框右边的列表框中列出图层组中包含的所有图层。

要定义图层组过滤器中的图层，只需将图层列表中的图层拖入过滤器即可。若要从图层组中删除某个图层，则可先在图层列表框中选中图层，然后单击鼠标右键，选取【从组过滤器中删除】命令。

【练习 2-3】：创建及使用图层组过滤器。

1. 打开文件“2-3.dwg”。
2. 单击【图层】面板上的按钮，打开【图层特性管理器】对话框，单击该对话框左上角的按钮，则树状图中出现过滤器的名称，输入新名称“图层组-1”，按 Enter 键，如图 2-16 所示。
3. 在树状图中，单击节点【全部】，以显示图形中的所有图层。
4. 在列表框中，按住 Ctrl 键并选择图层“CHAIRS”、“CPU”及“NO4-ROOM”。
5. 把选定的图层拖入过滤器【图层组-1】中。
6. 在树状图中选择【图层组-1】。此时，图层列表框中列出图层“CHAIRS”、“CPU”及“NO4-ROOM”，如图 2-16 所示。

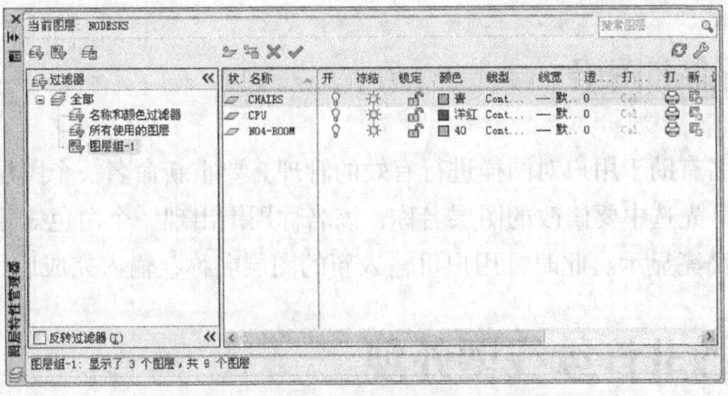

图 2-16 【图层特性管理器】对话框

2.5.4 保存及恢复图层设置

图层设置包括图层特性（如颜色、线型等）和图层状态（如关闭、锁定等）。用户可以将当前图层设置命名并保存起来，当以后需要时再根据图层设置的名称恢复以前的设置。

【练习 2-4】：保存及恢复图层设置。

1. 打开文件“2-4.dwg”。
2. 单击【图层】面板上的按钮，打开【图层特性管理器】对话框，在该对话框的树状图中选择过滤器【图层组-1】，然后单击鼠标右键，选取快捷菜单上的【可见性】/【冻结】命令，则【图层组-1】中的图层全部被冻结。
3. 在树状图中选择过滤器【名称和颜色过滤器】，单击鼠标右键，选取快捷菜单上的【可见性】/【关】命令，则【名称和颜色过滤器】中的图层全部被关闭。
4. 单击【图层特性管理器】对话框左上角的按钮，打开【图层状态管理器】对话框，再单击新建(N)...按钮，输入当前图层的设置名称“关闭及冻结图层”，如图 2-17 所示。
5. 返回【图层特性管理器】对话框，单击树状图中的节点【全部】以显示所有图层，然后单击鼠标右键，选取快捷菜单上的【可见性】/【开】命令，打开所有图层。用同样的方法，解冻所有图层。
6. 接下来恢复原来的图层设置。单击按钮，打开【图层状态管理器】对话框，单击对话框右下角的按钮，显示更多恢复选项。取消对【开/关】复选项的选取，单击恢复(R)按钮，则【图层组-1】中的图层恢复原先的冻结状态。
7. 再次打开【图层状态管理器】对话框，选取【开/关】复选项，单击恢复(R)按钮，则【名称和颜色过滤器】中被打开的图层又变为关闭状态。

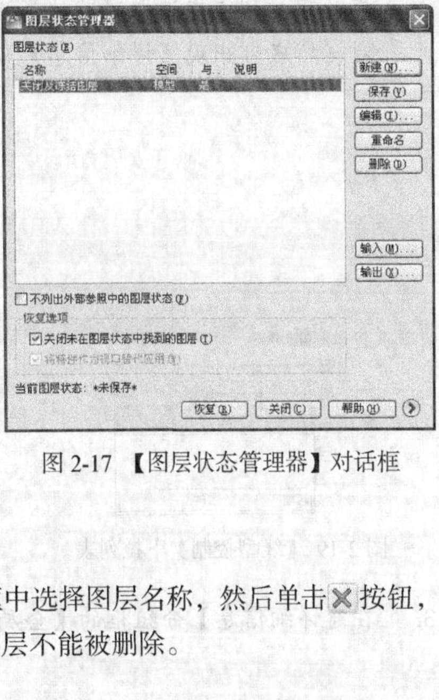

图 2-17 【图层状态管理器】对话框

2.5.5 删除图层

删除不用的图层的方法是在【图层特性管理器】对话框中选择图层名称，然后单击按钮，但当前层、0 层、定义点层（Defpoints）及包含图形对象的层不能被删除。

2.5.6 重新命名图层

良好的图层命名有助于用户对图样进行有效的管理。要重新命名一个图层，可打开【图层特性管理器】对话框，先选中要修改的图层名称，该名称周围出现一个白色矩形框，在矩形框内单击一点，图层名称高亮显示。此时，用户可输入新的图层名称，输入完成后，按 Enter 键结束。

2.6 修改非连续线型外观

非连续线型是由短横线、空格等构成的重复图案，图案中短线长度、空格大小是由线型比例来控制的。用户绘图时常会遇到以下情况，本来想画虚线或点画线，但最终绘制出的线型看上去却和连续线一样，其原因是线型比例设置得太大或太小。

2.6.1 改变全局线型比例因子以修改线型外观

LTSCALE 用于控制线型的全局比例因子，它将影响图样中所有非连续线型的外观。其值增加时，将使非连续线型中的短横线及空格加长。否则，会使它们缩短。当用户修改全局比例因子后，AutoCAD 将重新生成图形，并使所有非连续线型发生变化。图 2-18 显示了使用不同比例因子时虚线及点画线的外观。

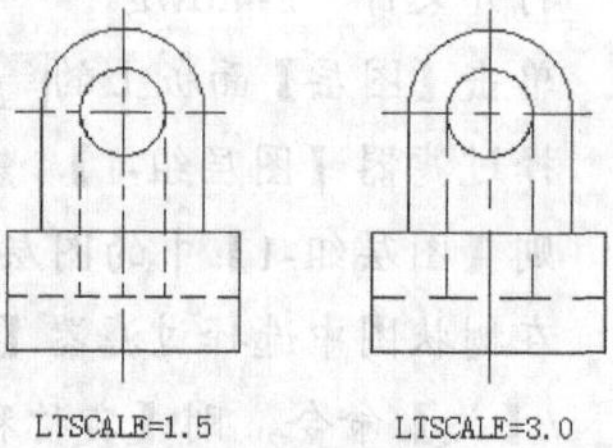

图 2-18 全局线型比例因子对非连续线型外观的影响

改变全局比例因子的方法如下。

1. 打开【特性】面板上的【线型控制】下拉列表，如图 2-19 所示。
2. 在此下拉列表中选取【其他】选项，打开【线型管理器】对话框，单击 显示细节(D) 按钮，该对话框底部出现【详细信息】分组框，如图 2-20 所示。

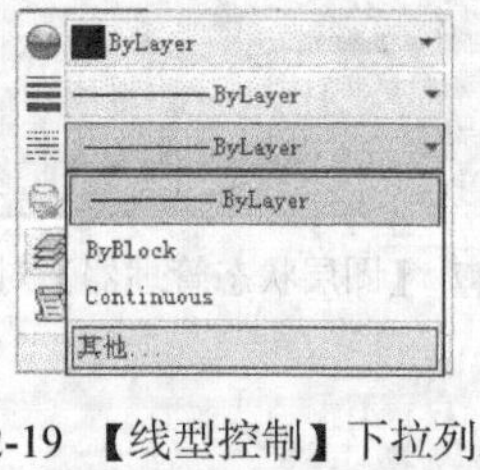

图 2-19 【线型控制】下拉列表

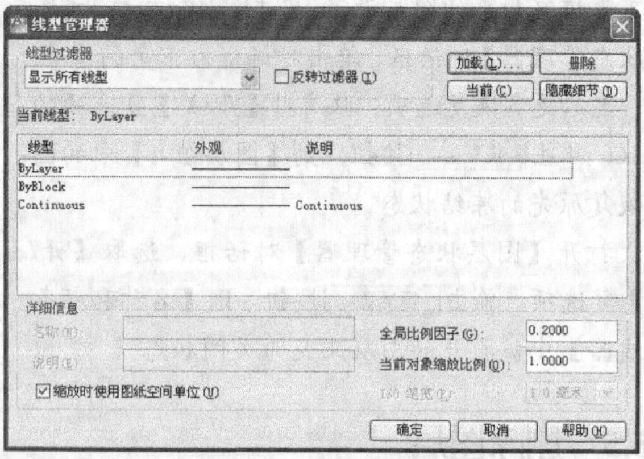

图 2-20 【线型管理器】对话框

3. 在【详细信息】分组框的【全局比例因子】文本框中输入新的比例值，单击 确定 按钮。

2.6.2　改变当前对象线型比例

有时用户需要为不同对象设置不同的线型比例，为此，就需单独控制对象的比例因子。当前对象线型比例是由系统变量 CELTSCALE 来设定的，调整该值后所有新绘制的非连续线型均会受到它的影响。

默认情况下，CELTSCALE=1，该因子与 LTSCALE 同时作用在线型对象上。例如，将 CELTSCALE 设置为 4，LTSCALE 设置为 0.5，则 AutoCAD 在最终显示线型时采用的缩放比例将为 2，即最终显示比例=CELTSCALE × LTSCALE。图 2-21 显示了 CELTSCALE 分别为 1、2 时虚线及中心线的外观。

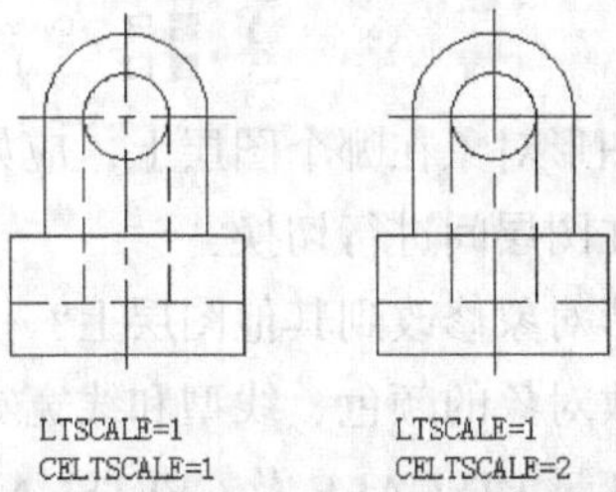

图 2-21　设置当前对象的线型比例因子

设置当前线型比例因子的方法与设置全局比例因子的类似，具体步骤请参见 2.6.1 节。该比例因子也是在【线型管理器】对话框中设定的，如图 2-20 所示。用户在该对话框的【当前对象缩放比例】文本框中输入新比例值即可。

2.7　综合练习——使用图层及修改对象线型、线宽等

【练习 2-5】：创建图层，控制图层状态，修改对象线型及线宽等。

1.　打开文件"2-5.dwg"，该文件内容是一张锥齿轮零件图。
2.　创建以下图层。

名称	颜色	线型	线宽
尺寸线层	白色	Continuous	默认
剖面线层	青色	Continuous	默认
中心线层	红色	Center	默认
文字层	洋红	Continuous	默认

3.　关闭轮廓线层，将零件图中尺寸标注、文字、中心线及剖面线修改到相应图层上。
4.　将轮廓线的线型修改为"Continuous"，线宽修改为 0.5mm，并使轮廓线层成为当前层。
5.　锁定尺寸线及剖面线层，用 ERASE 命令删除尺寸标注及剖面线，观察其效果。
6.　将全局线型比例因子修改为 0.5。

习题

一、思考题

1．绘制机械或建筑图时，为便于图形信息的管理，可创建哪些图层？

2．与图层相关联的属性项目有哪些？

3．试说明以下图层的状态。

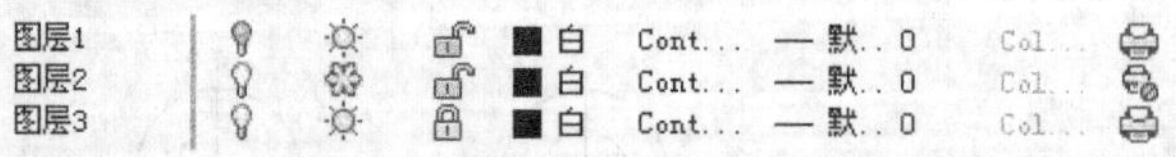

4．如果想知道图形对象在哪个图层上，应如何操作？

5．怎样快速地在图层间进行切换？

6．如何将某图形对象修改到其他图层上？

7．怎样快速修改对象的颜色、线型和线宽等属性？

8．试说明系统变量 LTSCALE 及 CELTSCALE 的作用。

二、操作题

1. 以下练习内容包括创建图层、控制图层状态、将图形对象修改到其他图层上、改变对象的颜色及线型。

（1）打开文件“2-6.dwg”。

（2）创建以下图层。

- 轮廓线层。
- 尺寸线层。
- 中心线层。

（3）图形的外轮廓线、对称轴线及尺寸标注分别修改到“轮廓线”、“中心线”及“尺寸线”层上。

（4）把尺寸标注及对称轴线修改为蓝色。

（5）关闭或冻结“尺寸线”层。

2．以下练习内容包括修改图层名称、利用图层特性过滤器查找图层、使用图层组。

（1）打开文件“2-7.dwg”。

（2）找到图层“LIGHT”及“DIMENSIONS”，将图层名称分别改为“照明”、“尺寸标注”。

（3）创建图层特性过滤器，利用该过滤器查找所有颜色为黄色的图层，将这些图层锁定，并将颜色改为红色。

（4）创建一个图层组过滤器，该过滤器包含图层“BEAM”和“MEDIUM”，将它们的颜色改为绿色。

第3章

绘制直线、圆及简单平面图形

本章介绍的主要内容如下。

- 输入线段端点的坐标画线。
- 打开正交模式画水平和竖直线段。
- 使用对象捕捉、极轴追踪及捕捉追踪功能画线。
- 画平行线和垂线。
- 调整线条长度和延伸线条。
- 修剪多余线条。
- 画圆、圆弧连接及圆的切线等。
- 倒圆角和倒斜角。

通过本章的学习，读者应掌握 LINE、CIRCLE、OFFSET、LENGTHEN、TRIM、XLINE、FILLET 及 CHAMFER 等命令的用法，并且能够灵活运用这些命令绘制简单图形。

3.1 画直线构成的平面图形（一）

本节介绍如何输入点的坐标画线和怎样捕捉几何对象上的特殊点等。

3.1.1 画直线

LINE 命令可在二维或三维空间中创建直线。发出命令后，用户通过鼠标指定线的端点或利用键盘输入端点坐标，AutoCAD 就将这些点连接成直线。LINE 命令可生成单条直线，也可生成连续折线。不过，由该命令生成的连续折线并非单独一个对象，折线中每条直线都是独立的对象，用户可以对每条直线进行编辑操作。

命令启动方法

- 菜单命令：【绘图】/【直线】。
- 面板：【绘图】面板上的按钮。

- 命令：LINE 或简写 L。

【练习 3-1】：练习 LINE 命令。

```
命令： _line 指定第一点：                      //单击 A 点，如图 3-1 所示
指定下一点或 [放弃(U)]：                       //单击 B 点
指定下一点或 [放弃(U)]：                       //单击 C 点
指定下一点或 [闭合(C)/放弃(U)]：               //单击 D 点
指定下一点或 [闭合(C)/放弃(U)]： U             //放弃 D 点
指定下一点或 [闭合(C)/放弃(U)]：               //单击 E 点
指定下一点或 [闭合(C)/放弃(U)]： C             //使线框闭合
```

结果如图 3-1 所示。

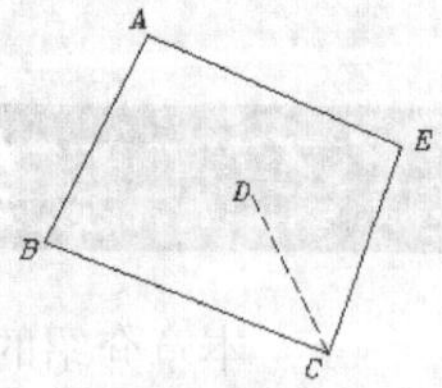

图 3-1　画线段

命令选项

- 指定第一点：在此提示下，用户需指定线段的起始点。若此时按 Enter 键，AutoCAD 将以上一次所画线段或圆弧的终点作为新线段的起点。
- 指定下一点：在此提示下，用户输入线段的端点，按 Enter 键后，AutoCAD 继续提示"指定下一点"，用户可输入下一个端点。若在"指定下一点"提示下再按 Enter 键，则命令结束。
- 放弃(U)：在"指定下一点"提示下，输入字母"U"，将删除上一条线段。多次输入"U"，则会删除多条线段。该选项可以及时纠正绘图过程中的错误。
- 闭合(C)：在"指定下一点"提示下，输入字母"C"，AutoCAD 将使连续折线自动封闭。

3.1.2　输入点的坐标画线

启动画线命令后，AutoCAD 提示用户指定线段的端点。指定端点的方法之一是输入点的坐标值。

默认情况下，绘图窗口的坐标系是世界坐标系，用户在屏幕左下角可以看到表示世界坐标系的图标。该坐标系 x 轴是水平的，y 轴是竖直的，z 轴则垂直于屏幕，正方向指向屏幕外。

二维绘图时，用户只需在 xy 平面内指定点的位置。点位置的坐标表示方式有绝对直角坐标、绝对极坐标、相对直角坐标和相对极坐标。绝对坐标值是相对于原点的坐标值，而相对坐标值则是相对于另一个几何点的坐标值。下面来说明如何输入点的绝对或相对坐标。

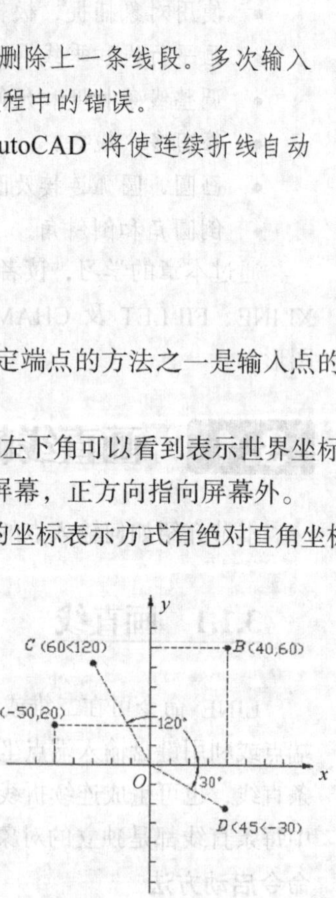

图 3-2　点的绝对直角坐标和绝对极坐标

一、输入点的绝对直角坐标和绝对极坐标

绝对直角坐标的输入格式为"x,y"。x 表示点的 x 坐标值，y 表示点的 y 坐标值，两坐标值之间用","号分隔开，例如，(−50,20)、(40,60) 分别表示图 3-2 中的 A、B 点。

绝对极坐标的输入格式为"$R<\alpha$"。R 表示点到原点的距离，α表示极轴方向与 x 轴正方向间的夹角。若从 x 轴

正向逆时针旋转到极轴方向，则α为正；否则，α为负。例如，（60<120）、（45<-30）分别表示图 3-2 中的 *C*，*D* 点。

二、输入点的相对直角坐标和相对极坐标

当知道某点与其他点的相对位置关系时，可使用相对坐标。相对坐标与绝对坐标相比，仅仅是在坐标值前增加了一个符号“@”。

相对直角坐标的输入形式为“@*x*,*y*”。

相对极坐标的输入形式为“$@R<\alpha$”。

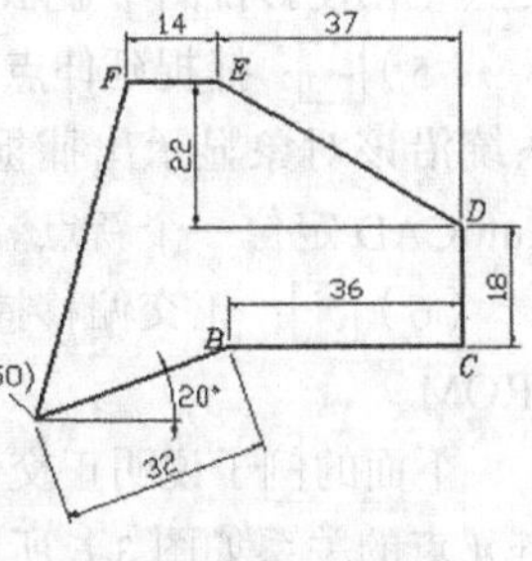

图 3-3　输入点的坐标画线

【练习 3-2】：已知 *A* 点的绝对坐标及图形尺寸，如图 3-3 所示，现用 LINE 命令绘制此图形。

```
命令: _line 指定第一点: 30,50                    //输入A点的绝对直角坐标，如图3-3所示
指定下一点或 [放弃(U)]: @32<20                  //输入B点的相对极坐标
指定下一点或 [放弃(U)]: @36,0                   //输入C点的相对直角坐标
指定下一点或 [闭合(C)/放弃(U)]: @0,18           //输入D点的相对直角坐标
指定下一点或 [闭合(C)/放弃(U)]: @-37,22         //输入E点的相对直角坐标
指定下一点或 [闭合(C)/放弃(U)]: @-14,0          //输入F点的相对直角坐标
指定下一点或 [闭合(C)/放弃(U)]: 30,50           //输入A点的绝对直角坐标
指定下一点或 [闭合(C)/放弃(U)]:                 //按Enter键结束
```

3.1.3　使用对象捕捉精确画线

绘图过程中，常常需要在一些特殊几何点间连线。例如，过圆心、线段的中点或端点画线等。在这种情况下，若不借助辅助工具，很难直接准确地拾取这些点。当然，用户可以在命令行中输入点的坐标值来精确地定位点，但有些点的坐标值是很难计算出来的。为帮助用户快速、准确地拾取特殊几何点，AutoCAD 提供了一系列不同方式的对象捕捉工具，这些工具包含在图 3-4 所示的【对象捕捉】工具栏上。

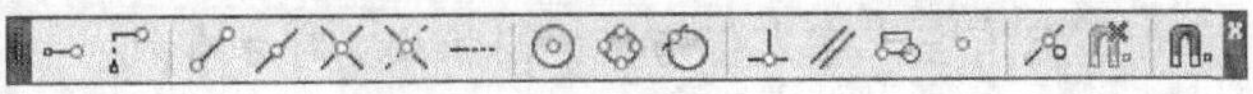
图 3-4　【对象捕捉】工具栏

对象捕捉功能仅在 AutoCAD 命令运行过程中才有效。启动命令后，当 AutoCAD 提示输入点时，用户可用对象捕捉功能指定一个点。若直接在命令行发出对象捕捉命令，系统将提示错误。

一、常用对象捕捉方式的功能

（1）：捕捉线段、圆弧等几何对象的端点，捕捉代号为 END。启动端点捕捉后，将鼠标光标移动到目标点的附近，AutoCAD 就自动捕捉该点，再单击鼠标左键确认。

（2）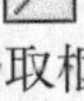：捕捉线段、圆弧等几何对象的中点，捕捉代号为 MID。启动中点捕捉后，将鼠标光标的拾取框与线段、圆弧等几何对象相交，AutoCAD 就自动捕捉这些对象的中点，再单击鼠标左键确认。

（3）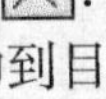：捕捉几何对象间真实的或延伸的交点，捕捉代号为 INT。启动交点捕捉后，将鼠标光标移动到目标点附近，AutoCAD 就自动捕捉该点，单击鼠标左键确认。若两个对象没有直接相交，可先将鼠标光标的拾取框放在其中一个对象上，单击鼠标左键，然后把拾取框移到另一对象

上，再单击鼠标左键，AutoCAD 就捕捉到交点。

（4）：在二维空间中与功能相同，该捕捉方式还可在三维空间中捕捉两个对象的视图交点（在投影视图中显示相交，但实际上并不一定相交），捕捉代号为 APP。

（5）：捕捉延伸点，捕捉代号为 EXT。用户把鼠标光标从几何对象的端点开始移动，此时系统沿该对象显示出捕捉辅助线及捕捉点的相对极坐标，如图 3-5 所示。输入捕捉距离后，AutoCAD 定位一个新点。

（6）：正交偏移捕捉。该捕捉方式可以使用户相对于一个已知点定位另一点，捕捉代号 FROM。

下面的例子说明正交偏移捕捉的用法，已经绘制出一个矩形，现在想从 *B* 点开始画线，*B* 点与 *A* 点的关系如图 3-6 所示。

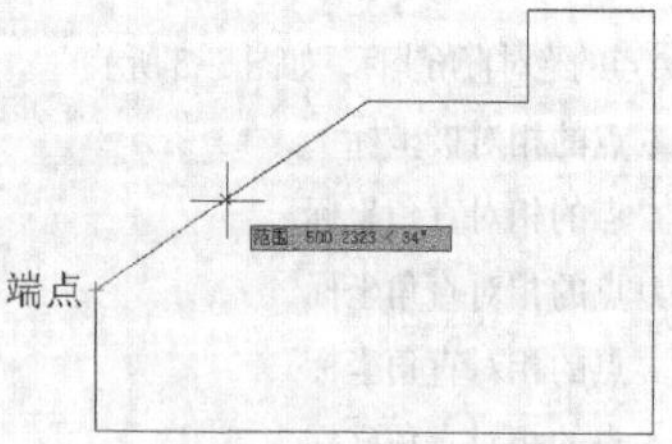

图 3-5　捕捉延伸点

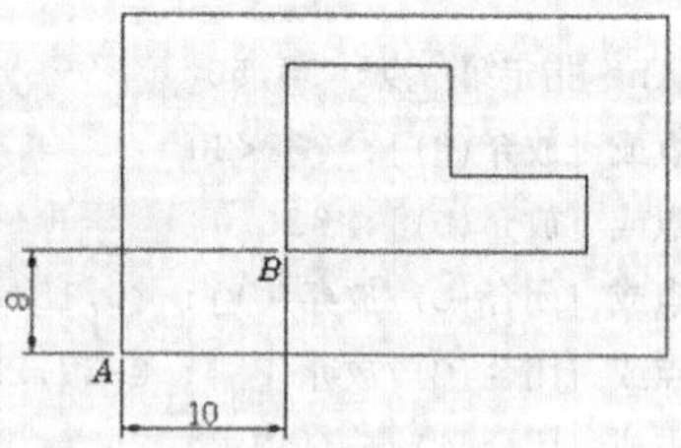

图 3-6　正交偏移捕捉

```
命令: _line 指定第一点: _from 基点: _int 于          //先单击按钮，再单击按钮
                                   //单击按钮，移动鼠标光标到 A 点处，单击鼠标左键
<偏移>: @10,8                       //输入 B 点相对于 A 点的坐标
指定下一点或 [放弃(U)]:              //拾取下一个端点
指定下一点或 [放弃(U)]:              //按 Enter 键结束
```

（7）：捕捉圆、圆弧、椭圆的中心，捕捉代号为 CEN。启动中心点捕捉后，将鼠标光标的拾取框与圆弧、椭圆等几何对象相交，AutoCAD 就自动捕捉这些对象的中心点，再单击鼠标左键确认。

要点提示　捕捉圆心时，只有当十字光标与圆、圆弧相交时才有效。

（8）：捕捉圆、圆弧、椭圆的 0°、90°、180° 或 270° 处的点（象限点），捕捉代号为 QUA。启动象限点捕捉后，将鼠标光标的拾取框与圆弧、椭圆等几何对象相交，AutoCAD 就显示出与拾取框最近的象限点，再单击鼠标左键确认。

（9）：在绘制相切的几何关系时，该捕捉方式使用户可以捕捉切点，捕捉代号为 TAN。启动切点捕捉后，将鼠标光标的拾取框与圆弧、椭圆等几何对象相交，AutoCAD 就显示出切点，再单击鼠标左键确认。

（10）：在绘制垂直的几何关系时，该捕捉方式让用户可以捕捉垂足，捕捉代号为 PER。启动垂足捕捉后，将鼠标光标的拾取框与线段、圆弧等几何对象相交，AutoCAD 就自动捕捉垂足，再单击鼠标左键确认。

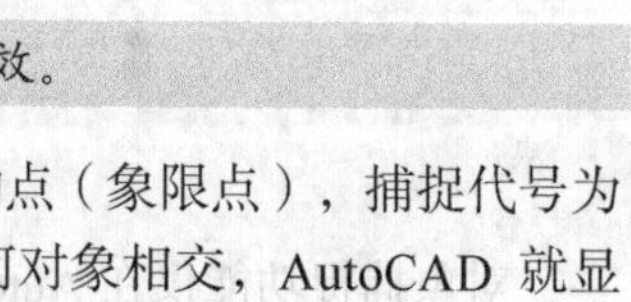

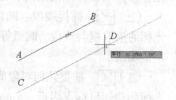

图 3-7　平行捕捉

（11）：平行捕捉，可用于绘制平行线，捕捉代号为 PAR。如图 3-7 所示，用 LINE 命令绘制线段 *AB* 的平行线 *CD*。发出 LINE

命令后，首先指定线段起点 *C*，然后选择“平行捕捉”。移动鼠标光标到线段 *AB* 上，此时该线段上出现小的平行线符号，表示线段 *AB* 已被选定。再移动鼠标光标到即将创建平行线的位置，此时 AutoCAD 显示出平行线，输入该线长度，就绘制出平行线。

（12）：捕捉 POINT 命令创建的点对象，捕捉代号为 NOD。操作方法与端点捕捉类似。

（13）：捕捉距离鼠标光标中心最近的几何对象上的点，捕捉代号为 NEA。操作方法与端点捕捉类似。

（14）捕捉两点间连线的中点：捕捉代号为 M2P。使用这种捕捉方式时，用户先指定两个点，AutoCAD 将捕捉到这两点连线的中点。

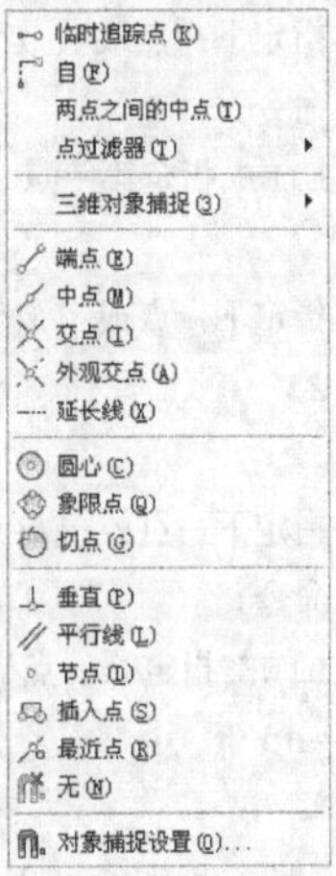

图 3-8　对象捕捉快捷菜单

二、调用对象捕捉功能的方法

（1）绘图过程中，当 AutoCAD 提示输入一个点时，用户可单击捕捉按钮或输入捕捉代号来启动对象捕捉。然后将鼠标光标移动到要捕捉的特征点附近，AutoCAD 就自动捕捉该点。

（2）利用快捷菜单。发出 AutoCAD 命令后，按下 Shift 键并单击鼠标右键，弹出快捷菜单，如图 3-8 所示。通过该菜单，用户可选择捕捉何种类型的点。

（3）前面所述的捕捉方式仅对当前操作有效，命令结束后，捕捉模式自动关闭，这种捕捉方式称为覆盖捕捉方式。除此之外，用户可以采用自动捕捉方式来定位点。当打开这种方式时，AutoCAD 将根据事先设定的捕捉类型自动寻找几何对象上相应的点。

【练习 3-3】：设置自动捕捉方式。

1. 用鼠标右键单击状态栏上的按钮，弹出快捷菜单，选取【设置】命令，打开【草图设置】对话框，在该对话框的【对象捕捉】选项卡中设置捕捉点的类型，如图 3-9 所示。
2. 单击 确定 按钮，关闭对话框，然后用鼠标左键按下按钮，打开自动捕捉方式。

【练习 3-4】：练习运用对象捕捉的功能。打开文件“3-4.dwg”，如图 3-10 左图所示，使用 LINE 命令将左图修改为右图。

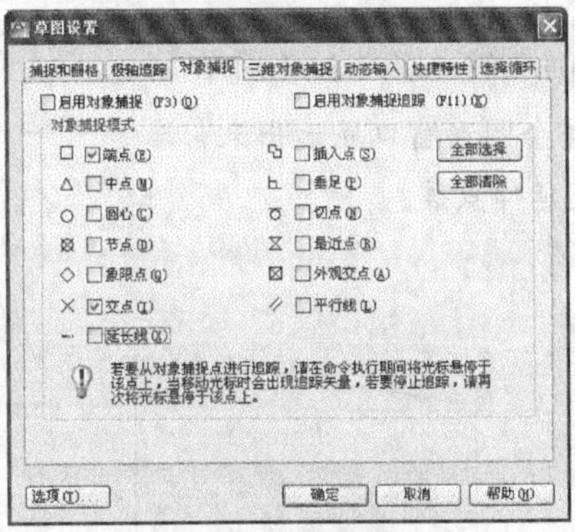

图 3-9 【草图设置】对话框

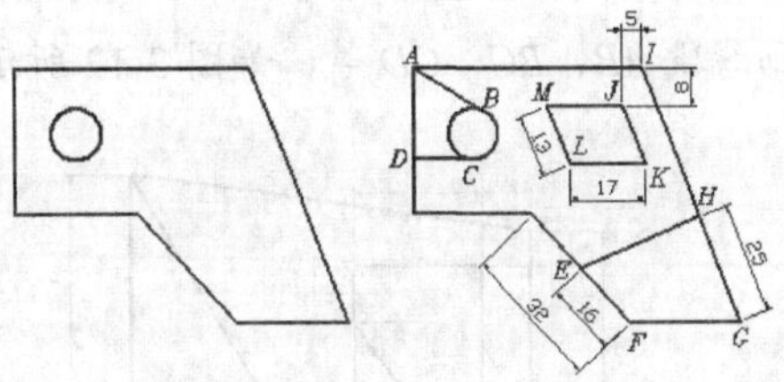

图 3-10　利用对象捕捉精确画线

```
命令: _line 指定第一点: int 于      //输入交点捕捉代号“INT”并按Enter键
                                    //将鼠标光标移动到 A 点处，单击鼠标左键，如图 3-10 所示
指定下一点或 [放弃(U)]: tan 到      //输入切点捕捉代号“TAN”并按Enter键
                                    //将鼠标光标移动到 B 点附近，单击鼠标左键
指定下一点或 [放弃(U)]:             //按Enter键结束
命令:                               //重复命令
```

```
LINE 指定第一点: qua 于                //输入象限点捕捉代号“QUA”并按 Enter 键
                                      //将鼠标光标移动到 C 点附近，单击鼠标左键
指定下一点或 [放弃(U)]: per 到         //输入垂足捕捉代号“PER”并按 Enter 键
                                      //使鼠标光标与直线 AD 相交，AutoCAD 显示垂足 D，单击鼠标左键
指定下一点或 [放弃(U)]:                //按 Enter 键结束
命令:                                 //重复命令
LINE 指定第一点: mid 于                //输入中点捕捉代号“MID”并按 Enter 键
                                      //使鼠标光标与直线 EF 相交，AutoCAD 显示中点 E，单击鼠标左键
指定下一点或 [放弃(U)]: ext 于         //输入延伸点捕捉代号“EXT”并按 Enter 键
25                                    //将鼠标光标移动到 G 点附近，AutoCAD 自动沿直线进行追踪
                                      //输入 H 点与 G 点的距离
指定下一点或 [放弃(U)]:                //按 Enter 键结束
命令:                                 //重复命令
LINE 指定第一点: from 基点:            //输入正交偏移捕捉代号“FROM”并按 Enter 键
end 于                                //输入端点捕捉代号“END”并按 Enter 键
                                      //将鼠标光标移动到 I 点处，单击鼠标左键
<偏移>: @-5,-8                        //输入 J 点相对于 I 点的坐标
指定下一点或 [放弃(U)]: par 到         //输入平行偏移捕捉代号“PAR” 并按 Enter 键
13                                    //将鼠标光标从直线 HG 处移动到 JK 处，再输入线段 JK 的长度
指定下一点或 [放弃(U)]: par 到         //输入平行偏移捕捉代号“PAR” 并按 Enter 键
17                                    //将鼠标光标从直线 AI 处移动到 KL 处，再输入线段 KL 的长度
指定下一点或 [闭合(C)/放弃(U)]: par 到
                                      //输入平行偏移捕捉代号“PAR” 并按 Enter 键
13                                    //将鼠标光标从直线 JK 处移动到 LM 处，再输入线段 LM 的长度
指定下一点或 [闭合(C)/放弃(U)]: C      //使线框闭合
```

3.1.4 上机练习

【练习 3-5】：输入点的相对坐标画线及利用对象捕捉精确画线，如图 3-11 所示。

1. 设定绘图区域大小为 120×120，并使该区域充满整个图形窗口显示出来。
2. 打开对象捕捉功能，设定捕捉方式为端点、交点及延伸点等。
3. 画线段 *AB*、*BC*、*CD* 等，如图 3-12 所示。

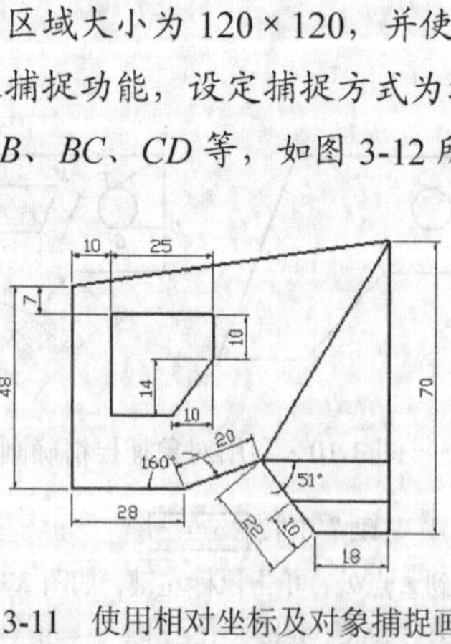

图 3-11 使用相对坐标及对象捕捉画线

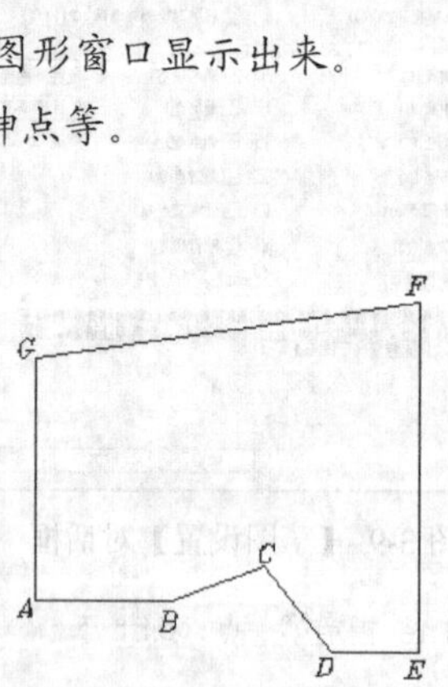

图 3-12 画线段 *AB*、*BC* 等

```
命令: _line 指定第一点:                         //单击 A 点，如图 3-12 所示
指定下一点或 [放弃(U)]: @28,0                   //输入 B 点的相对坐标
```

```
指定下一点或 [放弃(U)]: @20<20                      //输入 C 点的相对坐标
指定下一点或 [闭合(C)/放弃(U)]: @22<-51             //输入 D 点的相对坐标
指定下一点或 [闭合(C)/放弃(U)]: @18,0               //输入 E 点的相对坐标
指定下一点或 [闭合(C)/放弃(U)]: @0,70               //输入 F 点的相对坐标
指定下一点或 [闭合(C)/放弃(U)]:                     //按 Enter 键结束
命令:                                               //重复命令
LINE 指定第一点:                                    //捕捉端点 A
指定下一点或 [放弃(U)]: @0,48                       //输入 G 点的相对坐标
指定下一点或 [放弃(U)]:                             //捕捉端点 F
指定下一点或 [闭合(C)/放弃(U)]:                     //按 Enter 键结束
```

结果如图 3-12 所示。

4. 画直线 *CF*、*CJ*、*HI*，如图 3-13 所示。

```
命令: _line 指定第一点:                             //捕捉交点 C，如图 3-13 所示
指定下一点或 [放弃(U)]:                             //捕捉交点 F
指定下一点或 [放弃(U)]:                             //按 Enter 键结束
命令:                                               //重复命令
LINE 指定第一点:                                    //捕捉交点 C
指定下一点或 [放弃(U)]: per 到                      //捕捉垂足 J
指定下一点或 [放弃(U)]:                             //按 Enter 键结束
命令:                                               //重复命令
LINE 指定第一点: 10                                 //捕捉延伸点 H
指定下一点或 [放弃(U)]: per 到                      //捕捉垂足 I
指定下一点或 [放弃(U)]:                             //按 Enter 键结束
```

结果如图 3-13 所示。

5. 画闭合线框 *K*，如图 3-14 所示。

```
命令: _line 指定第一点: from                        //输入正交偏移捕捉代号“FROM”
基点:                                               //捕捉端点 A
<偏移>: @10,-7                                      //输入 B 点的相对坐标
指定下一点或 [放弃(U)]: @25,0                       //输入 C 点的相对坐标
指定下一点或 [放弃(U)]: @0,-10                      //输入 D 点的相对坐标
指定下一点或 [闭合(C)/放弃(U)]: @-10,-14            //输入 E 点的相对坐标
指定下一点或 [闭合(C)/放弃(U)]: @-15,0              //输入 F 点的相对坐标
指定下一点或 [闭合(C)/放弃(U)]: C                   //使线框闭合
```

结果如图 3-14 所示。

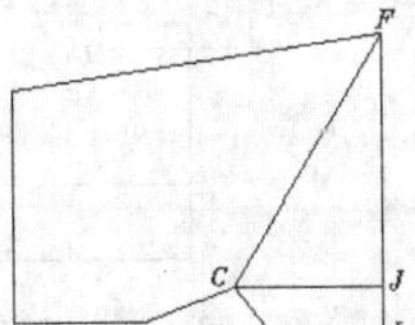

图 3-13 画线段 *CF*、*CJ* 等

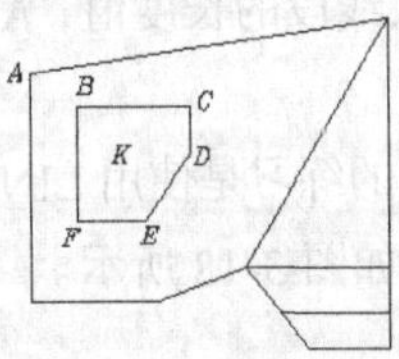

图 3-14 画闭合线框

【练习 3-6】：已知图形左下角点的绝对坐标，输入点的绝对坐标及相对坐标画线，如图 3-15 所示。

【练习 3-7】：输入点的相对坐标画线及利用对象捕捉精确画线，如图 3-16 所示。

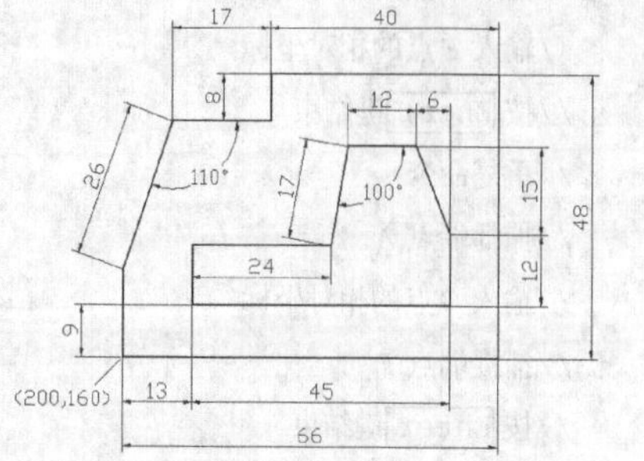

图 3-15　输入绝对坐标及相对坐标画线

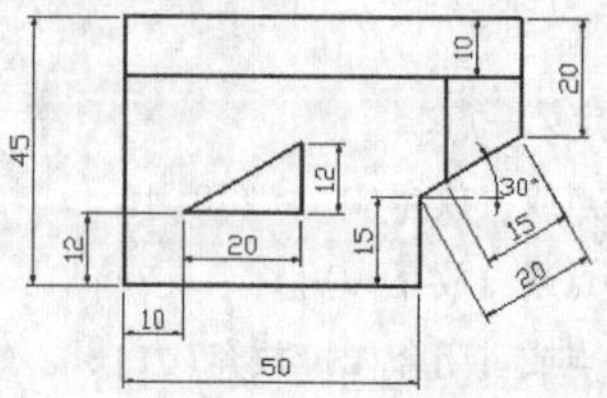

图 3-16　使用相对坐标及对象捕捉画线

【练习 3-8】：输入点的相对坐标画线，如图 3-17 所示。

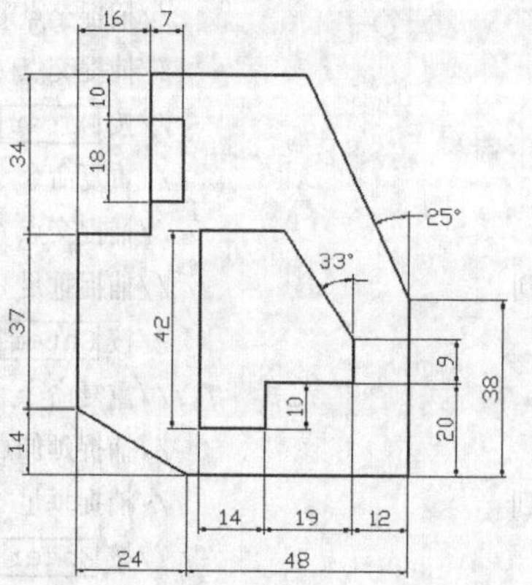

图 3-17　输入相对坐标画线

3.2 画直线构成的平面图形（二）

AutoCAD 的辅助画线工具包括正交、极轴追踪及对象捕捉追踪等。利用这些工具，用户可以高效地绘制直线。

3.2.1 利用正交模式辅助画线

单击状态栏上的按钮打开正交模式。在正交模式下，鼠标光标只能沿水平或竖直方向移动。画线时若同时打开该模式，则只需输入线段的长度值，AutoCAD 就自动画出水平或竖直线段。

【练习 3-9】：下面的练习是使用 LINE 命令并结合正交模式画线，如图 3-18 所示。

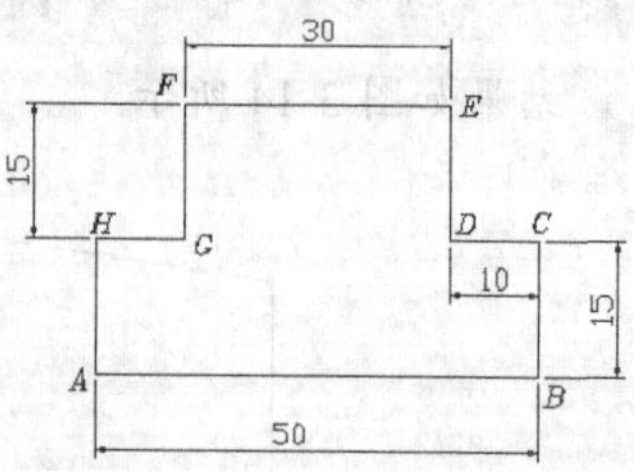

图 3-18　打开正交模式画线

```
命令: _line 指定第一点:<正交 开>                //拾取点 A 并打开正交模式，鼠标向右移动一定距离
指定下一点或 [放弃(U)]: 50                      //输入线段 AB 的长度
指定下一点或 [放弃(U)]: 15                      //输入线段 BC 的长度
指定下一点或 [闭合(C)/放弃(U)]: 10              //输入线段 CD 的长度
指定下一点或 [闭合(C)/放弃(U)]: 15              //输入线段 DE 的长度
指定下一点或 [闭合(C)/放弃(U)]: 30              //输入线段 EF 的长度
指定下一点或 [闭合(C)/放弃(U)]: 15              //输入线段 FG 的长度
指定下一点或 [闭合(C)/放弃(U)]: 10              //输入线段 GH 的长度
指定下一点或 [闭合(C)/放弃(U)]: C               //使连续线闭合
```

3.2.2　使用极轴追踪画线

打开极轴追踪功能后，鼠标光标就按用户设定的极轴方向移动，AutoCAD 将在该方向上显示一条追踪辅助线及光标点的极坐标值，如图 3-19 所示。

【练习 3-10】：练习使用极轴追踪功能。

1. 用鼠标右键单击状态栏上的按钮，弹出快捷菜单，选取【设置】命令，打开【草图设置】对话框中的【极轴追踪】选项卡，如图 3-20 所示。

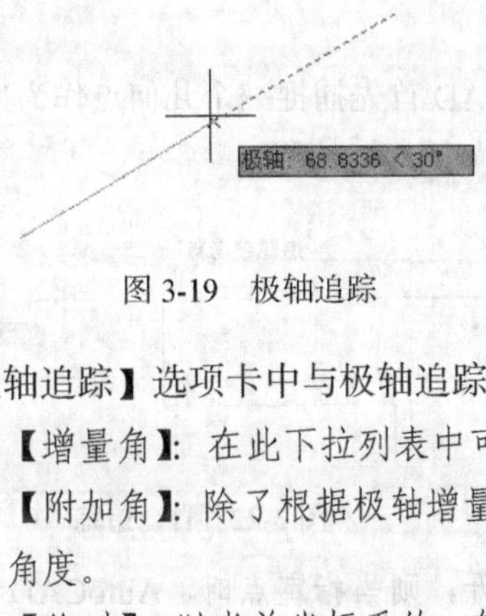

图 3-19　极轴追踪

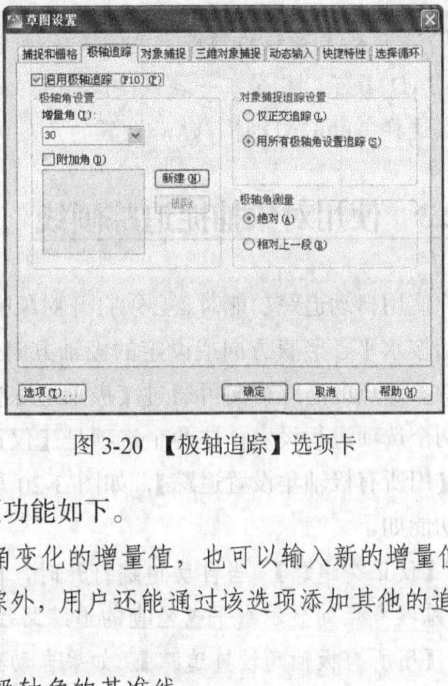

图 3-20　【极轴追踪】选项卡

【极轴追踪】选项卡中与极轴追踪有关的选项功能如下。

- 【增量角】：在此下拉列表中可选择极轴角变化的增量值，也可以输入新的增量值。
- 【附加角】：除了根据极轴增量角进行追踪外，用户还能通过该选项添加其他的追踪角度。
- 【绝对】：以当前坐标系的 x 轴作为计算极轴角的基准线。
- 【相对上一段】：以最后创建的对象为基准线计算极轴角度。

2. 在【极轴追踪】选项卡的【增量角】下拉列表中设定极轴角增量为“30”。此后，若用户打开极轴追踪画线，则鼠标光标将自动沿 0°、30°、60°、90° 和 120° 等方向进行追踪，再输入线段长度值，AutoCAD 就在该方向上画出线段。单击 确定 按钮，关闭【草图设置】对话框。
3. 按下按钮，打开极轴追踪。输入 LINE 命令，AutoCAD 提示如下。

```
命令: _line 指定第一点:                     //拾取点A，如图 3-21 所示
指定下一点或 [放弃(U)]: 30                   //沿 0° 方向追踪，并输入AB长度
指定下一点或 [放弃(U)]: 10                   //沿 120° 方向追踪，并输入BC长度
指定下一点或 [闭合(C)/放弃(U)]: 15           //沿 30° 方向追踪，并输入CD长度
指定下一点或 [闭合(C)/放弃(U)]: 10           //沿 300° 方向追踪，并输入DE长度
指定下一点或 [闭合(C)/放弃(U)]: 20           //沿 90° 方向追踪，并输入EF长度
指定下一点或 [闭合(C)/放弃(U)]: 43           //沿 180° 方向追踪，并输入FG长度
指定下一点或 [闭合(C)/放弃(U)]: C            //使连续折线闭合
```

结果如图 3-21 所示。

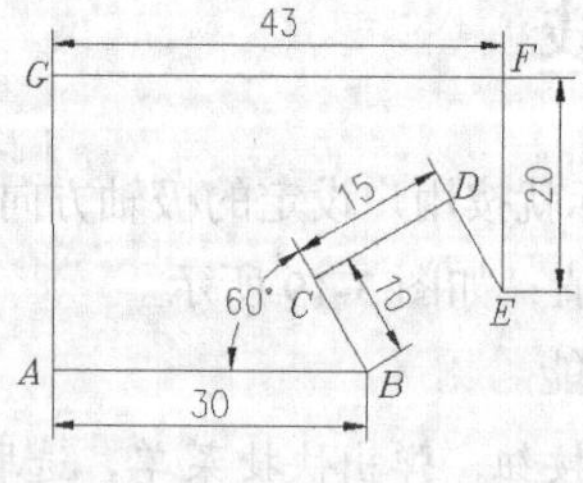

图 3-21　使用极轴追踪画线

要点提示　如果直线的倾斜角度不在极轴追踪的范围内，可使用角度覆盖方式画线。方法是：当 AutoCAD 提示"指定下一点或[闭合（C）/放弃（U）]："时，按照"<角度"形式输入直线的倾角，这样 AutoCAD 将暂时沿设置的角度画线。

3.2.3　使用对象捕捉追踪画线

用户使用自动追踪功能时，必须打开对象捕捉。AutoCAD 首先捕捉一个几何点作为追踪参考点，然后按水平、竖直方向或设定的极轴方向进行追踪，如图 3-22 所示。

追踪参考点的追踪方向可通过【极轴追踪】选项卡中的两个选项进行设定，这两个选项是【仅正交追踪】及【用所有极轴角设置追踪】，如图 3-20 所示，它们的功能如下。

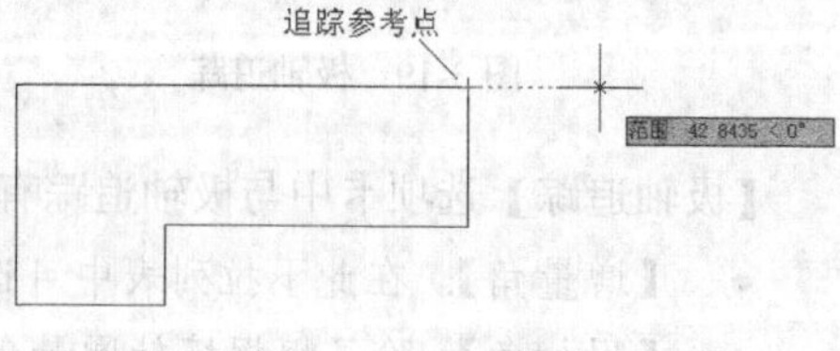

图 3-22　自动追踪

- 【仅正交追踪】：当自动追踪打开时，仅在追踪参考点处显示水平或竖直的追踪路径。
- 【用所有极轴角设置追踪】：如果自动追踪功能打开，则当指定点时，AutoCAD 将在追踪参考点处沿任何极轴角方向显示追踪路径。

【练习 3-11】：练习使用对象捕捉追踪功能。

1. 打开文件"3-11.dwg"，如图 3-23 所示。
2. 在【草图设置】对话框中设置对象捕捉方式为交点、中点。
3. 单击状态栏上的□、∠按钮，打开对象捕捉及自动追踪功能。
4. 输入 LINE 命令。

5. 将鼠标光标放置在 *A* 点附近，AutoCAD 自动捕捉 *A* 点（注意不要单击鼠标左键），并在此建立追踪参考点，同时显示出追踪辅助线，如图 3-23 所示。

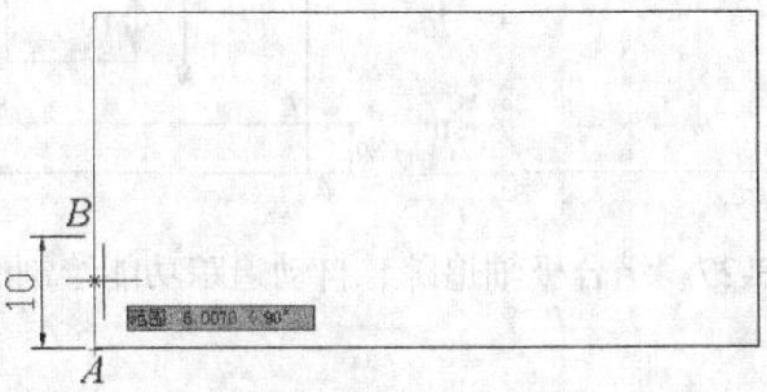

图 3-23　沿竖直辅助线追踪

要点提示　AutoCAD 把追踪参考点用符号“+”标记出来。当用户再次移动鼠标光标到这个符号的位置时，符号“+”将消失。

6. 向上移动鼠标光标，鼠标光标将沿竖直辅助线运动，输入距离值“10”，按 Enter 键，则 AutoCAD 追踪到 *B* 点，该点是线段的起始点。
7. 再次在 *A* 点建立追踪参考点，并向右追踪，然后输入距离值“15”，按 Enter 键，此时 AutoCAD 追踪到 *C* 点，如图 3-24 所示。

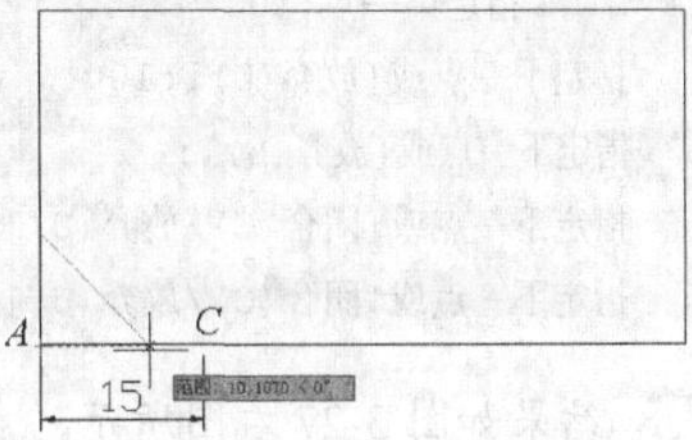

图 3-24　沿水平辅助线追踪

8. 将鼠标光标移动到中点 *M* 处，AutoCAD 自动捕捉该点（注意不要单击鼠标左键），并在此建立追踪参考点，如图 3-25 所示。用同样的方法在中点 *N* 处建立另一个追踪参考点。
9. 移动鼠标光标到 *D* 点附近，AutoCAD 显示两条追踪辅助线，如图 3-25 所示。在两条辅助线的交点处单击鼠标左键，则 AutoCAD 绘制出线段 *CD*。
10. 以 *F* 点为追踪参考点，向左和向上追踪就可以确定 *E*、*G* 点，结果如图 3-26 所示。

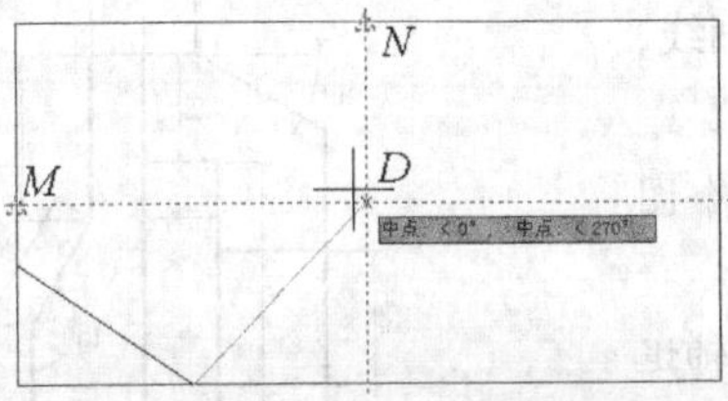

图 3-25　利用两条追踪辅助线定位点

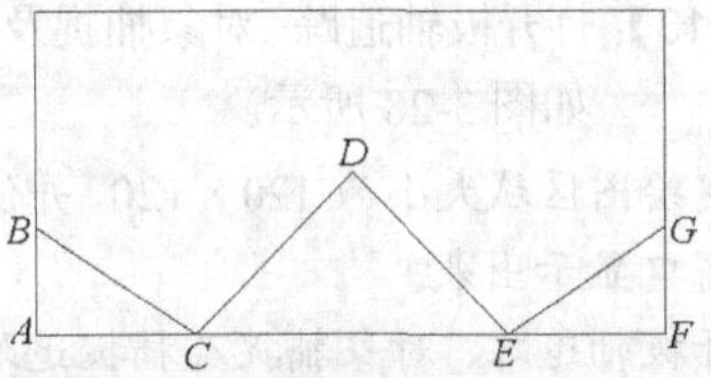

图 3-26　确定 *E*、*G* 点

上述例子中 AutoCAD 仅沿水平或竖直方向追踪，若想使 AutoCAD 沿设定的极轴角方向追踪，可在【草图设置】对话框的【对象捕捉追踪设置】分组框中选择【用所有极轴角设置追踪】，如图 3-20 所示。

以上两个例子说明了极轴追踪及自动追踪功能的用法。在实际绘图过程中，常将这两项功能结合起来使用，既能方便地沿极轴方向画线，又能轻易地沿极轴方向定位点。

【练习 3-12】：使用 LINE 命令并结合极轴追踪和捕捉追踪功能，将图 3-27 中的左图修改为右图。

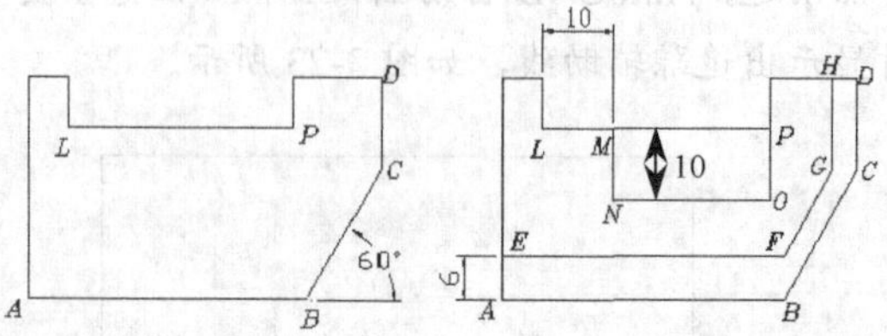

图 3-27　结合极轴追踪、自动追踪功能绘制图形

1. 打开文件“3-12.dwg”。
2. 打开极轴追踪、对象捕捉及捕捉追踪功能。设置极轴追踪角度增量为 30°，设定对象捕捉方式为端点、交点，设置沿所有极轴角进行捕捉追踪。
3. 输入 LINE 命令，AutoCAD 提示：

```
命令:_line 指定第一点:6                          //以 A 点为追踪参考点向上追踪，输入追踪距离并按 Enter 键
指定下一点或[放弃(U)]:                          //从 E 点向右追踪，在 B 点建立追踪参考点以确定 F 点
指定下一点或[放弃(U)]:                          //从 F 点沿 60° 方向追踪，在 C 点建立参考点以确定 G 点
指定下一点或[闭合(C)/放弃(U)]:                  //从 G 点向上追踪并捕捉交点 H
指定下一点或[闭合(C)/放弃(U)]:                  //按 Enter 键结束
命令:                                           //按 Enter 键重复命令
LINE 指定第一点:10                               //从基点 L 向右追踪，输入追踪距离并按 Enter 键
指定下一点或[放弃(U)]:10                        //从 M 点向下追踪，输入追踪距离并按 Enter 键
指定下一点或[放弃(U)]:                          //从 N 点向右追踪，在 P 点建立追踪参考点以确定 O 点
指定下一点或[闭合(C)/放弃(U)]:                  //从 O 点向上追踪并捕捉交点 P
指定下一点或[闭合(C)/放弃(U)]:                  //按 Enter 键结束
```

结果如图 3-27 右图所示。

3.2.4　上机练习

【练习 3-13】: 打开极轴追踪、对象捕捉及捕捉追踪功能画线，如图 3-28 所示。

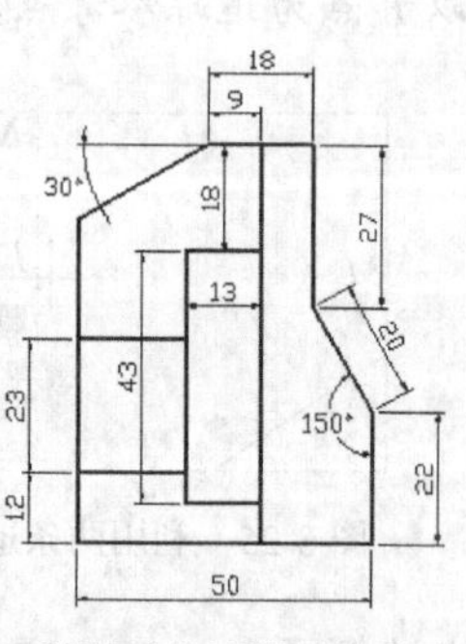

图 3-28　利用对象捕捉及追踪功能画线

1. 设定绘图区域大小为 120 × 120，并使该区域充满整个图形窗口显示出来。
2. 打开极轴追踪、对象捕捉及捕捉追踪功能。设置极轴追踪角度增量为 30°，设定对象捕捉方式为端点、交点，设置沿所有极轴角进行捕捉追踪。
3. 画线段 AB、BC 及 CD 等，如图 3-29 所示。

```
命令: _line 指定第一点:                          //单击 A 点，如图 3-29 所示
指定下一点或 [放弃(U)]: 50                       //从 A 点向右追踪并输入追踪距离
指定下一点或 [放弃(U)]: 22                       //从 B 点向上追踪并输入追踪距离
指定下一点或 [闭合(C)/放弃(U)]: 20               //从 C 点沿 120° 方向追踪并输入追踪距离
指定下一点或 [闭合(C)/放弃(U)]: 27               //从 D 点向上追踪并输入追踪距离
指定下一点或 [闭合(C)/放弃(U)]: 18               //从 E 点向左追踪并输入追踪距离
                                                //从 A 点向上移动鼠标光标，系统显示竖直追踪线
```

```
                                    //当鼠标光标移动到某一位置时，系统显示 210° 方向追踪线
指定下一点或 [闭合(C)/放弃(U)]:      //在两条追踪线的交点处单击一点 G
指定下一点或 [闭合(C)/放弃(U)]:      //捕捉 A 点
指定下一点或 [闭合(C)/放弃(U)]:      //按 Enter 键结束
```

结果如图 3-29 所示。

4. 画线段 *HI*、*JK*、*KL* 等，如图 3-30 所示。

```
命令: _line 指定第一点: 9                //从 F 点向右追踪并输入追踪距离
指定下一点或 [放弃(U)]:                  //从 H 点向下追踪并捕捉交点 I
指定下一点或 [放弃(U)]:                  //按 Enter 键结束
命令:                                    //重复命令
LINE 指定第一点: 18                      //从 H 点向下追踪并输入追踪距离
指定下一点或 [放弃(U)]: 13               //从 J 点向左追踪并输入追踪距离
指定下一点或 [放弃(U)]: 43               //从 K 点向下追踪并输入追踪距离
指定下一点或 [闭合(C)/放弃(U)]:          //从 L 点向右追踪并捕捉交点 M
指定下一点或 [闭合(C)/放弃(U)]:          //按 Enter 键结束
```

结果如图 3-30 所示。

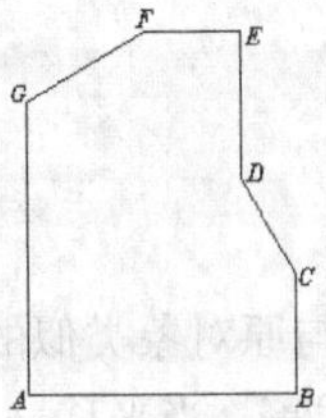

图 3-29 画闭合线框

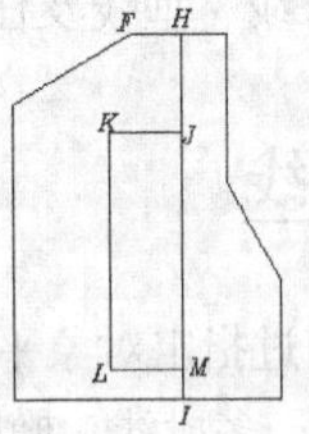

图 3-30 画线段 *HI*、*JK*、*KL* 等

5. 画线段 *NO*、*PQ*，如图 3-31 所示。

```
命令: _line 指定第一点: 12               //从 A 点向上追踪并输入追踪距离
指定下一点或 [放弃(U)]:                  //从 N 点向右追踪并捕捉交点 O
指定下一点或 [放弃(U)]:                  //按 Enter 键结束
命令:                                    //重复命令
LINE 指定第一点: 23                      //从 N 点向上追踪并输入追踪距离
指定下一点或 [放弃(U)]:                  //从 P 点向右追踪并捕捉交点 Q
指定下一点或 [放弃(U)]:                  //按 Enter 键结束
```

结果如图 3-31 所示。

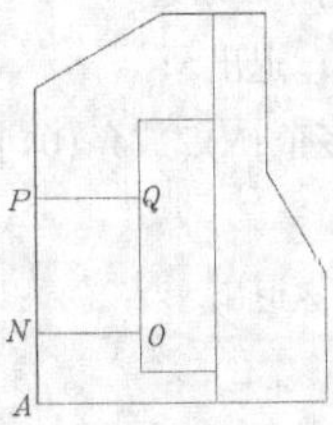

图 3-31 画线段 *NO*、*PQ*

【练习 3-14】：打开极轴追踪、对象捕捉及捕捉追踪画线，如图 3-32 所示。
【练习 3-15】：打开极轴追踪、对象捕捉及捕捉追踪画线，如图 3-33 所示。

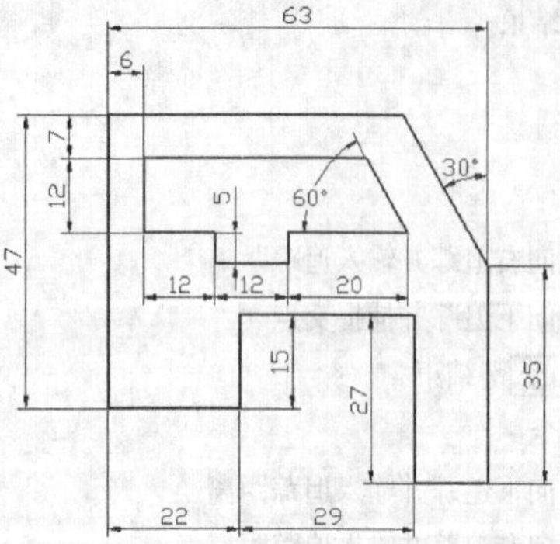

图 3-32　利用对象捕捉及追踪功能画线

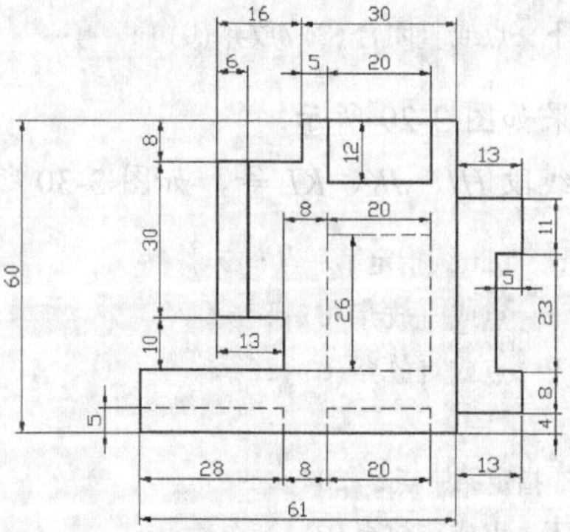

图 3-33　利用对象捕捉及追踪功能画线

3.3 画直线构成的平面图形（三）

以下主要介绍平行线、垂线及任意角度斜线等的画法。

3.3.1　画平行线

OFFSET 命令可通过指定对象平移的距离，创建一个与原对象类似的新对象。它可操作的图元包括直线、圆、圆弧、多段线、椭圆、构造线及样条曲线等。当平移一个圆时，可创建同心圆。当平移一条闭合的多段线时，也可建立一个与原对象形状相同的闭合图形。

使用 OFFSET 命令时，用户可以通过两种方式创建新线段：一种是输入平行线间的距离，另一种是指定新平行线通过的点。

命令启动方法

- 菜单命令：【修改】/【偏移】。
- 面板：【修改】面板上的按钮。
- 命令：OFFSET 或简写 O。

【练习 3-16】：练习 OFFSET 命令。

打开文件“3-16.dwg”，如图 3-34 左图所示，下面用 OFFSET 命令将左图修改为右图。

```
命令：_offset                                        //绘制与 AB 平行的线段 CD，如图 3-34 右图所示
指定偏移距离或 [通过(T)/删除(E)/图层(L)] <通过>:  10        //输入平行线间的距离
选择要偏移的对象，或 [退出(E)/放弃(U)] <退出>:              //选择线段 AB
指定要偏移的那一侧上的点，或 [退出(E)/多个(M)/放弃(U)] <退出>:
                                                   //在线段 AB 的右边单击一点
选择要偏移的对象，或 [退出(E)/放弃(U)] <退出>:              //按 Enter 键结束
命令:OFFSET                                         //过 K 点画线段 EF 的平行线 GH
指定偏移距离或 [通过(T)/删除(E)/图层(L)] <10.0000>:  T     //选取“通过(T)”选项
选择要偏移的对象，或 [退出(E)/放弃(U)] <退出>:              //选择线段 EF
```

```
指定通过点或 [退出(E)/多个(M)/放弃(U)] <退出>:            //捕捉平行线通过的点 K
选择要偏移的对象，或 [退出(E)/放弃(U)] <退出>:            //按 Enter 键结束
```

结果如图 3-34 右图所示。

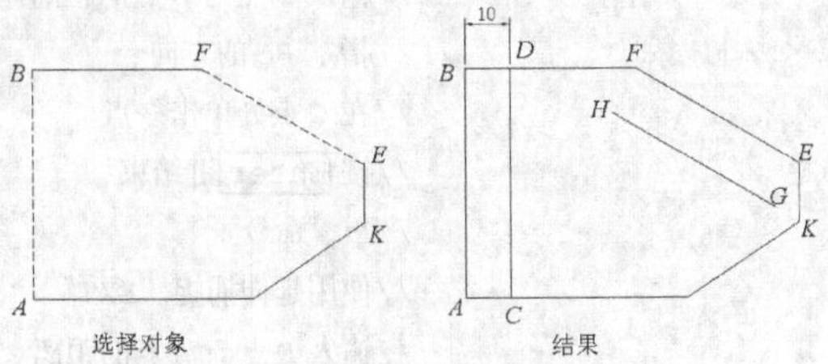

图 3-34　作平行线

命令选项

- 指定偏移距离：用户输入平移距离值，系统根据此数值偏移原始对象产生新对象。
- 通过(T)：通过指定点创建新的偏移对象。
- 删除(E)：偏移源对象后将其删除。
- 图层(L)：指定将偏移后的新对象放置在当前图层上或源对象所在的图层上。
- 多个(M)：在要偏移的一侧单击多次，就创建多个等距对象。

3.3.2　利用垂足捕捉“PER”画垂线

若是过线段外的一点 *A* 作已知线段 *BC* 的垂线 *AD*，则用户可使用 LINE 命令并结合垂足捕捉“PER”绘制该条垂线。

【练习 3-17】：利用垂足捕捉“PER”画垂线。

```
命令: _line 指定第一点:              //拾取 A 点，如图 3-35 所示
指定下一点或 [放弃(U)]: per 到       //利用“PER”捕捉垂足 D
指定下一点或 [放弃(U)]:              //按 Enter 键结束
```

结果如图 3-35 所示。

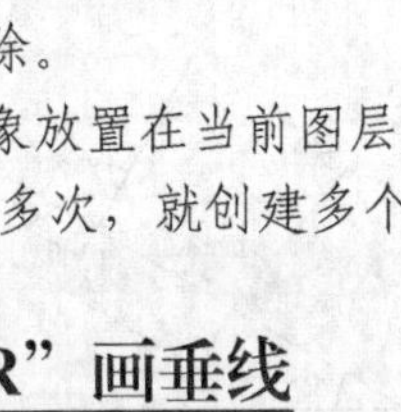

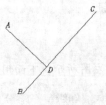

图 3-35　画垂线

3.3.3　利用角度覆盖方式画垂线和倾斜直线

如果要沿某一方向画任意长度的线段，用户可在 AutoCAD 提示输入点时，输入一个小于号“<”及角度值，该角度表明了画线的方向，AutoCAD 将把鼠标光标锁定在此方向上，移动鼠标光标，线段的长度就发生变化，获取适当长度后，单击鼠标左键结束，这种画线方式称为角度覆盖。

【练习 3-18】：画垂线和倾斜直线。

打开文件“3-18.dwg”，如图 3-36 所示，利用角度覆盖方式画垂线 *BC* 和斜线 *DE*。

```
命令: _line 指定第一点: ext                    //使用延伸捕捉“EXT”
于 20                                          //输入 B 点与 A 点的距离
指定下一点或 [放弃(U)]: <120                   //指定 BC 的方向
指定下一点或 [放弃(U)]:                        //在 C 点处单击一点
指定下一点或 [放弃(U)]:                        //按 Enter 键结束
命令:                                          //重复命令
LINE 指定第一点: ext                           //使用延伸捕捉“EXT”
于 50                                          //输入 D 点与 A 点的距离
指定下一点或 [放弃(U)]: <130                   //指定 DE 的方向
指定下一点或 [放弃(U)]:                        //在 E 点处单击一点
指定下一点或 [放弃(U)]:                        //按 Enter 键结束
```

结果如图 3-36 所示。

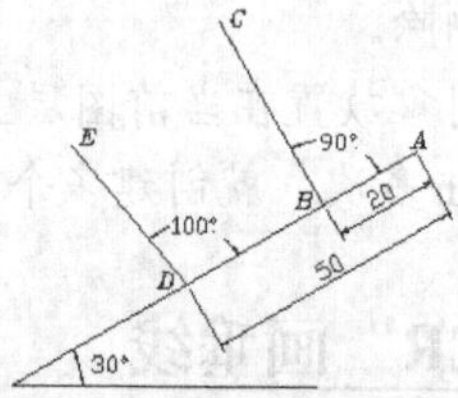

图 3-36　画垂线及斜线

3.3.4　用 XLINE 命令画水平、竖直及倾斜直线

XLINE 命令可以画无限长的构造线，用户可用它直接画出水平方向、竖直方向、倾斜方向及平行关系等的直线。绘图过程中采用此命令画定位线或绘图辅助线是很方便的。

命令启动方法

- 菜单命令：【绘图】/【构造线】。
- 面板：【绘图】面板上的按钮。
- 命令：XLINE 或简写 XL。

【练习 3-19】：练习 XLINE 命令。

打开文件“3-19.dwg”，如图 3-37 左图所示，下面用 XLINE 命令将左图修改为右图。

```
命令: _xline 指定点或 [水平(H)/垂直(V)/角度(A)/二等分(B)/偏移(O)]: V
                                               //使用“垂直(V)”选项
指定通过点: ext                                //使用延伸捕捉
于 12                                          //输入 B 点与 A 点的距离，如图 3-37 右图所示
指定通过点:                                    //按 Enter 键结束
命令:                                          //重复命令
XLINE 指定点或 [水平(H)/垂直(V)/角度(A)/二等分(B)/偏移(O)]: A
                                               //使用“角度(A)”选项
```

```
输入构造线的角度 (0) 或 [参照(R)]: R        //使用“参照(R)”选项
选择直线对象:                                //选择直线 AC
输入构造线的角度 <0>: -50                    //输入角度值
指定通过点: ext                              //使用延伸捕捉
于 10                                        //输入 D 点与 C 点的距离
指定通过点:                                  //按 Enter 键结束
```

结果如图 3-37 右图所示。

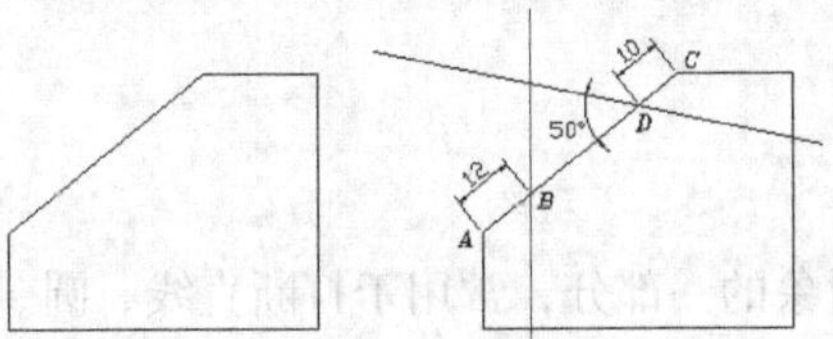

图 3-37　画构造线

命令选项

- 指定点：通过两点绘制直线。
- 水平(H)：画水平方向直线。
- 垂直(V)：画竖直方向直线。
- 角度(A)：通过某点画一个与已知直线成一定角度的直线。
- 二等分(B)：绘制一条平分已知角度的直线。
- 偏移(O)：可输入一个平移距离绘制平行线，或指定线段通过的点来创建新平行线。

3.3.5　调整线段的长度

LENGTHEN 命令可以改变直线、圆弧、椭圆弧及样条曲线等的长度。使用此命令时，经常采用的是“动态”选项，即直观地拖动对象来改变其长度。

命令启动方法

- 菜单命令：【修改】/【拉长】。
- 面板：【修改】面板上的按钮。
- 命令：LENGTHEN 或简写 LEN。

【练习 3-20】：练习 LENGTHEN 命令。

打开文件“3-20.dwg”，如图 3-38 左图所示，下面用 LENGTHEN 命令将左图修改为右图。

```
命令: _lengthen
选择对象或 [增量(DE)/百分数(P)/全部(T)/动态(DY)]: DY
                                             //使用“动态(DY)”选项
选择要修改的对象或 [放弃(U)]:                //选择线段 A 的上端，如图 3-38 左图所示
指定新端点:                                  //调整线段端点到适当位置
选择要修改的对象或 [放弃(U)]:                //选择线段 B 的右端
指定新端点:                                  //调整线段端点到适当位置
选择要修改的对象或 [放弃(U)]:                //按 Enter 键结束
```

结果如图 3-38 右图所示。

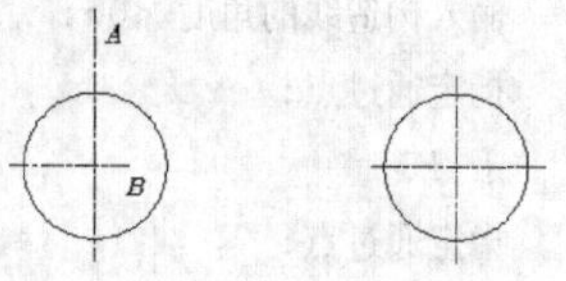

图 3-38　改变对象长度

命令选项

- 增量(DE)：以指定的增量值改变直线或圆弧的长度。对于圆弧，还可通过设定角度增量改变其长度。
- 百分数(P)：以对象总长度的百分比形式改变对象长度。
- 全部(T)：通过指定直线或圆弧的新长度来改变对象总长。
- 动态(DY)：拖动鼠标就可以动态地改变对象长度。

3.3.6　打断线条

BREAK 命令可以删除对象的一部分，常用于打断直线、圆、圆弧及椭圆等。此命令既可以在一个点打断对象，也可以在指定的两点打断对象。

命令启动方法

- 菜单命令：【修改】/【打断】。
- 面板：【修改】面板上的按钮。
- 命令：BREAK 或简写 BR。

【练习 3-21】：练习 BREAK 命令。

打开文件"3-21.dwg"，如图 3-39 左图所示，用 BREAK 命令将左图修改为右图。

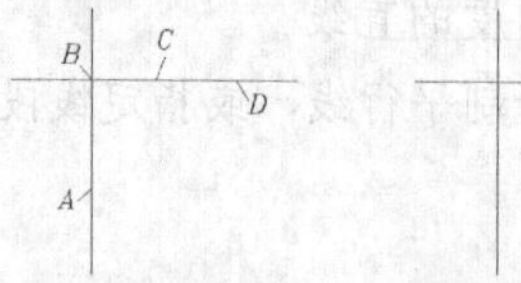

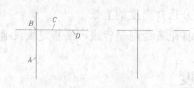

图 3-39　打断线段

```
命令: _break 选择对象:
                    //在 C 点处选择对象，如图 3-39 左图所示，AutoCAD 将该点作为第一打断点
指定第二个打断点或 [第一点(F)]: //在 D 点处选择对象（选择点也可不在线段上）
命令:                              //重复命令
BREAK 选择对象:                    //选择线段 A
指定第二个打断点或 [第一点(F)]: F  //使用"第一点(F)"选项
指定第一个打断点: int 于           //捕捉交点 B
指定第二个打断点: @                //第二打断点与第一打断点重合，线段 A 将在 B 点处断开
```

结果如图 3-39 右图所示。

命令选项

- 指定第二个打断点：在图形对象上选取第二点后，系统将第一打断点与第二打断点间的部分删除。指定的第二打断点不必在图形对象上，只要在打断位置附近单击一点即可。
- 第一点(F)：该选项使用户可以重新指定第一打断点。

BREAK 命令还有以下一些操作方式。

- 如果要删除线段或圆弧的一端，可在选择被打断的对象后，将第二打断点指定在要删除部分那端的外面。
- 当提示输入第二打断点时，输入“@”，则系统将第一断点和第二断点视为同一点，这样就将一个对象拆分为二而没有删除其中的任何一部分。

3.3.7 延伸线段

利用EXTEND命令可以将直线、曲线等对象延伸到一个边界对象，使其与边界对象相交。有时边界对象可能是隐含边界，这时对象延伸后并不与边界直接相交，而是与边界的隐含部分（延长线）相交。

命令启动方法

- 菜单命令：【修改】/【延伸】。
- 面板：【修改】面板上的 --/ 按钮。
- 命令：EXTEND或简写EX。

【练习3-22】：练习EXTEND命令。

打开文件“3-22.dwg”，如图3-40左图所示，用EXTEND命令将左图修改为右图。

```
命令: _extend
选择对象或 <全部选择>:  找到 1 个      //选择边界线段C，如图3-40左图所示
选择对象:                       //按Enter键
选择要延伸的对象，或按住 Shift 键选择要修剪的对象，或[栏选(F)/窗交(C)/投影(P)/边(E)/放弃(U)]:
                              //选择要延伸的线段A
选择要延伸的对象，或按住 Shift 键选择要修剪的对象，或[栏选(F)/窗交(C)/投影(P)/边(E)/放弃(U)]:  E
                              //利用“边(E)”选项将线段B延伸到隐含边界
输入隐含边延伸模式 [延伸(E)/不延伸(N)] <不延伸>: E //指定“延伸(E)”选项
选择要延伸的对象，或按住 Shift 键选择要修剪的对象，或[栏选(F)/窗交(C)/投影(P)/边(E)/放弃(U)]:
                              //选择线段B
选择要延伸的对象，或按住 Shift 键选择要修剪的对象，或[栏选(F)/窗交(C)/投影(P)/边(E)/放弃(U)]:
                              //按Enter键结束
```

结果如图3-40右图所示。

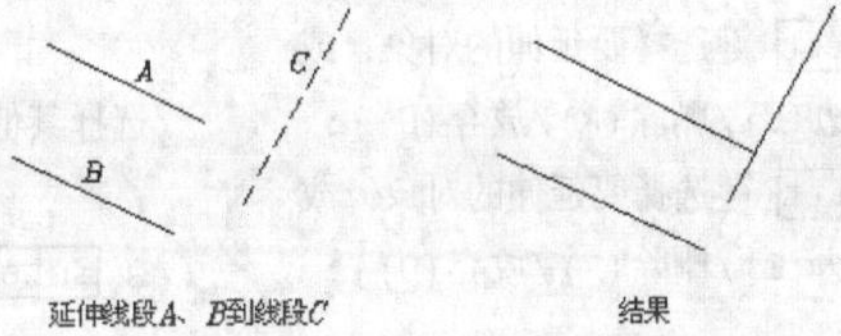

图3-40　延伸线段

要点提示　在延伸操作中，一个对象可同时被用做边界边和延伸对象。

命令选项

- 按住Shift键选择要修剪的对象：将选择的对象修剪到边界而不是将其延伸。
- 栏选(F)：用户绘制连续折线，与折线相交的对象被延伸。

- 窗交(C)：利用交叉窗口选择对象。
- 投影(P)：该选项使用户可以指定延伸操作的空间。对于二维绘图来说，延伸操作是在当前用户坐标平面（*xy* 平面）内进行的。在三维空间绘图时，用户可通过该选项将两个交叉对象投影到 *xy* 平面或当前视图平面内执行延伸操作。
- 边(E)：该选项控制是否把对象延伸到隐含边界。当边界边太短且延伸对象后不能与其直接相交时（图 3-40 所示的边界边 *C*），就打开该选项，此时假想将边界边延长，然后使延伸边伸长到与边界相交的位置。
- 放弃(U)：取消上一次操作。

3.3.8 修剪线条

在绘图过程中，常有许多线条交织在一起，用户若想将线条的某一部分修剪掉，可使用 TRIM 命令。启动该命令后，AutoCAD 提示用户指定一个或几个对象作为剪切边（可以想象为剪刀），然后用户就可以选择被剪掉的部分。剪切边可以是直线、圆弧及样条曲线等对象，剪切边本身也可作为被修剪的对象。

命令启动方法

- 菜单命令：【修改】/【修剪】。
- 面板：【修改】面板上的 -/-- 按钮。
- 命令：TRIM 或简写 TR。

【练习 3-23】：练习 TRIM 命令。

打开文件“3-23.dwg”，如图 3-41 左图所示，下面用 TRIM 命令将左图修改为右图。

```
命令: _trim
选择对象或 <全部选择>:  找到 1 个                          //选择剪切边 AB，如图 3-41 左图所示
选择对象: 找到 1 个, 总计 2 个                              //选择剪切边 CD
选择对象:                                                  //按 Enter 键确认
选择要修剪的对象, 或按住 Shift 键选择要延伸的对象, 或
[栏选(F)/窗交(C)/投影(P)/边(E)/删除(R)/放弃(U)]:            //选择被修剪的一个对象
选择要修剪的对象, 或按住 Shift 键选择要延伸的对象, 或
[栏选(F)/窗交(C)/投影(P)/边(E)/删除(R)/放弃(U)]:            //选择其他被修剪的一个对象
选择要修剪的对象, 或按住 Shift 键选择要延伸的对象, 或
[栏选(F)/窗交(C)/投影(P)/边(E)/删除(R)/放弃(U)]:            //选择其他被修剪的一个对象
选择要修剪的对象, 或按住 Shift 键选择要延伸的对象, 或
[栏选(F)/窗交(C)/投影(P)/边(E)/删除(R)/放弃(U)]:            //按 Enter 键结束
```

结果如图 3-41 右图所示。

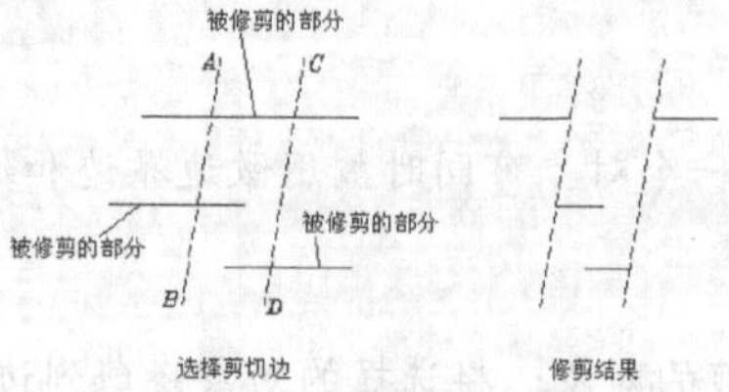

图 3-41 修剪线段

要点提示 当修剪图形中某一区域的线条时，可直接把这个部分的所有图元都选中，这样图元之间就能进行相互修剪。用户接下来的任务仅仅是仔细地选择被剪切的对象。

命令选项

- 按住 Shift 键选择要延伸的对象：将选定的对象延伸至剪切边。
- 栏选(F)：用户绘制连续折线，与折线相交的对象被修剪。
- 窗交(C)：利用交叉窗口选择对象。
- 投影(P)：该选项可以使用户指定执行修剪的空间。例如，三维空间中两条线段呈交叉关系，用户可利用该选项假想将其投影到某一平面上执行修剪操作。
- 边(E)：选择此选项，AutoCAD 提示：

```
输入隐含边延伸模式 [延伸(E)/不延伸(N)] <不延伸>:
```

- 延伸(E)：如果剪切边太短，没有与被修剪对象相交，系统假想将剪切边延长，然后执行修剪操作，如图 3-42 所示。
- 不延伸（N）：只有当剪切边与被剪切对象实际相交才进行修剪。
- 删除（R）：不退出 TRIM 命令就能删除选定的对象。
- 放弃（U）：若修剪有误，可输入字母“U”撤销修剪。

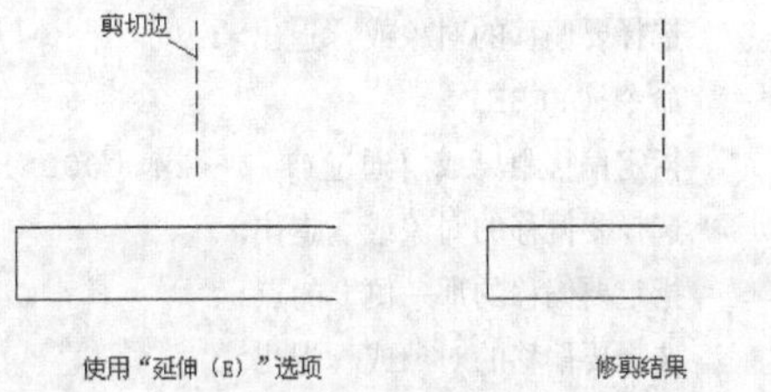

图 3-42　使用“延伸（E）”选项完成修剪操作

3.3.9　上机练习

【练习 3-24】：用 LINE、OFFSET、EXTEND 及 TRIM 等命令绘图，如图 3-43 所示。

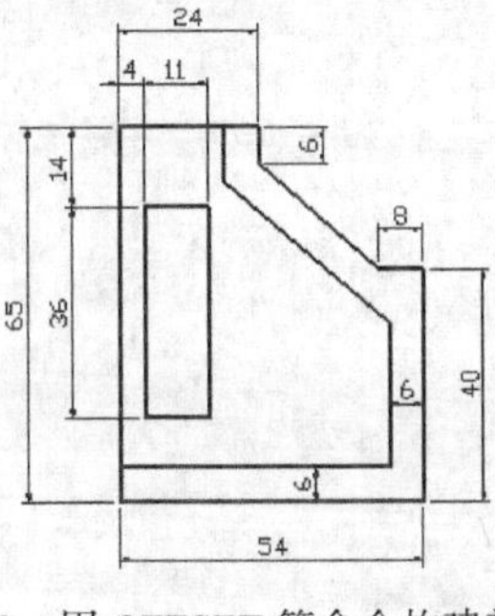

图 3-43　用 OFFSET 等命令构建新图形

1. 打开极轴追踪、对象捕捉及捕捉追踪功能。设置极轴追踪角度增量为 90，设定对象捕捉方式为端点、交点，设置仅沿正交方向进行捕捉追踪。
2. 画两条正交线段 *AB*、*CD*，如图 3-44 所示。*AB* 的长度为 70 左右，*CD* 的长度为 80 左右。

```
命令: _line 指定第一点:                    //在屏幕上单击 A 点
指定下一点或 [放弃(U)]:                    //水平向右移动鼠标光标再单击 B 点
指定下一点或 [放弃(U)]:                    //按 Enter 键结束
```

再绘制竖直线段 *CD*，结果如图 3-44 所示。

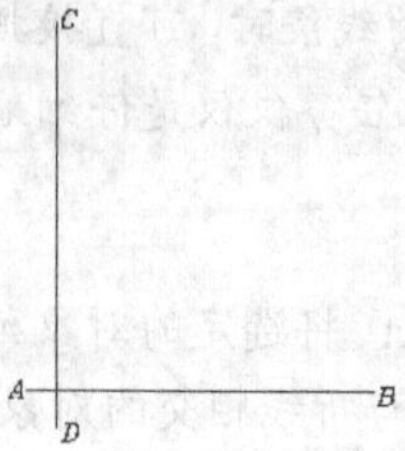

图 3-44　画线段 *AB*、*CD*

3.　画平行线 *G*、*H*、*I*、*J*，如图 3-45 所示。

```
命令: _offset
指定偏移距离或 [通过(T)] <12.0000>: 24                //输入偏移的距离
选择要偏移的对象或 <退出>:                            //选择线段 F
指定要偏移的那一侧上的点:                              //在线段 F 的右边单击一点
选择要偏移的对象或 <退出>:                            //按 Enter 键结束
命令:OFFSET                                          //重复命令
指定偏移距离或 [通过(T)] <24.0000>:54                 //输入偏移的距离
选择要偏移的对象或 <退出>:                            //选择线段 F
指定要偏移的那一侧上的点:                              //在线段 F 的右边单击一点
选择要偏移的对象或 <退出>:                            //按 Enter 键结束
```

继续绘制以下平行线。

向上偏移线段 *E* 至 *I*，偏移距离等于 40。

向上偏移线段 *E* 至 *J*，偏移距离等于 65。

结果如图 3-45 所示。

修剪多余线条，结果如图 3-46 所示。

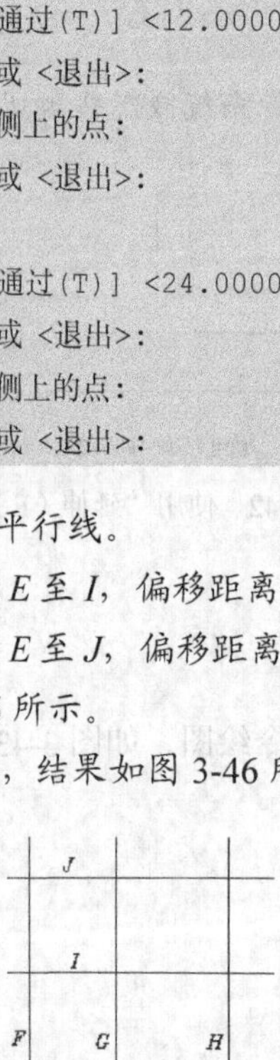

图 3-45　画平行线 *G*、*H*、*I*、*J*

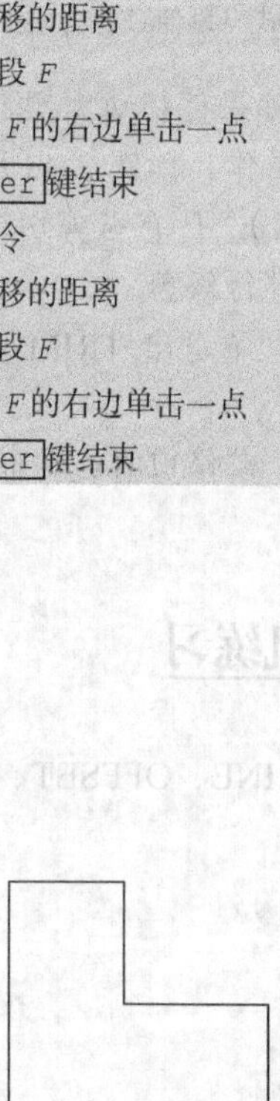

图 3-46　修剪结果

要点提示　为简化说明，仅将 OFFSET 命令序列中与当前操作相关的提示信息及命令选项罗列出来，而将其他部分省略。这种讲解方式在后续的例题中也将采用。

4.　画平行线 *L*、*M*、*O*、*P*，如图 3-47 所示。

```
命令: _offset
指定偏移距离或 [通过(T)] <12.0000>: 4                 //输入偏移的距离
选择要偏移的对象或 <退出>:                            //选择线段 K
```

```
指定要偏移的那一侧上的点:                              //在线段 K 的右边单击一点
选择要偏移的对象或 <退出>:                             //按 Enter 键结束
命令:OFFSET                                            //重复命令
指定偏移距离或 [通过(T)] <4.0000>:11                   //输入偏移的距离
选择要偏移的对象或 <退出>:                             //选择线段 L
指定要偏移的那一侧上的点:                              //在线段 L 的右边单击一点
选择要偏移的对象或 <退出>:                             //按 Enter 键结束
```

继续绘制以下平行线。

向下偏移线段 *N* 至 *O*，偏移距离等于 14。

向下偏移线段 *O* 至 *P*，偏移距离等于 36。

结果如图 3-47 所示。

修剪多余线条，结果如图 3-48 所示。

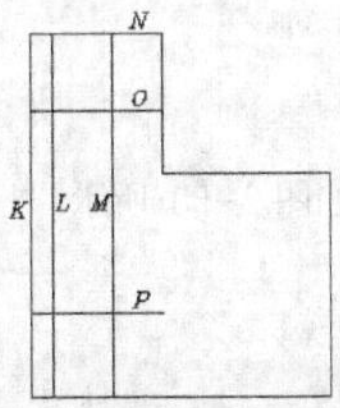

图 3-47　画平行线 *L*、*M*、*O*、*P*

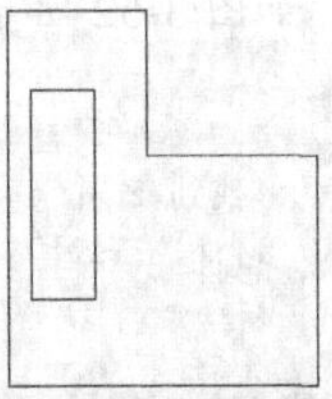

图 3-48　修剪结果

5.　画斜线 *BC*，如图 3-49 所示。

```
命令: _line 指定第一点: 8                   //从 S 点向左追踪并输入追踪距离
指定下一点或 [放弃(U)]: 6                   //从 T 点向下追踪并输入追踪距离
指定下一点或 [放弃(U)]:                     //按 Enter 键结束
```

结果如图 3-49 所示。

修剪多余线条，结果如图 3-50 所示。

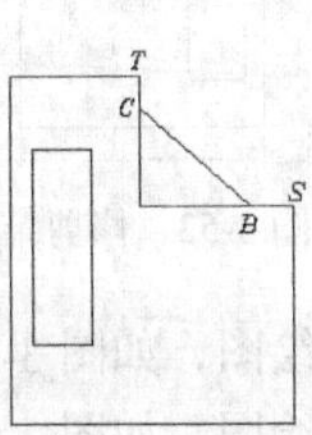

图 3-49　画斜线 *BC*

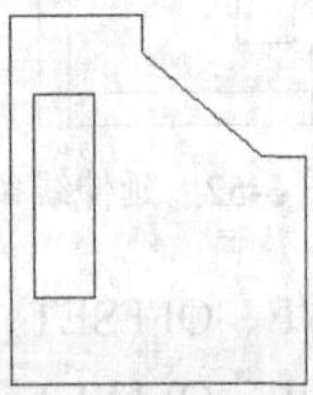

图 3-50　修剪结果

6.　画平行线 *H*、*I*、*J*、*K*，如图 3-51 所示。

```
命令: _offset
指定偏移距离或 [通过(T)] <36.0000>: 6                  //输入偏移的距离
选择要偏移的对象或 <退出>:                             //选择线段 D
指定要偏移的那一侧上的点:                              //在线段 D 的上边单击一点
选择要偏移的对象或 <退出>:                             //选择线段 E
指定要偏移的那一侧上的点:                              //在线段 E 的左边单击一点
选择要偏移的对象或 <退出>:                             //选择线段 F
```

```
指定要偏移的那一侧上的点:                    //在线段 F 的下边单击一点
选择要偏移的对象或 <退出>:                    //选择线段 G
指定要偏移的那一侧上的点:                    //在线段 G 的左边单击一点
选择要偏移的对象或 <退出>:                    //按 Enter 键结束
```

结果如图 3-51 所示。

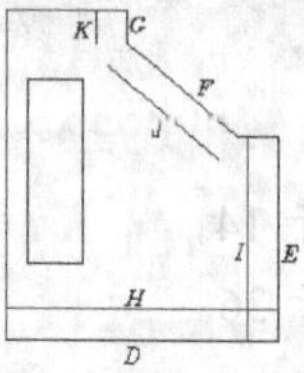

图 3-51　画平行线 *H*、*I*、*J*、*K*

7.　延伸线条 *J*、*K*，如图 3-52 所示。

```
命令: _extend
选择对象: 指定对角点: 找到 2 个              //选择线段 K、J，如图 3-51 所示
选择对象: 找到 1 个，总计 3 个               //选择线段 I
选择对象:                                   //按 Enter 键
选择要延伸的对象[投影(P)/边(E)/放弃(U)]: //向下延伸线段 K
选择要延伸的对象[投影(P)/边(E)/放弃(U)]: //向左上方延伸线段 J
选择要延伸的对象[投影(P)/边(E)/放弃(U)]: //向右下方延伸线段 J
选择要延伸的对象[投影(P)/边(E)/放弃(U)]: //按 Enter 键结束
```

结果如图 3-52 所示。

修剪多余线条，结果如图 3-53 所示。

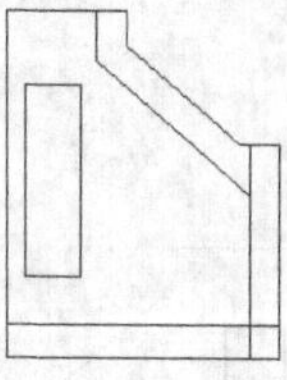

图 3-52　延伸线条

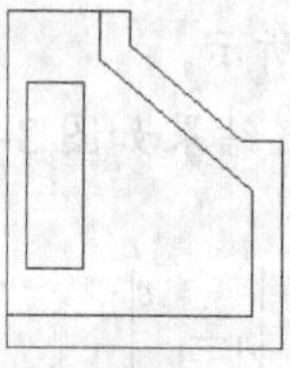

图 3-53　修剪结果

【练习 3-25】：用 LINE、OFFSET、EXTEND 及 TRIM 等命令绘图，如图 3-54 所示。

【练习 3-26】：用 LINE、OFFSET、EXTEND 及 TRIM 等命令绘图，如图 3-55 所示。

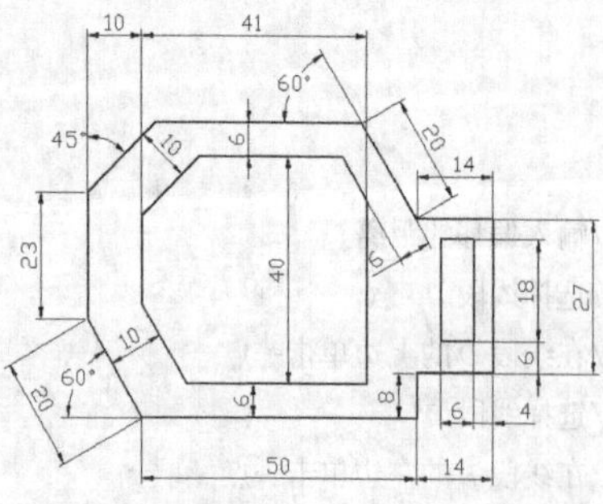

图 3-54　用 OFFSET、TRIM 等命令绘图

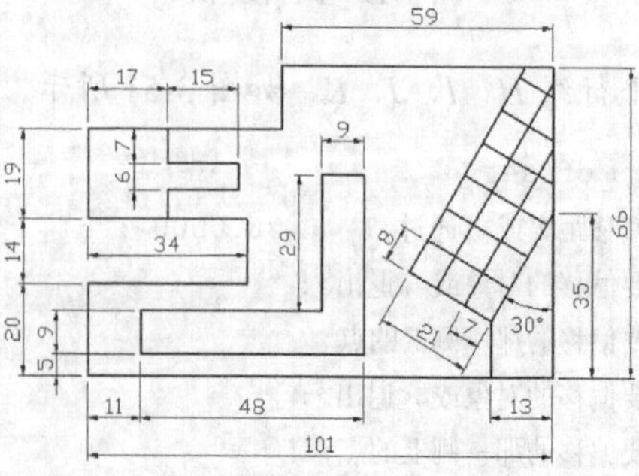

图 3-55　用 OFFSET、TRIM 等命令绘图

【练习 3-27】: 创建以下图层并利用 LINE、OFFSET 及 TRIM 等命令绘制平面图形，如图 3-56 所示。

名称	颜色	线型	线宽
轮廓线层	白色	Continuous	0.5
虚线层	黄色	Dashed	默认
中心线层	红色	Center	默认

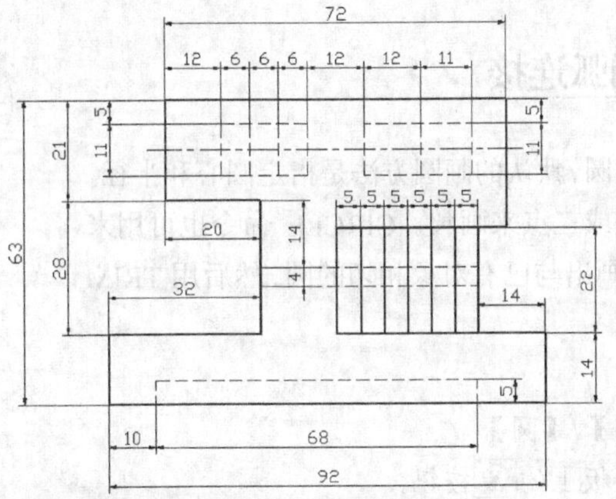

图 3-56　用 OFFSET、TRIM 等命令绘图

3.4 画直线、圆及圆弧等构成的平面图形

下面主要介绍切线、圆和过渡圆弧的绘制方法。

3.4.1　画切线

画切线的情况一般有如下两种。

- 过圆外的一点作圆的切线。
- 绘制两个圆的公切线。

用户可利用 LINE 命令并结合切点捕捉“TAN”来绘制切线。

【练习 3-28】: 画圆的切线。

打开文件“3-28.dwg”，如图 3-57 左图所示，用 LINE 命令将左图修改为右图。

```
命令: _line 指定第一点: end 于                //捕捉端点 A，如图 3-57 右图所示
指定下一点或 [放弃(U)]: tan 到               //捕捉切点 B
指定下一点或 [放弃(U)]:                      //按 Enter 键结束
命令:                                        //重复命令
LINE 指定第一点: end 于                      //捕捉端点 C
指定下一点或 [放弃(U)]: tan 到               //捕捉切点 D
指定下一点或 [放弃(U)]:                      //按 Enter 键结束
命令:                                        //重复命令
LINE 指定第一点: tan 到                      //捕捉切点 E
```

```
指定下一点或 [放弃(U)]: tan 到                    //捕捉切点 F
指定下一点或 [放弃(U)]:                           //按 Enter 键结束
命令:                                            //重复命令
LINE 指定第一点: tan 到                           //捕捉切点 G
指定下一点或 [放弃(U)]: tan 到                    //捕捉切点 H
指定下一点或 [放弃(U)]:                           //按 Enter 键结束
```

结果如图 3-57 右图所示。

3.4.2 画圆及圆弧连接

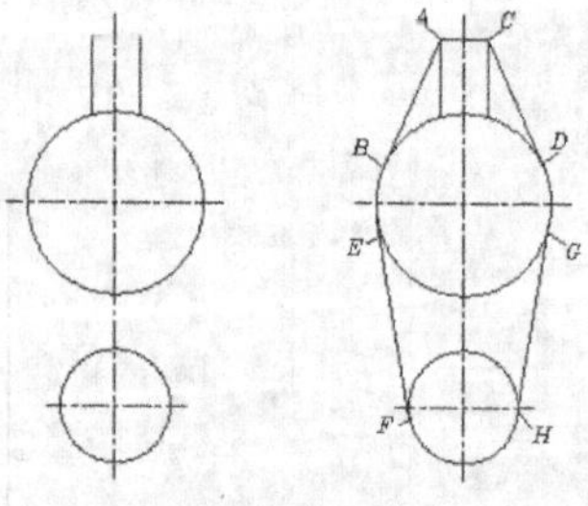

图 3-57 画切线

用 CIRCLE 命令绘制圆，默认的画圆方法是指定圆心和半径。此外，用户还可通过两点或三点来画圆。CIRCLE 命令也可用来绘制过渡圆弧，方法是先画出与已有对象相切的圆，然后用 TRIM 命令修剪多余线条即可。

命令启动方法

- 菜单命令：【绘图】/【圆】。
- 面板：【绘图】面板上的按钮。
- 命令：CIRCLE 或简写 C。

【练习 3-29】：练习 CIRCLE 命令。

打开文件“3-29.dwg”，如图 3-58 左图所示，用 CIRCLE 命令将左图修改为右图。

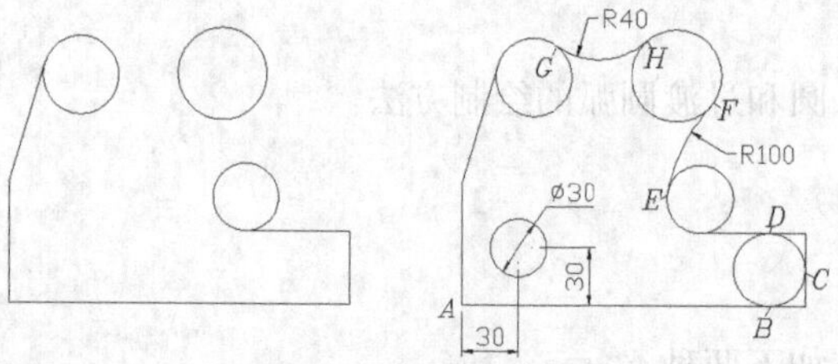

图 3-58 画圆及圆弧连接

```
命令: _circle 指定圆的圆心或 [三点(3P)/两点(2P)/ 切点、切点、半径(T)]: from
                                                 //使用正交偏移捕捉
基点: int 于                                      //捕捉 A 点，如图 3-58 右图所示
<偏移>: @30,30                                    //输入相对坐标
指定圆的半径或 [直径(D)] <19.0019>: 15            //输入圆半径
命令:                                            //重复命令
CIRCLE 指定圆的圆心或 [三点(3P)/两点(2P)/ 切点、切点、半径(T)]: 3P
                                                 //使用“三点(3P)”选项
指定圆上的第一个点: tan 到                        //捕捉切点 B
指定圆上的第二个点: tan 到                        //捕捉切点 C
指定圆上的第三个点: tan 到                        //捕捉切点 D
命令:                                            //重复命令
CIRCLE 指定圆的圆心或 [三点(3P)/两点(2P)/ 切点、切点、半径(T)]: T
```

```
                                        //使用“切点、切点、半径(T)”选项
指定对象与圆的第一个切点:                //捕捉切点 E
指定对象与圆的第二个切点:                //捕捉切点 F
指定圆的半径 <19.0019>: 100              //输入圆半径
命令:                                    //重复命令
CIRCLE 指定圆的圆心或 [三点(3P)/两点(2P)/ 切点、切点、半径(T)]: T
                                        //使用“切点、切点、半径(T)”选项
指定对象与圆的第一个切点:                //捕捉切点 G
指定对象与圆的第二个切点:                //捕捉切点 H
指定圆的半径 <100.0000>: 40              //输入圆半径
```

修剪多余线条，结果如图 3-58 右图所示。

要点提示 当绘制与两圆相切的圆弧时，在圆的不同位置拾取切点，将画出内切或外切不同的圆弧。

命令选项

- 指定圆的圆心：默认选项。输入圆心坐标或拾取圆心后，系统提示输入圆半径或直径值。
- 三点(3P)：输入 3 个点绘制圆。
- 两点(2P)：指定直径的两个端点绘制圆。
- 切点、切点、半径(T)：指定两个切点，然后输入圆半径绘制圆。

3.4.3　倒圆角

倒圆角是利用指定半径的圆弧光滑地连接两个对象，操作对象包括直线、多段线、样条线、圆及圆弧等。对多段线进行倒圆角操作后，可一次将其所有顶点都光滑地过渡（第 7 章中将详细介绍多段线）。

命令启动方法

- 菜单命令：【修改】/【圆角】。
- 面板：【修改】面板上的□按钮。
- 命令：FILLET 或简写 F。

【练习 3-30】：练习 FILLET 命令。

打开文件“3-30.dwg”，如图 3-59 左图所示，下面用 FILLET 命令将左图修改为右图。

```
命令: _fillet
选择第一个对象或 [放弃(U)/多段线(P)/半径(R)/修剪(T)/多个(M)]: R
                                //设置圆角半径
指定圆角半径 <3.0000>: 5         //输入圆角半径值
选择第一个对象或 [放弃(U)/多段线(P)/半径(R)/修剪(T)/多个(M)]:
                                //选择要倒圆角的第一个对象，如图 3-59 左图所示
```

```
选择第二个对象，或按住 Shift 键选择要应用角点的对象:
                                //选择要倒圆角的第二个对象
```

结果如图 3-59 右图所示。

命令选项

- 放弃(U): 取消倒圆角操作。
- 多段线(P): 选择多段线后，系统对多段线的每个顶点进行倒圆角操作，如图 3-60 左图所示。
- 半径(R): 设定圆角半径。若圆角半径为 0，则系统将使被修剪的两个对象交于一点。
- 修剪(T): 指定倒圆角操作后是否修剪对象，如图 3-60 右图为不修剪对象。
- 多个(M): 可一次创建多个圆角。系统将重复提示“选择第一个对象”和“选择第二个对象”，直到用户按 Enter 键结束命令。
- 按住 Shift 键选择要应用角点的对象：若按住 Shift 键选择第二个圆角对象，则以 0 值替代当前的圆角半径。

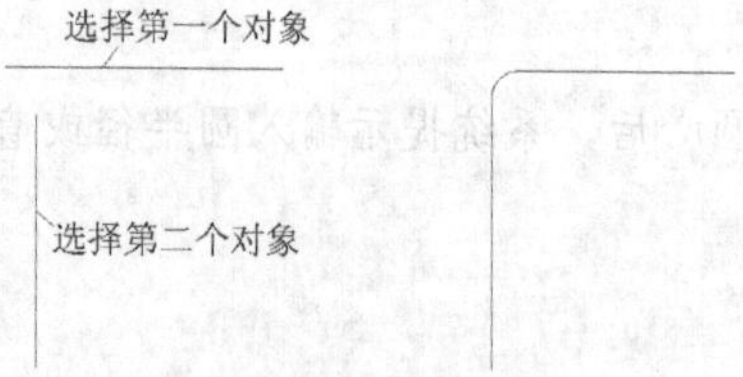

图 3-59　倒圆角

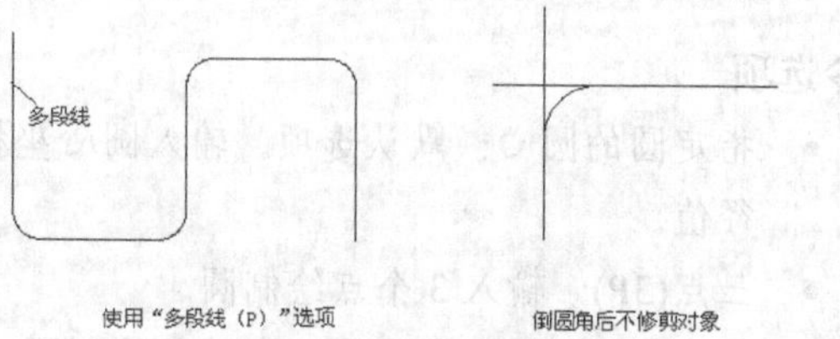

图 3-60　倒圆角的两种情况

3.4.4　倒斜角

倒斜角使用一条斜线连接两个对象。倒角时既可以输入每条边的倒角距离，也可以指定某条边上倒角的长度及与此边的夹角。

命令启动方法

- 菜单命令:【修改】/【倒角】。
- 面板:【修改】面板上的按钮。
- 命令: CHAMFER 或简写 CHA。

【练习 3-31】: 练习 CHAMFER 命令。

打开文件“3-31.dwg”，如图 3-61 左图所示，下面用 CHAMFER 命令将左图修改为右图。

```
命令: _chamfer
选择第一条直线[放弃(U)/多段线(P)/距离(D)/角度(A)/修剪(T)/方式(E)/多个(M)]: D
                                //设置倒角距离
指定第一个倒角距离 <3.0000>: 5              //输入第一个边的倒角距离
指定第二个倒角距离 <5.0000>: 8              //输入第二个边的倒角距离
选择第一条直线或 [放弃(U)/多段线(P)/距离(D)/角度(A)/修剪(T)/方式(E)/多个(M)]:
                                //选择第一个倒角边，如图 3-61 左图所示
选择第二条直线，或按住 Shift 键选择要应用角点的直线:
```

```
                                          //选择第二个倒角边
```

结果如图 3-61 右图所示。

命令选项

- 放弃(U)：取消倒斜角操作。
- 多段线(P)：选择多段线后，系统将对多段线的每个顶点执行倒斜角操作，如图 3-62 左图所示。
- 距离(D)：设定倒角距离。若倒角距离为 0，则系统将被倒角的两个对象交于一点。
- 角度(A)：指定倒角距离及倒角角度，如图 3-62 右图所示。
- 修剪(T)：设置倒斜角时是否修剪对象。该选项与 FILLET 命令的“修剪(T)”选项相同。
- 方式(E)：设置使用两个倒角距离还是一个距离和一个角度来创建倒角。
- 多个(M)：可一次创建多个倒角。系统将重复提示“选择第一条直线”和“选择第二条直线”，直到用户按 Enter 键结束命令。
- 按住 Shift 键选择要应用角点的直线：若按住 Shift 键选择第二个倒角对象，则以 0 值替代当前的倒角距离。

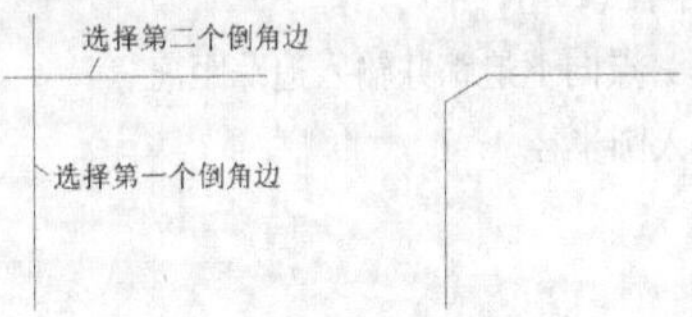

图 3-61　倒斜角

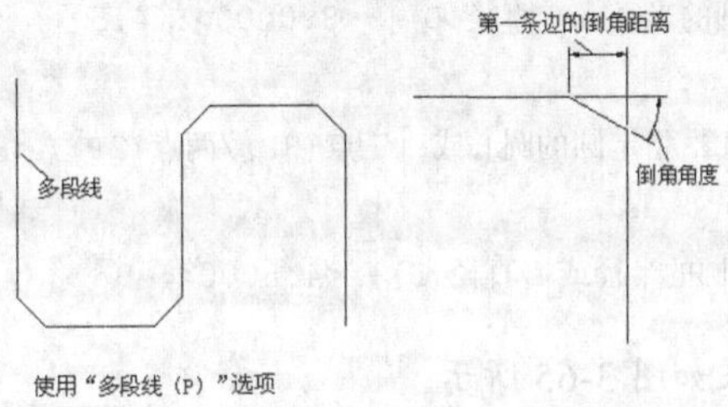

图 3-62　倒斜角的几种情况

3.4.5　上机练习

【练习 3-32】：用 LINE、CIRCLE、OFFSET 及 TRIM 等命令绘制图形，如图 3-63 所示。

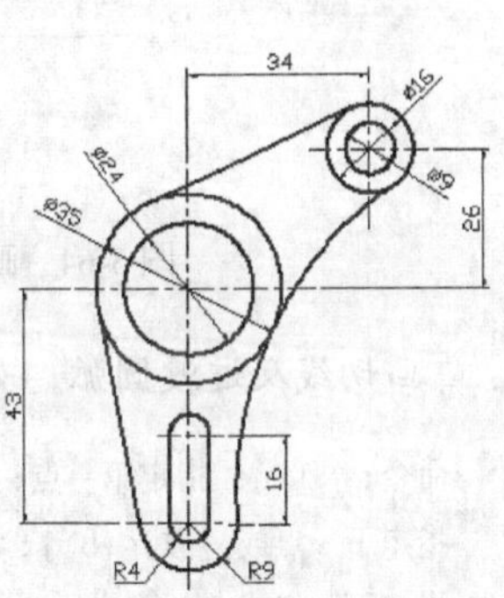

图 3-63　画圆及圆弧连接

1. 打开极轴追踪、对象捕捉及捕捉追踪功能。设置极轴追踪角度增量为 90，设定对象捕捉方式为端点、交点，设置仅沿正交方向进行捕捉追踪。
2. 设定绘图区域大小为 100 × 100，并使该区域充满整个图形窗口显示出来。
3. 画两条长度为 60 左右的正交线段 *AB*、*CD*，如图 3-64 所示。

```
命令: _line 指定第一点:                    //在屏幕上单击 A 点
指定下一点或 [放弃(U)]:                    //水平向右移动鼠标光标再单击 B 点
指定下一点或 [放弃(U)]:                    //按 Enter 键结束
```

绘制竖直线段 *CD*，结果如图 3-64 所示。

4. 画圆 *A*、*B*、*C*、*D* 和 *E*，如图 3-65 所示。

```
命令: _circle 指定圆的圆心或 [三点(3P)/两点(2P)/切点、切点、半径(T)]:
                                                    //捕捉交点 F，如图 3-65 所示
指定圆的半径或 [直径(D)]: 17.5                      //输入圆半径
命令:                                               //重复命令
CIRCLE 指定圆的圆心或 [三点(3P)/两点(2P)/ 切点、切点、半径(T)]:
                                                    //捕捉交点 F
指定圆的半径或 [直径(D)] <17.5000>: 12              //输入圆半径
命令:                                               //重复命令
CIRCLE 指定圆的圆心或 [三点(3P)/两点(2P)/ 切点、切点、半径(T)]: from
                                                    //使用正交偏移捕捉
基点: cen 于                                        //捕捉交点 F
<偏移>: @34,26                                      //输入相对坐标
指定圆的半径或 [直径(D)] <12.0000>: 8               //输入圆半径
命令:                                               //重复命令
CIRCLE 指定圆的圆心或 [三点(3P)/两点(2P)/ 切点、切点、半径(T)]: cen 于
                                                    //捕捉圆 B 的圆心
指定圆的半径或 [直径(D)] <8.0000>: 4.5              //输入圆半径
命令:                                               //重复命令
CIRCLE 指定圆的圆心或 [三点(3P)/两点(2P)/ 切点、切点、半径(T)]: 43
                                                    //从 F 点向下追踪并输入追踪距离
指定圆的半径或 [直径(D)] <4.5000>: 9                //输入圆半径
```

结果如图 3-65 所示。

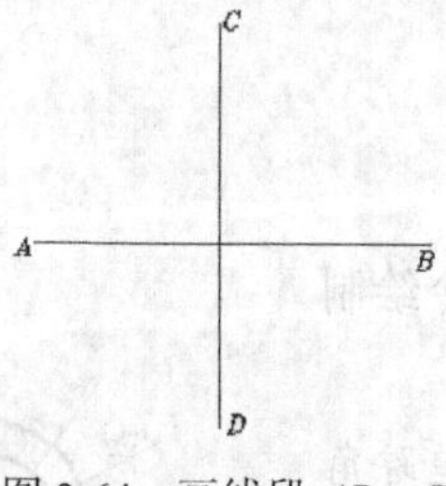

图 3-64　画线段 *AB*、*CD*

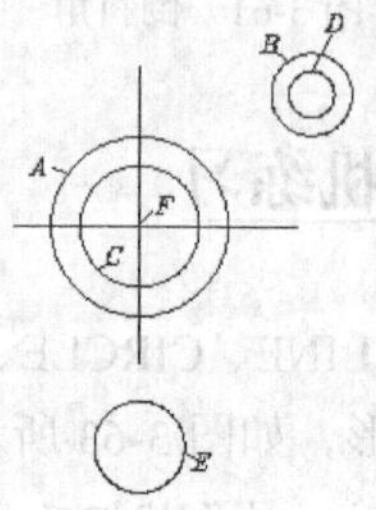

图 3-65　画圆

5. 画切线及过渡圆弧，如图 3-66 所示。

```
命令: _line 指定第一点: tan 到                          //捕捉切点 H
指定下一点或 [放弃(U)]: tan 到                          //捕捉切点 I
指定下一点或 [放弃(U)]:                                 //按 Enter 键结束
命令:                                                   //重复命令
LINE 指定第一点: tan 到                                 //捕捉切点 J
指定下一点或 [放弃(U)]: tan 到                          //捕捉切点 K
指定下一点或 [放弃(U)]:                                 //按 Enter 键结束
```

```
命令: _circle 指定圆的圆心或 [三点(3P)/两点(2P)/ 切点、切点、半径(T)]: 3P
指定圆上的第一个点: tan 到                                  //捕捉切点 L
指定圆上的第二个点: tan 到                                  //捕捉切点 M
指定圆上的第三个点: tan 到                                  //捕捉切点 N
```

结果如图 3-66 所示。修剪多余线条，结果如图 3-67 所示。

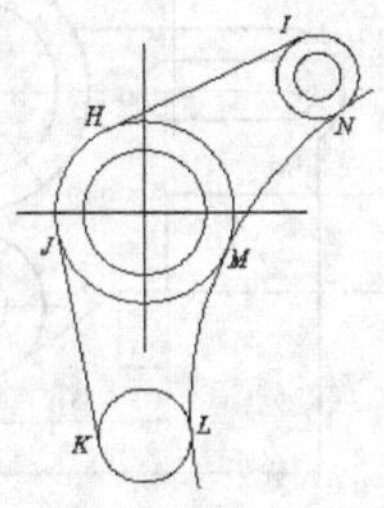

图 3-66　画切线及相切圆

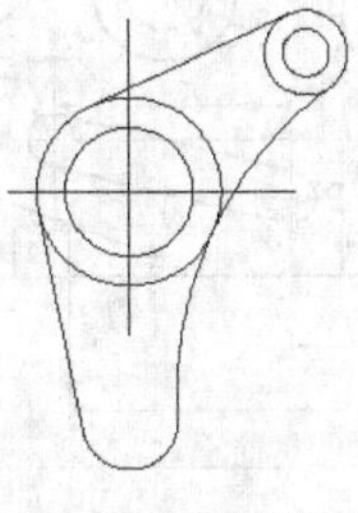
图 3-67　修剪结果

6.　画圆及切线，如图 3-68 所示。

```
命令: _circle 指定圆的圆心或 [三点(3P)/两点(2P)/ 切点、切点、半径(T)]: cen 于
                                                              //捕捉圆心 A
指定圆的半径或 [直径(D)] <70.4267>: 4                         //输入圆半径
命令:                                                         //重复命令
CIRCLE 指定圆的圆心或 [三点(3P)/两点(2P)/ 切点、切点、半径(T)]: from
                                                              //使用正交偏移捕捉
基点: cen 于                                                  //捕捉圆心 A
 <偏移>: @0,16                                                //输入相对坐标
指定圆的半径或 [直径(D)] <4.0000>: 4                          //输入圆半径
命令: _line 指定第一点: tan 到                                //捕捉切点 B
指定下一点或 [放弃(U)]: tan 到                                //捕捉切点 C
指定下一点或 [放弃(U)]:                                       //按 Enter 键结束
命令:                                                         //重复命令
LINE 指定第一点: tan 到                                       //捕捉切点 D
指定下一点或 [放弃(U)]: tan 到                                //捕捉切点 E
指定下一点或 [放弃(U)]:                                       //按 Enter 键结束
```

结果如图 3-68 所示。

修剪多余线条，再用 LENGTHEN 命令调整定位线的长度，结果如图 3-69 所示。

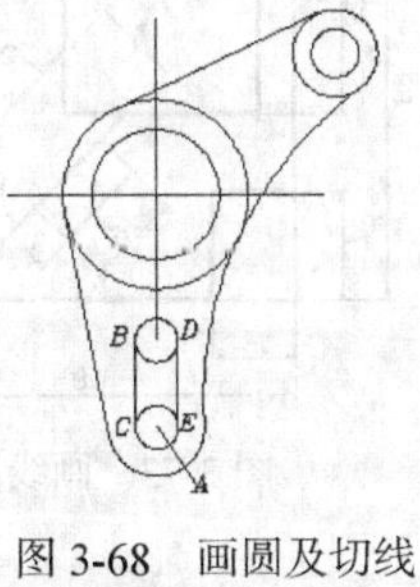

图 3-68　画圆及切线

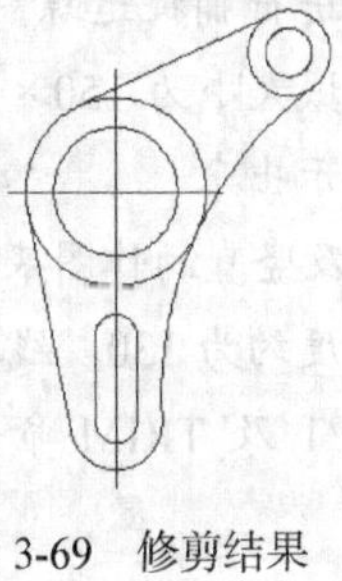
图 3-69　修剪结果

【练习 3-33】：用 LINE、CIRCLE、OFFSET 及 TRIM 等命令绘制图形，如图 3-70 所示。

【练习 3-34】：用 LINE、CIRCLE、OFFSET 及 TRIM 等命令绘制图形，如图 3-71 所示。

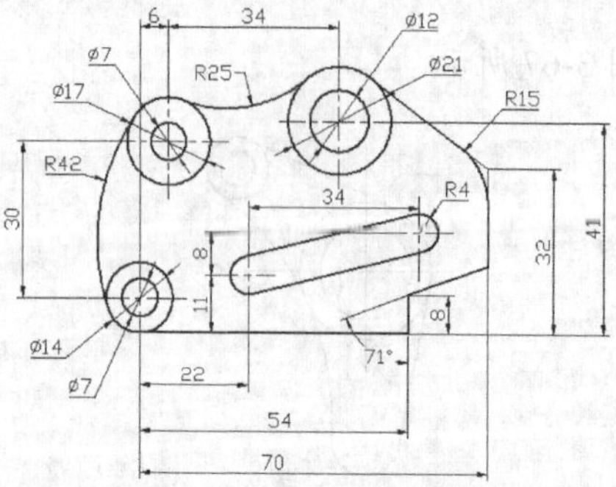

图 3-70　画圆及圆弧连接

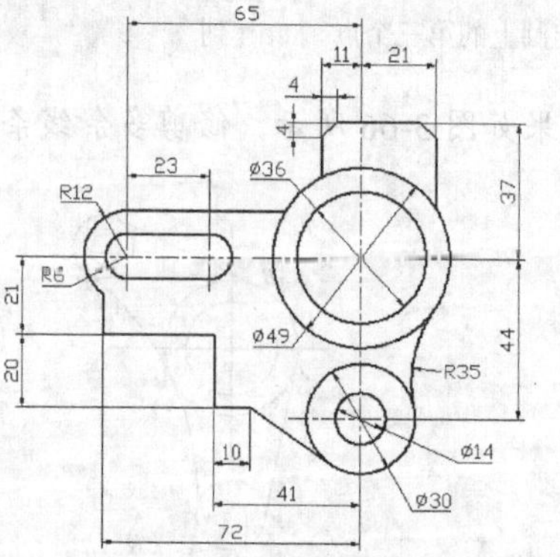

图 3-71　画圆及圆弧连接

【练习 3-35】：用 LINE、CIRCLE、OFFSET 及 TRIM 等命令绘制图形，如图 3-72 所示。

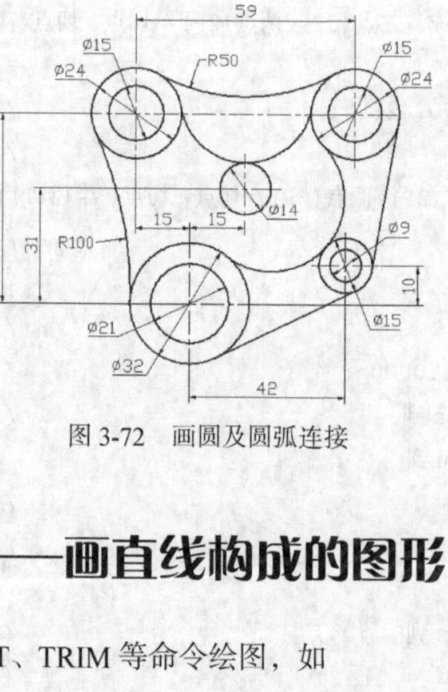

图 3-72　画圆及圆弧连接

3.5 综合练习——画直线构成的图形

【练习 3-36】：用 LINE、OFFSET、TRIM 等命令绘图，如图 3-73 所示。

1. 打开极轴追踪、对象捕捉及自动追踪功能。设置极轴追踪角度增量为 90，对象捕捉方式为端点、交点，仅沿正交方向进行捕捉追踪。
2. 设定绘图区域大小为 150 × 150，并使该区域充满整个图形窗口显示出来。
3. 画两条水平及竖直的作图基准线 *A*、*B*，如图 3-74 所示。线段 *A* 的长度约为 130，线段 *B* 的长度约为 80。
4. 使用 OFFSET 及 TRIM 命令绘制线框 *C*，如图 3-75 所示。

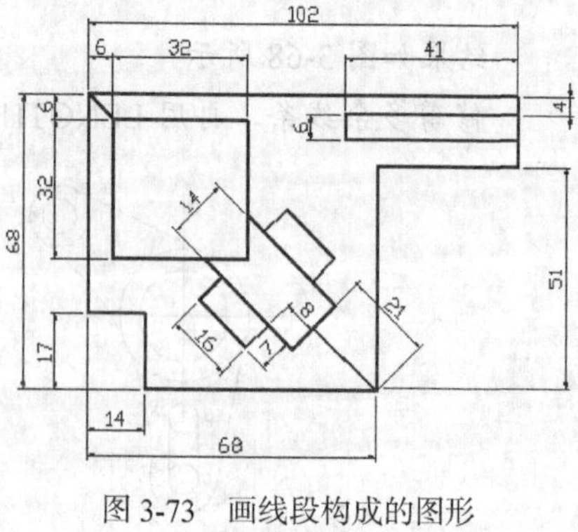

图 3-73　画线段构成的图形

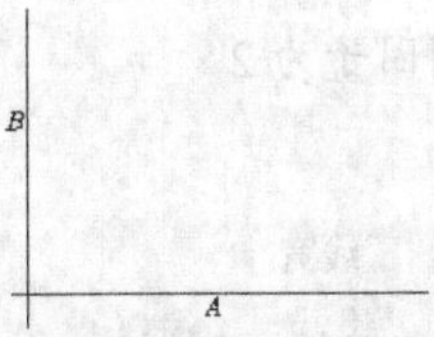

图 3-74　画作图基准线

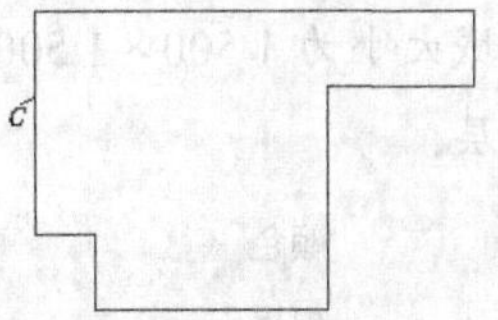

图 3-75　绘制线框 C

5.　连线 *EF*，再用 OFFSET 及 TRIM 命令画线框 *G*，如图 3-76 所示。
6.　用 XLINE、OFFSET 及 TRIM 命令绘制线段 *A*、*B*、*C* 等，如图 3-77 所示。
7.　用 LINE 命令绘制线框 *H*，如图 3-78 所示。

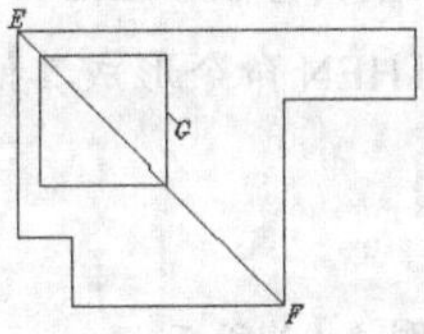

图 3-76　画线框 G

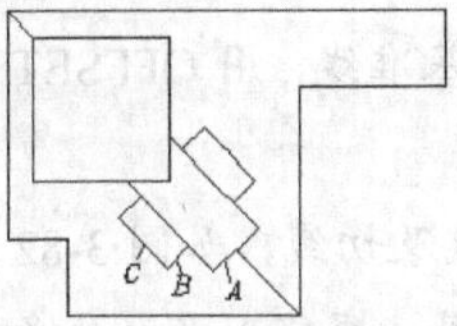

图 3-77　绘制线段 *A*、*B*、*C* 等

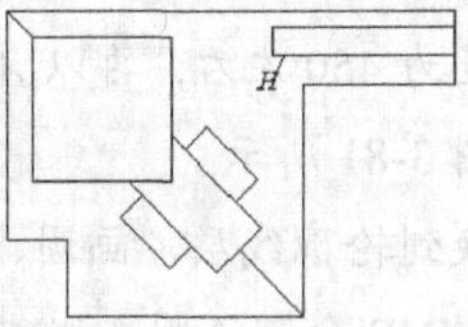

图 3-78　绘制线框 H

【练习 3-37】：用 LINE、CIRCLE、OFFSET、TRIM 等命令绘图，如图 3-79 所示。

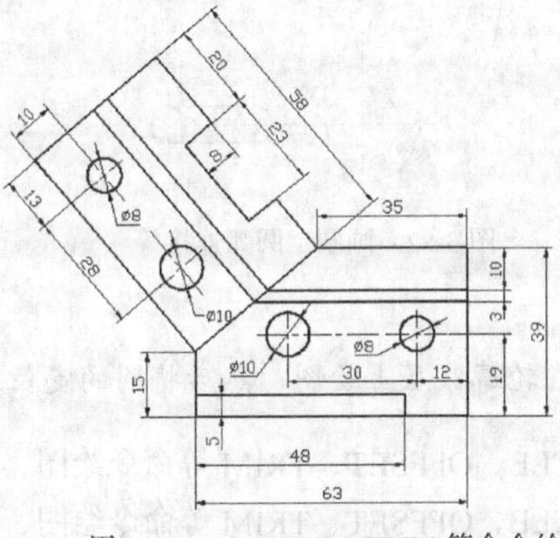

图 3-79　用 LINE、OFFSET、TRIM 等命令绘图

3.6　综合练习——画直线和圆弧构成的图形

【练习 3-38】：用 LINE、CIRCLE、OFFSET、TRIM 等命令绘图，如图 3-80 所示。

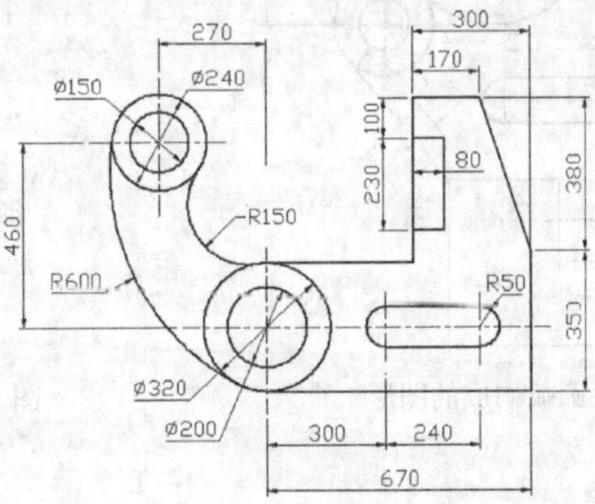

图 3-80　画直线及圆弧构成的图形

1. 设定绘图区域大小为 1 500 × 1 500，设置线型全局比例因子为 2。
2. 创建以下图层。

名称	颜色	线型	线宽
轮廓线层	白色	Continuous	0.5
中心线层	红色	Center	默认

3. 打开极轴追踪、对象捕捉及捕捉追踪功能。设置极轴追踪角度增量为 90°，设定对象捕捉方式为端点、圆心、交点，设置仅沿正交方向进行捕捉追踪。
4. 切换到中心线层，用 LINE 命令画圆的定位线 *A*、*B*，直线 *A* 的长度为 1 000 左右，直线 *B* 的长度为 450 左右；再以 *A*、*B* 线为基准线，用 OFFSET 和 LENGTHEN 命令形成其他定位线，如图 3-81 所示。
5. 切换到轮廓线层，画圆、圆弧连接及切线，如图 3-82 所示。
6. 用 LINE 命令绘制直线 *C*、*D*、*E* 等，再修剪多余线条，结果如图 3-83 所示。

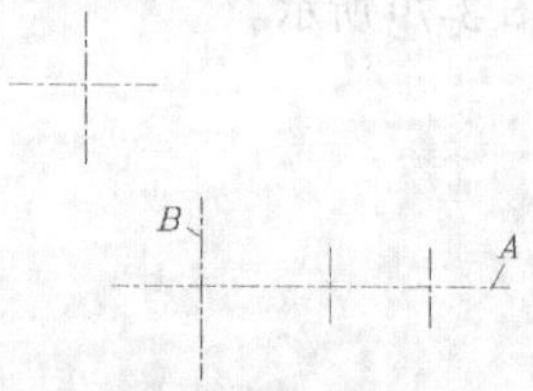

图 3-81　绘制定位线

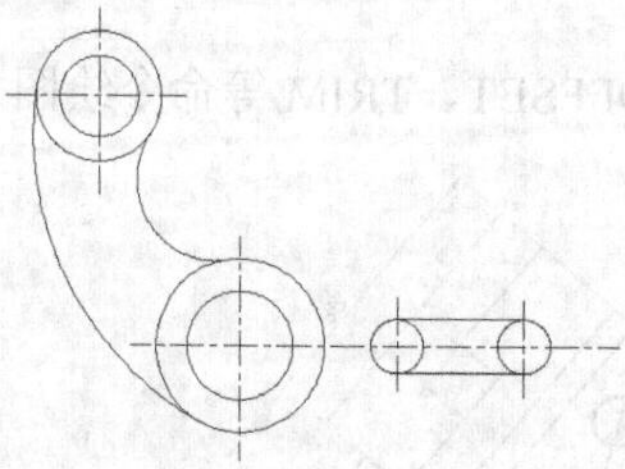

图 3-82　画圆、圆弧连接等

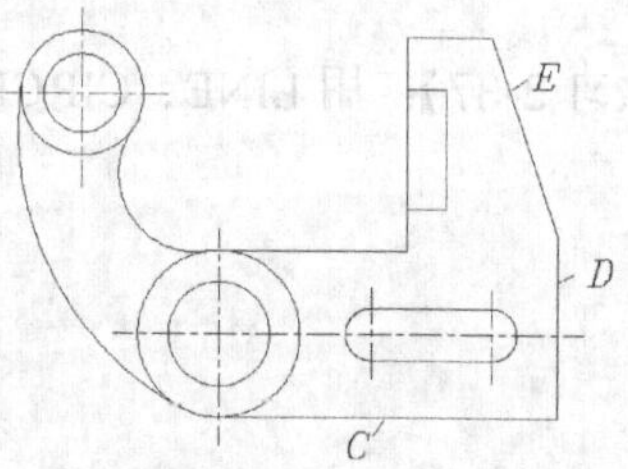

图 3-83　绘制直线 *C*、*D* 等

要点提示　用户也可以只在轮廓线层上绘图，然后将圆的定位线修改到中心线层上。

【练习 3-39】：用 LINE、CIRCLE、OFFSET、TRIM 等命令绘图，如图 3-84 所示。

【练习 3-40】：用 LINE、CIRCLE、OFFSET、TRIM 等命令绘图，如图 3-85 所示。

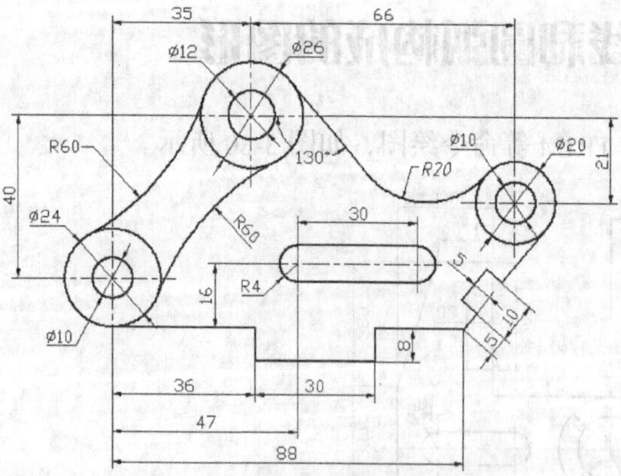

图 3-84　画直线及圆弧构成的图形

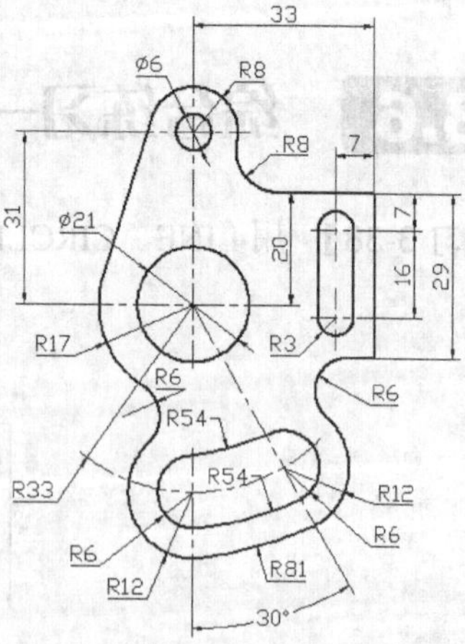

图 3-85　画直线及圆弧构成的图形

3.7 综合练习——绘制组合体视图

【练习 3-41】：根据轴测图及视图轮廓绘制完整视图，如图 3-86 所示。

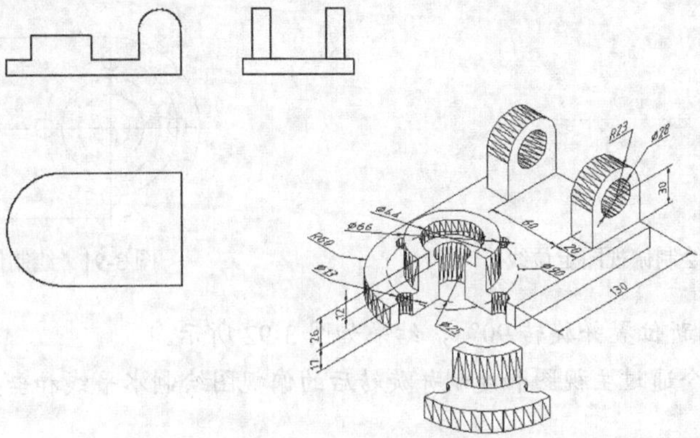

图 3-86　绘制三视图

1. 创建以下 3 个图层。

名称	颜色	线型	线宽
粗实线层	白色	Continuous	0.7
中心线层	白色	Center	默认
虚线层	白色	Dashed	默认

2. 设置绘图区域的大小为 500×500，再设定全局线型比例因子为 0.3。
3. 使用 LINE 和 OFFSET 命令绘制主视图的底座轮廓线，结果如图 3-87 所示。

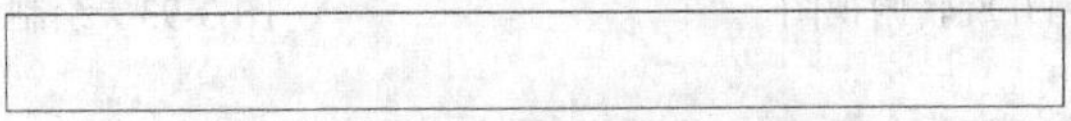

图 3-87　绘制主视图底座轮廓线

4. 绘制圆的定位线，并调整其长度，结果如图 3-88 所示。
5. 使用 LINE、OFFSET、CIRCLE 和 TRIM 命令绘制线段和圆，结果如图 3-89 所示。

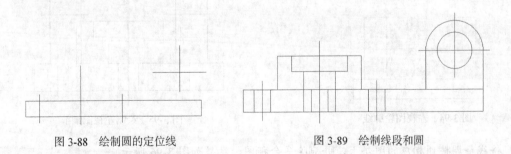

图 3-88　绘制圆的定位线

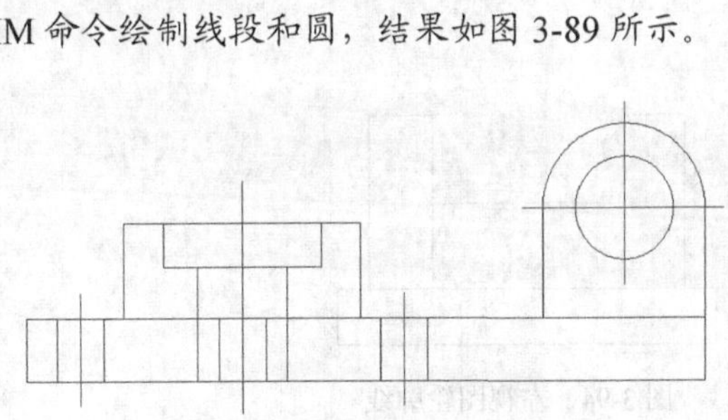

图 3-89　绘制线段和圆

6. 绘制俯视图定位线，结果如图 3-90 所示。
7. 使用 LINE、CIRCLE 和 OFFSET 命令绘制俯视图，结果如图 3-91 所示。

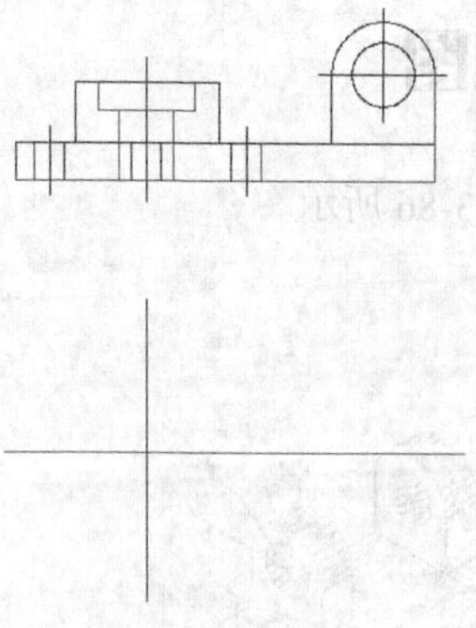

图 3-90　绘制俯视图定位线

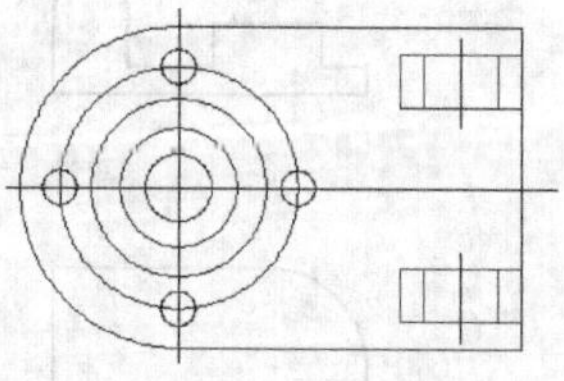

图 3-91　绘制俯视图

8. 将俯视图复制到新位置并旋转 90°，结果如图 3-92 所示。
9. 使用 XLINE 命令通过主视图和复制并旋转后的俯视图绘制水平线和垂直线，结果如图 3-93 所示。

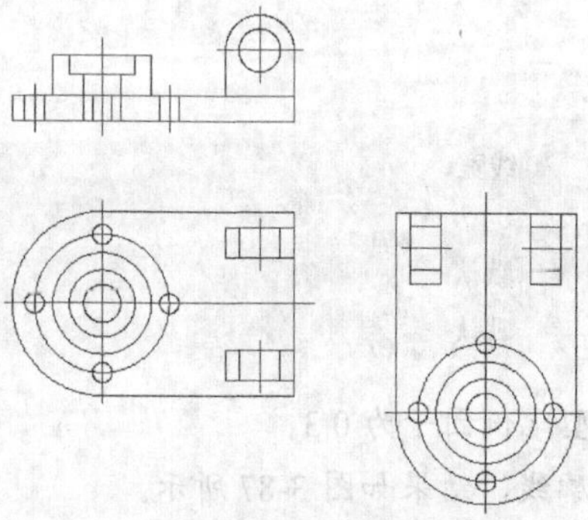

图 3-92　复制并旋转俯视图

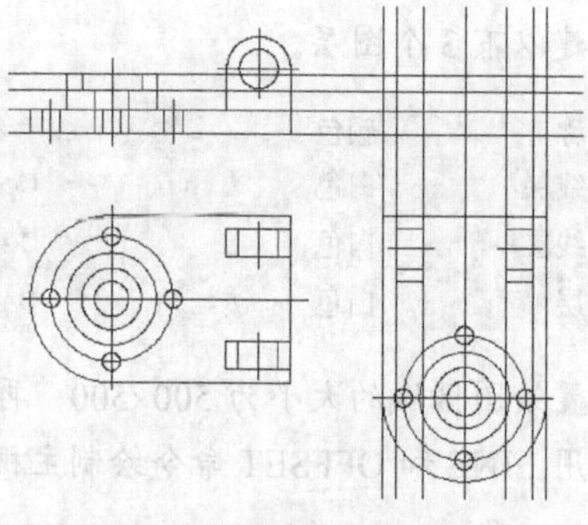

图 3-93　绘制水平线和垂直线

10. 修剪线条后形成左视图的轮廓线，结果如图 3-94 所示。
11. 使用 LINE、OFFSET 等命令绘制左视图的其余细节，结果如图 3-95 所示。

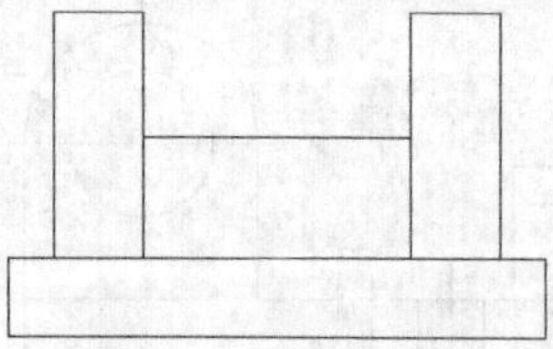

图 3-94　左视图轮廓线

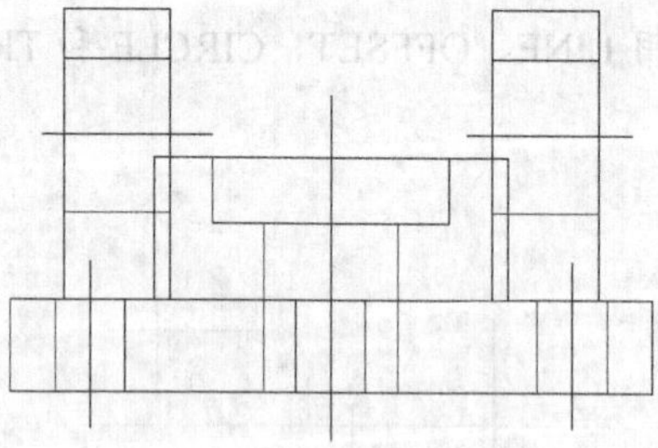

图 3-95　绘制左视图细节

12. 将线条调整到相应的图层上，并删除多余视图，结果如图 3-96 所示。

【练习 3-42】：根据轴测图及视图轮廓绘制完整视图，如图 3-97 所示。

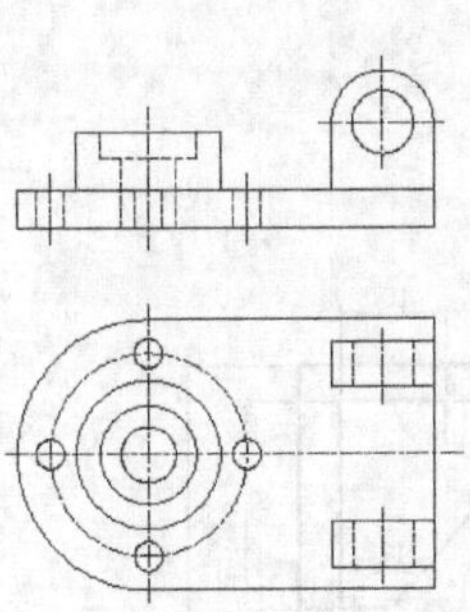

图 3-96　修改线型、删除多余视图

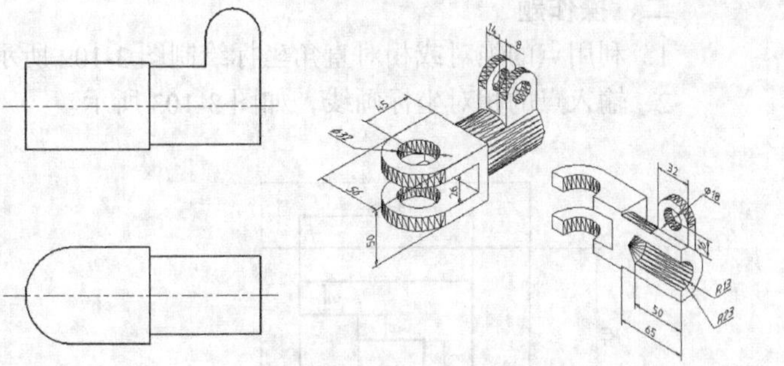

图 3-97　绘制视图

习题

一、思考题

1．如何快速绘制水平线和竖直线？

2．过直线 *B* 上的 *C* 点绘制直线 *A*，如图 3-98 所示，应该使用何种捕捉方式？

3．如果要直接绘制出圆 *A*，如图 3-99 所示，应该使用何种捕捉方式？

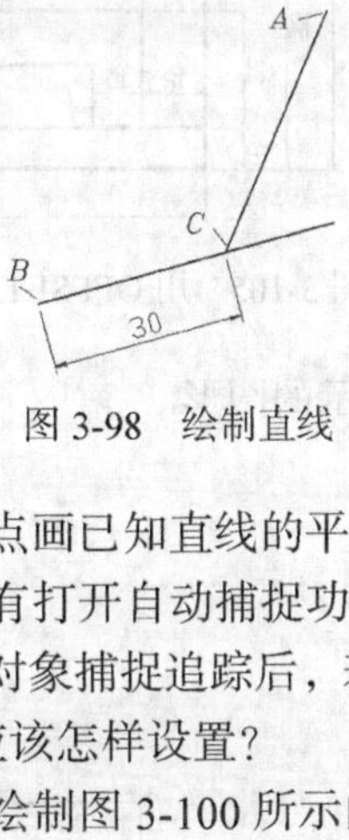

图 3-98　绘制直线

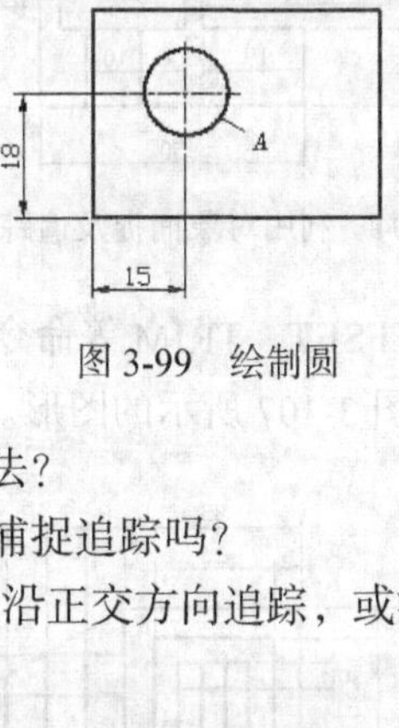

图 3-99　绘制圆

4．过一点画已知直线的平行线，有几种方法？

5．若没有打开自动捕捉功能，可使用对象捕捉追踪吗？

6．打开对象捕捉追踪后，若想使 AutoCAD 沿正交方向追踪，或沿所有极轴角方向追踪，应该怎样设置？

7．如何绘制图 3-100 所示的圆？

8．如何绘制图 3-101 中的直线 *AB* 及 *CD*？

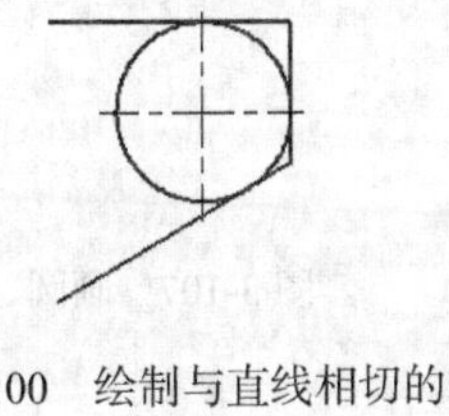

图 3-100　绘制与直线相切的圆

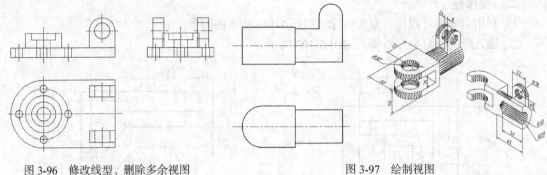

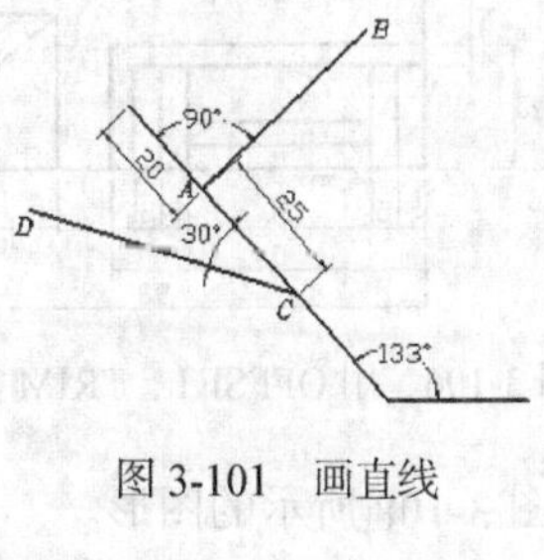

图 3-101　画直线

二、操作题

1．利用点的绝对或相对直角坐标绘制图 3-102 所示的图形。

2．输入点的相对坐标画线，如图 3-103 所示。

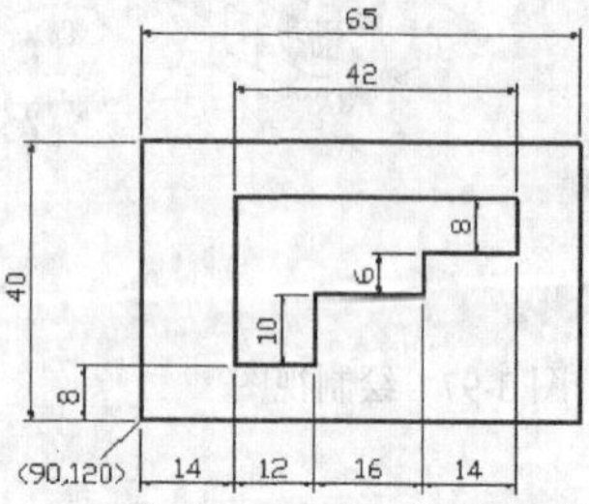

图 3-102　输入点的绝对或相对直角坐标画线

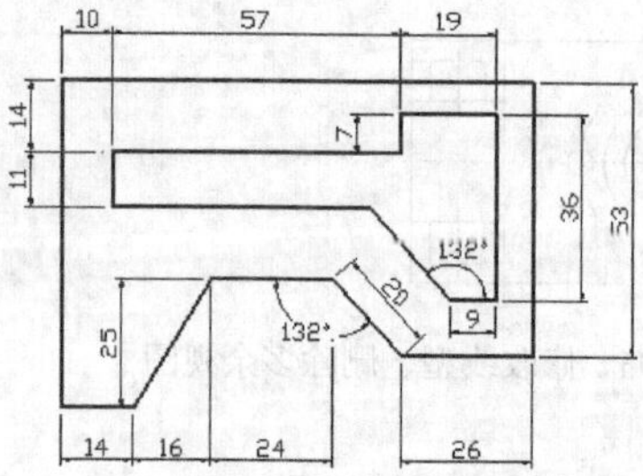

图 3-103　输入相对坐标画线

3．打开极轴追踪、对象捕捉及捕捉追踪功能画线，如图 3-104 所示。

4．用 OFFSET、TRIM 等命令绘制图 3-105 所示的图形。

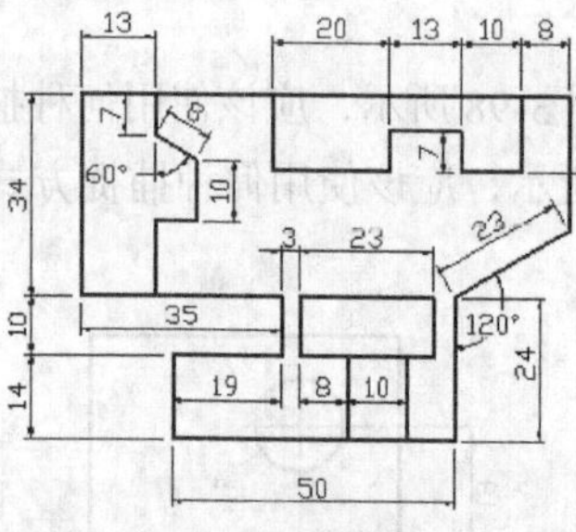

图 3-104　利用对象捕捉及追踪功能画线

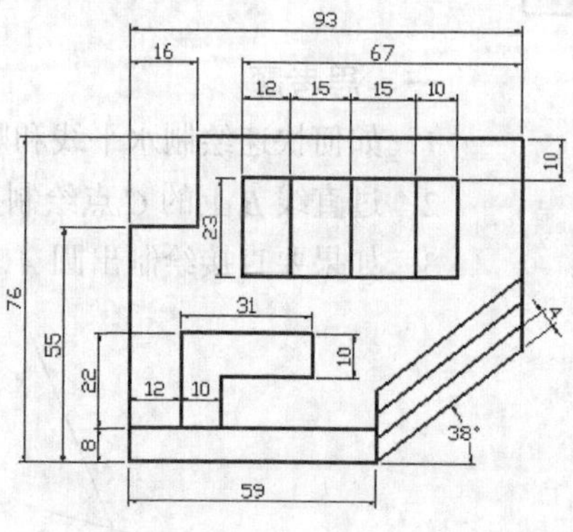

图 3-105　用 OFFSET、TRIM 等命令画图

5．用 OFFSET、TRIM 等命令绘制图 3-106 所示的图形。

6．绘制图 3-107 所示的图形。

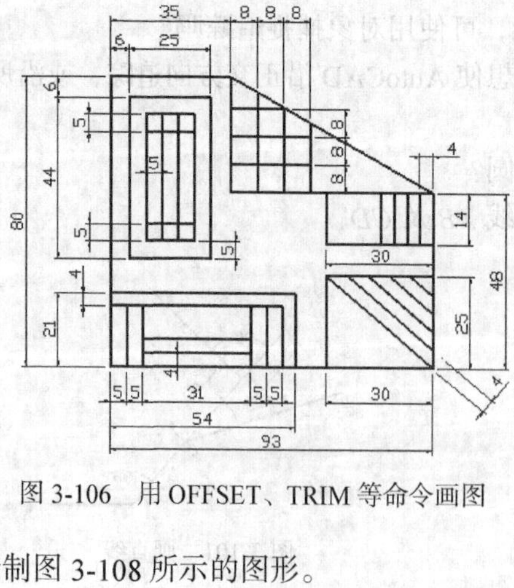

图 3-106　用 OFFSET、TRIM 等命令画图

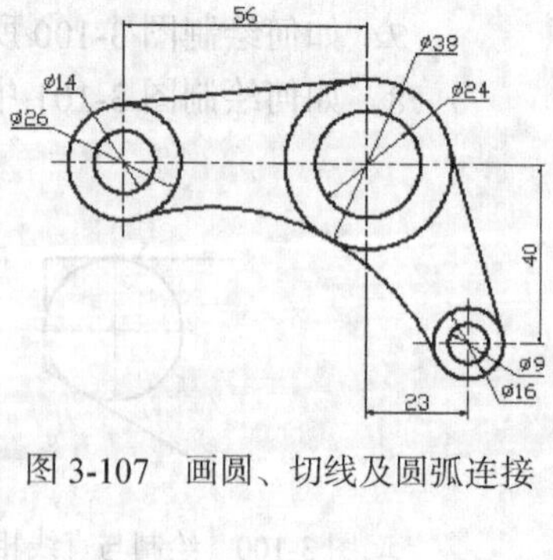

图 3-107　画圆、切线及圆弧连接

7．绘制图 3-108 所示的图形。

8．绘制图 3-109 所示的图形。

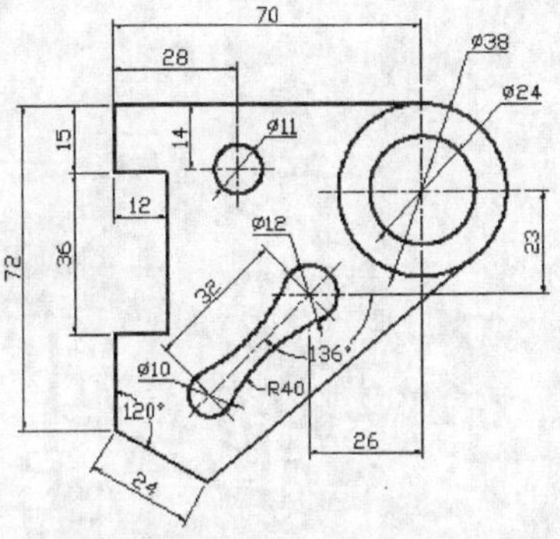

图 3-108　画圆、切线及圆弧连接

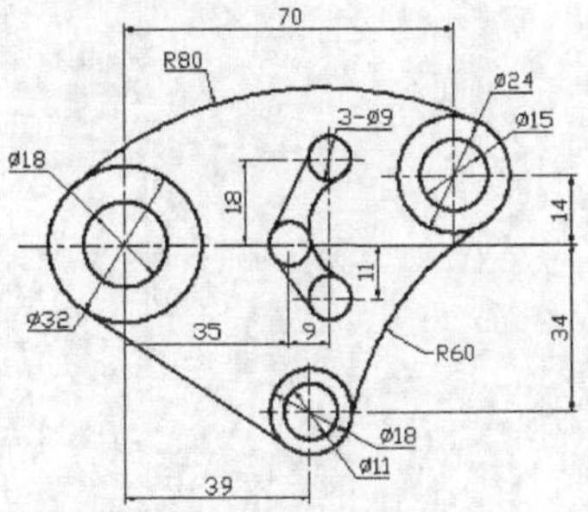

图 3-109　画切线及圆弧连接

9．根据轴测图绘制三视图，如图 3-110 所示。

10．根据轴测图绘制三视图，如图 3-111 所示。

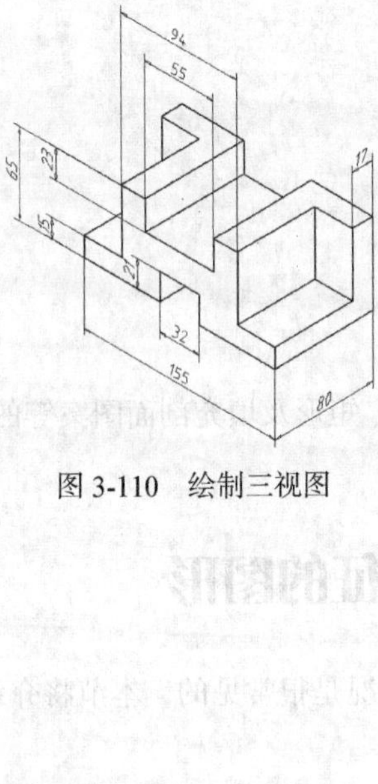

图 3-110　绘制三视图

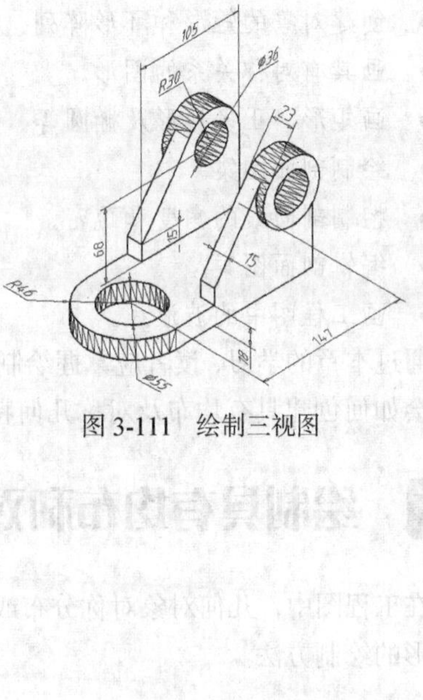

图 3-111　绘制三视图

第4章 绘制多边形、椭圆及简单平面图形

本章介绍的主要内容如下。

- 创建对象的矩形和环形阵列。
- 画具有对称关系的图形。
- 画矩形、正多边形及椭圆等。
- 绘制剖面图案。
- 控制剖面线的角度和疏密。
- 编辑剖面图案。
- 画工程图中的波浪线。

通过本章的学习，读者应掌握绘制椭圆、正多边形、矩形及填充剖面图案等的方法，并学会如何创建具有均布及对称几何特征的图形对象。

4.1 绘制具有均布和对称几何特征的图形

在工程图中，几何对象对称分布或是均匀分布的情况是很常见的，本节将介绍这两种图形的绘制方法。

4.1.1 矩形阵列对象

矩形阵列是指将对象按行、列方式进行排列。操作时，用户一般应设定阵列的行数、列数、行间距及列间距等，如果要沿倾斜方向生成矩形阵列，还应输入阵列的倾斜角度。

命令启动方法

- 菜单命令:【修改】/【阵列】/【矩形阵列】。
- 面板:【修改】面板上的按钮。
- 命令：ARRAYRECT。

【练习 4-1】：创建矩形阵列。打开文件“4-1.dwg”，如图 4-1 左图所示，下面用 ARRAYRECT 命令将左图修改为右图。

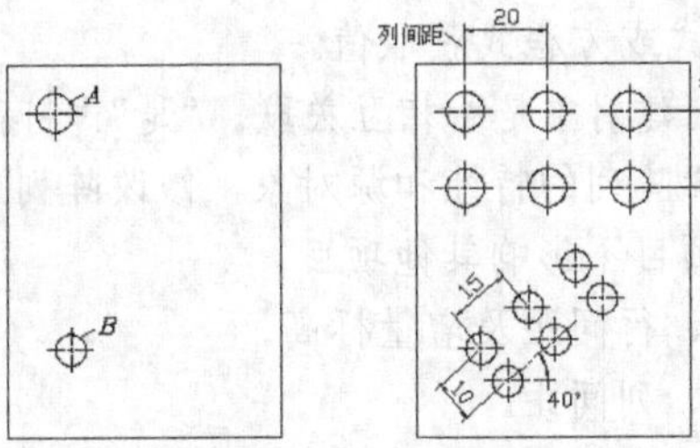

图 4-1　矩形阵列

```
命令: _arrayrect
选择对象: 指定对角点: 找到 3 个        //选择要阵列的图形对象 A，如图 4-1 左图所示
选择对象:                                                        //按 Enter 键
为项目数指定对角点或 [基点(B)/角度(A)/计数(C)] <计数>:C        //指定行数和列数
输入行数或 [表达式(E)] <4>: 2                                  //指定行数
输入列数或 [表达式(E)] <4>: 3                                  //指定列数
指定对角点以间隔项目或 [间距(S)] <间距>: S                      //使用间距选项
指定行之间的距离或 [表达式(E)] <18.7992>: -18                   //指定行间距
指定列之间的距离或 [表达式(E)] <20.5577>: 20                    //指定列间距
按 Enter 键接受或 [关联(AS)/基点(B)/行(R)/列(C)/层(L)/退出(X)] <退出>:
                                                                 //按 Enter 键接受阵列
命令: _arrayrect                                                 //回车重复命令
选择对象: 指定对角点: 找到 3 个        //选择要阵列的图形对象 B，如图 4-1 左图所示
选择对象:                                                        //按 Enter 键
为项目数指定对角点或 [基点(B)/角度(A)/计数(C)] <计数>: A       //使用角度选项
指定行轴角度 <0>: 40                                             //输入行角度
为项目数指定对角点或 [基点(B)/角度(A)/计数(C)] <计数>:C        //指定行数和列数
输入行数或 [表达式(E)] <4>: 2                                  //指定行数
输入列数或 [表达式(E)] <4>: 3                                  //指定列数
指定对角点以间隔项目或 [间距(S)] <间距>: S                      //使用间距选项
指定行之间的距离或 [表达式(E)] <18.7992>: -10                   //指定行间距
指定列之间的距离或 [表达式(E)] <20.5577>: 15                    //指定列间距
按 Enter 键接受或 [关联(AS)/基点(B)/行(R)/列(C)/层(L)/退出(X)] <退出>:
                                                                 //按 Enter 键接受阵列
```

结果如图 4-1 右图所示。

命令选项

- 为项目数指定对角点：指定栅格的对角点以确定阵列的行数和列数。"行"的方向与坐标系的 x 轴平行，"列"的方向与 y 轴平行。拖动鼠标可显示预览栅格。
- 基点(B)：指定阵列的基准点。
- 角度(A)：指定阵列方向与 x 轴的夹角。该角度逆时针为正，顺时针为负。
- 计数(C)：指定阵列的行数和列数。
- 指定对角点以间隔项目：指定栅格的对角点以确定阵列的行间距和列间距。行、列间距的数值可为正或负。若是正值，则 AutoCAD 沿 x、y 轴的正方向形成阵列；否则，沿反方向形成阵列。拖动鼠标可动态预览行间距和列间距。

- 表达式(E)：使用数学公式或方程式获取值。
- 关联(AS)：指定阵列中创建对象是否相互关联。“是”：阵列中的对象相互关联作为一个实体，可以通过编辑阵列的特性和源对象，修改阵列。“否”：阵列中的对象作为独立对象，更改一个项目不影响其他项目。
- 行(R)：编辑阵列的行数、行间距及增量标高。
- 列(C)：编辑阵列的列数、列间距。
- 层(L)：指定层数及层间距来创建三维阵列。

4.1.2 环形阵列对象

环形阵列是指把对象绕阵列中心等角度均匀分布。决定环形阵列的主要参数有：阵列中心、阵列总角度及阵列数目等。此外，用户也可通过输入阵列总数和每个对象间的夹角生成环形阵列。

命令启动方法

- 菜单命令：【修改】/【阵列】/【环形阵列】。
- 面板：【修改】面板上的按钮。
- 命令：ARRAYPOLAR。

【练习 4-2】：创建环形阵列。打开文件“4-2.dwg”，如图 4-2 左图所示。下面用 ARRAYPOLAR 命令将左图修改为右图。

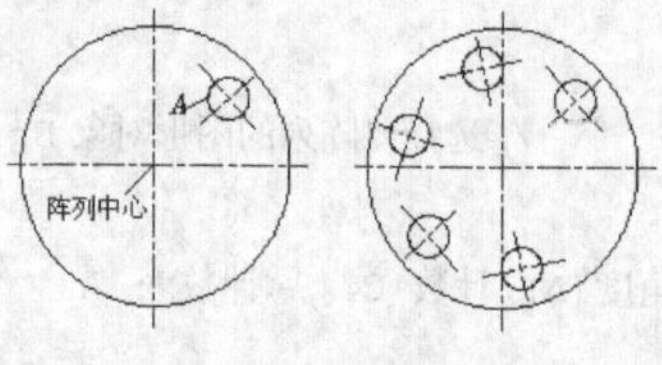

图 4-2　环形阵列

```
命令：_arraypolar
选择对象：指定对角点：找到 3 个                //选择要阵列的图形对象 A，如图 4-2 左图所示
选择对象：                                    //按 Enter 键
指定阵列的中心点或 [基点(B)/旋转轴(A)]：       //捕捉阵列中心，如图 4-2 左图所示
输入项目数或 [项目间角度(A)/表达式(E)] <4>：5             //输入阵列的项目数
指定填充角度(+=逆时针、-=顺时针)或 [表达式(EX)] <360>：240  //输入填充角度
按 Enter 键接受或 [关联(AS)/基点(B)/项目(I)/项目间角度(A)/填充角度(F)/行(ROW)/层(L)/旋转项目(ROT)/退出(X)] <退出>：       //按 Enter 键接受阵列
```

命令选项

- 旋转轴(A)：通过两个点自定义的旋转轴。
- 指定填充角度：阵列中第一个与最后一个项目间的角度。
- 旋转项目(ROT)：指定阵列时是否旋转对象。“否”：AutoCAD 在阵列对象时，仅进行平移复制，即保持对象的方向不变。图 4-3 显示了该选项对阵列结果的影响。注意，此时的阵列基点设定在 *D* 点。

要点提示　AutoCAD 创建环形阵列时，将始终使对象上某点与阵列中心的距离保持不变，该点称为阵列基点。若阵列时不旋转对象，则基点对阵列效果影响很大。图 4-4 显示了将阵列基点设定在 *A*、*B* 处时的阵列效果。

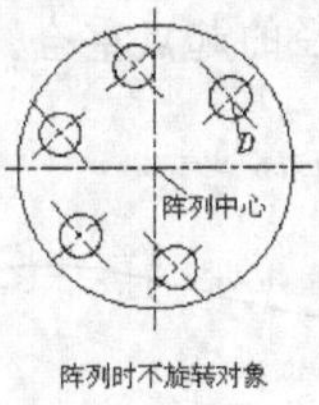

图 4-3 环形阵列

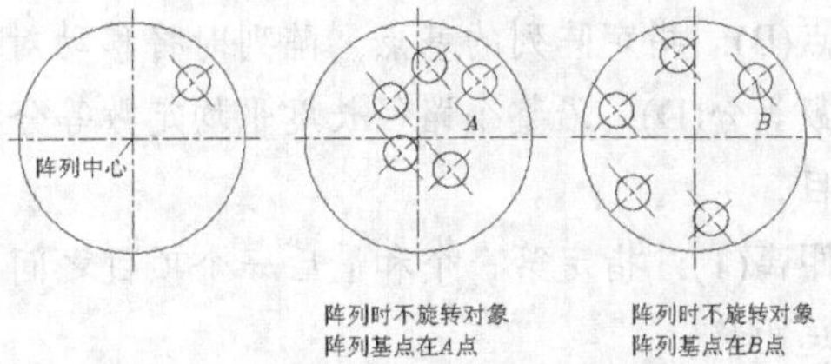

图 4-4 【基点】对阵列效果的影响

4.1.3 沿路径阵列对象

ARRAY 命令不仅能创建矩形、环形阵列，还能沿路径阵列对象。路径阵列是指把对象沿路径或部分路径均匀分布。用于阵列的路径对象可以是直线、多段线、样条曲线、圆弧及圆等。创建路径阵列时需要指定阵列项目数、项目间距等数值，还可设置阵列对象的方向及阵列对象是否与路径对齐。

命令启动方法

- 菜单命令：【修改】/【阵列】/【路径阵列】。
- 面板：【修改】面板上的按钮。
- 命令：ARRAYPATH。

【练习 4-3】：打开文件“4-3.dwg”，如图 4-5 左图所示，用 ARRAYPATH 命令将左图修改为右图。

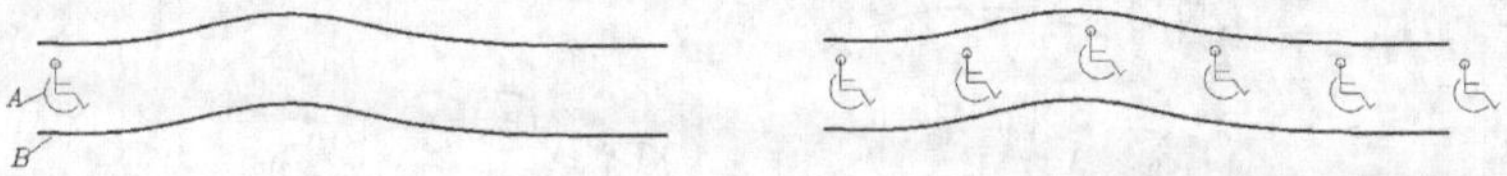

图 4-5 沿路径阵列对象

```
命令: _arraypath
选择对象: 找到 1 个                                      //选择对象 A，如图 4-5 左图所示
选择对象:                                                //按Enter键
选择路径曲线:                                            //选择曲线 B，如图 4-5 左图所示
输入沿路径的项数或 [方向(O)/表达式(E)] <方向>: 6          //输入阵列总数
指定沿路径的项目之间的距离或 [定数等分(D)/总距离(T)/表达式(E)] <沿路径平均定数等分(D)>:
                                                         //按Enter键
按 Enter 键接受或 [关联(AS)/基点(B)/项目(I)/行(R)/层(L)/对齐项目(A)/Z 方向(Z)/退出(X)] <退出
>: A                                                     //使用“对齐项目(A)”选项
是否将阵列项目与路径对齐? [是(Y)/否(N)] <是>: N          //阵列对象不与路径对齐
按 Enter 键接受或 [关联(AS)/基点(B)/项目(I)/行(R)/层(L)/对齐项目(A)/Z 方向(Z)/退出(X)] <退出>:
                                                         //按Enter键
```

结果如图 4-5 右图所示。

命令选项

- 输入沿路径的项数：输入阵列项目总数。沿路径移动鼠标，可动态预览阵列的项目数。
- 方向(O)：控制选定对象是否相对于路径的起始方向重定向，然后再移动到路径的起点。“两点”：指定两个点来定义与路径起始方向一致的方向。“法线”：对象对齐垂直于路径的起始方向。

- 基点(B)：指定阵列的基点。阵列时将移动对象使其基点与路径的起点重合。
- 定数等分(D)：沿整个路径长度平均定数等分项目。
- 总距离(T)：指定第一个和最后一个项目之间的总距离。
- 对齐项目(A)：使阵列的每个对象与路径方向对齐，否则阵列的每个对象保持起始方向，如图 4-6 所示。

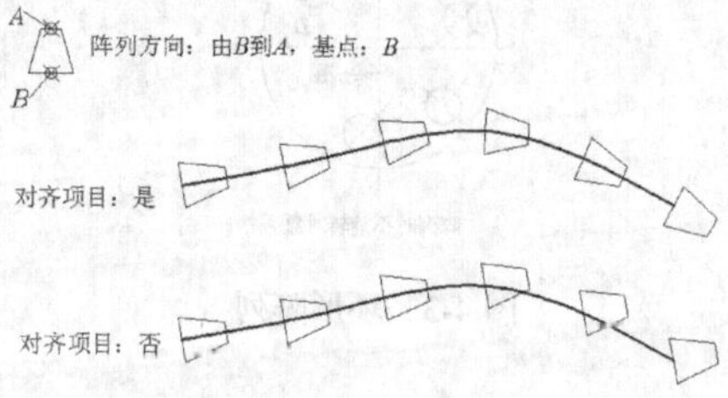

图 4-6　对齐项目

4.1.4　编辑关联阵列

选中关联阵列，弹出【阵列】选项卡，通过此选项卡可修改“阵列”的以下属性。

- 阵列的行数、列数及层数，行间距、列间距及层间距。
- 阵列的数目、项目间的夹角。
- 沿路径分布的对象间的距离、对齐方向。
- 修改阵列的源对象（其他对象自动改变），替换阵列中的个别对象。

【练习 4-4】：打开文件“4-4.dwg”，沿路径阵列对象，如图 4-7 左图所示，然后将左图修改为右图。

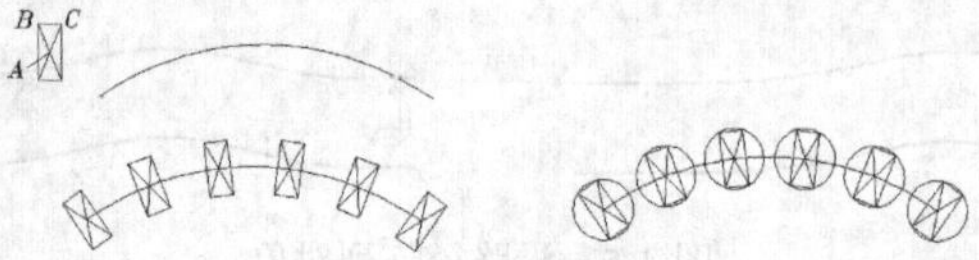

图 4-7　编辑阵列

1. 沿路径阵列对象，如图 4-7 左图所示。

```
命令: _arraypath                                          //启动路径阵列命令
选择对象: 指定对角点: 找到 3 个                           //选择矩形，如图 4-7 左图所示
选择对象:                                                 //按 Enter 键
选择路径曲线:                                             //选择圆弧路径
输入沿路径的项数或 [方向(O)/表达式(E)] <方向>: O          //使用“方向(O)”选项
指定基点或 [关键点(K)] <路径曲线的终点>:                  //捕捉 A 点
指定与路径一致的方向或 [两点(2P)/法线(NOR)] <当前>: 2P
                                                          //利用两点设定阵列对象的方向
指定方向矢量的第一个点:                                   //捕捉 B 点
指定方向矢量的第二个点:                                   //捕捉 C 点
输入沿路径的项目数或 [表达式(E)] <4>: 6                   //输入阵列总数
指定沿路径的项目之间的距离或 [定数等分(D)/总距离(T)/表达式(E)] <沿路径平均定数等分(D)>:
                                                          //沿路径均布对象
按 Enter 键接受或 [关联(AS)/基点(B)/项目(I)/行(R)/层(L)/对齐项目(A)/Z 方向(Z)/退出(X)] <退出>:
                                                          //按 Enter 键
```

结果如图 4-7 左图所示。

2. 选中阵列，弹出【阵列】选项卡，单击按钮，选择任意一个阵列对象，然后以矩形对角线

交点为圆心画圆。

3. 单击【编辑阵列】面板中的按钮，结果如图 4-7 右图所示。

4.1.5 镜像对象

对于对称图形，用户只需绘制出图形的一半，另一半可由 MIRROR 命令镜像出来。操作时，用户要先选择要镜像的对象，再指定镜像线位置即可。

命令启动方法

- 菜单命令：【修改】/【镜像】。
- 面板：【修改】面板上的按钮。
- 命令：MIRROR 或简写 MI。

【练习 4-5】：练习 MIRROR 命令。

打开文件"4-5.dwg"，如图 4-8 左图所示，下面用 MIRROR 命令将左图修改为中图。

```
命令: _mirror
选择对象: 指定对角点: 找到 13 个                    //选择镜像对象，如图 4-8 左图所示
选择对象:                                          //按 Enter 键
指定镜像线的第一点:                                 //拾取镜像线上的第一点
指定镜像线的第二点:                                 //拾取镜像线上的第二点
要删除源对象吗? [是(Y)/否(N)] <N>:                 //按 Enter 键，镜像时不删除源对象
```

结果如图 4-8 中图所示。右图显示了镜像时删除源对象的结果。

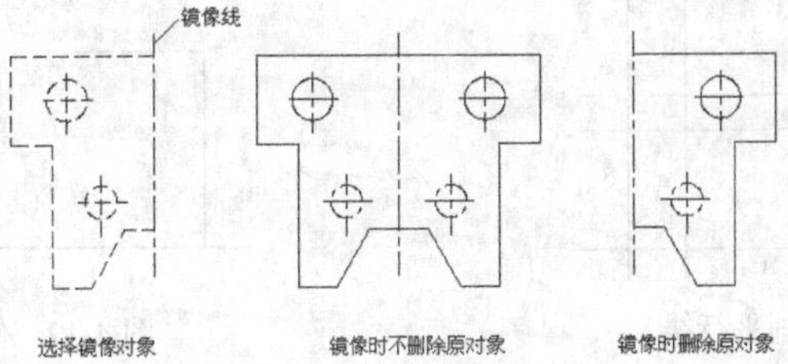

图 4-8　镜像

要点提示　当对文字进行镜像操作时结果会使它们倒置，要避免这一点，需将 MIRRTEXT 系统变量设置为"0"。

4.1.6 上机练习

【练习 4-6】：用 LINE、OFFSET、ARRAY 及 MIRROR 等命令绘制图 4-9 所示的图形。

1. 打开极轴追踪、对象捕捉及自动追踪功能。设置极轴追踪角度增量为 90，设定对象捕捉方式为端点、圆心和交点，设置沿正交方向进行自动追踪。
2. 设定绘图区域大小为 150 × 150，并使该区域充满整个图形窗口显示出来。
3. 用 LINE 命令画水平线段 *A* 及竖直线段 *B*，如图 4-10 所示。线段 *A* 的长度约为 80，线段 *B*

的长度约为 60。

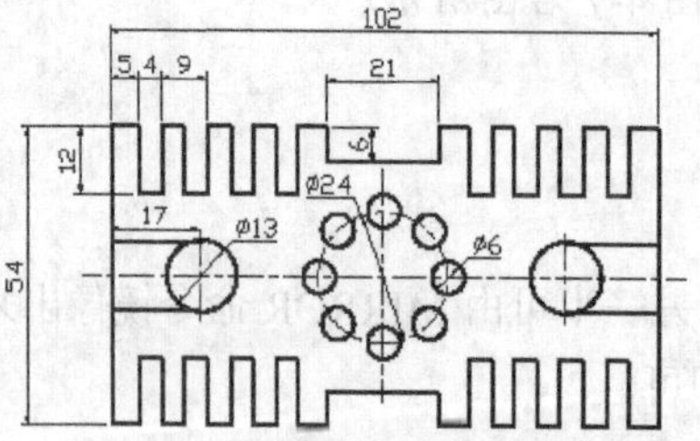

图 4-9　阵列及镜像对象

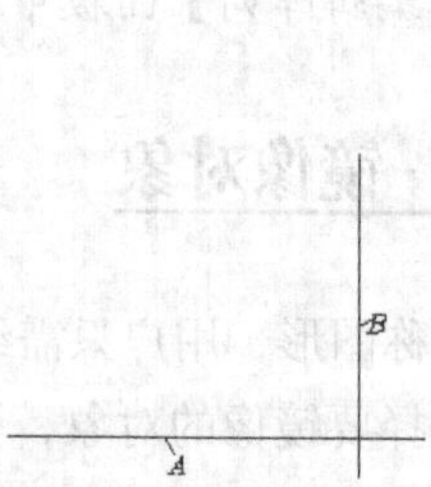

图 4-10　画线段 *A*、*B*

4.　画平行线 *C*、*D*、*E*、*F*，如图 4-11 所示。

```
命令：_offset                                        //画平行线 C
指定偏移距离或 [通过(T)] <51.0000>: 27                 //输入偏移的距离
选择要偏移的对象或 <退出>:                              //选择线段 A
指定要偏移的那一侧上的点:                               //在线段 A 的上边单击一点
选择要偏移的对象或 <退出>:                              //按 Enter 键结束
```

再绘制以下平行线。

- 向下偏移线段 *C* 至 *D*，偏移距离为 6。
- 向左偏移线段 *B* 至 *E*，偏移距离为 51。
- 向左偏移线段 *B* 至 *F*，偏移距离为 10.5。

结果如图 4-11 所示。修剪多余线条，结果如图 4-12 所示。

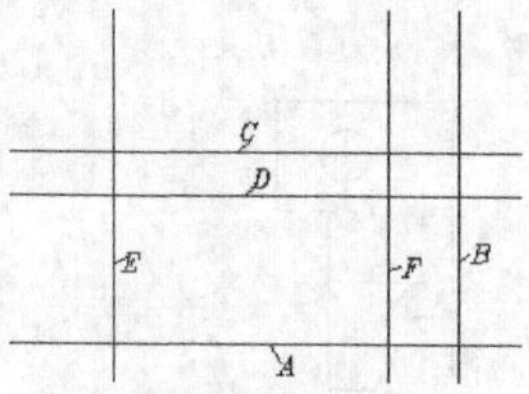

图 4-11　画平行线

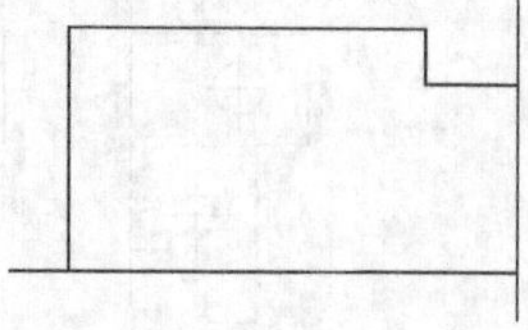

图 4-12　修剪结果

5.　画线段 *HI*、*IJ* 和 *JK*，如图 4-13 所示。

```
命令：_line 指定第一点：5                              //从 G 点向右追踪并输入追踪距离
指定下一点或 [放弃(U)]: 12                             //从 H 点向下追踪并输入追踪距离
指定下一点或 [放弃(U)]: 4                              //从 I 点向右追踪并输入追踪距离
指定下一点或 [闭合(C)/放弃(U)]:                        //从 J 点向上追踪并捕捉交点 K
指定下一点或 [闭合(C)/放弃(U)]:                        //按 Enter 键结束
```

结果如图 4-13 所示。

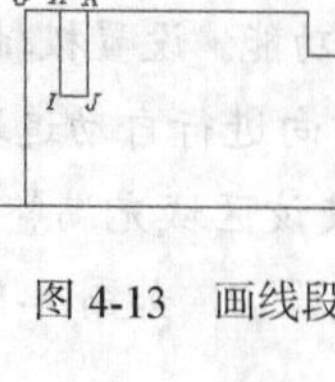

图 4-13　画线段

6. 创建线框 *A* 的矩形阵列，如图 4-14 所示。

```
命令: _arrayrect
选择对象: 指定对角点: 找到 3 个                                //选择要阵列的图形对象 A，如图 4-14 所示
选择对象:                                                     //按 Enter 键
为项目数指定对角点或 [基点(B)/角度(A)/计数(C)] <计数>:C         //指定行数和列数
输入行数或 [表达式(E)] <4>: 1                                  //指定行数
输入列数或 [表达式(E)] <4>: 4                                  //指定列数
指定对角点以间隔项目或 [间距(S)] <间距>: S                      //使用间距选项
指定列之间的距离或 [表达式(E)] <20.5577>: 9                     //指定列间距
按 Enter 键接受或 [关联(AS)/基点(B)/行(R)/列(C)/层(L)/退出(X)] <退出>:
                                                              //按 Enter 键接受阵列
```

结果如图 4-14 所示。修剪多余线条，结果如图 4-15 所示。

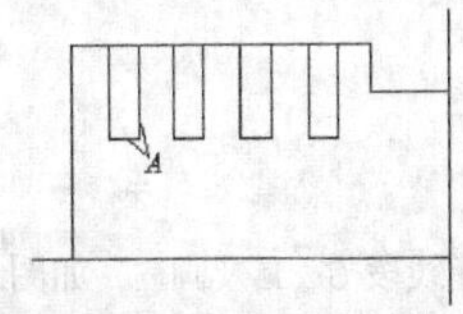

图 4-14　创建矩形阵列

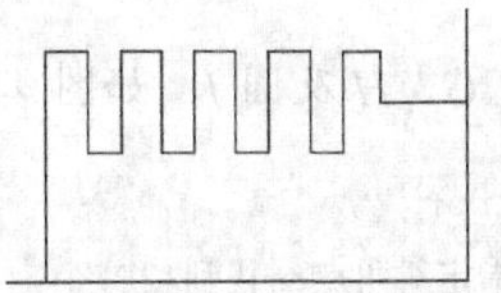
图 4-15　修剪结果

7. 对线框 *B* 进行镜向操作，如图 4-16 所示。

```
命令: _mirror
选择对象: 指定对角点: 找到 3 个          //选择线框 B，如图 4-16 所示
选择对象:                               //按 Enter 键
指定镜像线的第一点:                      //捕捉端点 C
指定镜像线的第二点:                      //捕捉端点 D
要删除源对象? [是(Y)/否(N)] <N>:         //按 Enter 键结束
```

结果如图 4-16 所示。

8. 再对线框 *E* 进行镜像操作，结果如图 4-17 所示。

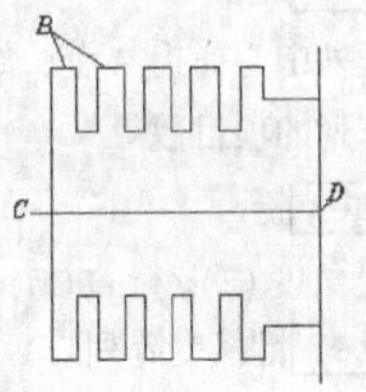

图 4-16　镜像对象

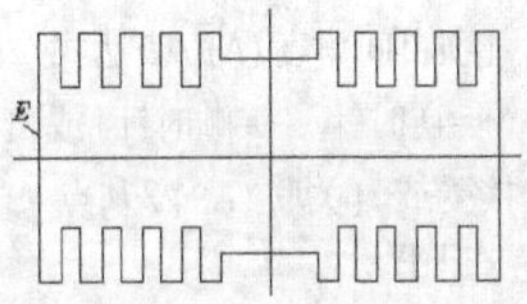

图 4-17　再次镜像对象

9. 画圆和线段，如图 4-18 所示。

```
命令: _circle 指定圆的圆心或 [三点(3P)/两点(2P)/切点、切点、半径(T)]: 17
                                    //从 A 点向右追踪并输入追踪距离
指定圆的半径或 [直径(D)]: 6.5        //输入圆半径
命令: _line 指定第一点:              //从圆心 B 向上追踪并捕捉交点 C
指定下一点或 [放弃(U)]:              //从 C 点向左追踪并捕捉交点 D
```

```
指定下一点或 [放弃(U)]:                    //按 Enter 键结束
命令:                                      //重复命令
LINE 指定第一点:                           //从圆心 B 向下追踪并捕捉交点 E
指定下一点或 [放弃(U)]:                    //从 E 点向左追踪并捕捉交点 F
指定下一点或 [放弃(U)]:                    //按 Enter 键结束
```

结果如图 4-18 所示。

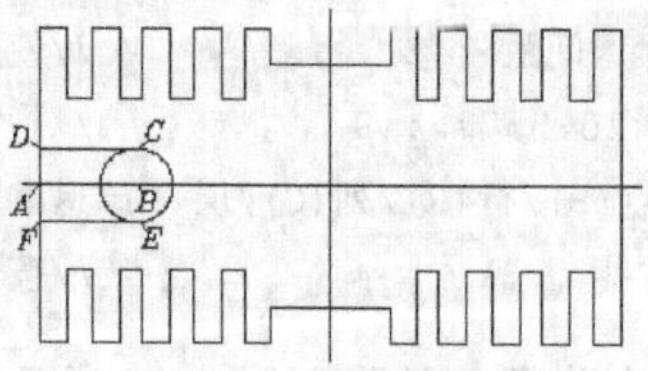

图 4-18　画圆和线段

10. 镜像线段 G、H 及圆 I，如图 4-19 所示。

```
命令: _mirror
选择对象: 指定对角点: 找到 20 个                   //选择线段 G、H 及圆 I，如图 4-19 所示
选择对象:                                         //按 Enter 键
指定镜像线的第一点:                               //捕捉端点 J
指定镜像线的第二点:                               //捕捉端点 K
要删除源对象? [是(Y)/否(N)] <N>:                  //按 Enter 键结束
```

结果如图 4-19 所示。

11. 画圆 B，并创建圆 B 的环形阵列，如图 4-20 所示。

```
命令: _circle 指定圆的圆心或 [三点(3P)/两点(2P)/切点、切点、半径(T)]: 12
                                                  //从 A 点向右追踪并输入追踪距离
指定圆的半径或 [直径(D)] <8.5000>: 3              //输入圆半径
命令: _arraypolar
选择对象:找到 1 个                                //选择要阵列的图形对象 B，如图 4-20 所示
选择对象:                                         //按 Enter 键
指定阵列的中心点或 [基点(B)/旋转轴(A)]:           //指定阵列中心捕捉 A 点，如图 4-20 所示
输入项目数或 [项目间角度(A)/表达式(E)] <4>: 8     //输入阵列的项目数
指定填充角度(+=逆时针、-=顺时针)或 [表达式(EX)] <360>: //按 Enter 键
按 Enter 键接受或 [关联(AS)/基点(B)/项目(I)/项目间角度(A)/填充角度(F)/行(ROW)/层(L)/旋转项目
(ROT)/退出(X)] <退出>:                            //按 Enter 键接受阵列
```

结果如图 4-20 所示。

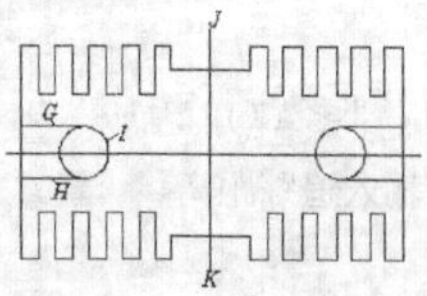

图 4-19　镜像对象

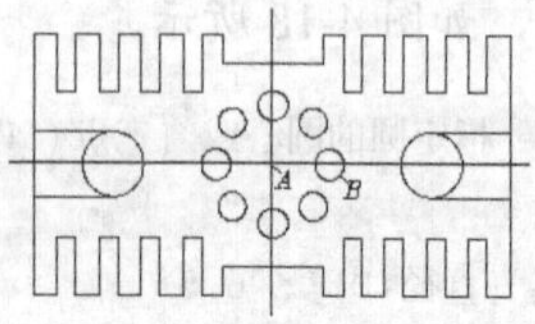

图 4-20　画圆并创建环形阵列

【练习 4-7】：用 LINE、OFFSET 及 ARRAY 等命令绘制图 4-21 所示的图形。

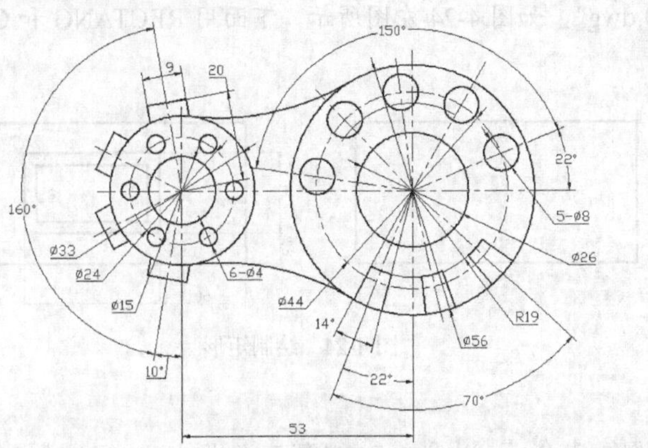

图 4-21　创建环形阵列

【练习 4-8】：用 LINE、OFFSET、ARRAY 及 MIRROR 等命令绘制图 4-22 所示的图形。

【练习 4-9】：用 LINE、OFFSET、ARRAY 及 MIRROR 等命令绘制图 4-23 所示的图形。

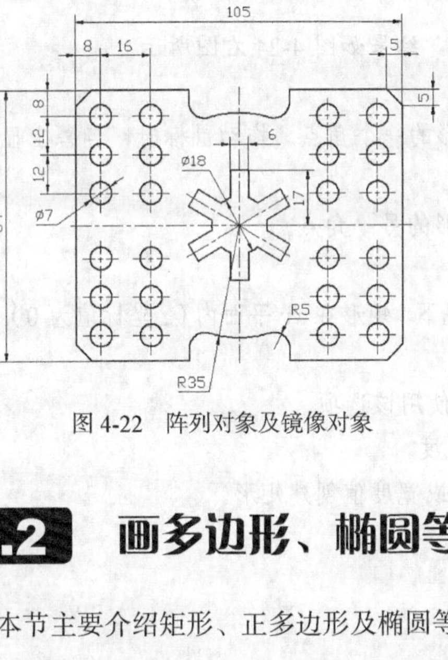

图 4-22　阵列对象及镜像对象

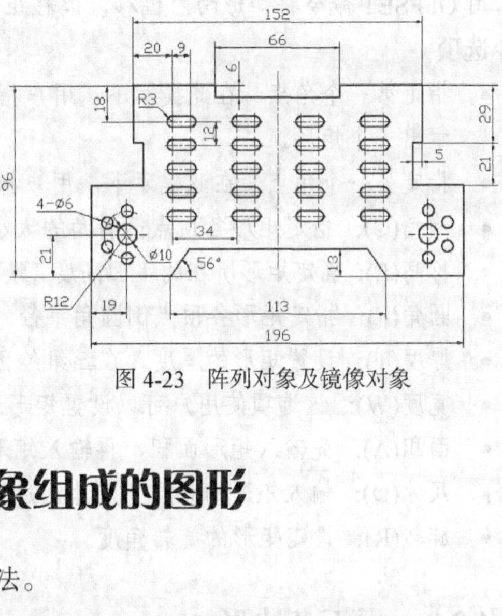

图 4-23　阵列对象及镜像对象

4.2　画多边形、椭圆等对象组成的图形

本节主要介绍矩形、正多边形及椭圆等的画法。

4.2.1　画矩形

用户只需指定矩形对角线的两个端点就能画出矩形。绘制时，可设置矩形边线的宽度，还能指定顶点处的倒角距离及圆角半径等。

命令启动方法

- 菜单命令：【绘图】/【矩形】。
- 面板：【绘图】面板上的按钮。
- 命令：RECTANG 或简写 REC。

【练习 4-10】：练习 RECTANG 命令。

1. 打开文件“4-10.dwg”，如图 4-24 左图所示，下面用 RECTANG 和 OFFSET 命令将左图修改为右图。

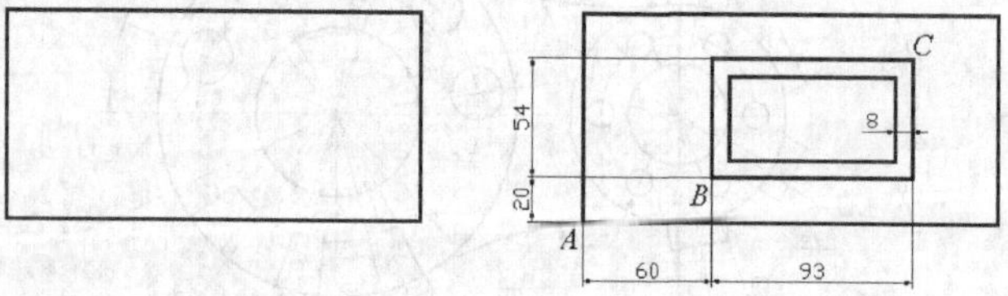

图 4-24　绘制矩形

```
命令: _rectang
指定第一个角点或 [倒角(C)/标高(E)/圆角(F)/厚度(T)/宽度(W)]: from
                                                          //使用正交偏移捕捉
基点: int 于                                              //捕捉 A 点
<偏移>: @60,20                                            //输入 B 点的相对坐标
指定另一个角点或 [面积(A)/尺寸(D)/旋转(R)]: @93,54        //输入 C 点的相对坐标
```

2. 用 OFFSET 命令将矩形向内偏移，偏移距离为 8，结果如图 4-24 右图所示。

命令选项

- 指定第一个角点：在此提示下，用户指定矩形的一个角点。拖动鼠标时，屏幕上显示出一个矩形。
- 指定另一个角点：在此提示下，用户指定矩形的另一角点。
- 倒角(C)：指定矩形各顶点倒斜角的大小。
- 标高(E)：确定矩形所在的平面高度。默认情况下，矩形在 *xy* 平面内（*z* 坐标值为 0）。
- 圆角(F)：指定矩形各顶点倒圆角半径。
- 厚度(T)：设置矩形的厚度，在三维绘图时常使用该选项。
- 宽度(W)：该选项使用户可以设置矩形边的宽度。
- 面积(A)：先输入矩形面积，再输入矩形长度或宽度值创建矩形。
- 尺寸(D)：输入矩形的长、宽尺寸创建矩形。
- 旋转(R)：设定矩形的旋转角度。

4.2.2　画正多边形

正多边形有以下两种画法。

（1）指定多边形边数及多边形中心。

（2）指定多边形边数及某一边的两个端点。

命令启动方法

- 菜单命令：【绘图】/【多边形】。
- 面板：【绘图】面板上的按钮。
- 命令：POLYGON 或简写 POL。

【练习 4-11】：练习 POLYGON 命令。

打开文件“4-11.dwg”，该文件包含一个大圆和一个小圆，下面用 POLYGON 命令绘制圆的内接正五边形和外切正五边形，如图 4-25 所示。

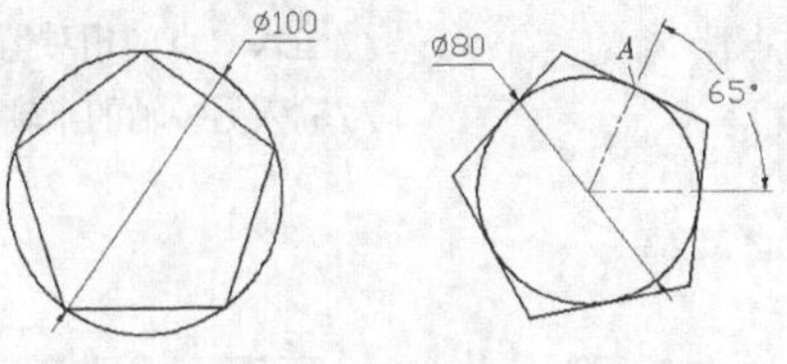

图 4-25　绘制正五边形

```
命令: _polygon 输入边的数目 <4>: 5                  //输入多边形的边数
指定正多边形的中心点或 [边(E)]: cen 于              //捕捉大圆的圆心，如图 4-25 左图所示
输入选项 [内接于圆(I)/外切于圆(C)] <I>: I          //采用内接于圆的方式画多边形
指定圆的半径: 50                                    //输入半径值
命令:                                               //重复命令
POLYGON 输入边的数目 <5>:                           //按 Enter 键接受默认值
指定正多边形的中心点或 [边(E)]: cen 于              //捕捉小圆的圆心，如图 4-25 右图所示
输入选项 [内接于圆(I)/外切于圆(C)] <I>: C          //采用外切于圆的方式画多边形
指定圆的半径: @40<65                               //输入 A 点的相对坐标
```

结果如图 4-25 所示。

命令选项

- 指定正多边形的中心点：用户输入多边形边数后，再拾取多边形中心点。
- 内接于圆(I)：根据外接圆生成正多边形。
- 外切于圆(C)：根据内切圆生成正多边形。
- 边(E)：输入多边形边数后，再指定某条边的两个端点即可绘出正多边形。

4.2.3　画椭圆

椭圆包含椭圆中心、长轴及短轴等几何特征。画椭圆的默认方法是指定椭圆第一根轴线的两个端点及另一轴长度的一半。另外，用户也可通过指定椭圆中心、第一轴的端点及另一轴线的半轴长度来创建椭圆。

命令启动方法

- 菜单命令：【绘图】/【椭圆】。
- 面板：【绘图】面板上的按钮。
- 命令：ELLIPSE 或简写 EL。

【练习 4-12】：练习 ELLIPSE 命令。

打开文件“4-12.dwg”，如图 4-26 左图所示，下面用 ELLIPSE 命令将左图修改为右图。

```
命令: _ellipse
指定椭圆的轴端点或 [圆弧(A)/中心点(C)]: 13     //从 A 点向右追踪并输入追踪距离
指定轴的另一个端点: 45                          //继续向右追踪并输入追踪距离
```

```
指定另一条半轴长度或 [旋转(R)]: 8              //输入另一轴的半轴长度
命令:ELLIPSE                                   //重复命令
指定椭圆的轴端点或 [圆弧(A)/中心点(C)]: C       //使用"中心点(C)"选项
指定椭圆的中心点:                              //捕捉 B 点
指定轴的端点: @15<-30                          //输入 C 点的相对坐标
指定另一条半轴长度或 [旋转(R)]: 5              //输入另一轴的半轴长度
```

结果如图 4-26 所示。

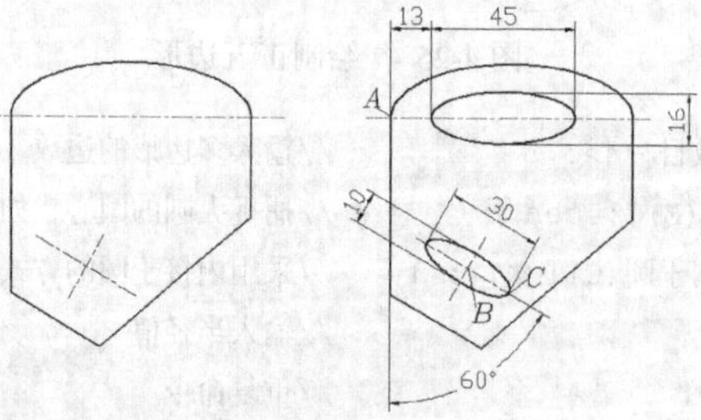

图 4-26　绘制椭圆

命令选项

- 圆弧(A)：该选项使用户可以绘制一段椭圆弧。过程是先画一个完整的椭圆，随后系统提示用户指定椭圆弧的起始角及终止角。
- 中心点(C)：通过椭圆中心点、长轴及短轴来绘制椭圆。
- 旋转(R)：按旋转方式绘制椭圆，即将圆绕直径转动一定角度后，再投影到平面上形成椭圆。

4.2.4　上机练习

【练习 4-13】：用 RECTANG、OFFSET、ELLIPSE 及 POLYGON 等命令绘制图 4-27 所示的图形。

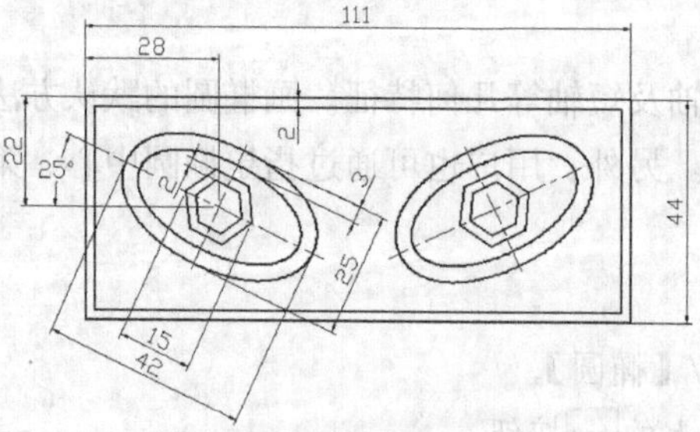

图 4-27　画椭圆及多边形

1. 设定绘图区域大小为 100 × 100，设置线型全局比例因子为 0.2。
2. 创建以下图层。

名称	颜色	线型	线宽
轮廓线层	白色	Continuous	0.5
中心线层	红色	Center	默认

3. 绘制矩形、椭圆及正六边形，如图 4-28 所示。椭圆及正六边形的中心可利用正交偏移捕捉确定。

```
命令: _rectang
指定第一个角点或 [倒角(C)/标高(E)/圆角(F)/厚度(T)/宽度(W)]:
                                        //单击一点 A，如图 4-28 所示
指定另一个角点或 [面积(A)/尺寸(D)/旋转(R)]: @111,-44
                                        //输入矩形对角点的相对坐标，并按 Enter 键结束命令
命令: _ellipse
指定椭圆的轴端点或 [圆弧(A)/中心点(C)]: C        //使用"中心点(C)"选项
指定椭圆的中心点: from                        //使用正交偏移捕捉
基点: int 于                                 //捕捉交点 A
<偏移>: @28,-22                              //输入椭圆中心点的相对坐标
指定轴的端点: @21<155                         //输入椭圆轴端点 B 的相对坐标
指定另一条半轴长度或 [旋转(R)]: 12.5             //输入椭圆另一轴长度的一半
命令: _polygon 输入边的数目 <4>: 6               //输入多边形的边数
指定正多边形的中心点或 [边(E)]: cen 于            //捕捉椭圆的中心点
输入选项 [内接于圆(I)/外切于圆(C)] <I>:          //按 Enter 键
指定圆的半径: @7.5<155                         //输入 C 点的相对坐标
```

4. 用 OFFSET 命令将矩形、椭圆及正六边形向内偏移，再用 XLINE、BREAK 等命令绘制定位线，然后镜像椭圆及正六边形等，结果如图 4-29 所示。

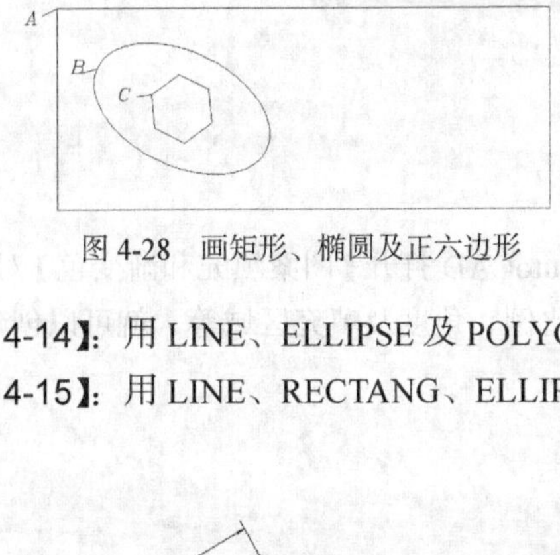

图 4-28　画矩形、椭圆及正六边形

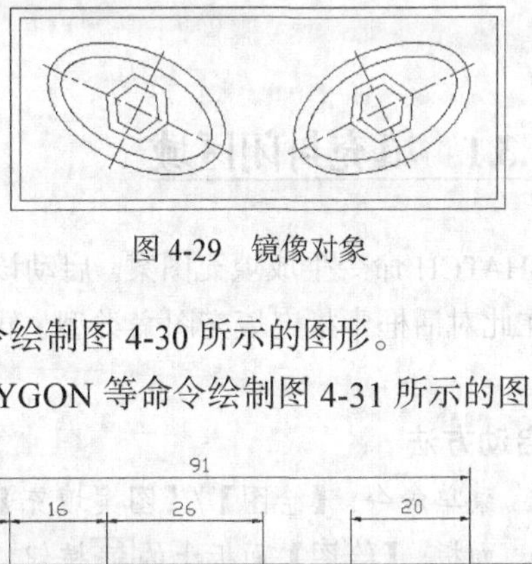
图 4-29　镜像对象

【练习 4-14】：用 LINE、ELLIPSE 及 POLYGON 等命令绘制图 4-30 所示的图形。

【练习 4-15】：用 LINE、RECTANG、ELLIPSE 及 POLYGON 等命令绘制图 4-31 所示的图形。

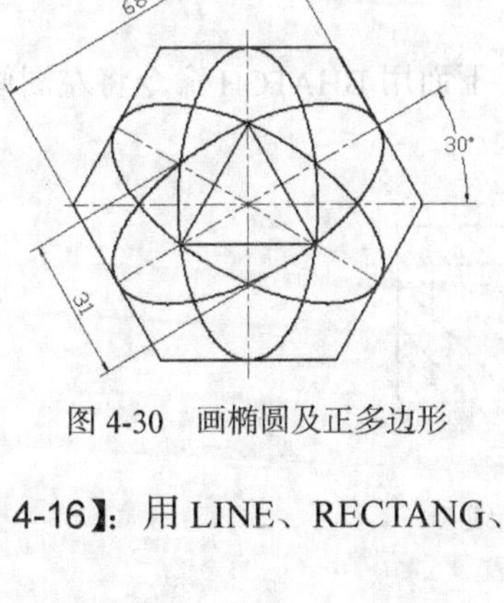

图 4-30　画椭圆及正多边形

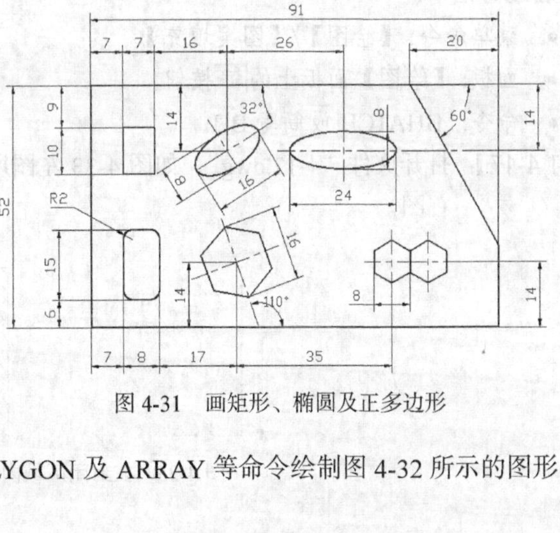

图 4-31　画矩形、椭圆及正多边形

【练习 4-16】：用 LINE、RECTANG、POLYGON 及 ARRAY 等命令绘制图 4-32 所示的图形。

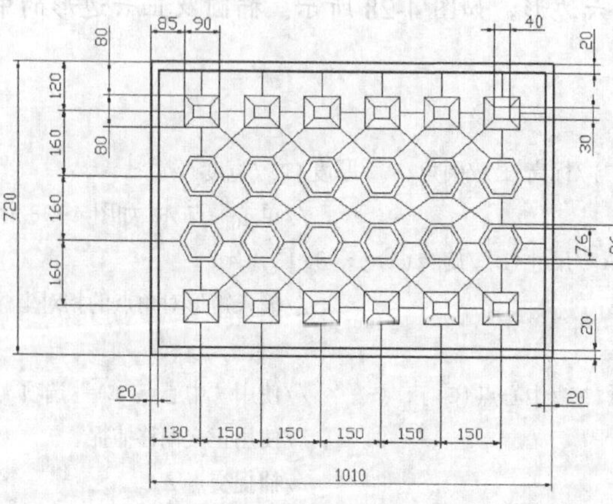

图 4-32　画矩形及正多边形等

4.3 画有剖面图案的图形

在工程图中，剖面线一般绘制在一个对象或几个对象围成的封闭区域中，最简单的如一个圆或一条闭合的多段线等，较复杂的可能是几条线或圆弧围成的形状多变的区域。在绘制剖面线时，用户首先要指定填充边界。一般可用两种方法选定画剖面线的边界：一种是在闭合的区域中指定一点，AutoCAD 自动搜索闭合的边界，另一种是通过选择对象来定义边界。AutoCAD 为用户提供了许多标准填充图案，用户也可定制自己的图案，此外，还能控制剖面图案的疏密和图案的倾角等。

4.3.1 填充封闭区域

BHATCH 命令生成填充图案。启动该命令后，AutoCAD 打开【图案填充和渐变色】对话框，用户在此对话框中指定填充图案类型，再设定填充比例、角度及填充区域等，就可以创建图案填充。

命令启动方法

- 菜单命令：【绘图】/【图案填充】。
- 面板：【绘图】面板上的按钮。
- 命令：BHATCH 或简写 BH。

【练习 4-17】：打开文件“4-17.dwg”，如图 4-33 左图所示。下面用 BHATCH 命令将左图修改为右图。

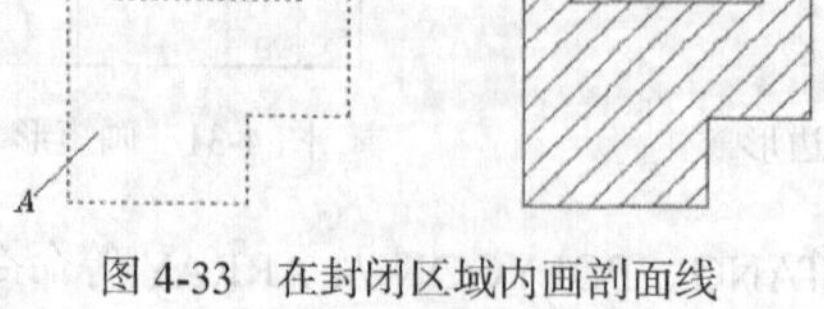

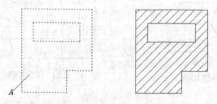

图 4-33　在封闭区域内画剖面线

1. 单击【绘图】面板上的按钮，弹出【图案填充创建】选项卡，如图 4-34 所示。

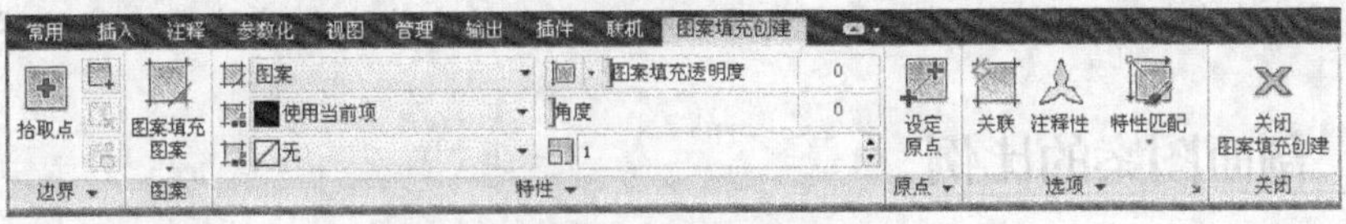

图 4-34 【图案填充创建】选项卡

该选项卡中的常用选项如下。

- 按钮：通过其下拉列表选择所需的填充图案。
- 按钮：单击按钮，然后在填充区域中单击一点，AutoCAD 自动分析边界集，并从中确定包围该点的闭合边界。
- 按钮：单击按钮，然后选择一些对象作为填充边界，此时无需对象构成闭合的边界。
- 按钮：填充边界中常常包含一些闭合区域，这些区域称为孤岛。若希望在孤岛中也填充图案，则单击按钮，选择要删除的孤岛。
- 图案填充透明度 0：设定新图案填充或填充的透明度，替代当前对象的透明度。
- 角度 0：指定图案填充或填充的角度（相对于当前 UCS 的 *x* 轴），有效值为 0 到 359。
- ：放大或缩小预定义或自定义的填充图案。
- 【原点】面板：控制填充图案生成的起始位置。某些图案填充（例如砖块图案）需要与图案填充边界上的一点对齐。默认情况下，所有图案填充原点都对应于当前的 UCS 原点。
- 【关闭】面板：退出【图案填充创建】选项卡，也可以按 Enter 键或 Esc 键退出。

2. 单击按钮，选择剖面线“ANSI31”。
3. 在想要填充的区域中选定点 *A*，此时可以观察到 AutoCAD 自动寻找一个闭合的边界，如图 4-33 左图所示。
4. 在【角度】及【比例】文本框中分别输入数值“0”和“1.5”。
5. 观察填充的预览图。如果满意，按 Enter 键，完成剖面图案的绘制，结果如图 4-33 右图所示。若不满意，重新设定有关参数。

4.3.2 填充复杂图形的方法

在图形不复杂的情况下，常通过在填充区域内指定一点的方法来定义边界。但若图形很复杂，这种方法就会浪费许多时间，因为 AutoCAD 要在当前视口中搜寻所有可见的对象。为避免这种情况，用户可在【图案填充创建】选项卡的【边界】面板中为 AutoCAD 定义要搜索的边界集，这样就能很快地生成填充区域边界。

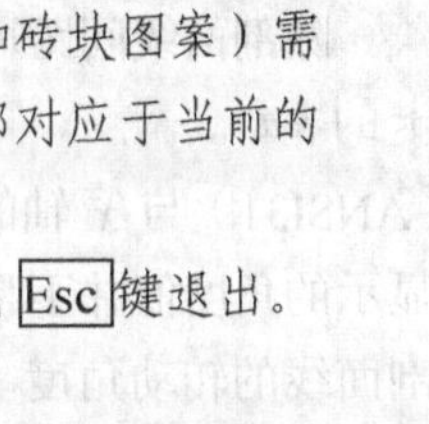

图 4-35 【边界】面板

定义 AutoCAD 搜索边界集的方法如下。

1. 单击【边界】面板下方的按钮，完全展开面板，如图 4-35 所示。
2. 单击按钮（选择新边界集），AutoCAD 提示如下。

选择对象:	//用交叉窗口、矩形窗口等方法选择实体

3. 在填充区域内拾取一点，此时 AutoCAD 仅分析选定的实体来创建填充区域边界。

4.3.3 剖面图案的比例

在 AutoCAD 中，预定义剖面线图案的默认缩放比例是 1.0，但用户可在【图案填充创建】选项卡的 1 文本框中设定其他比例值。画剖面线时，若没有指定特殊比例值，AutoCAD 按默认值绘制剖面线。当输入一个不同于默认值的图案比例时，可以增大或减小剖面线的间距。图 4-36 所示的分别是剖面线比例为 1、2 和 0.5 时的情况。

注意，用户在选定图案比例时，可能不小心输入了太小的比例值，此时会产生很密集的剖面线。这种情况下，预览剖面线或实际绘制时要耗费相当长的时间（几分钟甚至十几分钟）。当看到剖面线区域有任何闪动时，说明没有死机。此外，如果使用了过大的比例，可能观察不到剖面线，这是因为剖面线间距太大而不能在区域中插入任何一个图案。

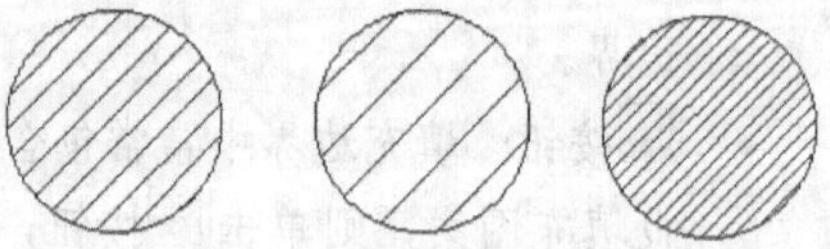

图 4-36 不同比例剖面线的形状

4.3.4 剖面图案的角度

除剖面线间距可以控制外，剖面线的倾斜角度也可以控制。用户可在【图案填充创建】选项卡的 角度 0 文本框中设定图案填充的角度。当图案的角度是“0”时，剖面线（ANSI31）与 x 轴的夹角是 45°。【角度】文本框中显示的角度值并不是剖面线与 x 轴的倾斜角度，而是剖面线的转动角度。

当分别输入角度值 45°、90° 和 15° 时，剖面线将逆时针转动到新的位置，它们与 x 轴的夹角分别是 90°、135° 和 60°，如图 4-37 所示。

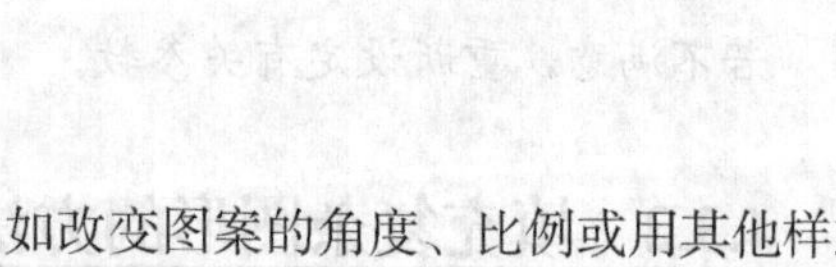

图 4-37 输入不同角度时的剖面线

4.3.5 编辑图案填充

HATCHEDIT 命令用于修改填充图案的外观和类型，如改变图案的角度、比例或用其他样式的图案填充图形等。

命令启动方法

- 菜单命令:【修改】/【对象】/【图案填充】。
- 面板:【修改】面板上的按钮。
- 命令: HATCHEDIT 或简写 HE。

【练习 4-18】: 练习 HATCHEDIT 命令。

1. 打开文件“4-18.dwg”，如图 4-38 左图所示。
2. 启动 HATCHEDIT 命令，AutoCAD 提示“选择图案填充对象”，选择图案填充后，打开【图案填充编辑】对话框，如图 4-39 所示。通过该对话框，用户就能修改剖面图案、比例及角度等。

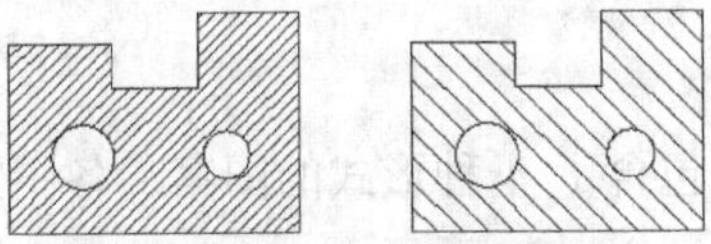

图 4-38　修改图案角度及比例

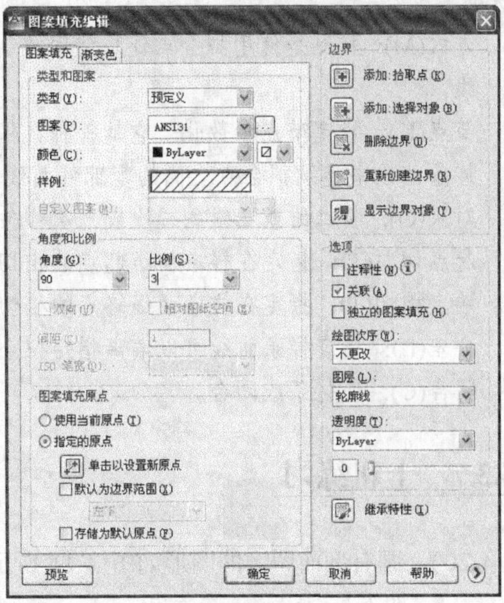

图 4-39 【图案填充编辑】对话框

3.　在【角度】文本框中输入数值“90”，在【比例】文本框中输入数值“3”，单击 确定 按钮，结果如图 4-38 右图所示。

4.3.6　绘制工程图中的波浪线

用户可用 SPLINE 命令绘制光滑曲线，此线是非均匀有理 B 样条线，AutoCAD 通过拟合给定的一系列数据点形成这条曲线。绘制时，用户可以设定样条线的拟合公差，拟合公差控制着样条曲线与指定拟合点间的接近程度。公差值越小，样条曲线与拟合点越接近。若公差值为 0，则样条线通过拟合点。在绘制工程图时，用户可以利用 SPLINE 命令画断裂线。

命令启动方法

- 菜单命令：【绘图】/【样条曲线】/【拟合点】或【绘图】/【样条曲线】/【控制点】。
- 面板：【绘图】面板上的按钮或按钮。
- 命令：SPLINE 或简写 SPL。

【练习 4-19】：练习 SPLINE 命令。

单击【绘图】面板上的按钮。

```
指定第一个点或 [方式(M)/节点(K)/对象(O)]:                    //拾取A点，如图4-40所示
输入下一个点或 [起点切向(T)/公差(L)]:                         //拾取 B 点
输入下一个点或 [端点相切(T)/公差(L)/放弃(U)]:                 //拾取 C 点
输入下一个点或 [端点相切(T)/公差(L)/放弃(U)/闭合(C)]:         //拾取 D 点
输入下一个点或 [端点相切(T)/公差(L)/放弃(U)/闭合(C)]:         //拾取 E 点
输入下一个点或 [端点相切(T)/公差(L)/放弃(U)/闭合(C)]:
                                                            //按 Enter 键结束命令
```

结果如图 4-40 所示。

命令选项

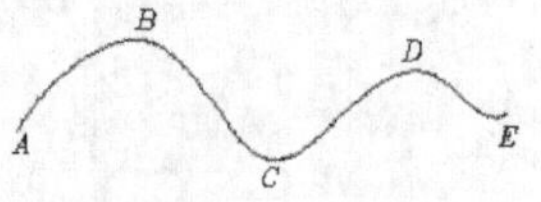

图 4-40　绘制样条曲线

- 方式(M)：控制是使用拟合点还是使用控制点来创建样条曲线。
- 节点(K)：指定节点参数化。它是一种计算方法，用来确定样条曲线中连续拟合点之间的零部件曲线如何过渡。
- 对象(O)：将二维或三维的二次或三次样条曲线拟合多段线转换成等效的样条曲线。
- 起点切向(T)：指定在样条曲线起点的相切条件。
- 端点相切(T)：指定在样条曲线终点的相切条件。
- 公差(L)：指定样条曲线可以偏离指定拟合点的距离。
- 闭合(C)：使样条线闭合。

4.3.7　上机练习

【练习 4-20】：画有剖面图案的图形如图 4-41 所示，图中包含了 4 种形式的图案，各图案参数如下。

- *A* 区域中的图案名称为 EARTH，角度为 0°，填充比例为 1。
- *B* 区域中的图案名称为 AR-CONC，角度为 0°，填充比例为 0.05。
- 6 个小椭圆内的图案名称为 ANSI31，角度为 45°，填充比例为 0.5。
- 6 个小圆内的图案名称为 ANSI31，角度为−45°，填充比例为 0.5。

【练习 4-21】：用 LINE、SPLINE 及 BHATCH 等命令绘制图形，如图 4-42 所示。图中包含了 5 种形式的图案，各图案参数如下。

- 区域 *A* 中有两种图案，分别为 ANSI31 和 AR-CONC，角度都为 0°，填充比例分别为 16 和 1。
- 区域 *B* 中的图案为 AR-SAND，角度为 0°，填充比例为 0.5。
- 区域 *C* 中的图案为 AR-CONC，角度为 0°，填充比例为 1。
- 区域 *D* 中的图案为 GRAVEL，角度为 0°，填充比例为 8。
- 其余图案为 EARTH，角度为 45°，填充比例为 12。

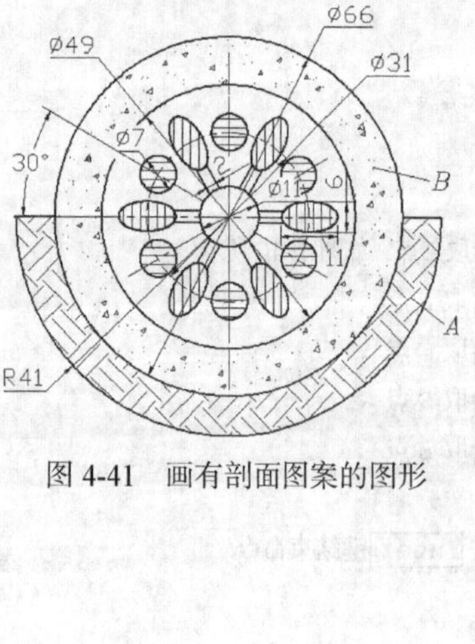

图 4-41　画有剖面图案的图形

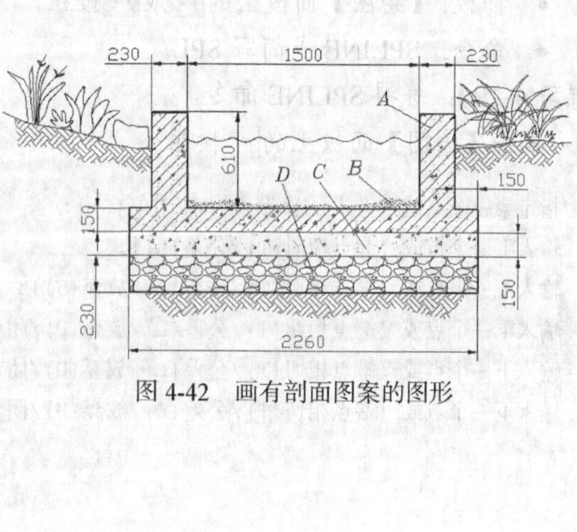

图 4-42　画有剖面图案的图形

4.4 综合练习——画具有均布特征的图形

【练习 4-22】：用 LINE、CIRCLE、ARRAY 及 MIRROR 等命令绘制图 4-43 所示的图形。

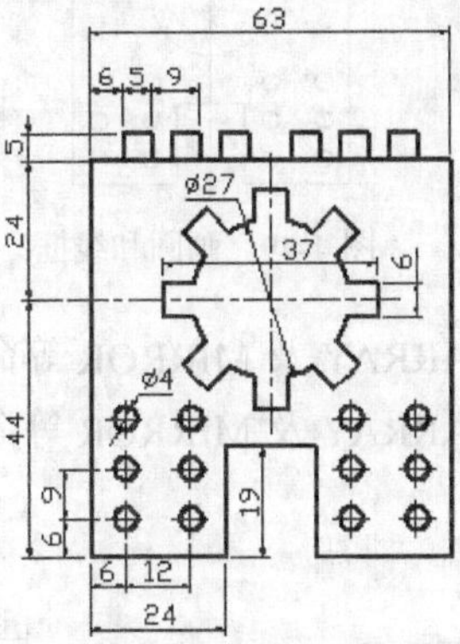

图 4-43　画具有均布特征的图形

1. 创建两个图层。

名称	颜色	线型	线宽
轮廓线层	白色	Continuous	0.5
中心线层	红色	Center	默认

2. 打开极轴追踪、对象捕捉及自动追踪功能。设置极轴追踪角度增量为 90，设定对象捕捉方式为端点、圆心和交点，设置仅沿正交方向进行捕捉追踪。
3. 设定绘图区域大小为 100 × 100，并使该区域充满整个图形窗口显示出来。
4. 画两条绘图基准线 *A*、*B*，线段 *A* 的长度约为 80，线段 *B* 的长度约为 100，如图 4-44 所示。

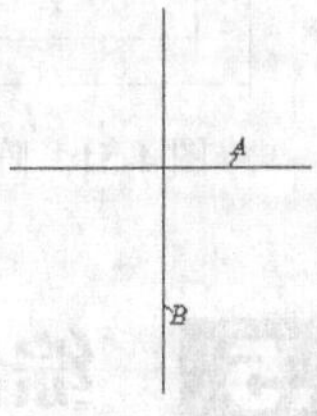

图 4-44　画线段 *A*、*B*

5. 用 OFFSET、TRIM 命令形成线框 *C*，如图 4-45 所示。
6. 用 LINE 命令画线框 *D*，用 CIRCLE 命令画圆 *E*，如图 4-46 所示。圆 *E* 的圆心用正交偏移捕捉确定。
7. 创建线框 *D* 及圆 *E* 的矩形阵列，结果如图 4-47 所示。

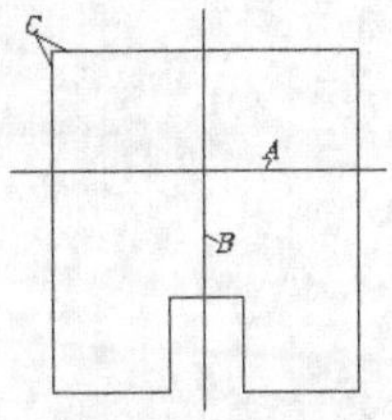

图 4-45　画线框 *C*

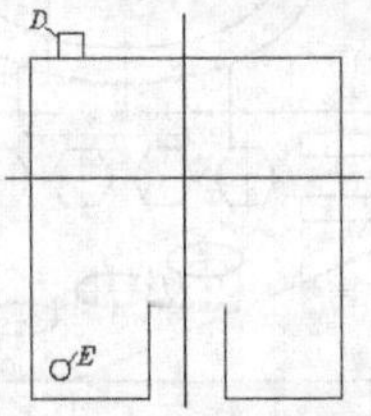

图 4-46　画线框和圆

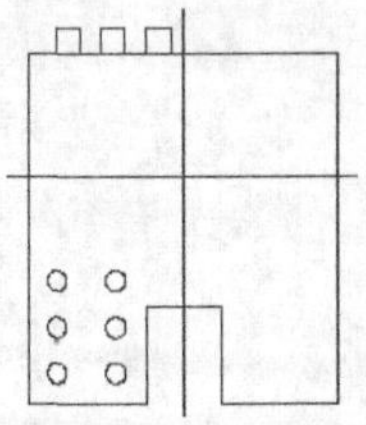
图 4-47　创建矩形阵列

8. 镜像对象，如图 4-48 所示。

9. 用 CIRCLE 命令画圆 *A*，再用 OFFSET、TRIM 命令形成线框 *B*，如图 4-49 所示。

10. 创建线框 *B* 的环形阵列，再修剪多余线条，结果如图 4-50 所示。

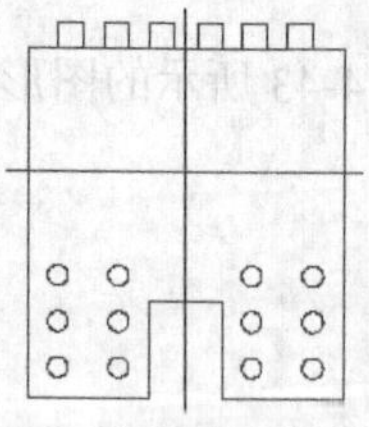

图 4-48 镜像对象

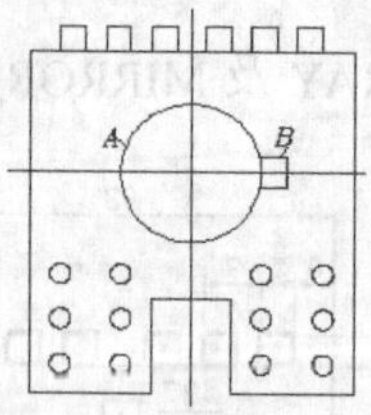

图 4-49 画圆和线框

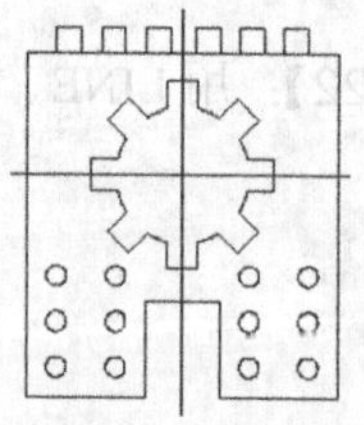

图 4-50 阵列并修剪多余线条

【练习 4-23】：用 LINE、CIRCLE、ARRAY 及 MIRROR 等命令绘制图 4-51 所示的图形。

【练习 4-24】：用 LINE、CIRCLE、ARRAY 及 MIRROR 等命令绘制图 4-52 所示的图形。

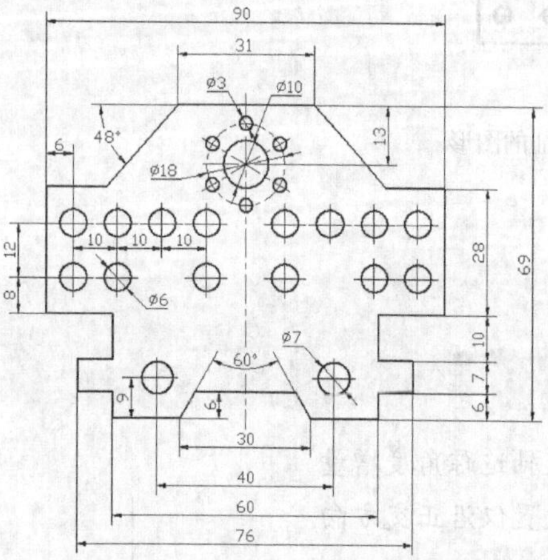

图 4-51 阵列对象及镜像对象

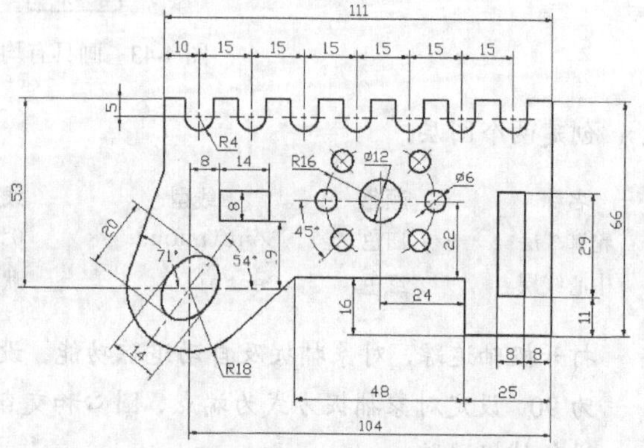

图 4-52 画具有均布特征的图形

4.5 综合练习——画由多边形、椭圆等对象组成的图形

【练习 4-25】：用 LINE、POLYGON、ELLIPSE 及 ARRAY 等命令绘制图 4-53 所示的图形。

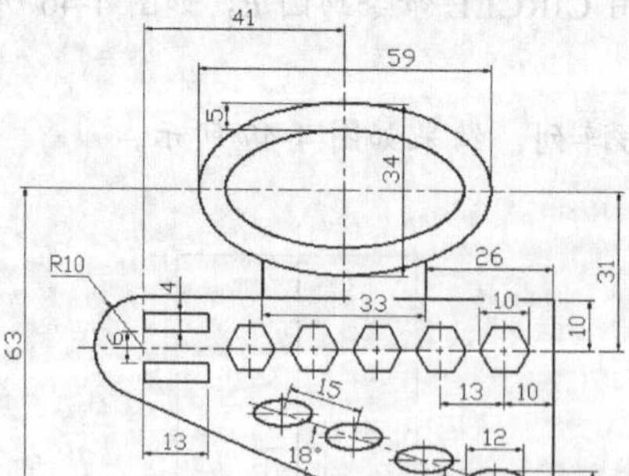

图 4-53 画由多边形、椭圆等对象组成的图形

1. 用 XLINE 命令画水平直线 *A* 及竖直直线 *B*，如图 4-54 所示。
2. 画椭圆 *C*、*D* 及圆 *E*，如图 4-55 所示。圆 *E* 的圆心用正交偏移捕捉确定。

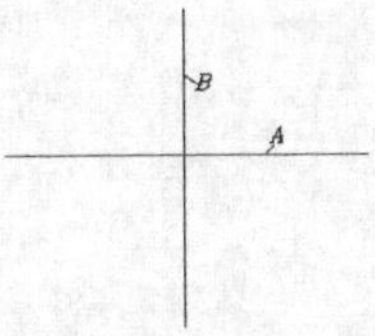

图 4-54　画水平及竖直直线

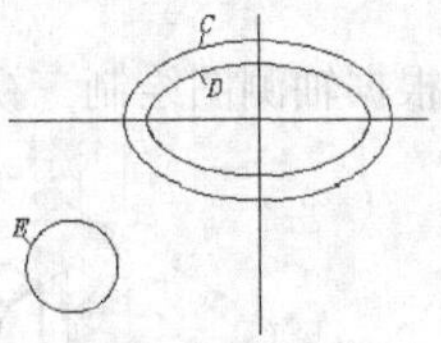

图 4-55　画椭圆和圆

3. 用 OFFSET、LINE 及 TRIM 命令绘制线框 *F*，如图 4-56 所示。
4. 画正六边形及椭圆，其中心点的位置可利用正交偏移捕捉确定，如图 4-57 所示。

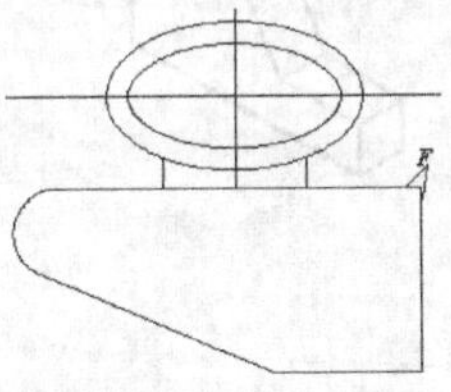

图 4-56　画线框 *F*

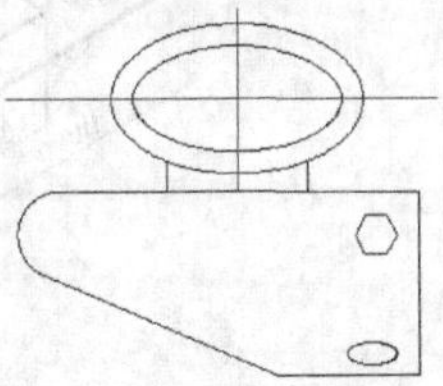

图 4-57　画正六边形及椭圆

5. 创建六边形及椭圆的矩形阵列，如图 4-58 所示。椭圆阵列的倾斜角度为“162”。
6. 画矩形，其角点 *A* 的位置可利用正交偏移捕捉确定，如图 4-59 所示。
7. 镜像矩形，结果如图 4-60 所示。

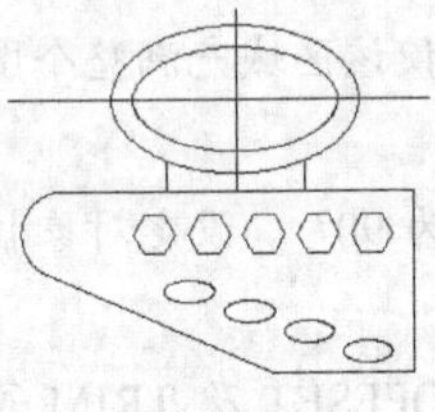

图 4-58　创建矩形阵列

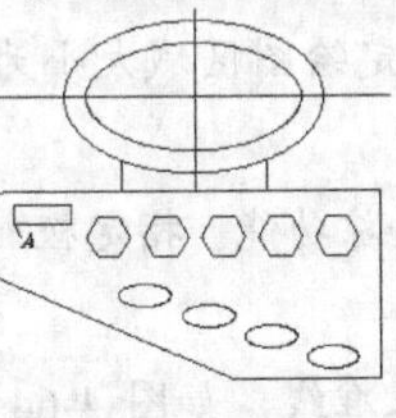

图 4-59　画矩形

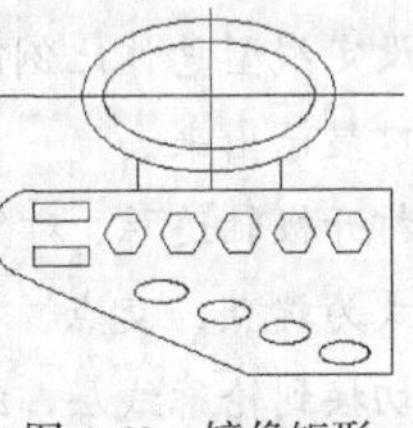

图 4-60　镜像矩形

【练习 4-26】：用 LINE、CIRCLE、POLYGON 及 ARRAY 等命令绘制图 4-61 所示的图形。
【练习 4-27】：用 LINE、CIRCLE、POLYGON 及 ARRAY 等命令绘制图 4-62 所示的图形。

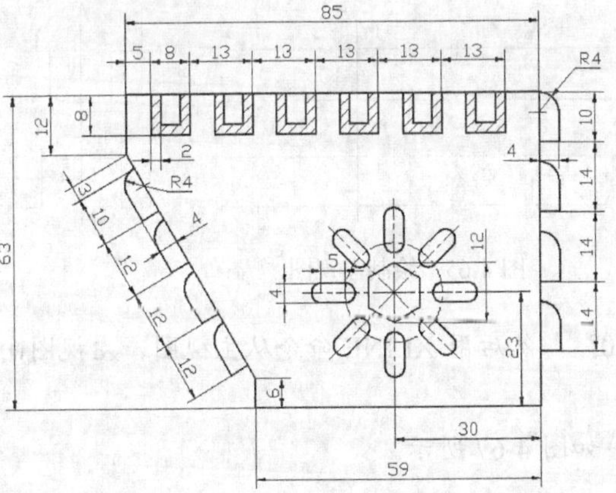

图 4-61　画多边形及阵列对象

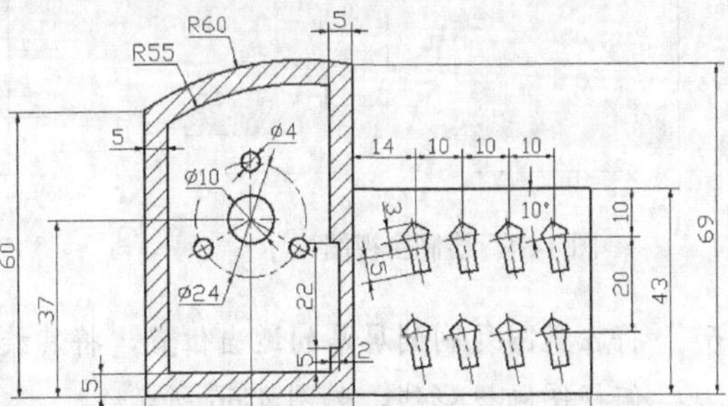

图 4-62　画多边形及阵列对象

4.6 综合练习——绘制组合体视图

【练习 4-28】：根据轴测图绘制三视图，如图 4-63 所示。

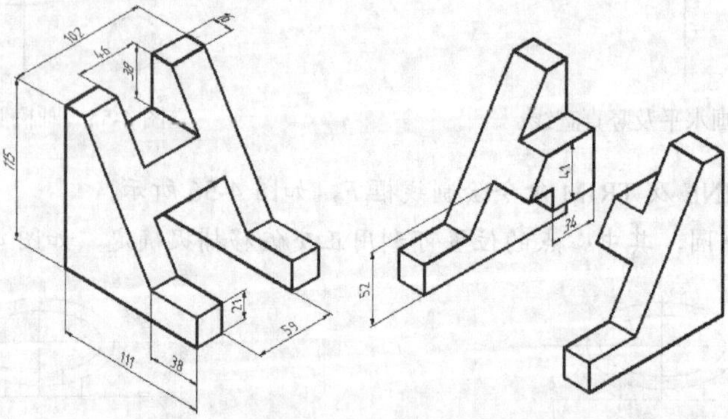

图 4-63　绘制三视图

1. 创建 3 个图层。

名称	颜色	线型	线宽
轮廓线层	绿色	Continuous	0.5
中心线层	红色	Center	默认
虚线层	黄色	Dashed	默认

2. 设定线型总体比例因子为 0.3。设定绘图区域大小为 170 × 170，并使该区域充满整个图形窗口显示出来。
3. 打开极轴追踪、对象捕捉及自动追踪功能。指定极轴追踪角度增量为 90°，设定对象捕捉方式为端点、交点。
4. 切换到轮廓线层，绘制两条绘图基准线，如图 4-64 左图所示。用 OFFSET 及 TRIM 等命令绘制主视图，如图 4-64 右图所示。
5. 绘制水平投影线及左视图对称线，如图 4-65 左图所示。用 OFFSET 及 TRIM 等命令绘制左视图，如图 4-65 右图所示。

图 4-64　绘制主视图

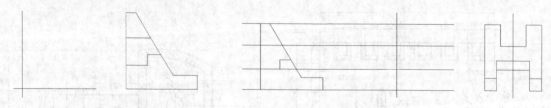

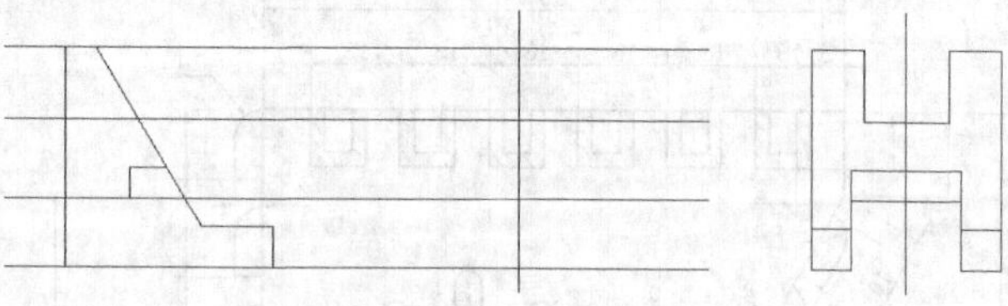

图 4-65　绘制左视图

6. 将左视图复制到屏幕的适当位置，将其旋转 90°，然后用 XLINE 命令从主视图、左视图向俯视图画投影线，如图 4-66 所示。
7. 用 OFFSET 及 TRIM 等命令绘制俯视图细节，如图 4-67 所示。

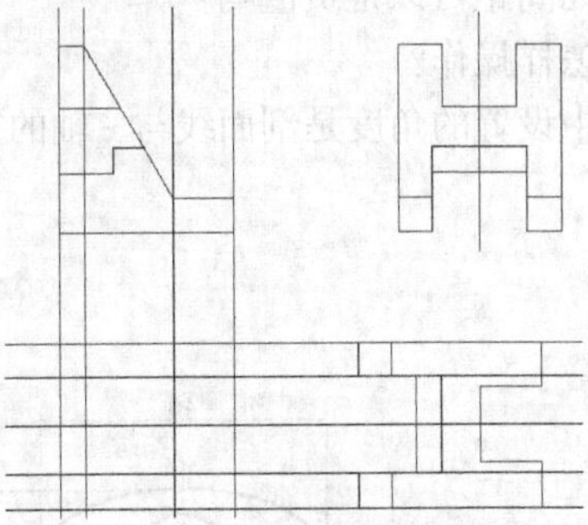

图 4-66　绘制投影线

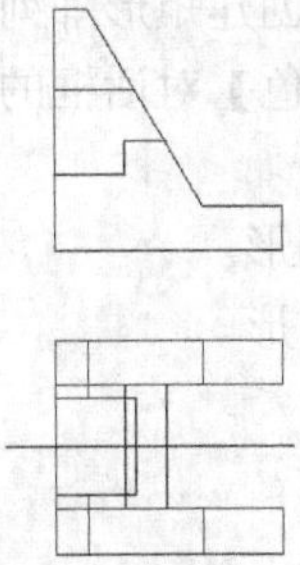

图 4-67　绘制俯视图

【练习 4-29】：根据轴测图绘制三视图，如图 4-68 所示。

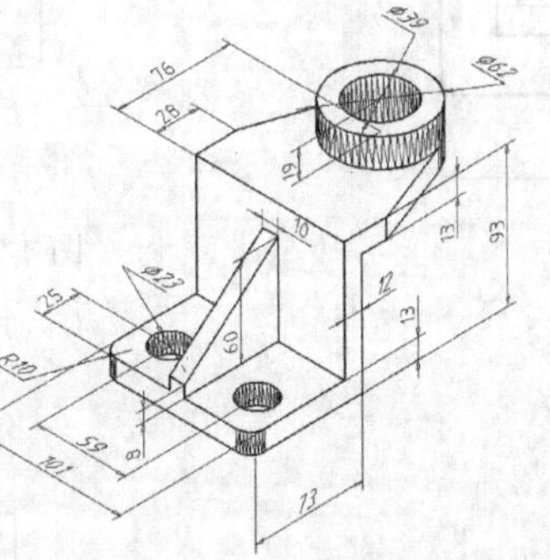

图 4-68　绘制三视图

习题

一、思考题

1．用 RECTANG、POLYGON 命令绘制的矩形和正多边形，其各边是单独的对象吗？请试一试。

2．画正多边形的方法有几种？

3．画椭圆的方法有几种？

4．如何绘制图 4-69 中的椭圆和正多边形？

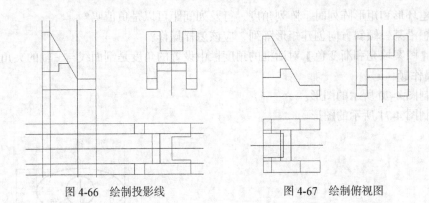

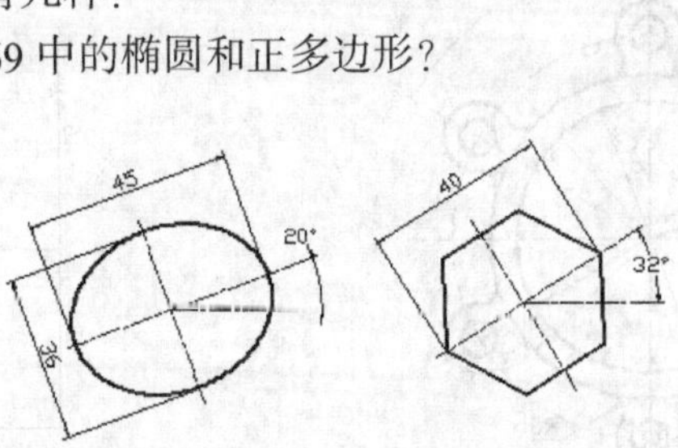

图 4-69　绘制椭圆和正多边形

5．创建环形和矩形阵列时，阵列角度、行及列间距可以是负值吗？

6．若想沿某一倾斜方向创建矩形阵列，应该怎样操作？

7．在【图案填充和渐变色】对话框的角度栏中设置的角度是剖面线与 x 轴的夹角吗？

二、操作题

1．绘制图 4-70 所示的图形。

2．绘制图 4-71 所示的图形。

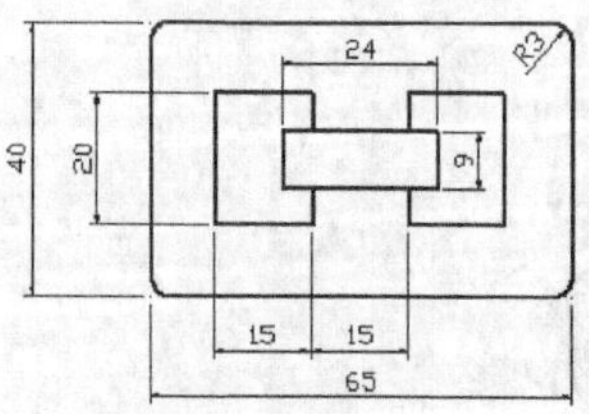

图 4-70　画矩形

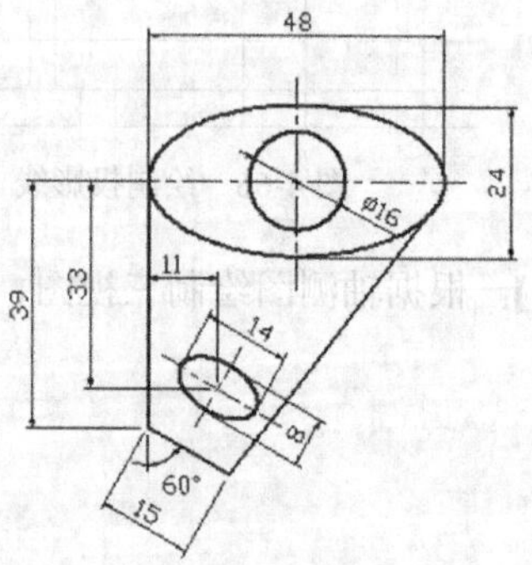

图 4-71　画椭圆、圆等构成的图形

3．绘制图 4-72 所示的图形。

4．绘制图 4-73 所示的图形。

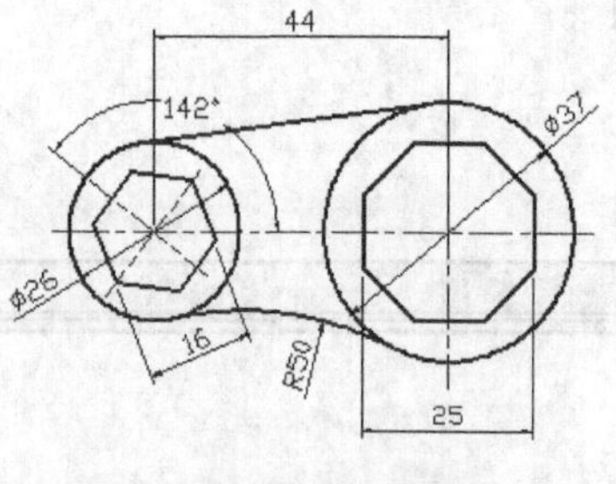

图 4-72　画圆和多边形等构成的图形

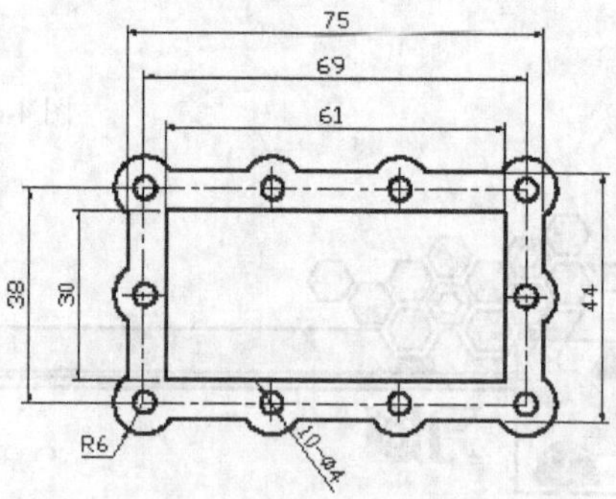

图 4-73　创建矩形阵列

5．绘制图 4-74 所示的图形。

6．绘制图 4-75 所示的图形。

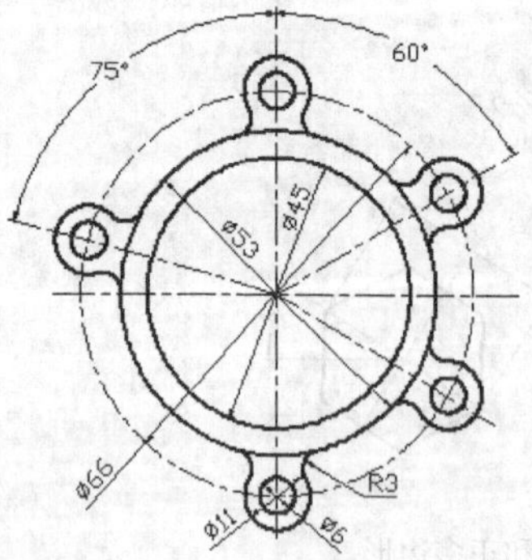

图 4-74　创建环形阵列

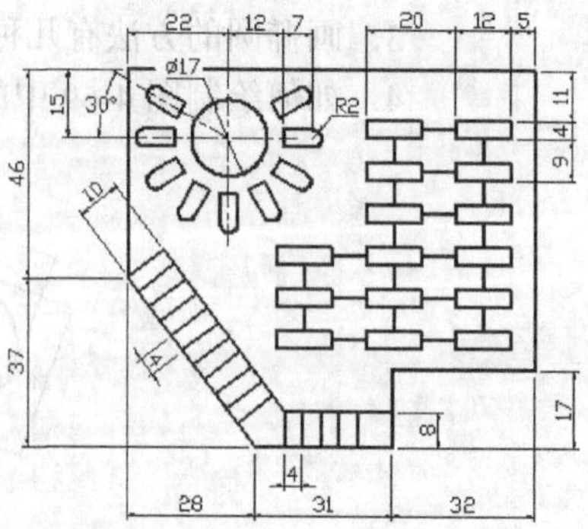

图 4-75　画有均布特征的图形

7．绘制图 4-76 所示的图形。

8．绘制图 4-77 所示的图形。

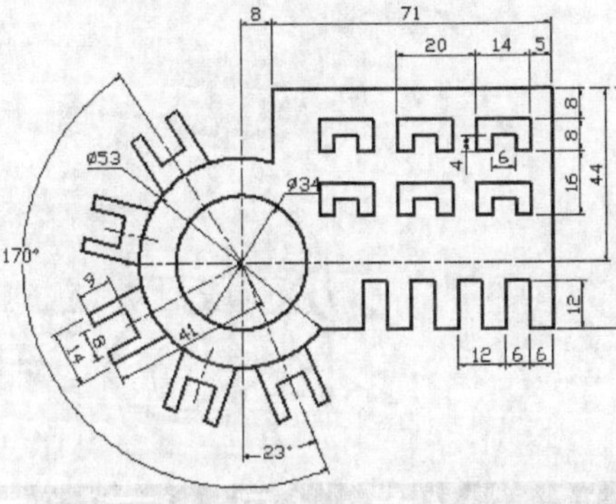

图 4-76　画有均布特征的图形

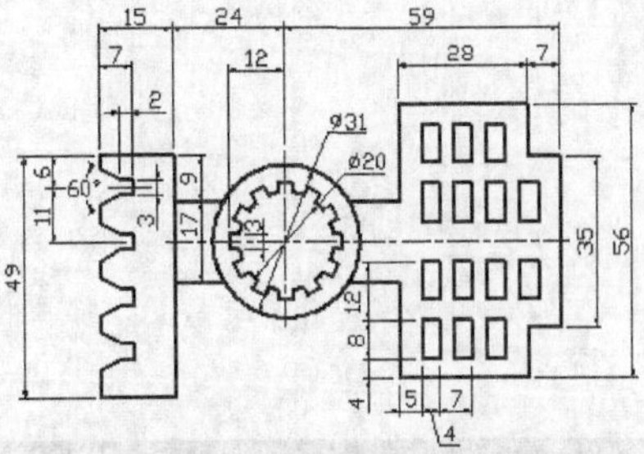

图 4-77　画有均布和对称特征的图形

9．根据轴测图绘制三视图，如图 4-78 所示。

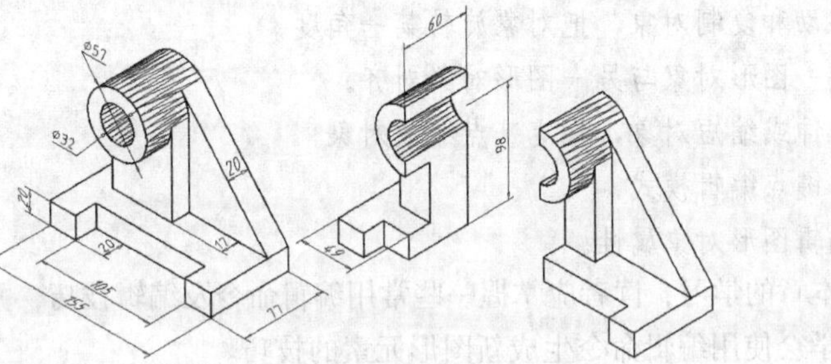

图 4-78　绘制三视图

10．根据轴测图绘制三视图，如图 4-79 所示。

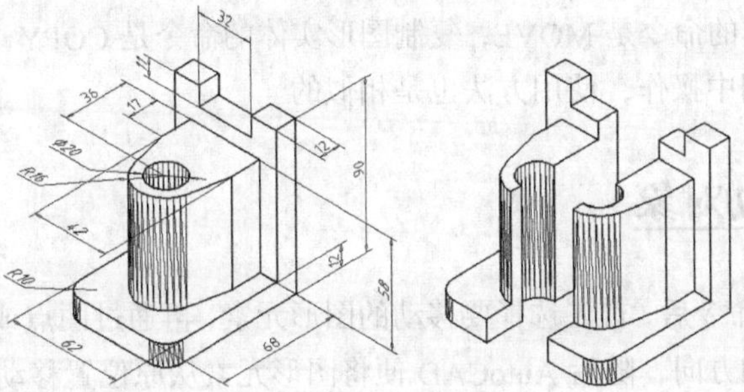

图 4-79　绘制三视图

第5章 编辑图形

本章介绍的主要内容如下。

- 移动和复制对象，把对象旋转某一角度。
- 将一图形对象与另一图形对象对齐。
- 拉伸或缩短对象，指定基点缩放对象。
- 关键点编辑模式。
- 编辑图形对象属性。

通过本章的学习，读者应掌握一些常用编辑命令及编辑技巧，并能够了解关键点编辑方式，学会使用编辑命令生成新图形元素的技巧。

5.1 用移动和复制命令绘图

移动图形实体的命令是 MOVE，复制图形实体的命令是 COPY，这两个命令都可以在二维、三维空间中操作，使用方法也是相似的。

5.1.1 移动对象

启动 MOVE 命令后，首先选择要移动的图形元素，再通过两点或直接输入位移值来指定移动的距离和方向，随后 AutoCAD 便将图形元素从原位置移动到新位置。

命令启动方法

- 菜单命令：【修改】/【移动】。
- 面板：【修改】面板上的按钮。
- 命令：MOVE 或简写 M。

【练习 5-1】：练习 MOVE 命令。

打开文件“5-1.dwg”，如图 5-1 左图所示，用 MOVE 命令将左图修改为右图。

```
命令: _move
选择对象: 指定对角点: 找到 3 个                        //选择圆，如图 5-1 左图所示
选择对象:                                              //按 Enter 键确认
指定基点或 [位移(D)] <位移>:                            //捕捉交点 A
指定第二个点或 <使用第一个点作为位移>:                   //捕捉交点 B
命令:MOVE                                              //重复命令
选择对象: 指定对角点: 找到 1 个                        //选择小矩形，如图 5-1 左图所示
选择对象:                                              //按 Enter 键确认
指定基点或 [位移(D)] <位移>: 90,30                      //输入沿 x 轴、y 轴移动的距离
指定第二个点或 <使用第一个点作为位移>:                   //按 Enter 键结束
命令:MOVE                                              //重复命令
选择对象: 找到 1 个                                    //选择大矩形
选择对象:                                              //按 Enter 键确认
指定基点或 [位移(D)] <位移>: 45<-90                     //输入移动的距离和方向
指定第二个点或 <使用第一个点作为位移>:                   //按 Enter 键结束
```

结果如图 5-1 右图所示。

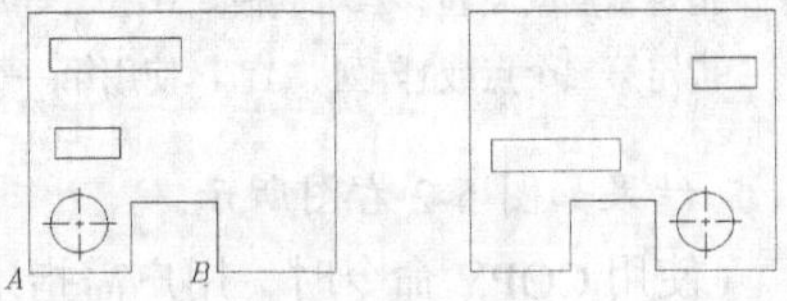

图 5-1 移动对象

使用 MOVE 命令时，用户可以通过以下方式指明对象移动的距离和方向。

- 在屏幕上指定两个点，这两点的距离和方向代表了实体移动的距离和方向。当 AutoCAD 提示"指定基点:"时，指定移动的基准点。当 AutoCAD 提示"指定第二个点:"时，捕捉第二点或输入第二点相对于基准点的相对直角坐标或极坐标。
- 以"*x*，*y*"方式输入对象沿 *x* 轴、*y* 轴移动的距离，或用"距离<角度"方式输入对象位移的距离和方向。当 AutoCAD 提示"指定基点:"时，输入位移值。当 AutoCAD 提示"指定第二个点:"时，按 Enter 键确认，这样 AutoCAD 就以输入的位移值来移动实体对象。
- 打开正交或极轴追踪功能，就能方便地将实体只沿 *x* 轴或 *y* 轴方向移动。当 AutoCAD 提示"指定基点:"时，单击一点并把实体向水平或竖直方向移动，然后输入位移的数值。
- 使用"位移(D)"选项。启动该选项后，AutoCAD 提示"指定位移:"。此时，以"*x*，*y*"方式输入对象沿 *x* 轴、*y* 轴移动的距离，或以"距离<角度"方式输入对象位移的距离和方向。

5.1.2 复制对象

启动 COPY 命令后，首先选择要复制的图形元素，再通过两点或直接输入位移值来指定复制的距离和方向，随后 AutoCAD 将图形元素从原位置复制到新位置。

命令启动方法

- 菜单命令：【修改】/【复制】。

- 面板：【修改】面板上的按钮。
- 命令：COPY 或简写 CO。

【练习 5-2】：练习 COPY 命令。

打开文件"5-2.dwg"，如图 5-2 左图所示，用 COPY 命令将左图修改为右图。

```
命令：_copy
选择对象：指定对角点：找到 3 个                          //选择圆，如图 5-2 左图所示
选择对象：                                              //按 Enter 键确认
指定基点或 [位移(D)/模式(O)] <位移>:                     //捕捉交点 A
指定第二个点或[阵列(A)] <使用第一个点作为位移>:            //捕捉交点 B
指定第二个点或 [阵列(A)/退出(E)/放弃(U)] <退出>:          //捕捉交点 C
指定第二个点或 [阵列(A)/退出(E)/放弃(U)] <退出>:          //按 Enter 键结束
命令：                                                  //重复命令
COPY
选择对象：找到 1 个                                      //选择矩形，如图 5-2 左图所示
选择对象：                                              //按 Enter 键确认
指定基点或 [位移(D) /模式(O)] <位移>:-90,-20             //输入沿 x、y 轴移动的距离
指定第二个点或[阵列(A)] <使用第一个点作为位移>:            //按 Enter 键结束
```

结果如图 5-2 右图所示。

使用 COPY 命令时，用户需指定对象位移的距离和方向，具体方法请参考 MOVE 命令。

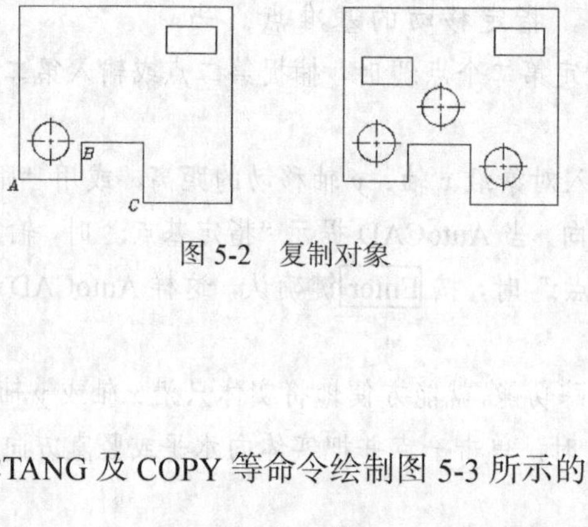

图 5-2　复制对象

5.1.3　上机练习

【练习 5-3】：用 LINE、RECTANG 及 COPY 等命令绘制图 5-3 所示的图形。

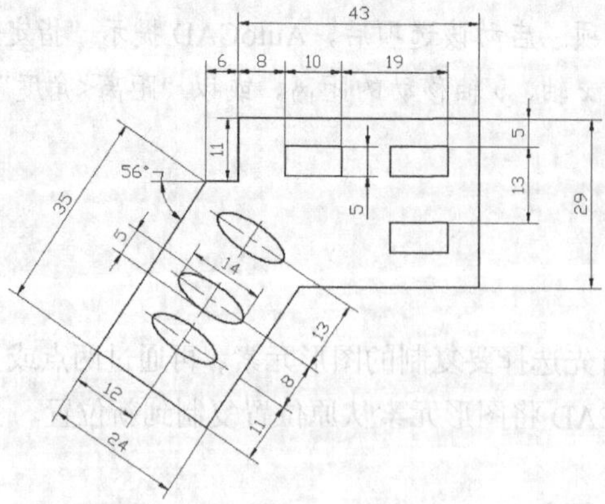

图 5-3　用 RECTANG 及 COPY 等命令绘图

1. 设定绘图区域大小为 100 × 100，设置线型全局比例因子为 0.2。
2. 创建以下图层。

名称	颜色	线型	线宽
轮廓线层	白色	Continuous	0.5
中心线层	红色	Center	默认

3. 打开极轴追踪、对象捕捉及捕捉追踪功能。设置极轴追踪角度增量为 90°，设定对象捕捉方式为端点、圆心、交点，设置仅沿正交方向进行捕捉追踪。
4. 切换到轮廓线层，用 LINE 及 OFFSET 等命令绘制线框 *A*，如图 5-4 左图所示。绘制矩形 *B*，如图 5-4 右图所示。
5. 将矩形 *B* 复制到 *C*、*D* 处，如图 5-5 左图所示。用 OFFSET、BREAK 等命令形成椭圆的定位线，如图 5-5 右图所示。

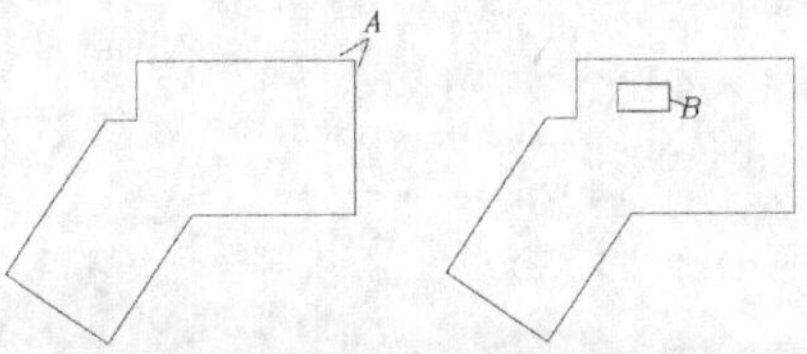

图 5-4　绘制线框 *A* 及矩形 *B*

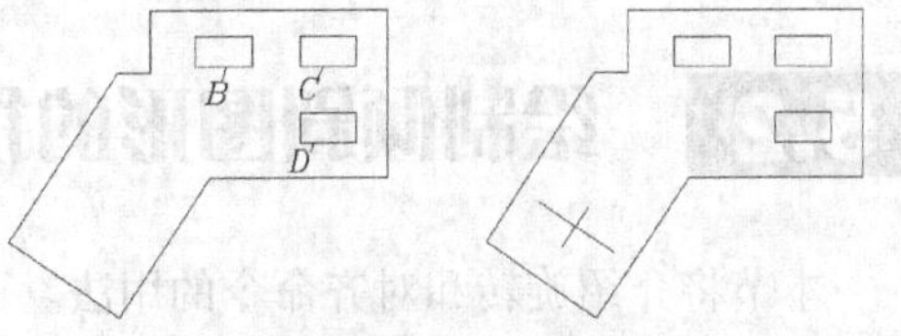

图 5-5　复制矩形及形成椭圆的定位线

6. 绘制椭圆 *E*，如图 5-6 左图所示。将椭圆 *E* 及其定位线复制到 *F*、*G* 处，再将定位线修改到中心线层上，如图 5-6 右图所示。

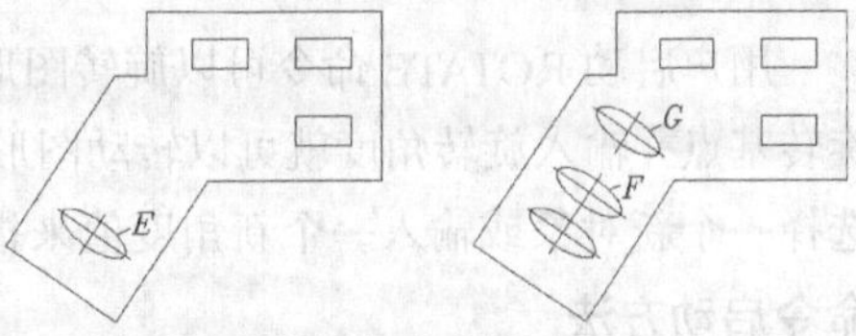

图 5-6　绘制及复制椭圆

【练习 5-4】：用 POLYGON、ELLIPSE 及 COPY 等命令绘制图 5-7 所示的图形。

【练习 5-5】：用 LINE、CIRCLE、COPY 及 TRIM 等命令绘制图 5-8 所示的图形。

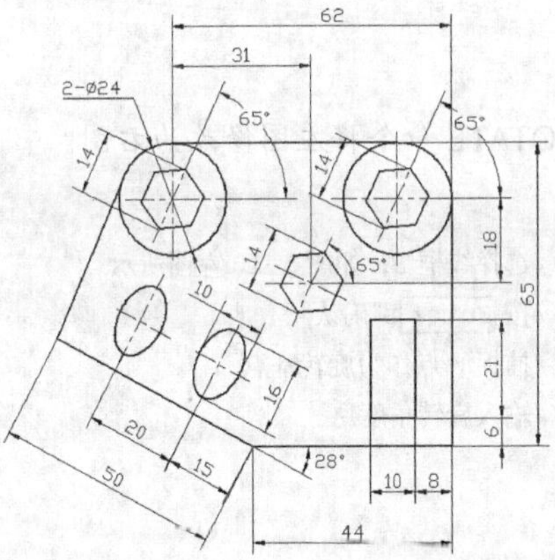

图 5-7　用 POLYGON 及 COPY 等命令绘图

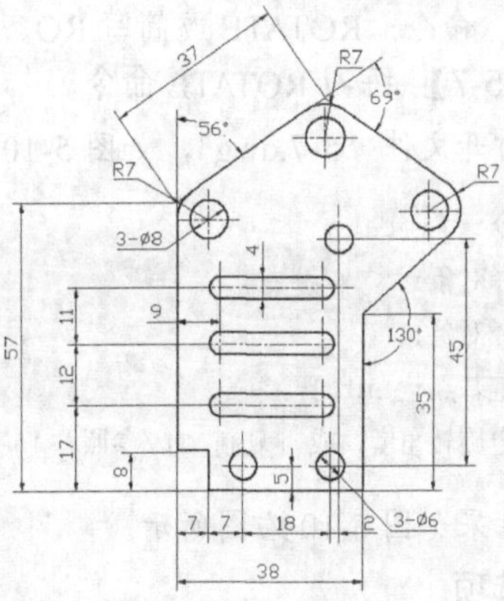

图 5-8　用 LINE 及 COPY 等命令绘图

【练习 5-6】：用 LINE、CIRCLE 及 COPY 等命令绘制图 5-9 所示的图形。

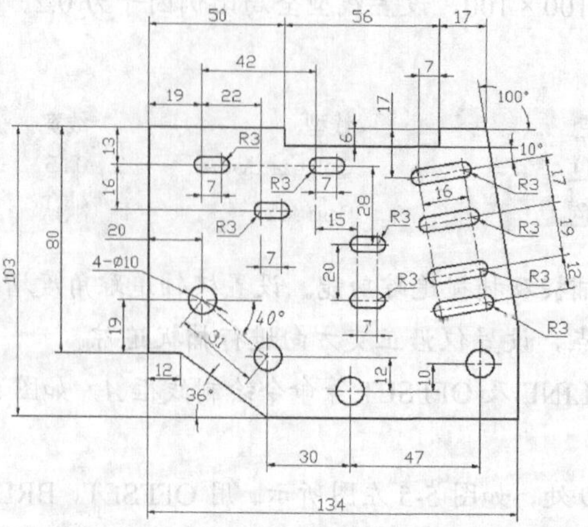

图 5-9　用 LINE 及 COPY 等命令绘图

5.2　绘制倾斜图形的技巧

本节将介绍旋转和对齐命令的用法。

5.2.1　旋转实体

用户启动 ROTATE 命令可以旋转图形对象，改变图形对象的方向。使用此命令时，用户指定旋转基点并输入旋转角度就可以转动图形实体。此外，用户也可以某个方位作为参照位置，然后选择一个新对象或输入一个新角度值来指明要旋转到的位置。

命令启动方法

- 菜单命令：【修改】/【旋转】。
- 面板：【修改】面板上的按钮。
- 命令：ROTATE 或简写 RO。

【练习 5-7】：练习 ROTATE 命令。

打开文件“5-7.dwg”，如图 5-10 左图所示，用 ROTATE 命令将左图修改为右图。

```
命令: _rotate
选择对象:                                          //选择线框 B，如图 5-10 左图所示
选择对象:                                          //按 Enter 键确认
指定基点: int 于                                    //捕捉 A 点作为旋转基点
指定旋转角度，或 [复制(C)/参照(R)] <0>: 75          //输入旋转角度
```

结果如图 5-10 右图所示。

命令选项

- 指定旋转角度：指定旋转基点并输入绝对旋转角度来旋转实体。旋转角度是基于当前用户坐标系测量的。若输入负的旋转角度，则选定的对象顺时针旋转。反之，被选择的对象将逆时针旋转。
- 复制(C)：旋转对象的同时复制对象。

- 参照(R)：指定某个方向作为起始参照角，然后选择一个新对象作为原对象要旋转到的位置，也可以输入新角度值来指明要旋转到的方位，如图 5-11 所示。

```
命令: _rotate
选择对象: 指定对角点: 找到 4 个                    //选择要旋转的对象，如图 5-11 左图所示
选择对象:                                          //按 Enter 键确认
指定基点:   int 于                                 //捕捉 A 点作为旋转基点
指定旋转角度，或 [复制(C)/参照(R)] <75>: R         //使用"参照(R)"选项
指定参照角 <0>: int 于                             //捕捉 A 点
指定第二点:end 于                                  //捕捉 B 点
指定新角度或 [点(P)] <0>: end 于                   //捕捉 C 点
```

结果如图 5-11 右图所示。

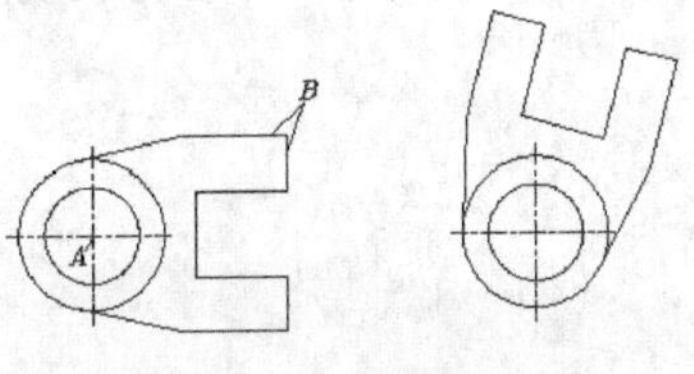

图 5-10　旋转对象

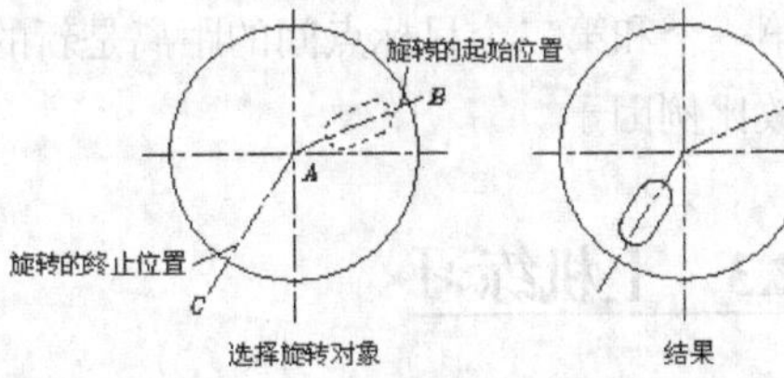

图 5-11　使用"参照(R)"选项旋转图形

5.2.2　对齐实体

ALIGN 命令可以同时移动和旋转一个对象使之与另一对象对齐。例如，用户可以使图形对象中某点、某条直线或某一个面（三维实体中的面）与另一实体的点、线、面对齐。在操作过程中，用户只需按照 AutoCAD 提示指定源对象与目标对象的一点、两点或三点对齐就可以了。

命令启动方法

- 菜单命令：【修改】/【三维操作】/【对齐】。
- 面板：【修改】面板上的按钮。
- 命令：ALIGN 或简写 AL。

【练习 5-8】：练习 ALIGN 命令。

打开文件"5-8.dwg"，如图 5-12 左图所示，用 ALIGN 命令将左图修改为右图。

```
命令: _align
选择对象: 指定对角点: 找到 8 个                    //选择源对象（右边的线框），如图 5-12 左图所示
选择对象:                                          //按 Enter 键
指定第一个源点:                                    //捕捉第一个源点 A
指定第一个目标点:                                  //捕捉第一个目标点 B
指定第二个源点:                                    //捕捉第二个源点 C
指定第二个目标点:                                  //捕捉第二个目标点 D
指定第三个源点或 <继续>:                           //按 Enter 键
是否基于对齐点缩放对象? [是(Y)/否(N)] <否>:        //按 Enter 键不缩放源对象
```

结果如图 5-12 右图所示。

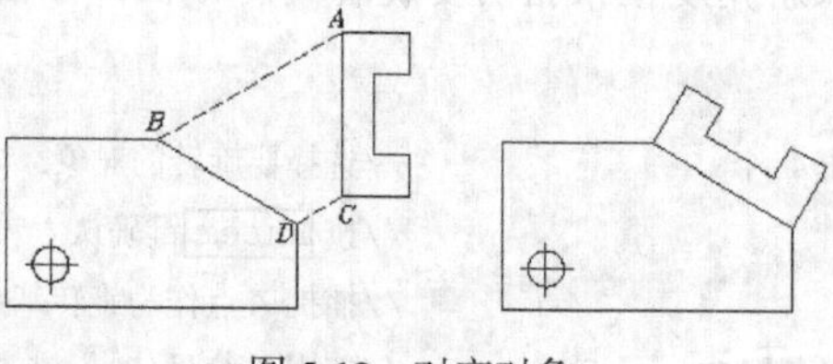

图 5-12 对齐对象

使用 ALIGN 命令时，用户可按照指定 1 个端点、2 个端点或 3 个端点对齐实体。在二维平面绘图中，一般只需使源对象与目标对象按一个或两个端点进行对正。操作完成后源对象与目标对象的第一点将重合在一起，如果要使它们的第二个端点也重合，就需利用“基于对齐点缩放对象”选项缩放源对象。此时，第一目标点是缩放的基点，第一个与第二个源点间的距离是第一个参考长度，第一个和第二个目标点间的距离是新的参考长度，新的参考长度与第一个参考长度的比值就是缩放比例因子。

5.2.3 上机练习

【练习 5-9】：用 LINE、ROTATE 及 ALIGN 等命令绘制图 5-13 所示的图形。

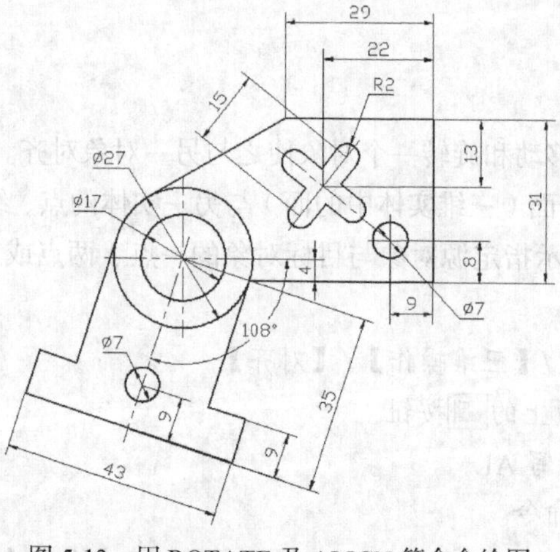

图 5-13 用 ROTATE 及 ALIGN 等命令绘图

1. 设定绘图区域大小为 100 × 100，设置线型全局比例因子为 0.2。
2. 创建以下图层。

名称	颜色	线型	线宽
轮廓线层	白色	Continuous	0.5
中心线层	红色	Center	默认

3. 打开极轴追踪、对象捕捉及捕捉追踪功能。设置极轴追踪角度增量为 90°，设定对象捕捉方式为端点、圆心、交点，设置仅沿正交方向进行捕捉追踪。
4. 切换到轮廓线层，画圆的定位线及圆，如图 5-14 左图所示。用 OFFSET、LINE 及 TRIM 等

命令绘制图形 *A*，如图 5-14 右图所示。

5. 用 OFFSET、CIRCLE 及 TRIM 等命令绘制图形 *B*，如图 5-15 左图所示。用 ROTATE 命令旋转图形 *B*，旋转后的结果如图 5-15 右图所示。

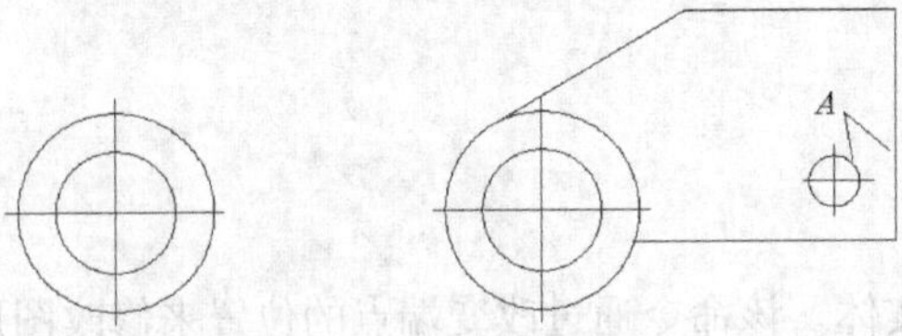

图 5-14　画圆及图形 *A*

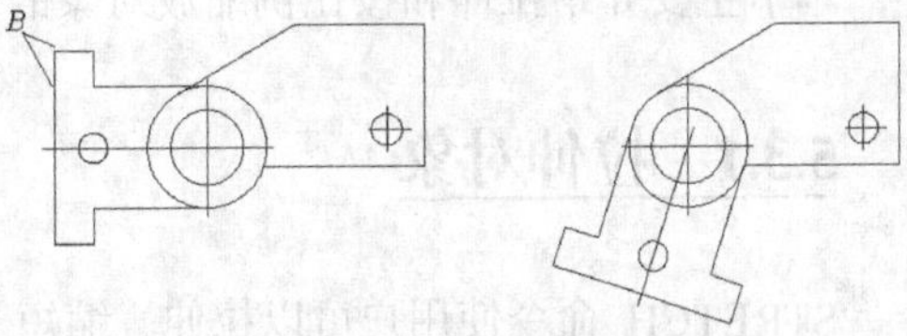

图 5-15　绘制及旋转图形 *B*

6. 用 XLINE 及 BREAK 命令形成定位线 *C*、*D*，再绘制图形 *E*，如图 5-16 左图所示。用 ALIGN 命令将图形 *E* 定位到正确的位置，然后把定位线修改到中心线层上，结果如图 5-16 右图所示。

【练习 5-10】：用 LINE、CIRCLE、RECTANG 及 ROTATE 等命令绘制图 5-17 所示的图形。

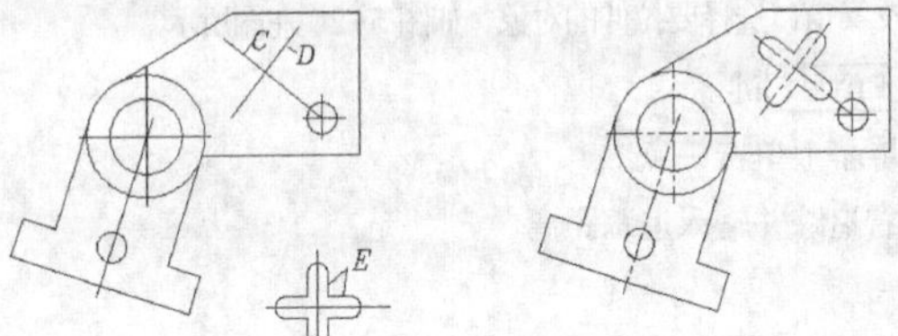

图 5-16　绘制及对齐图形 *E*

图 5-17　用 LINE、RECTANG 及 ROTATE 等命令绘图

【练习 5-11】：用 LINE、CIRCLE、ROTATE 及 ALIGN 等命令绘制图 5-18 所示的图形。

【练习 5-12】：用 LINE、CIRCLE、ROTATE 及 ALIGN 等命令绘制图 5-19 所示的图形。

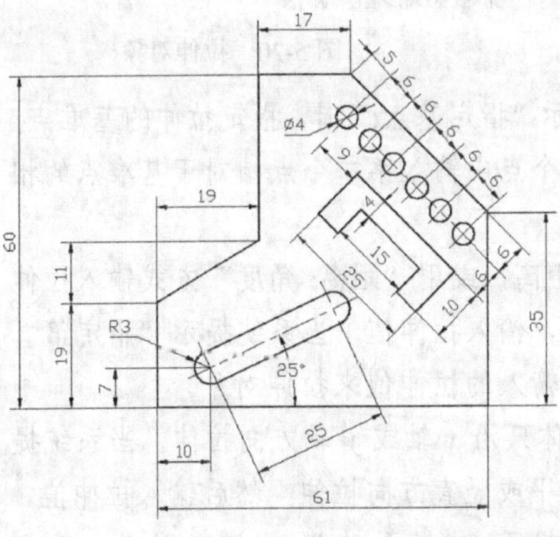

图 5-18　用 ROTATE 及 ALIGN 等命令绘图

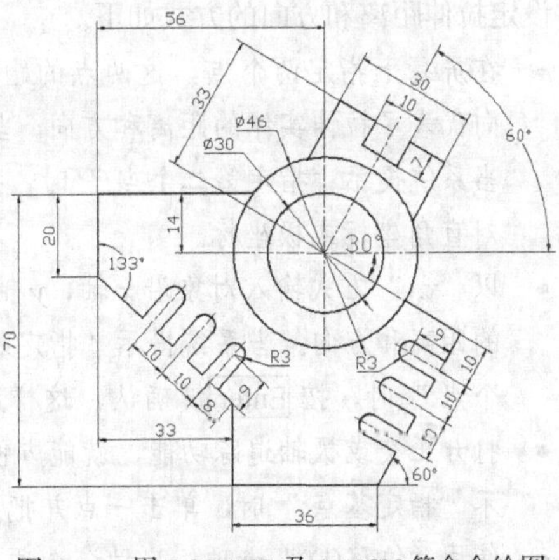

图 5-19　用 ROTATE 及 ALIGN 等命令绘图

5.3 对已有对象进行修饰

本节主要介绍拉伸和按比例缩放对象的方法。

5.3.1 拉伸对象

STRETCH 命令使用户可以拉伸、缩短及移动实体。该命令通过改变端点的位置来修改图形对象，编辑过程中除被伸长、缩短的对象外，其他图元的大小及相互间的几何关系将保持不变。

如果图样沿 x 轴或 y 轴方向的尺寸有错误，或是想调整图形中某部分实体的位置，就可使用 STRETCH 命令进行修饰。

命令启动方法

- 菜单命令：【修改】/【拉伸】。
- 面板：【修改】面板上的按钮。
- 命令：STRETCH 或简写 S。

【练习 5-13】：练习 STRETCH 命令。

打开文件 “5-13.dwg”，如图 5-20 左图所示，用 STRETCH 命令将左图修改为右图。

```
命令：_stretch
选择对象：指定对角点：找到 12 个                 //以交叉窗口选择要拉伸的对象，如图 5-20 左图所示
选择对象：                                       //按 Enter 键
指定基点或 [位移(D)] <位移>：                     //在屏幕上单击一点
指定第二个点或 <使用第一个点作为位移>：40           //向右追踪并输入追踪距离
```

结果如图 5-20 右图所示。

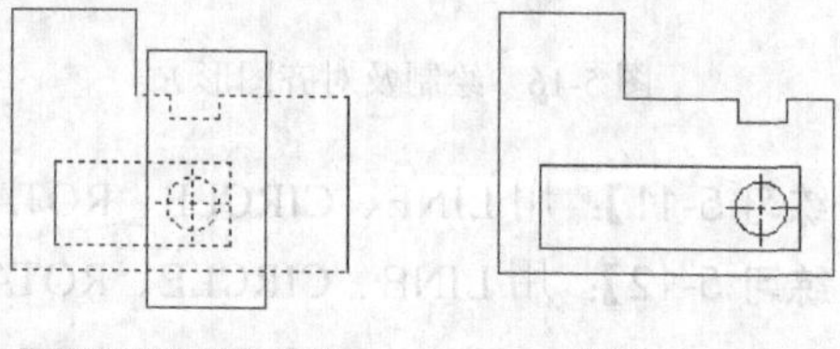

图 5-20 拉伸对象

使用 STRETCH 命令时，首先应利用交叉窗口选择对象，然后指定对象拉伸的距离和方向。凡是在交叉窗口中的图元顶点都被移动，而与交叉窗口相交的图元将被延伸或缩短。

设定拉伸距离和方向的方式如下。

- 在屏幕上指定两个点，这两点的距离和方向代表了拉伸实体的距离和方向。当系统提示“指定基点:”时，指定拉伸的基准点。当系统提示“指定第二个点:”时，捕捉第二个点或输入第二个点相对于基准点的相对直角坐标或极坐标。
- 以“x,y”方式输入对象沿 x 轴、y 轴拉伸的距离，或用“距离<角度”方式输入拉伸的距离和方向。当系统提示“指定基点:”时，输入拉伸值。当系统提示“指定第二个点:”时，按 Enter 键确认，这样系统就以输入的拉伸值来拉伸对象。
- 打开正交或极轴追踪功能，就能方便地将实体只沿 x 轴或 y 轴方向拉伸。当系统提示“指定基点:”时，单击一点并把实体向水平或竖直方向拉伸，然后输入拉伸值。
- 使用“位移(D)”选项。启动该选项后，系统提示“指定位移:”，此时，以“x, y”方式输入沿 x 轴、y 轴拉伸的距离，或以“距离<角度”方式输入拉伸的距离和方向。

5.3.2　按比例缩放对象

SCALE 命令可将对象按指定的比例因子相对于基点放大或缩小。使用此命令时，用户可以用下面两种方式缩放对象。

（1）选择缩放对象的基点，然后输入缩放比例因子。按比例变换图形的过程中，缩放基点在屏幕上的位置将保持不变，它周围的图元以此点为中心按给定的比例因子放大或缩小。

（2）输入一个数值或拾取两点来指定一个参考长度（第一个数值），然后输入新的数值或拾取另外一点（第二个数值），则系统计算两个数值的比率并以此比率作为缩放比例因子。当用户想将某一对象放大到特定尺寸时，就可使用这种方法。

命令启动方法

- 菜单命令：【修改】/【缩放】。
- 面板：【修改】面板上的按钮。
- 命令：SCALE 或简写 SC。

【练习 5-14】：练习 SCLAE 命令。

打开文件“5-14.dwg”，如图 5-21 左图所示，用 SCALE 命令将左图修改为右图。

```
命令: _scale
选择对象: 找到 1 个                                   //选择矩形 A，如图 5-21 左图所示
选择对象:                                             //按 Enter 键
指定基点: int 于                                      //捕捉交点 C
指定比例因子或[复制(C)/参照(R)] <1.0000>: 2           //输入缩放比例因子
命令: SCALE                                           //重复命令
选择对象: 找到 4 个                                   //选择线框 B
选择对象:                                             //按 Enter 键
指定基点: int 于                                      //捕捉交点 D
指定比例因子或 [复制(C)/参照(R)] <2.0000>: R          //使用“参照(R)”选项
指定参照长度 <1.0000>: int 于                         //捕捉交点 D
指定第二点: int 于                                    //捕捉交点 E
指定新长度或 [点(P)] <1.0000>:int 于                  //捕捉交点 F
```

结果如图 5-21 右图所示。

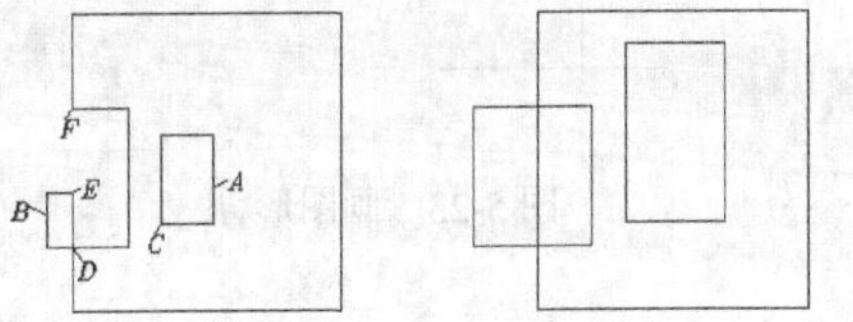

图 5-21　缩放图形

命令选项

- 指定比例因子：直接输入缩放比例因子，系统根据此比例因子缩放图形。若比例因子小于 1，则缩小对象；若大于 1，则放大对象。
- 复制(C)：缩放对象的同时复制对象。
- 参照(R)：以参照方式缩放图形。用户输入参考长度及新长度，系统把新长度与参考长度的比值作为缩放比例因子进行缩放。
- 点(P)：使用两点来定义新的长度。

5.3.3 上机练习

【练习 5-15】：用 LINE、OFFSET、COPY 及 STRETCH 等命令绘制图 5-22 所示的图形。

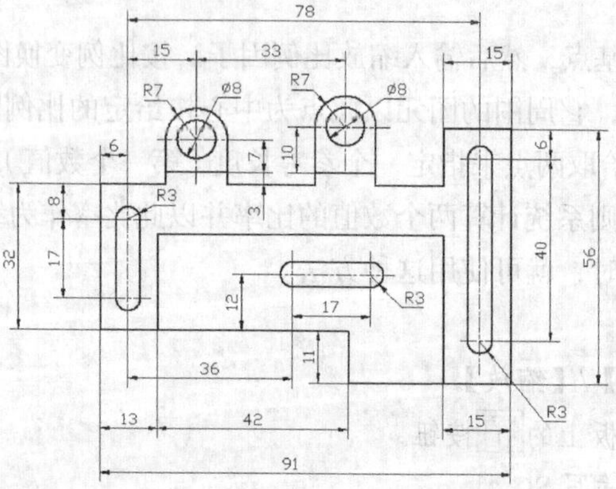

图 5-22　用 COPY 及 STRETCH 等命令绘图

1. 设定绘图区域大小为 120×120，设置线型全局比例因子为 0.1。
2. 创建以下图层。

名称	颜色	线型	线宽
轮廓线层	白色	Continuous	0.5
中心线层	红色	Center	默认

3. 打开极轴追踪、对象捕捉及捕捉追踪功能。设置极轴追踪角度增量为 90°，设定对象捕捉方式为端点、圆心、交点，设置仅沿正交方向进行捕捉追踪。
4. 切换到轮廓线层，用 LINE、OFFSET 及 TRIM 等命令绘制图形 *A*，如图 5-23 所示。
5. 用 LINE 及 CIRCLE 等命令绘制图形 *B*，如图 5-24 左图所示。用 COPY 及 STRETCH 命令绘制图形 *C*，如图 5-24 右图所示。

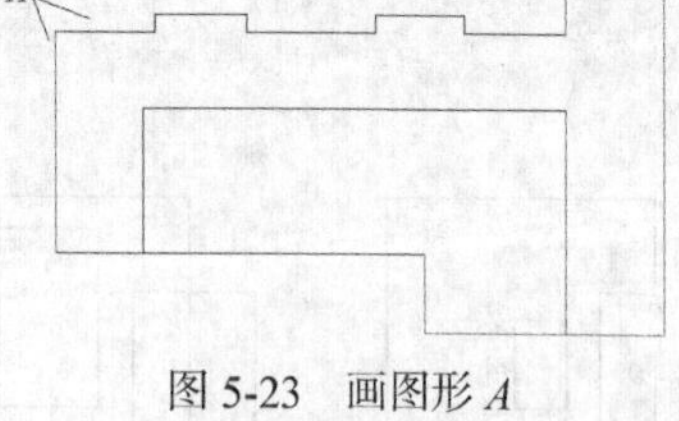

图 5-23　画图形 *A*

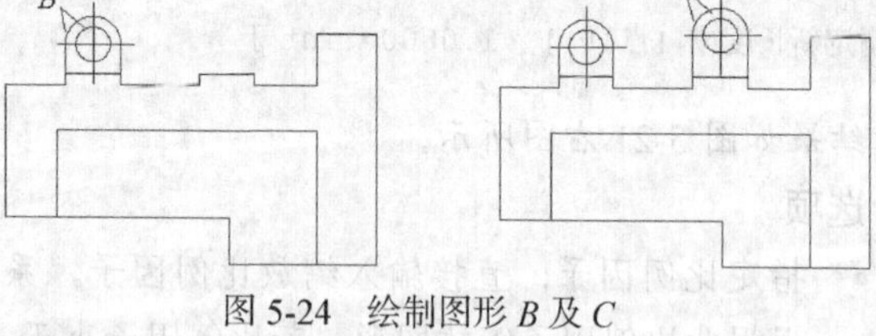

图 5-24　绘制图形 *B* 及 *C*

6. 用 LINE、CIRCLE 及 OFFSET 等命令绘制图形 *E*，如图 5-25 左图所示。用 COPY、ROTATE 及 STRETCH 等命令绘制图形 *F*、*G*，再将定位线修改到中心线层上，如图 5-25 右图所示。

【练习 5-16】：用 LINE、OFFSET、ROTATE 及 STRETCH 等命令绘制图 5-26 所示的图形。

【练习 5-17】：用 OFFSET、COPY、ROTATE 及 STRETCH 等命令绘制图 5-27 所示的图形。

【练习 5-18】：用 LINE、CIRCLE、COPY、ROTATE 及 STRETCH 等命令绘制图 5-28 所示的图形。

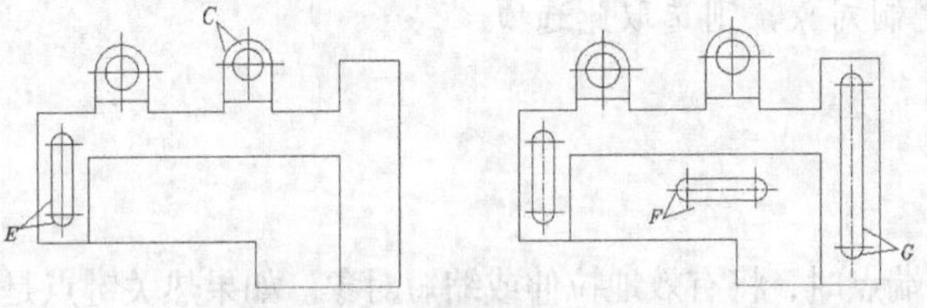

图 5-25　绘制图形 *E*、*F*、*G*

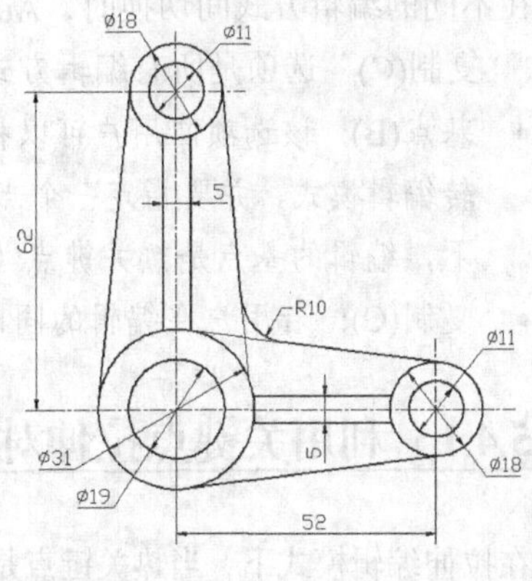

图 5-26　用 ROTATE 及 STRETCH 等命令绘图

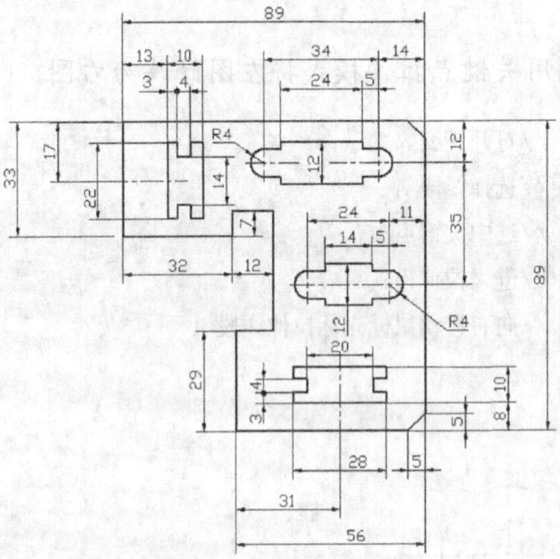

图 5-27　用 COPY、ROTATE 及 STRETCH 等命令绘图

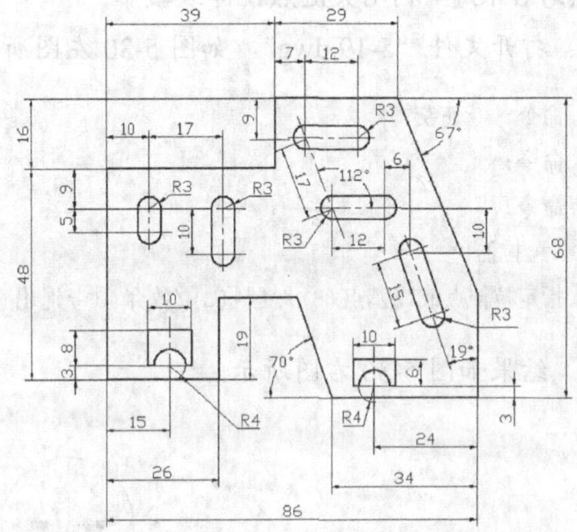

图 5-28　用 COPY、ROTATE 及 STRETCH 等命令绘图

5.4　关键点编辑方式

关键点编辑方式是一种集成的编辑模式，该模式包含了 5 种编辑方法。

- 拉伸、拉长。
- 移动。
- 旋转。
- 按比例缩放。
- 镜像。

默认情况下，AutoCAD 的关键点编辑方式是开启的。当用户选择实体后，实体上将出现若干方框，这些方框被称为关键点。把十字光标靠近方框并单击鼠标左键，激活关键点编辑状态，此时，AutoCAD 自动进入“拉伸”编辑方式，连续按下 Enter 键，就可以在所有编辑方式间切换。此外，用户也可在激活关键点后，单击鼠标右键，弹出如图 5-29 所示的快捷菜单，通过此菜单就能选择某种编辑方法。

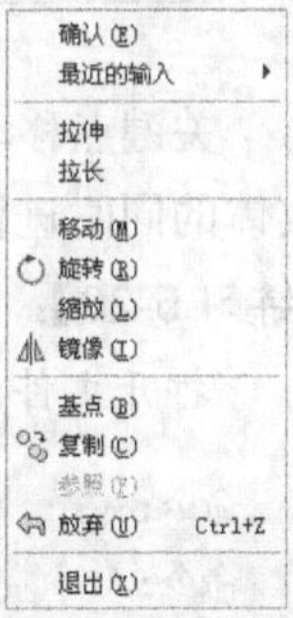

图 5-29　快捷菜单

在不同的编辑方式间切换时，AutoCAD 为每种编辑方法提供的选项基本相同，其中“基点(B)”、“复制(C)”选项是所有编辑方式所共有的。

- 基点(B)：该选项使用户可以拾取某一个点作为编辑过程的基点。例如，当进入了旋转编辑模式，并要指定一个点作为旋转中心时，就使用“基点(B)”选项。默认情况下，编辑的基点是热关键点（选中的关键点）。
- 复制(C)：若用户在编辑的同时还需复制对象，则选取此选项。

5.4.1 利用关键点拉伸对象

在拉伸编辑模式下，当热关键点是线条的端点时，将有效地拉伸或缩短对象。如果热关键点是线条的中点、圆或圆弧的圆心或者属于块、文字及尺寸数字等实体，这种编辑方式就只能移动对象。

【练习 5-19】：利用关键点拉伸线段。

打开文件“5-19.dwg”，如图 5-30 左图所示，利用关键点拉伸模式将左图修改为右图。

```
命令： <正交 开>                                   //打开正交
命令：                                              //选择线段 A
命令：                                              //选中关键点 B
** 拉伸 **                                          //进入拉伸模式
指定拉伸点或 [基点(B)/复制(C)/放弃(U)/退出(X)]：    //向右移动鼠标光标拉伸线段 A
```

结果如图 5-30 右图所示。

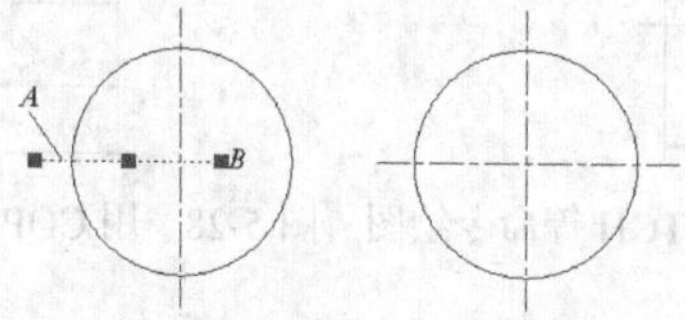

利用关键点拉伸直线　　结果

图 5-30　拉伸线段

要点提示　打开正交状态后就可以很方便地利用关键点拉伸方式改变水平或竖直线段的长度。

5.4.2 利用关键点移动和复制对象

关键点移动模式可以编辑单一对象或一组对象，在此方式下使用“复制(C)”选项就能在移动实体的同时进行复制。这种编辑模式的使用与普通的 MOVE 命令很相似。

【练习 5-20】：利用关键点复制对象。

打开文件“5-20.dwg”，如图 5-31 左图所示，利用关键点移动模式将左图修改为右图。

```
命令：                                              //选择矩形 A
命令：                                              //选中关键点 B
** 拉伸 **
```

```
指定拉伸点或 [基点(B)/复制(C)/放弃(U)/退出(X)]:          //进入拉伸模式
** MOVE **                                                //按Enter键进入移动模式
指定移动点或 [基点(B)/复制(C)/放弃(U)/退出(X)]: C
                                                          //利用选项"复制(C)"进行复制
** MOVE (多个) **
指定移动点或 [基点(B)/复制(C)/放弃(U)/退出(X)]: B         //使用选项"基点(B)"
指定基点:                                                 //捕捉C点
** MOVE (多个) **
指定移动点或 [基点(B)/复制(C)/放弃(U)/退出(X)]:           //捕捉D点
** MOVE (多个) **
指定移动点或 [基点(B)/复制(C)/放弃(U)/退出(X)]:           //按Enter键结束
```

结果如图5-31右图所示。

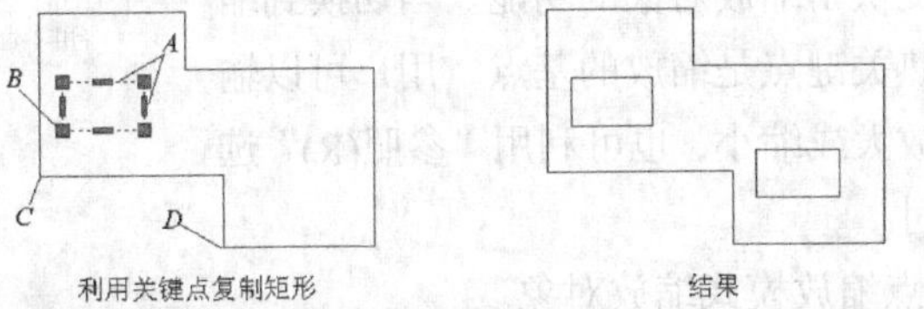

图5-31 复制对象

要点提示 处于关键点编辑模式下，按住 Shift 键，AutoCAD将自动在编辑实体的同时复制对象。

5.4.3 利用关键点旋转对象

旋转对象是绕旋转中心进行的。当使用关键点编辑模式时，热关键点就是旋转中心，用户也可以指定其他点作为旋转中心。这种编辑方法与ROTATE命令相似，它的优点在于一次可将对象旋转且复制到多个方位。

旋转操作中"参照(R)"选项有时非常有用，该选项可以使用户旋转图形实体并使其与某个新位置对齐。下面的练习将演示此选项的用法。

【练习5-21】：利用关键点旋转对象。

打开文件"5-21.dwg"，如图5-32左图所示，利用关键点旋转模式将左图修改为右图。

```
命令:                                                     //选择线框A，如图5-32左图所示
命令:                                                     //选中任意一个关键点
** 拉伸 **                                                //进入拉伸模式
指定拉伸点或 [基点(B)/复制(C)/放弃(U)/退出(X)]:           //按Enter键进入移动模式
** MOVE **
指定移动点或 [基点(B)/复制(C)/放弃(U)/退出(X)]:           //按Enter键进入旋转模式
** 旋转 **
指定旋转角度或 [基点(B)/复制(C)/放弃(U)/参照(R)/退出(X)]: B
                                                          //使用"基点(B)"选项指定旋转中心
```

```
指定基点:                                          //捕捉圆心 B 作为旋转中心
** 旋转 **
指定旋转角度或 [基点(B)/复制(C)/放弃(U)/参照(R)/退出(X)]: R
                                                   //使用“参照(R)”选项指定图形旋转到的位置
指定参照角 <0>:                                    //捕捉圆心 B
指定第二点:                                        //捕捉端点 C
** 旋转 **
指定新角度或 [基点(B)/复制(C)/放弃(U)/参照(R)/退出(X)]:     //捕捉端点 D
```

结果如图 5-32 右图所示。

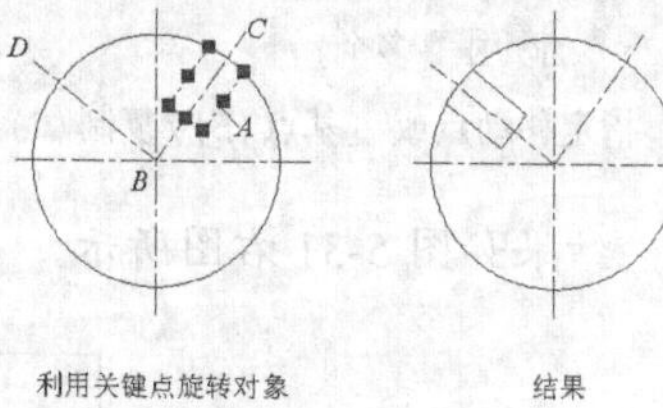

图 5-32 旋转图形

5.4.4 利用关键点缩放对象

关键点编辑方式也提供了缩放对象的功能。当切换到缩放模式时，当前激活的热关键点是缩放的基点。用户可以输入比例系数对实体进行放大或缩小，也可利用“参照(R)”选项将实体缩放到某一尺寸。

【练习 5-22】：利用关键点缩放模式缩放对象。

打开文件“5-22.dwg”，如图 5-33 左图所示，利用关键点缩放模式将左图修改为右图。

```
命令:                                              //选择线框 A，如图 5-33 左图所示
命令:                                              //选中任意一个关键点
** 拉伸 **                                         //进入拉伸模式
指定拉伸点或 [基点(B)/复制(C)/放弃(U)/退出(X)]:
                                                   //按 3 次 Enter 键进入比例缩放模式
** 比例缩放 **
指定比例因子或 [基点(B)/复制(C)/放弃(U)/参照(R)/退出(X)]: B
                                                   //使用“基点(B)”选项指定缩放基点
指定基点:                                          //捕捉交点 B
** 比例缩放 **
指定比例因子或 [基点(B)/复制(C)/放弃(U)/参照(R)/退出(X)]: 0.5  //输入缩放比例值
```

结果如图 5-33 右图所示。

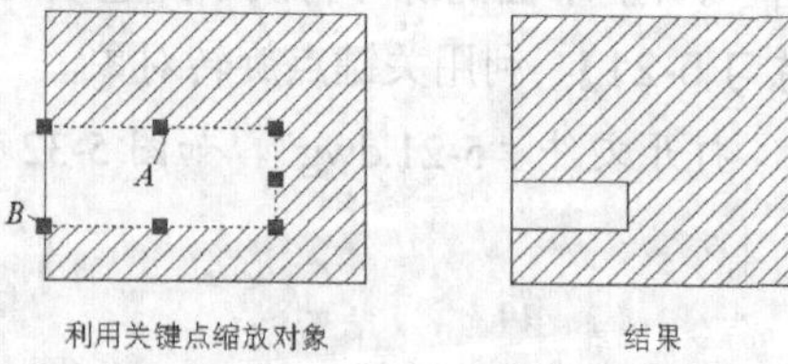

图 5-33 缩放对象

5.4.5 利用关键点镜像对象

进入镜像模式后，系统直接提示“指定第二点”。默认情况下，热关键点是镜像线的第一点，在拾取第二点后，此点便与第一点一起形成镜像线。如果用户要重新设定镜像线的第一点，就选取“基点(B)”选项。

【练习 5-23】：利用关键点镜像对象。

打开文件“5-23.dwg”，如图 5-34 左图所示，利用关键点镜像模式将左图修改为右图。

```
命令:                                              //选择要镜像的对象，如图 5-34 左图所示
```

```
命令:                                              //选中关键点 A
** 拉伸 **                                          //进入拉伸模式
指定拉伸点或 [基点(B)/复制(C)/放弃(U)/退出(X)]:
                                                   //按 4 次 Enter 键进入镜像模式
** 镜像 **
指定第二点或 [基点(B)/复制(C)/放弃(U)/退出(X)]: C      //镜像并复制
** 镜像 (多重) **
指定第二点或 [基点(B)/复制(C)/放弃(U)/退出(X)]:        //捕捉交点 B
** 镜像 (多重) **
指定第二点或 [基点(B)/复制(C)/放弃(U)/退出(X)]:        //按 Enter 键结束
```

结果如图 5-34 右图所示。

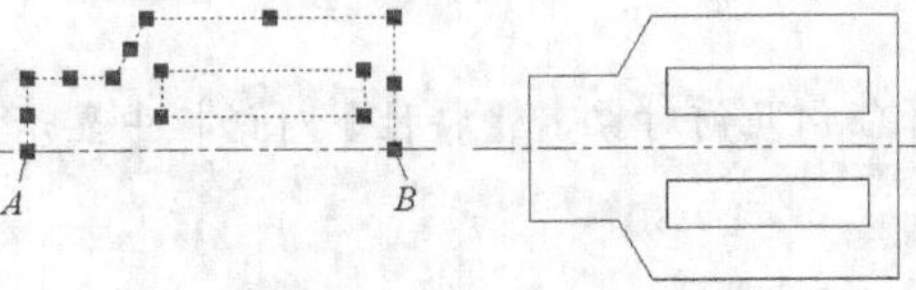

图 5-34　镜像图形

要点提示 激活关键点编辑模式后，可通过输入下列字母直接进入某种编辑方式：MI —— 镜像、MO —— 移动、RO —— 旋转、SC —— 缩放、ST —— 拉伸。

5.5 编辑图形元素属性

在 AutoCAD 中，对象属性是指系统赋予对象的颜色、线型、图层、高度及文字样式等特性。例如，直线和曲线包含图层、线型及颜色等，而文本则具有图层、颜色、字体及字高等。改变对象属性一般可通过 PROPERTIES 命令。使用该命令时，系统打开【特性】对话框。该对话框列出了所选对象的所有属性，通过此对话框可以很方便地修改对象的属性。

改变对象属性的另一种方法是采用 MATCHPROP 命令。该命令可以使被编辑对象的属性与指定源对象的某些属性完全相同，即把源对象属性传递给目标对象。

5.5.1 用 PROPERTIES 命令改变对象属性

PROPERTIES 命令几乎可以修改对象的所有属性项目。操作时，用户可先选择对象，然后启动该命令，也可启动命令后，再选择要修改的对象。

命令启动方法

- 菜单命令：【修改】/【特性】。
- 面板：【视图】选项卡【选项板】面板上的按钮。
- 命令：PROPERTIES 或简写 PROPS。

下面通过修改非连续线当前线型比例因子的例子来说明 PROPERTIES 命令的用法。

【练习 5-24】：练习 PROPERTIES 命令。打开文件"5-24.dwg"，如图 5-35 左图所示，用 PROPERTIES 命令将左图修改为右图。

1. 选择要编辑的非连续线，如图 5-35 左图所示。
2. 单击【选项板】面板上的按钮或输入 PROPERTIES 命令，AutoCAD 打开【特性】对话框，如图 5-36 所示。

根据所选对象的不同，【特性】对话框中显示的属性项目也不同，但有一些属性项目几乎是所有对象所拥有的，如颜色、图层、线型等。当在绘图区中选择单个对象时，【特性】对话框中就显示此对象的特性。若选择多个对象，【特性】对话框中将显示它们所共有的特性。

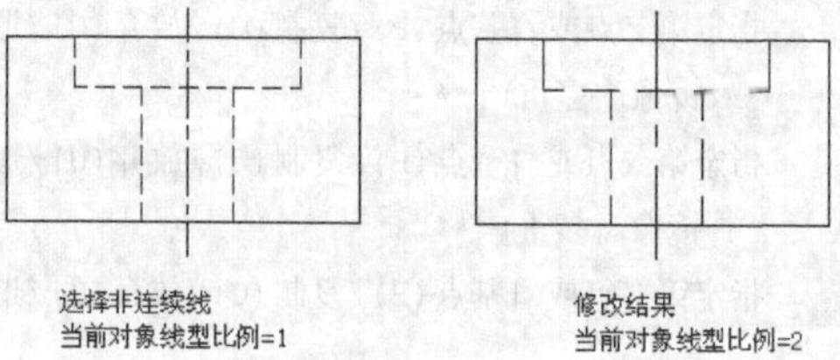

图 5-35 改变非连续线当前线型的比例因子

要点提示 如果没有选择任何几何对象，【特性】对话框中显示当前图样状态，如绘图设置、用户坐标系等。

3. 选取【线型比例】文本框，然后输入当前线型比例因子"2"，按 Enter 键，图形窗口中的非连续线立即更新，显示修改后的结果，如图 5-35 右图所示。

【特性】对话框顶部的 3 个按钮用于选择对象，下面分别对其进行介绍。

（1）按钮：单击此按钮，打开【快速选择】对话框，如图 5-37 所示。通过该对话框，用户可设置图层、颜色及线型等过滤条件来选择对象。

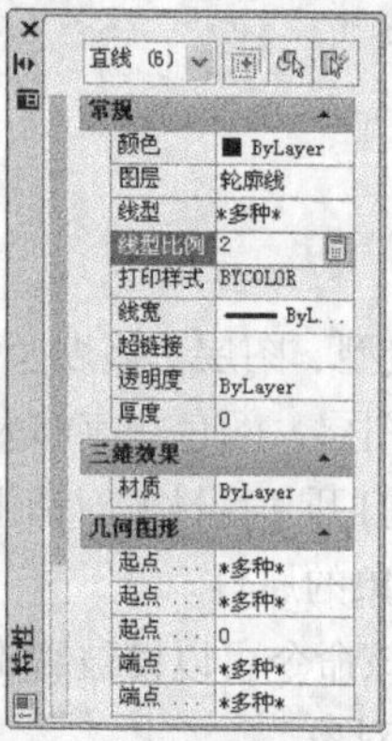

图 5-36 【特性】对话框

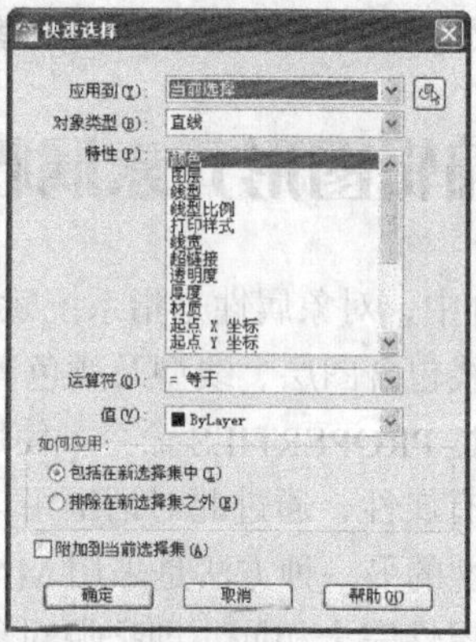

图 5-37 【快速选择】对话框

【快速选择】对话框中的常用选项功能如下。

- 【应用到】：在此下拉列表中可指定是否将过滤条件应用到整个图形或当前选择集。如果存在当前选择集，【当前选择】为默认设置。如果不存在当前选择集，【整个图形】为默认设置。
- 【对象类型】：设定要过滤的对象类型，默认值为【所有图元】。如果没有建立选择集，该列表将包含图样中所有可用图元的对象类型。若已建立选择集，则该列表只显示所选对象的对象类型。
- 【特性】：在此列表框中设置要过滤的对象特性。
- 【运算符】：控制过滤的范围。该下拉列表一般包括"=等于"、">大于"和"<小于"

等选项。

- 【值】：设置运算符右端的值，即指定过滤的特性值。

（2）按钮：单击此按钮，AutoCAD 提示“选择对象”。此时，用户选择要编辑的对象。

（3）按钮：单击此按钮将改变系统变量 PICKADD 的值。当前状态下，PICKADD 的值为 1，用户选择的每个对象都将添加到选择集中。单击，按钮变为，PICKADD 值变为 0，选择的新对象将替换以前的对象。

5.5.2 对象特性匹配

MATCHPROP 命令是一个非常有用的编辑工具。用户可使用此命令将源对象的属性（如颜色、线型、图层和线型比例等）传递给目标对象。操作时，用户要选择两个对象，第一个为源对象，第二个是目标对象。

命令启动方法

- 菜单命令：【修改】/【特性匹配】。
- 面板：【剪贴板】面板上的按钮。
- 命令：MATCHPROP 或简写 MA。

【练习 5-25】：练习 MATCHPROP 命令。打开文件“5-25.dwg”，如图 5-38 左图所示，用 MATCHPROP 命令将左图修改为右图。

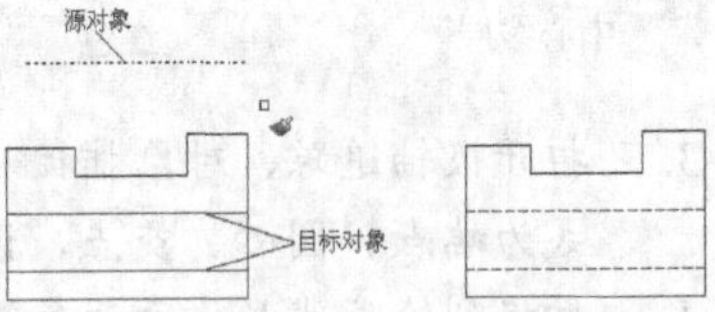

图 5-38　特性匹配

1. 单击【剪贴板】面板上的按钮，或输入 MATCHPROP 命令，AutoCAD 提示如下。

```
命令：'_matchprop
选择源对象：                          //选择源对象，如图 5-38 左图所示
选择目标对象或 [设置(S)]：            //选择第一个目标对象
选择目标对象或 [设置(S)]：            //选择第二个目标对象
选择目标对象或 [设置(S)]：            //Enter结束
```

选择源对象后，鼠标光标变成类似“刷子”的形状，用此“刷子”来选取接受属性匹配的目标对象，结果如图 5-38 右图所示。

2. 如果用户仅想使目标对象的部分属性与源对象相同，可在选择源对象后输入“S”。此时，AutoCAD 打开【特性设置】对话框，如图 5-39 所示。默认情况下，AutoCAD 选中该对话框中所有源对象的属性进行复制，但用户也可指定仅将其中部分属性传递给目标对象。

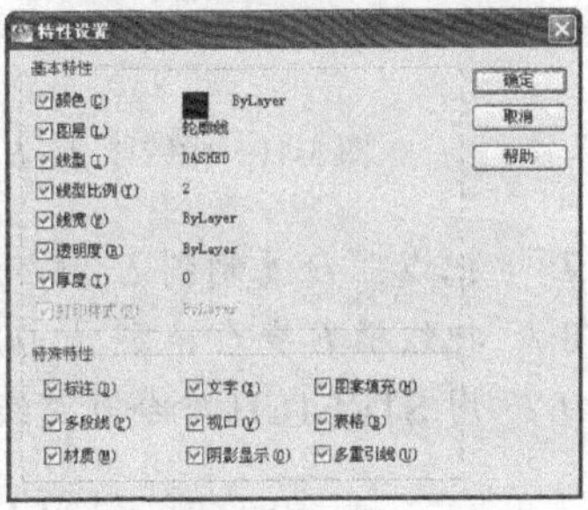

图 5-39 【特性设置】对话框

5.6 综合练习——利用已有图形生成新图形

【练习 5-26】：用 OFFSET、COPY、ROTATE 及 STRETCH 等命令绘制图 5-40 所示的图形。

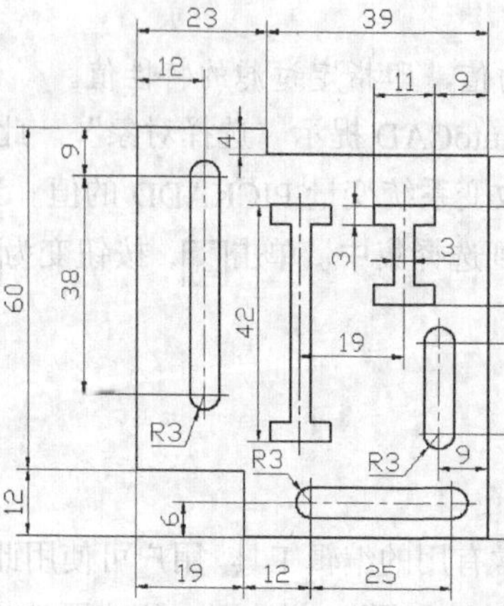

图 5-40　用 COPY、ROTATE 及 STRETCH 等命令绘图

1. 设定绘图区域大小为 150 × 150，设置线型全局比例因子为 0.2。
2. 创建以下图层。

名称	颜色	线型	线宽
轮廓线层	白色	Continuous	0.5
中心线层	红色	Center	默认

3. 打开极轴追踪、对象捕捉及捕捉追踪功能。设置极轴追踪角度增量为 90°，设定对象捕捉方式为端点、圆心、交点，设置仅沿正交方向进行捕捉追踪。
4. 切换到轮廓线层，画两条绘图基准线 *A*、*B*，线段 *A* 的长度约为 80，线段 *B* 的长度约为 90，如图 5-41 所示。
5. 用 OFFSET、TRIM 等命令形成线框 *C*，如图 5-42 所示。
6. 用 LINE、CIRCLE 等命令绘制线框 *D*，如图 5-43 所示。

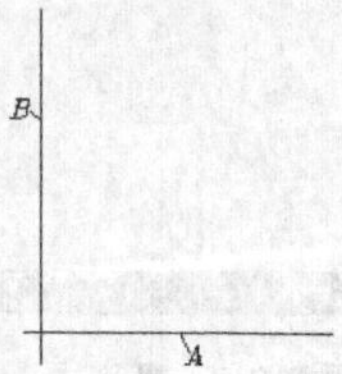

图 5-41　画线段 *A*、*B*

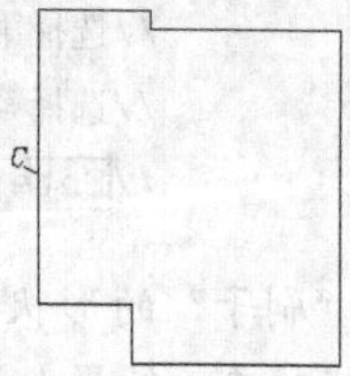

图 5-42　画线框 *C*

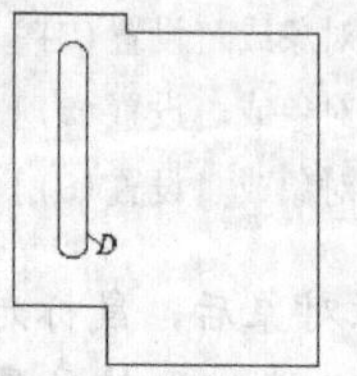

图 5-43　画线框 *D*

7. 把线框 *D* 复制到 *E*、*F* 处，如图 5-44 所示。
8. 把线框 *E* 绕 *G* 点旋转-90°，结果如图 5-45 所示。
9. 用 STRETCH 命令改变线框 *E*、*F* 的长度，结果如图 5-46 所示。

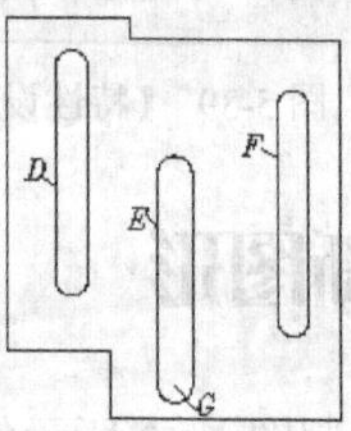

图 5-44　复制对象

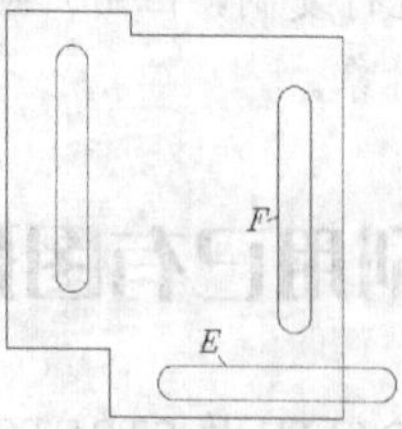

图 5-45　旋转对象

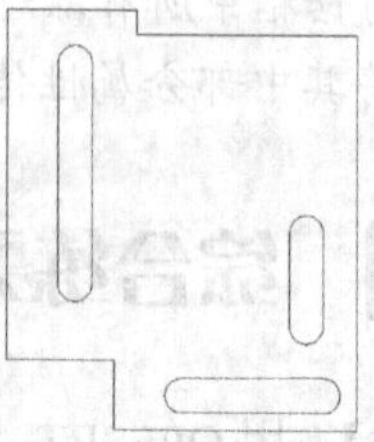

图 5-46　拉伸对象

10. 用 LINE 命令绘制线框 *A*，如图 5-47 所示。
11. 把线框 *A* 复制到 *B* 处，如图 5-48 所示。
12. 用 STRETCH 命令拉伸线框 *B*，结果如图 5-49 所示。

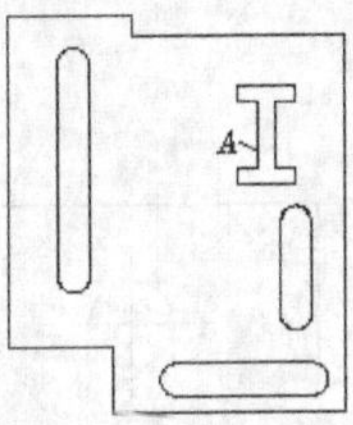

图 5-47　画线框 *A*

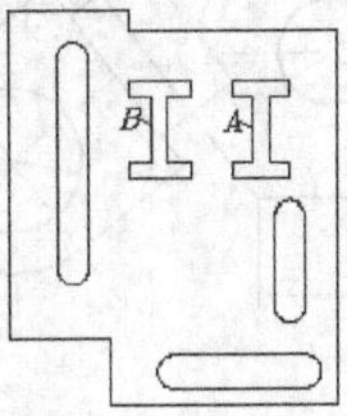

图 5-48　复制对象

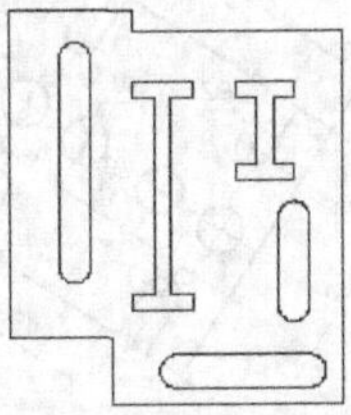
图 5-49　拉伸对象

【练习 5-27】：用 OFFSET、COPY、ROTATE 及 STRETCH 等命令绘制图 5-50 所示的图形。
【练习 5-28】：用 LINE、COPY、ROTATE 及 STRETCH 等命令绘制图 5-51 所示的图形。

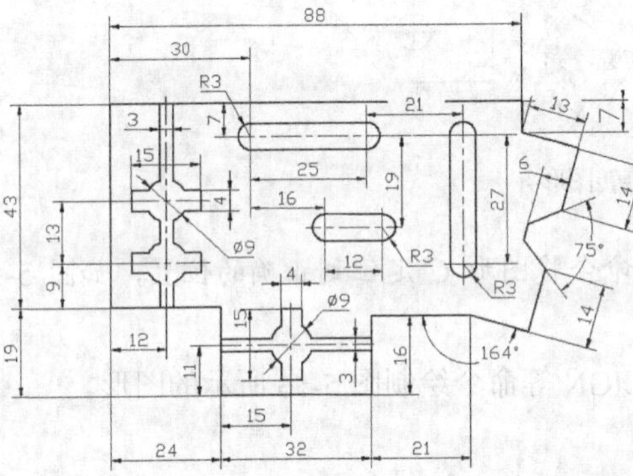

图 5-50　用 COPY、ROTATE 及 STRETCH 等命令绘图

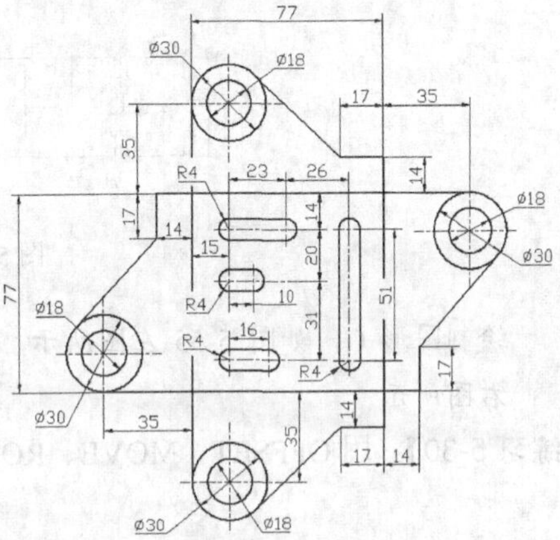

图 5-51　用 COPY、ROTATE 及 STRETCH 等命令绘图

5.7 综合练习——画倾斜方向的图形

【练习 5-29】：用 OFFSET、ROTATE 及 ALIGN 等命令绘制图 5-52 所示的图形。

1. 创建两个图层。

名称	颜色	线型	线宽
轮廓线层	白色	Continuous	0.5
中心线层	红色	Center	默认

2. 设定线型全局比例因子为 0.2。设定绘图区域大小为 150×150，并使该区域充满整个图形窗口显示出来。
3. 打开极轴追踪、对象捕捉及自动追踪功能。指定极轴追踪角度增量为 90°；设定对象捕捉方式为端点和交点。
4. 切换到轮廓线层，绘制闭合线框及圆，如图 5-53 所示。

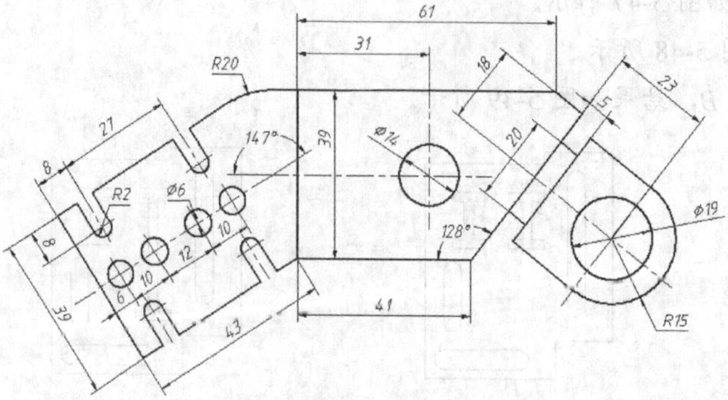

图 5-52　绘制倾斜图形的技巧

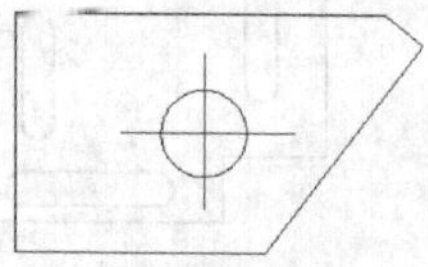

图 5-53　绘制闭合线框及圆

5. 绘制图形 *A*，如图 5-54 左图所示。将图形 *A* 绕 *B* 点旋转 33°，然后创建圆角，如图 5-54 右图所示。

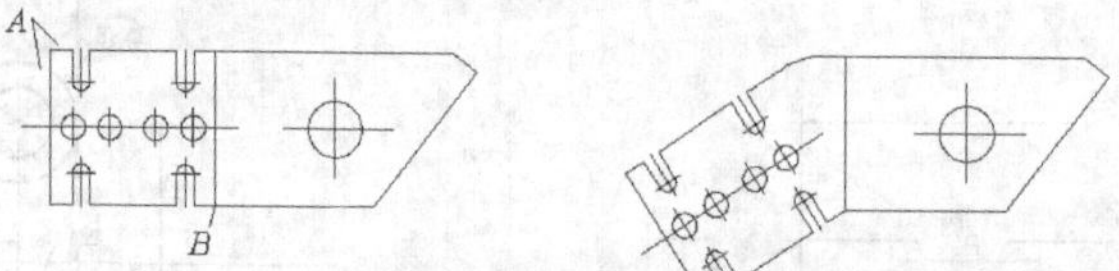

图 5-54　绘制并旋转图形 *A*

6. 绘制图形 *C*，如图 5-55 左图所示。用 ALIGN 命令将图形 *C* 定位到正确的位置，如图 5-55 右图所示。

【练习 5-30】：用 OFFSET、MOVE、ROTATE 及 ALIGN 等命令绘制图 5-56 所示的图形。

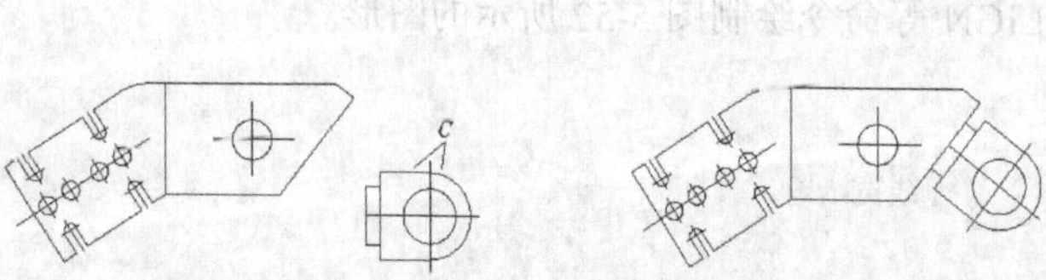

图 5-55　绘制图形 *C* 并调整其位置

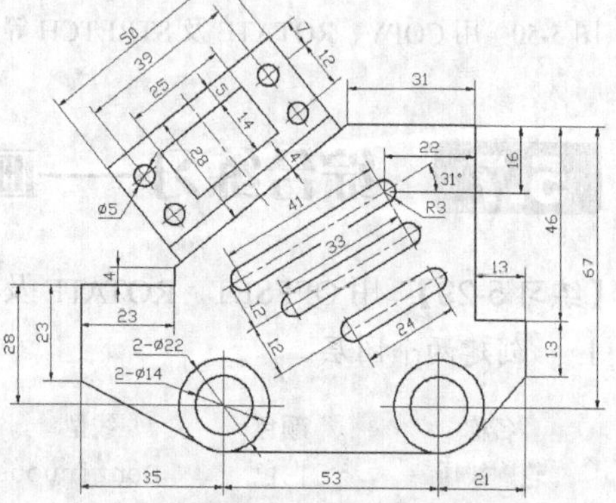

图 5-56　画具有倾斜方向特征的图形

5.8 综合练习——画组合体三视图

【练习 5-31】：绘制图 5-57 所示的三视图。

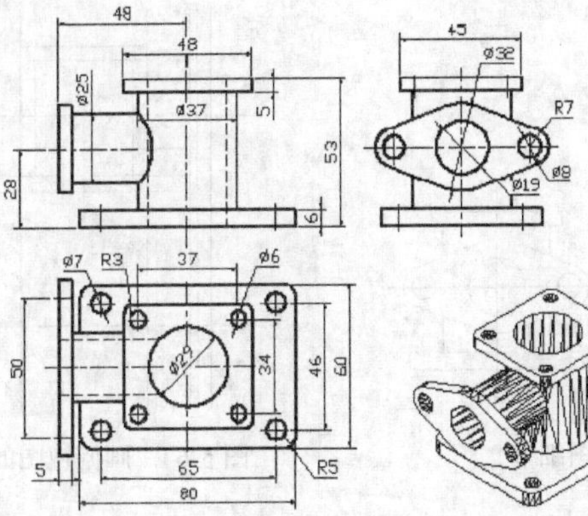

图 5-57　画三视图

1. 创建 3 个图层。

名称	颜色	线型	线宽
轮廓线层	白色	Continuous	0.5
中心线层	蓝色	Center	默认
虚线层	红色	Dashed	默认

2. 设定线型全局比例因子为 0.3。设定绘图区域大小为 200×200，并使该区域充满整个图形窗口显示出来。
3. 打开极轴追踪、对象捕捉及自动追踪功能，设定对象捕捉方式为端点和交点。
4. 首先绘制主视图的主要绘图基准线，如图 5-58 右图所示。
5. 通过偏移线段 *A*、*B* 来形成图形细节 *C*，结果如图 5-59 所示。
6. 画水平绘图基准线 *D*，然后偏移线段 *B*、*D* 就可形成图形细节 *E*，结果如图 5-60 所示。

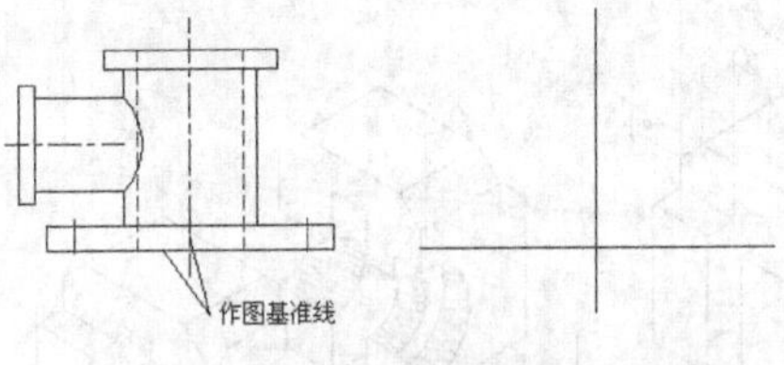

图 5-58　绘制主视图的作图基准线

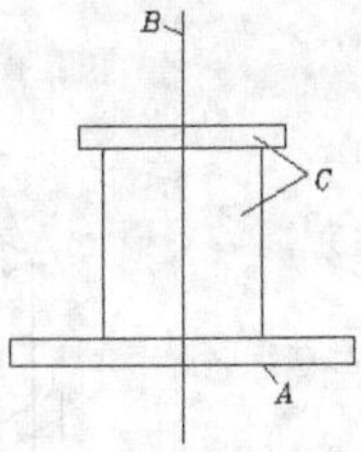

图 5-59　形成图形细节 *C*

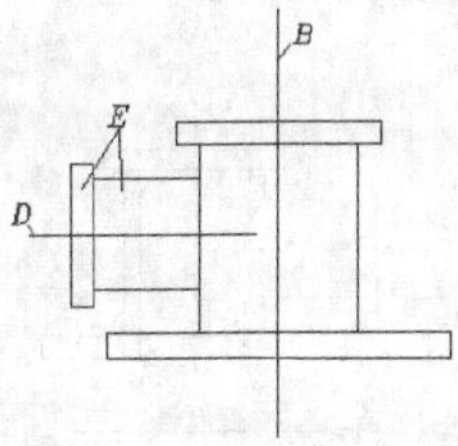

图 5-60　形成图形细节 *E*

7. 从主视图向左视图画水平投影线，再画出左视图的对称线，如图 5-61 所示。
8. 以线段 *A* 为绘图基准线，偏移此线条以形成图形细节 *B*，结果如图 5-62 所示。

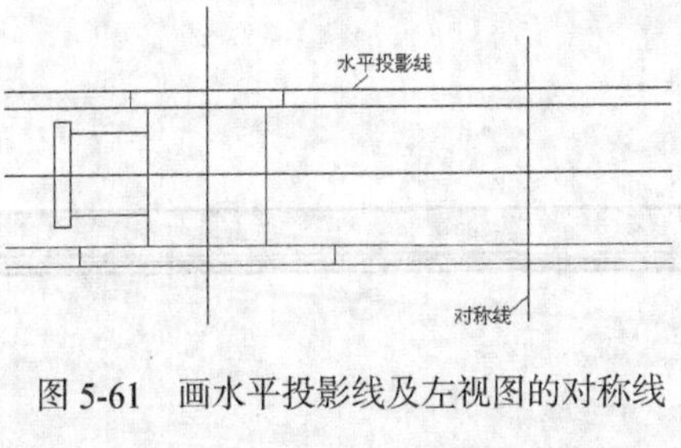

图 5-61　画水平投影线及左视图的对称线

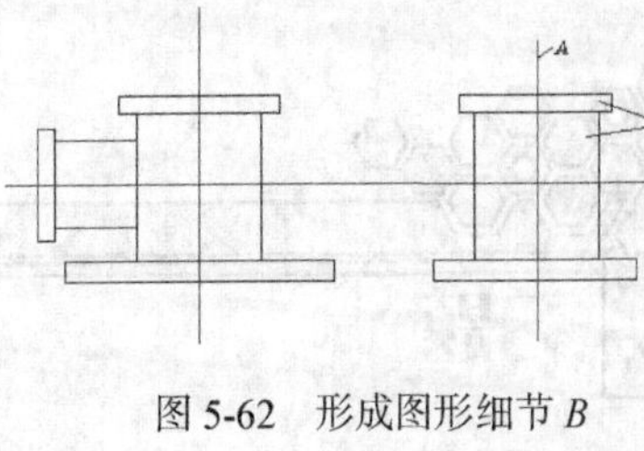

图 5-62　形成图形细节 *B*

9. 画左视图的其余细节特征，如图 5-63 所示。
10. 绘制俯视图的对称线，再从主视图向俯视图作竖直投影线，如图 5-64 所示。

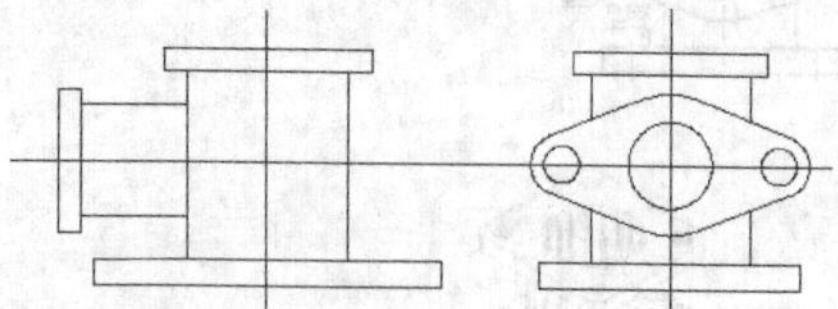

图 5-63　画左视图细节

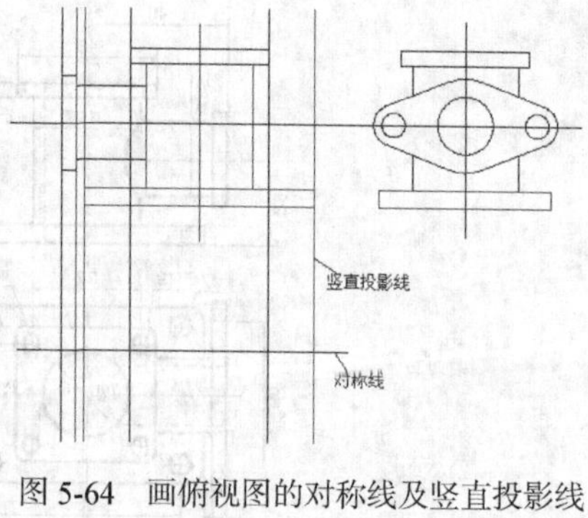

图 5-64　画俯视图的对称线及竖直投影线

11. 偏移线段 *A* 以形成俯视图细节 *B*，结果如图 5-65 所示。

12. 绘制俯视图中的圆，如图 5-66 所示。

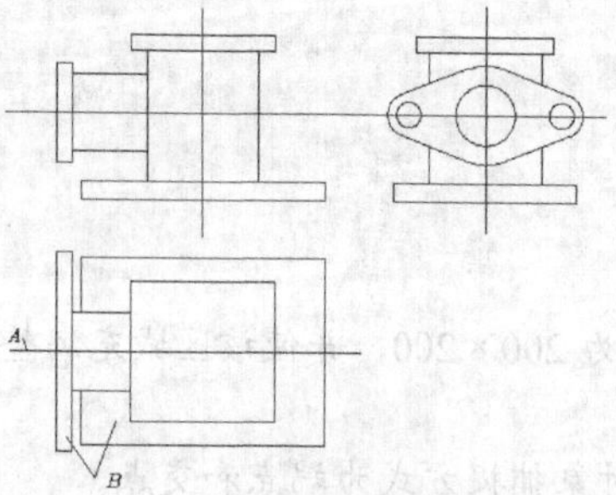

图 5-65　形成俯视图细节

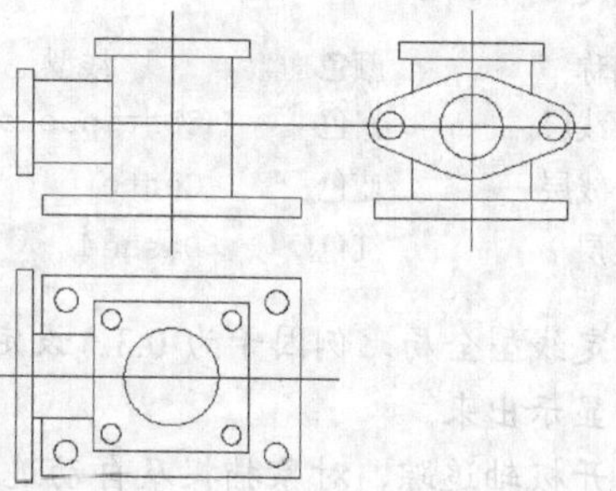

图 5-66　绘制俯视图中的圆

13. 补画主视图、俯视图的其余细节特征，然后修改 3 个视图中不正确的线型，结果如图 5-67 所示。

【练习 5-32】：根据轴测图绘制三视图，如图 5-68 所示。

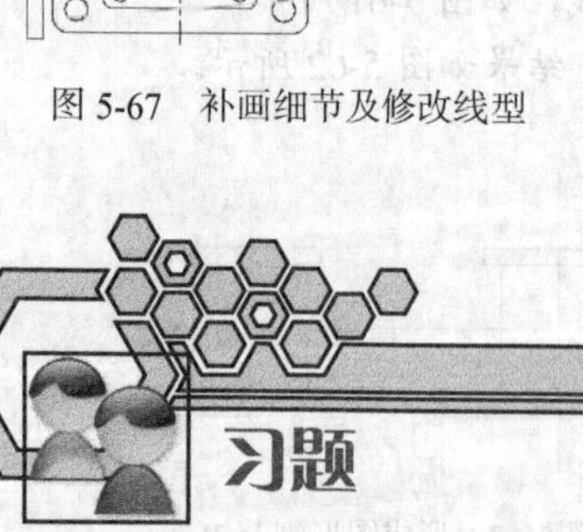

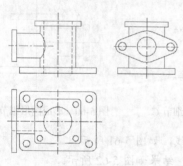

图 5-67　补画细节及修改线型

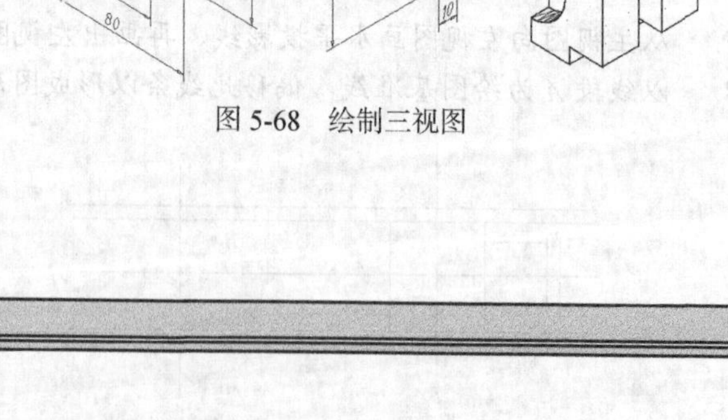

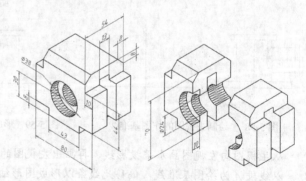

图 5-68　绘制三视图

习题

一、思考题

1. 移动和复制对象时，可通过哪些方式指定对象位移的距离和方向？

2．如果要将图形对象从当前位置旋转到与另一位置对齐，应该如何操作？

3．当绘制倾斜方向的图形对象时，一般应采取怎样的绘图方法才更方便一些？

4．使用 STRETCH 命令时，能利用矩形窗口选择对象吗？

5．关键点编辑模式提供了哪几种编辑方法？

6．改变对象属性的常用命令有哪些？

二、操作题

1．打开文件“5-33.dwg”，如图 5-69 左图所示，用 ROTATE 和 COPY 命令将左图修改为右图。

2．绘制图 5-70 所示的图形。

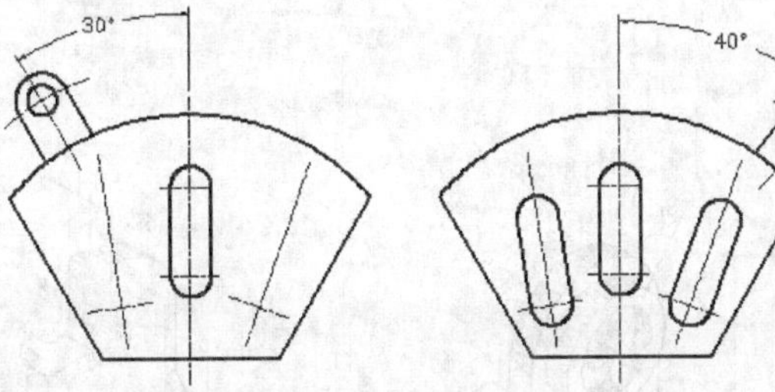

图 5-69　旋转和复制

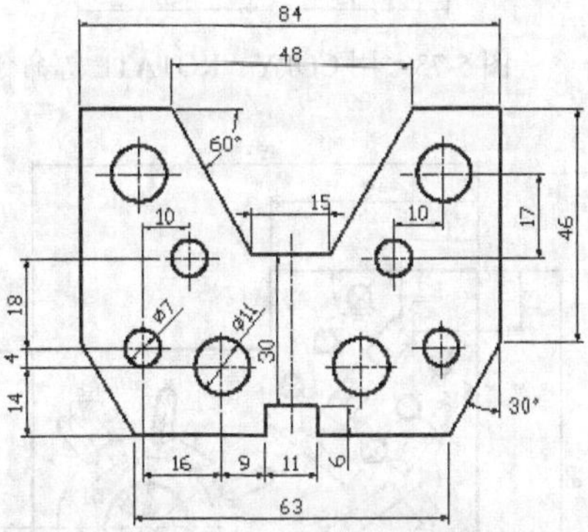

图 5-70　复制和镜像

3．绘制图 5-71 所示的图形。

4．绘制图 5-72 所示的图形。

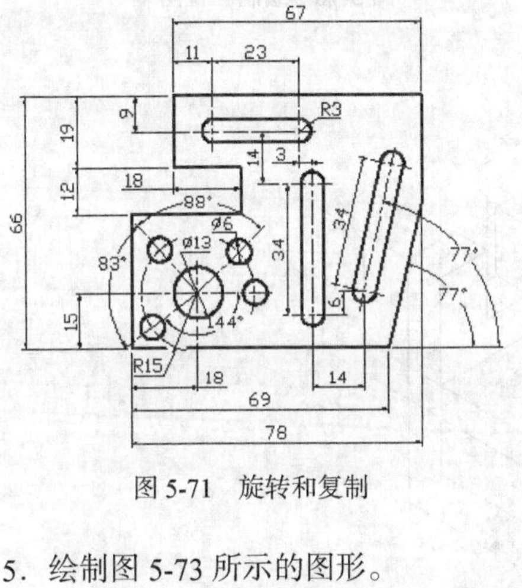

图 5-71　旋转和复制

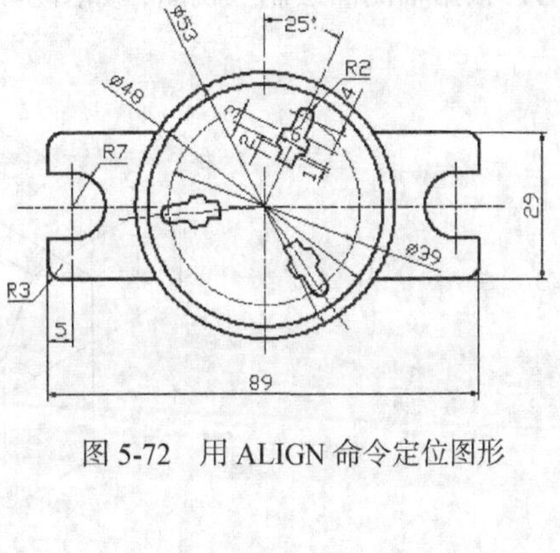

图 5-72　用 ALIGN 命令定位图形

5．绘制图 5-73 所示的图形。

6．绘制图 5-74 所示的图形。

7．绘制图 5-75 所示的图形。

8．根据轴测图绘制三视图，如图 5-76 所示。

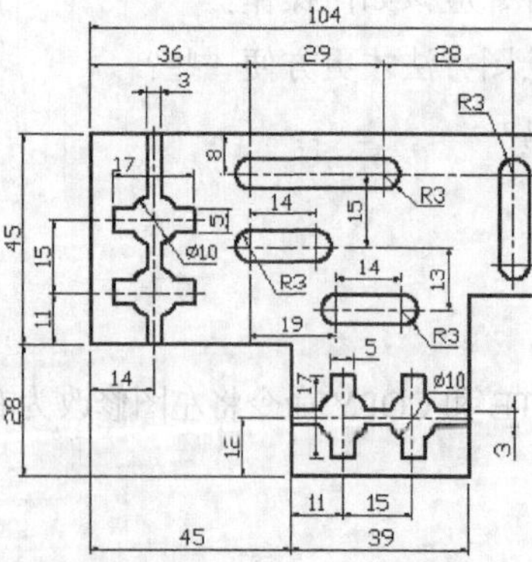

图 5-73　用 COPY、ROTATE 等命令绘图

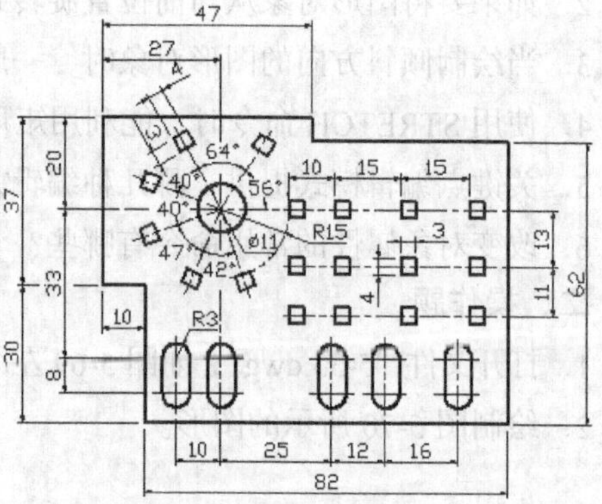

图 5-74　利用关键点编辑模式画图

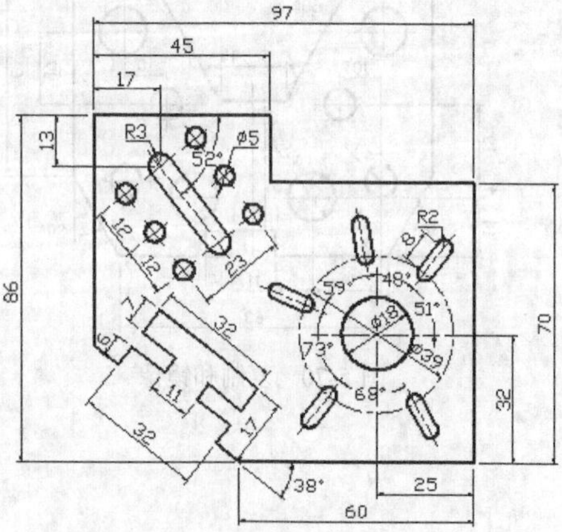

图 5-75　用 ROTATE、ALIGN 等命令绘图

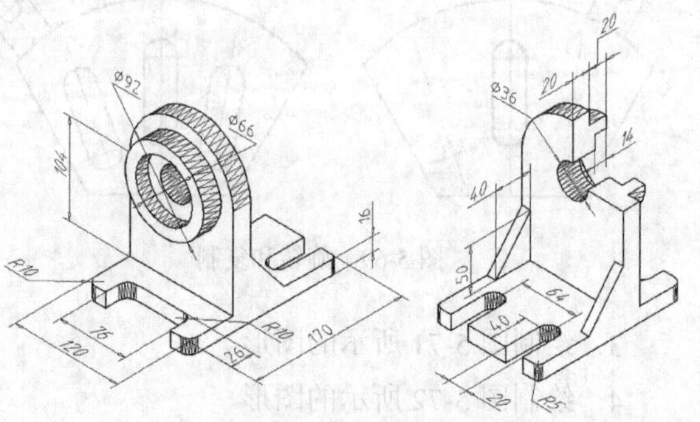

图 5-76　绘制三视图

9．根据轴测图绘制三视图，如图 5-77 所示。

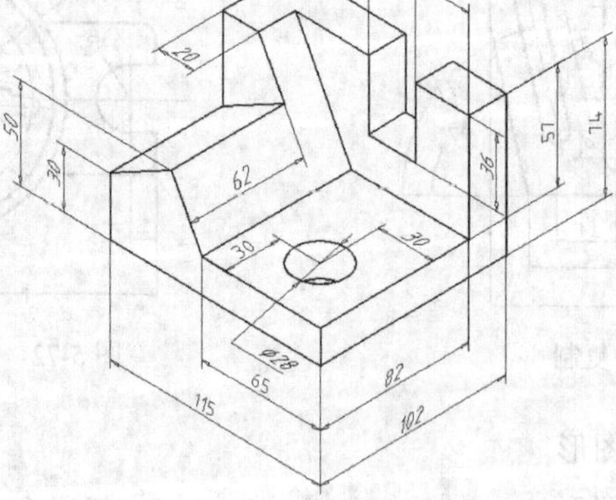

图 5-77　绘制三视图

第6章 创建二维复杂图形对象

本章介绍的主要内容如下。

- 创建多段线及编辑多段线。
- 创建多线及编辑多线。
- 生成点对象和圆环。
- 使用图块及属性。
- 创建面域及面域间的布尔运算。

通过本章的学习，读者应了解 PLINE、MLINE、POINT、DONUT、BLOCK 及 REGION 等命令的用法。

6.1 创建及编辑多段线

PLINE 命令用来创建二维多段线。多段线是由几段线段和圆弧构成的连续线条，它是一个单独的图形对象。二维多段线具有以下特点。

（1）能够设定多段线中线段及圆弧的宽度。

（2）可以利用有宽度的多段线形成实心圆、圆环或带锥度的粗线等。

（3）能在指定的线段交点处或对整个多段线进行倒圆角或倒斜角处理。

PLINE 命令启动方法

- 菜单命令：【绘图】/【多段线】。
- 面板：【绘图】面板上的按钮。
- 命令：PLINE 或简写 PL。

编辑多段线的命令是 PEDIT，该命令可以修改整个多段线的宽度值或是分别控制各段的宽度值。此外，用户还可通过该命令将线段、圆弧构成的连续线编辑成一条多段线。

PEDIT 命令启动方法

- 菜单命令：【修改】/【对象】/【多段线】。
- 面板：【修改】面板上的按钮。
- 命令：PEDIT 或简写 PE。

【练习 6-1】：练习 PLINE 和 PEDIT 命令。

打开文件“6-1.dwg”，如图 6-1 左图所示，下面用 PLINE、PEDIT 及 OFFSET 命令将左图修改为右图。

1. 打开极轴追踪、对象捕捉及自动追踪功能，设定对象捕捉方式为端点、交点。

```
命令: _pline
指定起点: from                                              //使用正交偏移捕捉
基点:                                                       //捕捉 A 点，如图 6-2 左图所示
<偏移>: @50,-30                                             //输入 B 点的相对坐标
指定下一点或 [圆弧(A)/半宽(H)/长度(L)/放弃(U)/宽度(W)]: 153
                                                            //从 B 点向右追踪并输入追踪距离
指定下一点或 [圆弧(A)/闭合(C)/半宽(H)/长度(L)/放弃(U)/宽度(W)]: 90
                                                            //从 C 点向下追踪并输入追踪距离
指定下一点或 [圆弧(A)/闭合(C)/半宽(H)/长度(L)/放弃(U)/宽度(W)]: A
                                                            //选用“圆弧(A)”选项画圆弧
指定圆弧的端点或[角度(A)/圆心(CE)/闭合(CL)/方向(D)/半宽(H)/直线(L)/半径(R)/第二个点(S)/放弃
(U)/宽度(W)]: 63                                            //从 D 点向左追踪并输入追踪距离
指定圆弧的端点或[角度(A)/圆心(CE)/闭合(CL)/方向(D)/半宽(H)/直线(L)/半径(R)/第二个点(S)/放弃
(U)/宽度(W)]: L                                             //选用“直线(L)”选项切换到画直线模式
指定下一点或 [圆弧(A)/闭合(C)/半宽(H)/长度(L)/放弃(U)/宽度(W)]: 30
                                                            //从 E 点向上追踪并输入追踪距离
指定下一点或 [圆弧(A)/闭合(C)/半宽(H)/长度(L)/放弃(U)/宽度(W)]:
                                                            //从 F 点向左追踪，再以 B 点为追踪参考点确定 G 点
指定下一点或 [圆弧(A)/闭合(C)/半宽(H)/长度(L)/放弃(U)/宽度(W)]:
                                                            //捕捉 B 点
指定下一点或 [圆弧(A)/闭合(C)/半宽(H)/长度(L)/放弃(U)/宽度(W)]:
                                                            //按 Enter 键结束
命令: _pedit
选择多段线或 [多条(M)]:                                      //选择线段 M，如图 6-2 左图所示
是否将其转换为多段线? <Y>                                    //按 Enter 键将线段 M 转换为多段线
输入选项 [闭合(C)/合并(J)/宽度(W)/编辑顶点(E)/拟合(F)/样条曲线(S)/非曲线化(D)/线型生成(L)/ 反
转(R)/放弃(U)]: J                                           //选用“合并(J)”选项
选择对象: 指定对角点:总计 5 个                               //选择线段 H、I、J、K 和 L
选择对象:                                                   //按 Enter 键
输入选项 [闭合(C)/合并(J)/宽度(W)/编辑顶点(E)/拟合(F)/样条曲线(S)/非曲线化(D)/线型生成(L)/ 反
转(R)/放弃(U)]:                                             //按 Enter 键结束
```

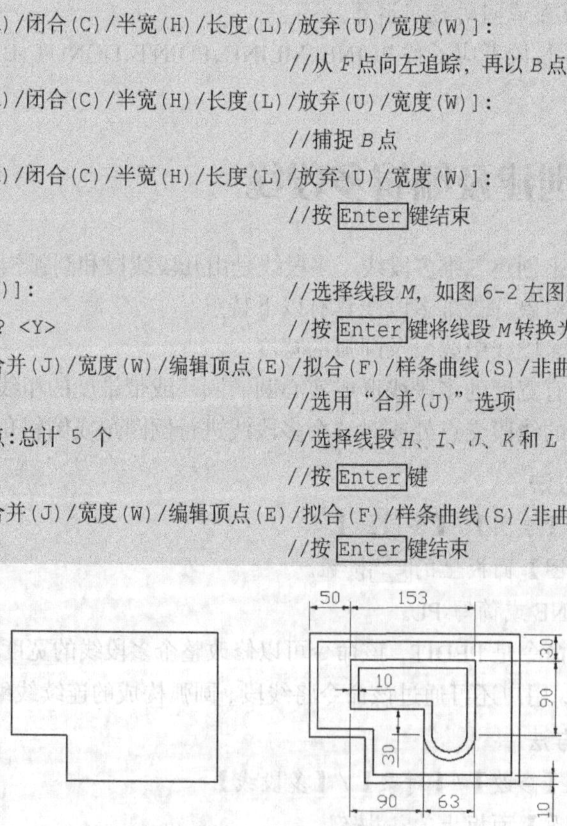

图 6-1 画多段线及编辑多段线

2. 用 OFFSET 命令将两个闭合线框向内偏移，偏移距离为 10，结果如图 6-2 右图所示。

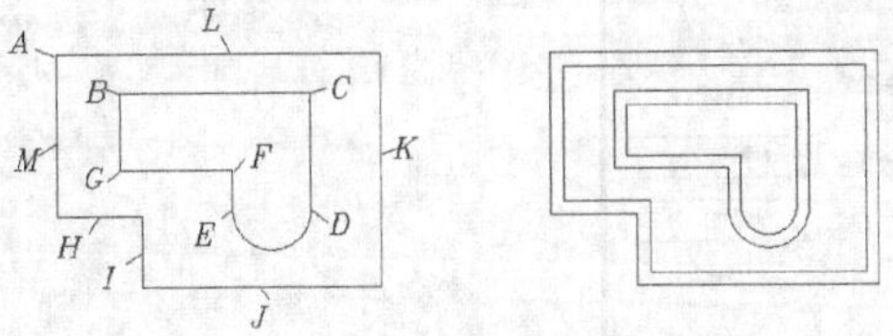

图 6-2　创建及编辑多段线

PLINE 命令选项

- 圆弧(A)：使用此选项可以画圆弧。
- 闭合(C)：此选项使多段线闭合，它与 LINE 命令的“C”选项作用相同。
- 半宽(H)：该选项使用户可以指定本段多段线的半宽度，即线宽的一半。
- 长度(L)：指定本段多段线的长度，其方向与上一条直线段相同或是沿上一段圆弧的切线方向。
- 放弃(U)：删除多段线中最后一次绘制的直线段或圆弧段。
- 宽度(W)：设置多段线的宽度，此时系统将提示“指定起点宽度”和“指定端点宽度”，用户可输入不同的起始宽度和终点宽度值来绘制一条宽度逐渐变化的多段线。

PEDIT 命令选项

- 合并(J)：将线段、圆弧或多段线与所编辑的多段线连接以形成一条新的多段线。
- 宽度(W)：修改整条多段线的宽度。

6.2 多线

多线是由多条平行直线组成的对象，其最多可包含 16 条平行线，线间的距离、线的数量、线条颜色及线型等都可以调整。该对象常用于绘制墙体、公路或管道等。

6.2.1 创建多线样式

多线的外观由多线样式决定。在多线样式中，用户可以设定多线中线条的数量、每条线的颜色和线型、线间的距离等，还能指定多线两个端头的形式，如弧形端头、平直端头等。

命令启动方法

- 菜单命令：【格式】/【多线样式】。
- 命令：MLSTYLE。

【练习 6-2】：创建新多线样式。

1. 打开文件“6-2.dwg”。
2. 启动 MLSTYLE 命令，系统弹出【多线样式】对话框，如图 6-3 所示。
3. 单击 新建(N)... 按钮，弹出【创建新的多线样式】对话框，如图 6-4 所示。在【新样式名】文本框中输入新样式的名称“样式-240”，在【基础样式】下拉列表中选择“STANDARD”，该样式将成为新样式的样板样式。

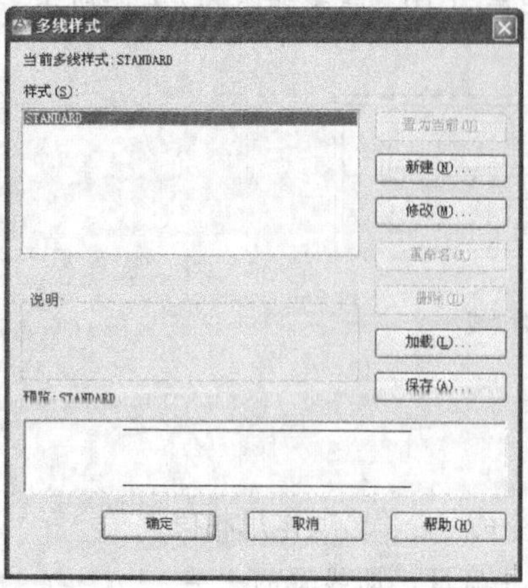

图 6-3 【多线样式】对话框

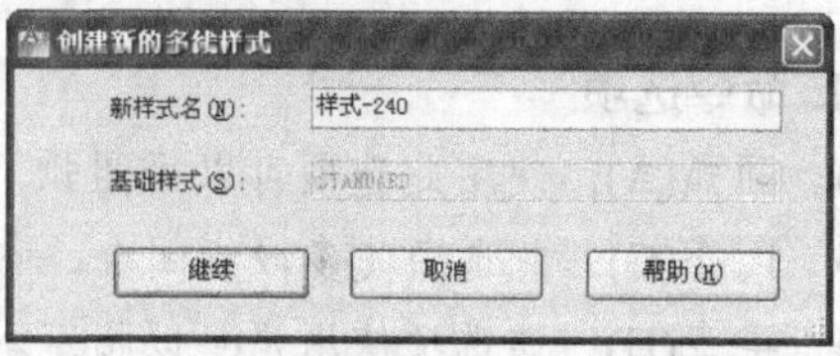

图 6-4 【创建新的多线样式】对话框

4. 单击 继续 按钮，弹出【新建多线样式：样式-240】对话框，如图 6-5 所示。在该对话框中完成以下任务。
   - 在【说明】文本框中输入关于多线样式的说明文字。
   - 在【图元】列表框中选中“0.5”，然后在【偏移】文本框中输入数值 120。
   - 在【图元】列表框中选中“-0.5”，然后在【偏移】文本框中输入数值-120。

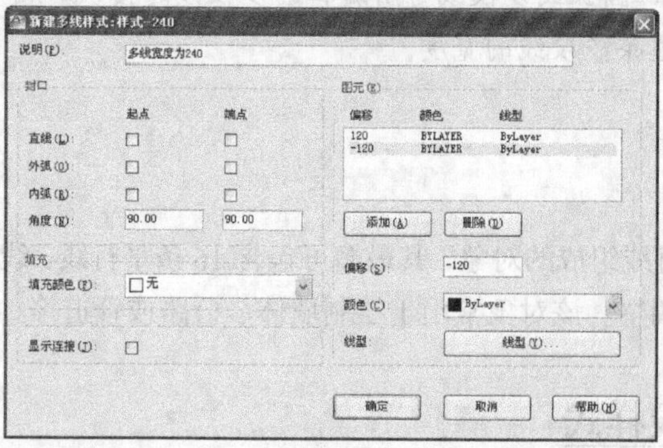

图 6-5 【新建多线样式】对话框

【新建多线样式】对话框中常用选项的功能如下。

- 添加(A) 按钮：单击此按钮，AutoCAD 在多线中添加一条新线，该线的偏移量可在【偏移】文本框中输入。
- 删除(D) 按钮：删除【图元】列表框中选定的线元素。
- 【颜色】下拉列表：通过此列表修改【图元】列表框中选定线的颜色。
- 线型(Y)... 按钮：指定【图元】列表框中选定线元素的线型。
- 【直线】：在多线的两端产生直线封口形式，如图 6-6 所示。
- 【外弧】：在多线的两端产生外圆弧封口形式，如图 6-6 所示。
- 【内弧】：在多线的两端产生内圆弧封口形式，如图 6-6 所示。
- 【角度】文本框：该角度是指多线某一端的端口连线与多线的夹角，如图 6-6 所示。
- 【填充颜色】下拉列表：通过此列表设置多线的填充色。

- 【显示连接】：选取该复选项，则 AutoCAD 在多线拐角处显示连接线，如图 6-6 所示。

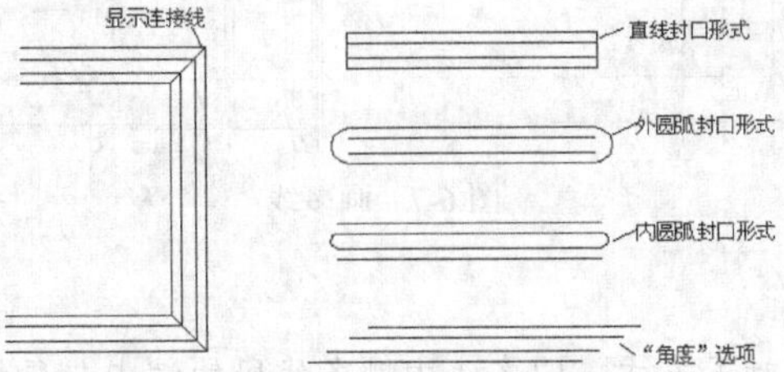

图 6-6　多线的各种特性

5. 单击 确定 按钮，返回【多线样式】对话框，单击 置为当前(U) 按钮，使新样式成为当前样式。
6. 保存文件，该文件在后面将继续使用。

6.2.2 创建多线

前面介绍了创建多线样式的方法，下面利用 MLINE 命令来生成多线。

命令启动方法

- 菜单命令：【绘图】/【多线】。
- 命令：MLINE。

继续前面的练习。

```
命令: _mline
指定起点或 [对正(J)/比例(S)/样式(ST)]:  S      //选用"比例(S)"选项
输入多线比例 <20.00>:  1                     //输入缩放比例值
指定起点或 [对正(J)/比例(S)/样式(ST)]:  J      //选用"对正(J)"选项
输入对正类型 [上(T)/无(Z)/下(B)] <无>:  Z      //设定对正方式为"无"
指定起点或 [对正(J)/比例(S)/样式(ST)]:         //捕捉 A 点，如图 6-7 右图所示
指定下一点:                                 //捕捉 B 点
指定下一点或 [放弃(U)]:                      //捕捉 C 点
指定下一点或 [闭合(C)/放弃(U)]:               //捕捉 D 点
指定下一点或 [闭合(C)/放弃(U)]:               //捕捉 E 点
指定下一点或 [闭合(C)/放弃(U)]:               //捕捉 F 点
指定下一点或 [闭合(C)/放弃(U)]:  C            //使多线闭合
命令:MLINE                                  //重复命令
指定起点或 [对正(J)/比例(S)/样式(ST)]:         //捕捉 G 点
指定下一点:                                 //捕捉 H 点
指定下一点或 [放弃(U)]:                      //按 Enter 键结束
命令:MLINE                                  //重复命令
指定起点或 [对正(J)/比例(S)/样式(ST)]:         //捕捉 I 点
指定下一点:                                 //捕捉 J 点
指定下一点或 [放弃(U)]:                      //按 Enter 键结束
```

结果如图 6-7 右图所示。保存文件，该文件在后面将继续使用。

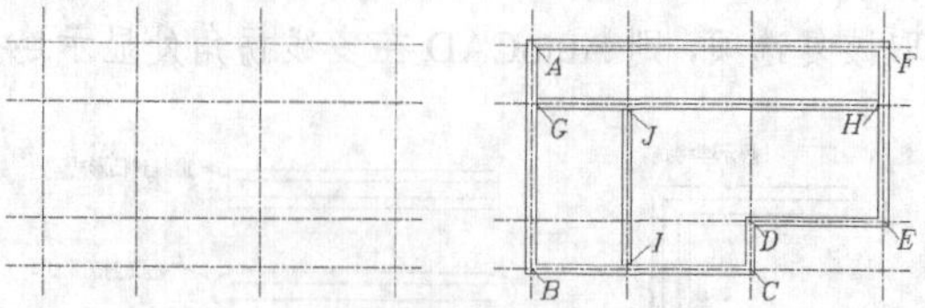

图 6-7　画多线

命令选项

- 对正(J): 设定多线对正方式，即多线中哪条线段的端点与鼠标光标重合并随鼠标光标移动，该选项有 3 个子选项。

  上(T): 若从左往右绘制多线，则对正点将在最顶端线段的端点处。

  无(Z): 对正点位于多线中偏移量为 0 的位置处。多线中线条的偏移量可在多线样式中设定。

  下(B): 若从左往右绘制多线，则对正点将在最底端线段的端点处。
- 比例(S): 指定多线宽度相对于定义宽度（在多线样式中定义）的比例因子，该比例不影响线型比例。
- 样式(ST): 该选项使用户可以选择多线样式，默认样式是“STANDARD”。

6.2.3　编辑多线

MLEDIT 命令用于编辑多线，其主要功能如下。

（1）改变两条多线的相交形式，如使它们相交成“十”字形或“T”字形。

（2）在多线中加入控制顶点或删除顶点。

（3）将多线中的线条切断或接合。

命令启动方法

- 菜单命令:【修改】/【对象】/【多线】。
- 命令: MLEDIT。

继续前面的练习，下面用 MLEDIT 命令编辑多线。

1.　启动 MLEDIT 命令，打开【多线编辑工具】对话框，如图 6-8 所示。该对话框中的小型图片形象地说明了各项编辑功能。

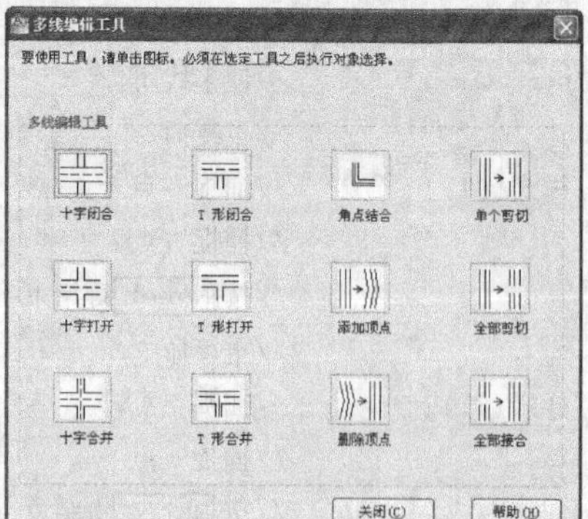

图 6-8 【多线编辑工具】对话框

2. 选择【T 形合并】，AutoCAD 提示：

```
命令: _mledit
选择第一条多线:                              //在 A 点处选择多线，如图 6-9 左图所示
选择第二条多线:                              //在 B 点处选择多线
选择第一条多线 或 [放弃(U)]:                 //在 C 点处选择多线
选择第二条多线:                              //在 D 点处选择多线
选择第一条多线 或 [放弃(U)]:                 //在 E 点处选择多线
选择第二条多线:                              //在 F 点处选择多线
选择第一条多线 或 [放弃(U)]:                 //在 G 点处选择多线
选择第二条多线:                              //在 H 点处选择多线
选择第一条多线 或 [放弃(U)]:                 //按 Enter 键结束
```

结果如图 6-9 右图所示。

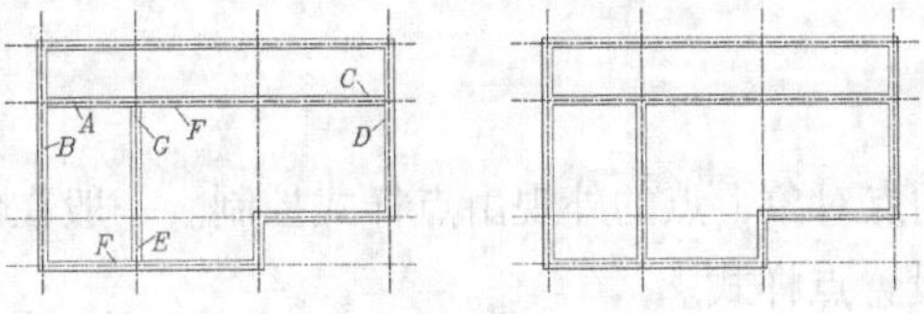

图 6-9　编辑多线

6.3 分解多线及多段线

EXPLODE 命令可将多段线、块、标注和面域等复杂对象分解成 AutoCAD 的基本图形对象。例如，连续的多段线是一个单独对象，用 EXPLODE 命令“炸开”后，多段线的每一段都是独立对象。

输入 EXPLODE 命令或单击【修改】面板上的按钮，AutoCAD 提示“选择对象”，用户选择图形对象并按 Enter 键后，AutoCAD 对其进行分解。

6.4 徒手画线

SKETCH 可以作为徒手绘图的工具。发出此命令后，通过移动光标就能绘制出曲线(徒手画线)，鼠标光标移动到哪里，线条就画到哪里。徒手画线是由许多小线段组成的，用户可以设置线段的最小长度。当从一条线段的端点移动一段距离，而这段距离又超过了设定的最小长度值时，AutoCAD 就产生新的线段。因此，如果设定的最小长度值较小，那么所绘曲线中就会包含大量的微小线段，从而增加图样的大小。否则，若设定了较大的数值，则绘制的曲线看起来就像连续折线一样。

SKPOLY 系统变量控制徒手画线是否是一个单一对象。当设置 SKPOLY 为 1 时，用 SKETCH 命令绘制的曲线是一条单独的多段线。

【练习 6-3】：绘制一个半径 *R*50 的辅助圆，然后在圆内用 SKETCH 命令绘制树木图例。

```
命令: _skpoly                                  //设置系统变量
输入 SKPOLY 的新值 <0>: 1                      //使徒手画线成为多段线
命令: _sketch
指定草图或 [类型(T)/增量(I)/公差(L)]: I        //使用“增量(I)”选项
```

```
指定草图增量 <1.0000>: 1.5                    //设定线段的最小长度
指定草图或 [类型(T)/增量(I)/公差(L)]:          //单击鼠标左键，移动鼠标光标画曲线
指定草图:            //单击鼠标左键，完成画线。再单击鼠标左键移动鼠标光标画曲线，继续单击鼠标左键，完成画
                    线。按 Enter 键结束
```

继续绘制其他线条，绘制结果如图 6-10 所示。

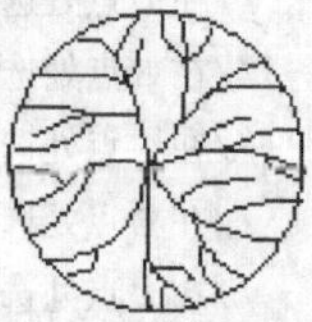

图 6-10　徒手画线

6.5 点对象

在系统中可创建单独的点对象，点的外观由点样式控制。一般在创建点之前要先设置点的样式，但也可先绘制点，再设置点样式。

6.5.1　设置点样式

选取菜单命令【格式】/【点样式】，打开【点样式】对话框，如图 6-11 所示。该对话框提供了多种样式的点，用户可根据需要进行选择。此外，用户还能通过【点大小】文本框指定点的大小。点的大小既可相对于屏幕大小来设置，也可直接输入点的绝对尺寸。

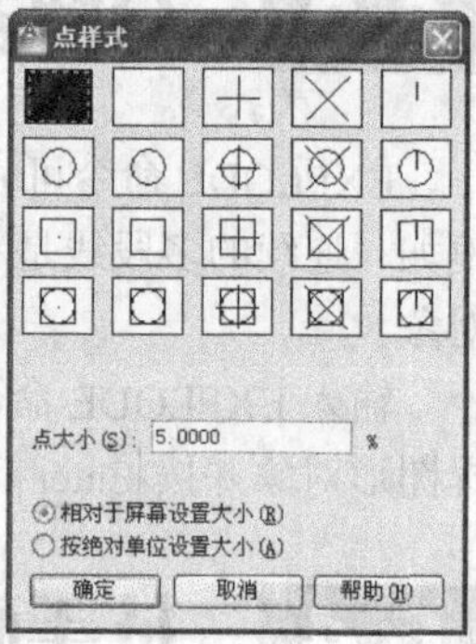

图 6-11　【点样式】对话框

6.5.2　创建点

POINT 命令可创建点对象。此类对象可以作为绘图的参考点，节点捕捉"NOD"可以拾取该对象。

命令启动方法

- 菜单命令：【绘图】/【点】/【多点】。
- 面板：【绘图】面板上的 按钮。
- 命令：POINT 或简写 PO。

【练习 6-4】：练习 POINT 命令。

```
命令: _point
指定点:      //输入点的坐标或在屏幕上拾取点，系统在指定位置创建点对象，如图 6-12 所示
*取消*       //按 Esc 键结束
```

图 6-12　创建点对象

要点提示 若将点的尺寸设置成绝对数值，则缩放图形后将引起点的大小发生变化；而相对于屏幕大小设置点尺寸时，则不会出现这种情况（要用 REGEN 命令重新生成图形）。

6.5.3　画测量点

MEASURE 命令在图形对象上按指定的距离放置点对象（POINT 对象），这些点可用“NOD”进行捕捉。对于不同类型的图形元素，测量距离的起始点是不同的。若是线段或非闭合的多段线，起点是离选择点最近的端点。若是闭合多段线，起点是多段线的起点。若是圆，则以捕捉角度的方向线与圆的交点为起点开始测量，捕捉角度可在【草图设置】对话框的【捕捉及栅格】选项卡中设定。

命令启动方法

- 菜单命令：【绘图】/【点】/【定距等分】。
- 面板：【绘图】面板上的按钮。
- 命令：MEASURE 或简写 ME。

【练习 6-5】：练习 MEASURE 命令。

打开文件“6-5.dwg”，用 MEASURE 命令创建两个测量点 *C*、*D*，如图 6-13 所示。

```
命令：_measure
选择要定距等分的对象：                //在 A 端附近选择对象，如图 6-13 所示
指定线段长度或 [块(B)]：160          //输入测量长度
命令：
MEASURE                              //重复命令
选择要定距等分的对象：                //在 B 端附近选择对象
指定线段长度或 [块(B)]：160          //输入测量长度
```

结果如图 6-13 所示。

命令选项

块(B)：按指定的测量长度在对象上插入图块（在 6.7 节中介绍图块）。

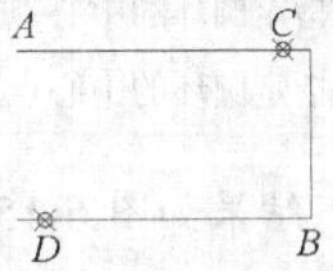

图 6-13　创建测量点

6.5.4　画等分点

DIVIDE 命令根据等分数目在图形对象上放置等分点。这些点并不分割对象，只是标明等分的位置。AutoCAD 中可等分的图形元素包括线段、圆、圆弧、样条线和多段线等。对于圆，等分的起始点位于捕捉角度的方向线与圆的交点处，该角度值可在【草图设置】对话框的【捕捉及栅格】选项卡中设定。

命令启动方法

- 菜单命令：【绘图】/【点】/【定数等分】。
- 面板：【绘图】面板上的按钮。
- 命令：DIVIDE 或简写 DIV。

【练习 6-6】：练习 DIVIDE 命令。

打开文件“6-6.dwg”，用 DIVIDE 命令创建等分点，如图 6-14 所示。

```
命令: DIVIDE
选择要定数等分的对象:                //选择线段，如图 6-14 所示
输入线段数目或 [块(B)]: 4            //输入等分的数目
命令:DIVIDE                          //重复命令
选择要定数等分的对象:                //选择圆弧
输入线段数目或 [块(B)]: 5            //输入等分数目
```

结果如图 6-14 所示。

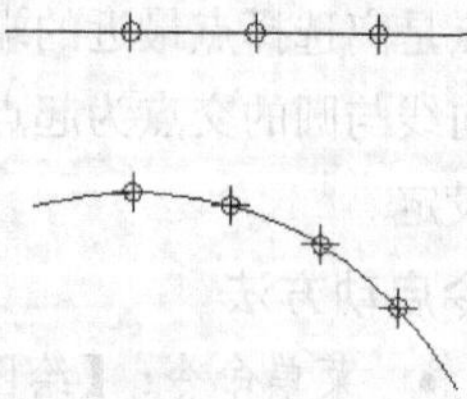

图 6-14　等分对象

命令选项

块(B)：在等分处插入图块。

6.6 画圆环及圆点

DONUT 命令可创建填充圆环或圆点。启动该命令后，用户依次输入圆环内径、外径及圆心，AutoCAD 就生成圆环。若要画圆点，则指定内径为“0”即可。

命令启动方法

- 菜单命令：【绘图】/【圆环】。
- 面板：【绘图】面板上的◎按钮。
- 命令：DONUT。

【练习 6-7】：练习 DONUT 命令。

```
命令: _donut
指定圆环的内径 <2.0000>: 3               //输入圆环内径
指定圆环的外径 <5.0000>: 6               //输入圆环外径
指定圆环的中心点或<退出>:                //指定圆心
指定圆环的中心点或<退出>:                //按Enter键结束
```

结果如图 6-15 所示。

DONUT 命令生成的圆环实际上是具有宽度的多段线，用户可用 PEDIT 命令编辑该对象。此外，用户还可以设定是否对圆环进行填充。当把变量 FILLMODE 设置为“1”时，系统将填充圆环；否则，不填充。

图 6-15　画圆环

6.7 使用图块

图块是由多个对象组成的单一整体，在需要时可将其作为单独对象插入图形中使用。在建筑图中有许多反复使用的图形，若事先将这些图形创建成块，则使用时只需插入块即可，这样就避免了重复劳动，提高了设计效率。

6.7.1　创建图块

用 BLOCK 命令可以将图形的一部分或整个图形创建成图块。用户可以给图块起名，并可定义插入基点。

命令启动方法

- 菜单命令：【绘图】/【块】/【创建】。
- 面板：【块】面板上的按钮。
- 命令：BLOCK 或简写 B。

【练习 6-8】：创建图块。

1. 打开文件“6-8.dwg”。
2. 单击【块】面板上的按钮，AutoCAD 打开【块定义】对话框，如图 6-16 所示。
3. 在【名称】栏中输入新建图块的名称“block-1”，如图 6-16 所示。
4. 选择构成块的图形元素。单击按钮（选择对象），AutoCAD 返回绘图窗口，并提示“选择对象”，选择线框 *A*，如图 6-17 所示。

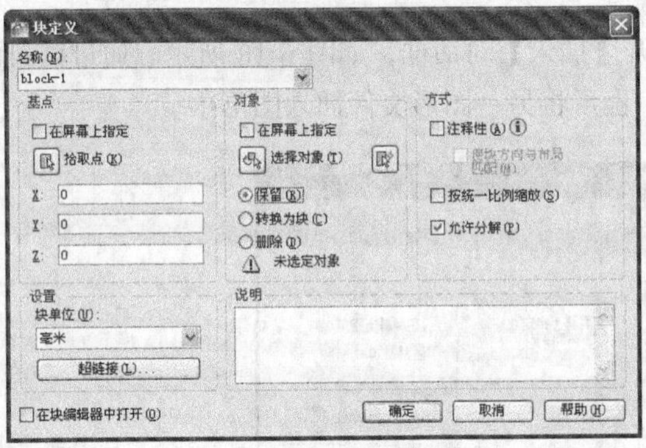

图 6-16　【块定义】对话框

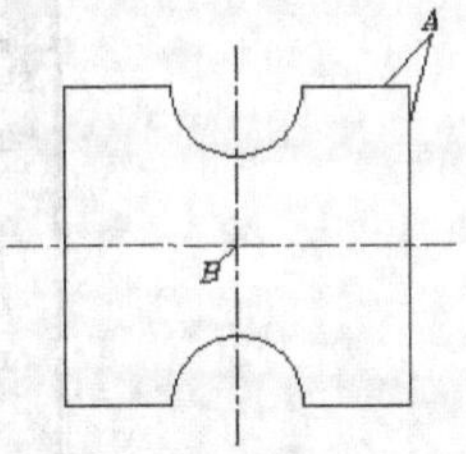

图 6-17　创建图块

5. 指定块的插入基点。单击按钮（拾取点），AutoCAD 返回绘图窗口，并提示“指定插入基点”，拾取点 *B*，如图 6-17 所示。
6. 单击 确定 按钮，AutoCAD 生成图块。

要点提示　在定制符号块时，一般将块图形画在 1×1 的正方形中，这样就便于在插入块时确定图块沿 *x*、*y* 轴方向的缩放比例因子。

【块定义】对话框中常用选项的含义如下。

- 【名称】：在此栏中输入新建图块的名称，最多可使用 255 个字符。单击下拉列表右边的按钮，打开下拉列表。该列表中显示了当前图形的所有图块。
- 【拾取点】：单击左侧按钮，AutoCAD 切换到绘图窗口。用户可直接在图形中拾取某点作为块的插入基点。
- 【X】、【Y】、【Z】文本框：在这 3 个文本框中分别输入插入基点的 *x*、*y*、*z* 坐标值。

- 【选择对象】：单击左侧按钮，AutoCAD 切换到绘图窗口，用户在绘图区中选择构成图块的图形对象。
- 【保留】：选取该单选项，则 AutoCAD 生成图块后，还保留构成块的原对象。
- 【转换为块】：选取该单选项，则 AutoCAD 生成图块后，把构成块的原对象也转化为块。
- 【删除】：该单选项使用户可以设置创建图块后是否删除构成块的原对象。

6.7.2 插入图块或外部文件

用户可以使用 INSERT 命令在当前图形中插入块或其他图形文件。无论块或被插入的图形多么复杂，AutoCAD 都将它们作为一个单独的对象。如果用户需编辑其中的单个图形元素，就必须用 EXPLODE 命令分解图块或文件块。

命令启动方法

- 菜单命令：【插入】/【块】。
- 面板：【块】面板上的按钮。
- 命令：INSERT 或简写 I。

启动 INSERT 命令后，AutoCAD 打开【插入】对话框，如图 6-18 所示。通过该对话框，用户可以将图形文件中的图块插入图形中，也可将另一图形文件插入图形中。

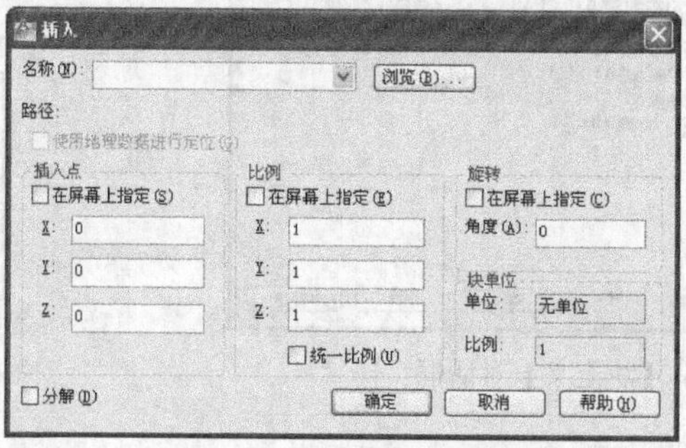

图 6-18 【插入】对话框

要点提示 当把一个图形文件插入当前图中时，被插入图样的图层、线型、图块和字体样式等也将加入当前图中。如果两者中有重名的这类对象，那么当前图中的定义优先于被插入的图样。

【插入】对话框中常用选项的功能如下。

- 【名称】：该下拉列表中罗列了图样中的所有图块。通过此列表，用户选择要插入的块。如果要将“.dwg”文件插入当前图形中，就单击【浏览(B)...】按钮，然后选择要插入的文件。
- 【插入点】：确定图块的插入点。可直接在【X】、【Y】、【Z】文本框中输入插入点的绝对坐标值，或者选取【在屏幕上指定】复选项，然后在屏幕上指定。
- 【比例】：确定块的缩放比例。可直接在【X】、【Y】、【Z】文本框中输入沿这 3 个方向的缩放比例因子，也可选取【在屏幕上指定】复选项，然后在屏幕上指定。

要点提示　用户可以指定 x、y 轴方向的负比例因子，此时插入的图块将作镜像变换。

- 【统一比例】：该选项使块沿 x、y、z 轴方向的缩放比例都相同。
- 【旋转】：指定插入块时的旋转角度。可在【角度】文本框中直接输入旋转角度值，也可通过【在屏幕上指定】复选项在屏幕上指定。
- 【分解】：若用户选取该复选项，则 AutoCAD 在插入块的同时分解块对象。

6.7.3　创建及使用块属性

在 AutoCAD 中，用户可以使块附带属性。属性类似于商品的标签，包含了图块所不能表达的一些文字信息，如材料、型号及制造者等。存储在属性中的信息一般称为属性值。当用 BLOCK 命令创建块时，将已定义的属性与图形一起生成块，这样块中就包含属性了。当然，用户也能只将属性本身创建成一个块。

属性有助于用户快速产生关于设计项目的信息报表，或者作为一些符号块的可变文字对象。其次，属性也常用来预定义文本位置、内容或提供文本默认值等。例如，把标题栏中的一些文字项目定制成属性对象，就能方便地填写或修改。

命令启动方法

- 菜单命令：【绘图】/【块】/【定义属性】。
- 面板：【块】面板上的按钮。
- 命令：ATTDEF 或简写 ATT。

启动 ATTDEF 命令，AutoCAD 打开【属性定义】对话框，如图 6-19 所示。用户利用该对话框创建块属性。

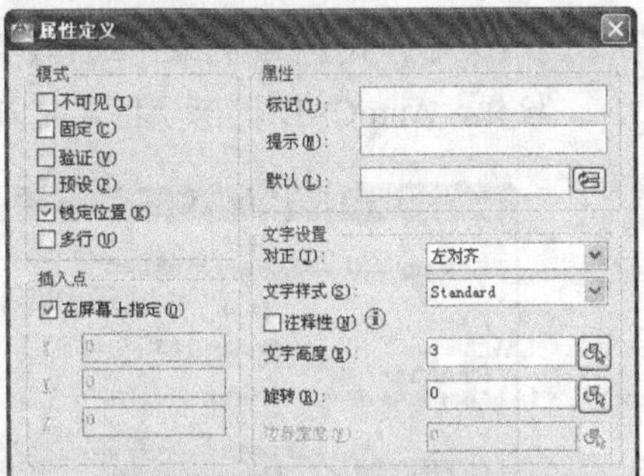

图 6-19　【属性定义】对话框

【属性定义】对话框中常用选项的功能如下。

- 【不可见】：控制属性值在图形中的可见性。如果想使图中包含属性信息，但又不想使其在图形中显示出来，就选取该复选项。有一些文字信息（如零部件的成本、产地和存放仓库等）不必在图样中显示出来，就可设定为不可见属性。
- 【固定】：选取该复选项，属性值将为常量。
- 【验证】：设置是否对属性值进行校验。若选取该复选项，则插入块并输入属性值后，AutoCAD 将再次给出提示，让用户校验输入值是否正确。
- 【预设】：该选项用于设定是否将实际属性值设置成默认值。若选取该复选项，则插入块时，AutoCAD 将不再提示用户输入新属性值，实际属性值等于【属性】分组框中的默认值。
- 【锁定位置】：锁定块参照中属性的位置。解锁后，属性可以相对于使用夹点编辑的块的其他部分移动，并且可以调整多行文字属性的大小。

- 【多行】：指定属性值可以包含多行文字。选定此复选项后，可以指定属性的边界宽度。
- 【标记】：标记图形中每次出现的属性。使用任何字符组合（空格除外）输入属性标记。小写字母会自动转换为大写字母。
- 【提示】：指定在插入包含该属性定义的块时显示的提示。如果不输入提示，属性标记将用作提示。如果在“模式”区域选择“常数”模式，“属性提示”选项将不可用。
- 【默认】：指定默认的属性值。
- 【插入点】：指定属性位置，输入坐标值或者选择【在屏幕上指定】复选项。
- 【对正】：该下拉列表中包含了十多种属性文字的对齐方式，如布满、居中、中间、左对齐和右对齐等。这些选项的功能与 DTEXT 命令对应的选项功能相同，参见 7.1.3 节。
- 【文字样式】：从该下拉列表中选择文字样式。
- 【文字高度】：用户可直接在文本框中输入属性文字高度，或单击右侧按钮切换到绘图窗口，在绘图区中拾取两点以指定高度。
- 【旋转】：设定属性文字的旋转角度。

【练习 6-9】：下面的练习将演示定义属性及使用属性的具体过程。

1. 打开文件“6-9.dwg”。
2. 输入 ATTDEF 命令，AutoCAD 打开【属性定义】对话框，如图 6-20 所示。在【属性】分组框中输入下列内容。

标记：姓名及号码
提示：请输入您的姓名及电话号码
默认：李燕　2660732

3. 在【文字样式】下拉列表中选择【样式-1】，在【文字高度】文本框中输入数值“3”，单击【确定】按钮，AutoCAD 提示“指定起点”，在电话机的下边拾取 A 点，结果如图 6-21 所示。

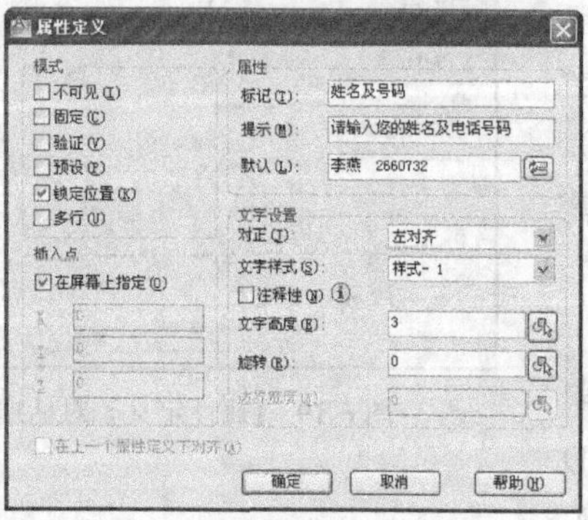

图 6-20 【属性定义】对话框

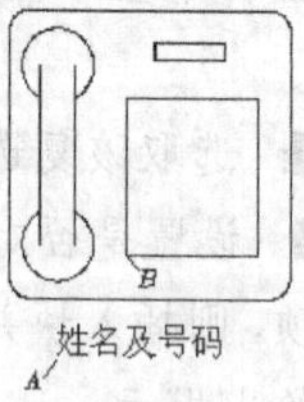

图 6-21 定义属性

4. 将属性与图形一起创建成图块。单击【块】面板上的按钮，AutoCAD 打开【块定义】对话框，如图 6-22 所示。
5. 在【名称】栏中输入新建图块的名称“电话机”，在【对象】分组框中选择【保留】单选项，如图 6-22 所示。

6. 单击按钮（选择对象），AutoCAD 返回绘图窗口，并提示“选择对象”，选择电话机及属性，如图 6-21 所示。
7. 指定块的插入基点。单击按钮（拾取点），AutoCAD 返回绘图窗口，并提示“指定插入基点”，拾取点 *B*，如图 6-21 所示。
8. 单击 确定 按钮，AutoCAD 生成图块。
9. 插入带属性的块。单击【块】面板上的按钮，AutoCAD 打开【插入】对话框，在【名称】下拉列表中选择【电话机】，如图 6-23 所示。

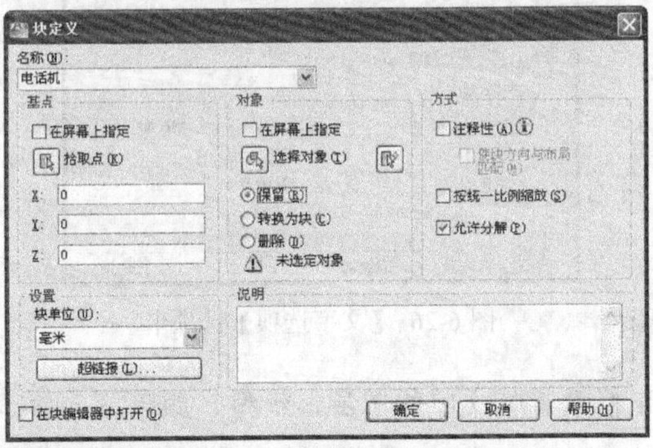

图 6-22 【块定义】对话框

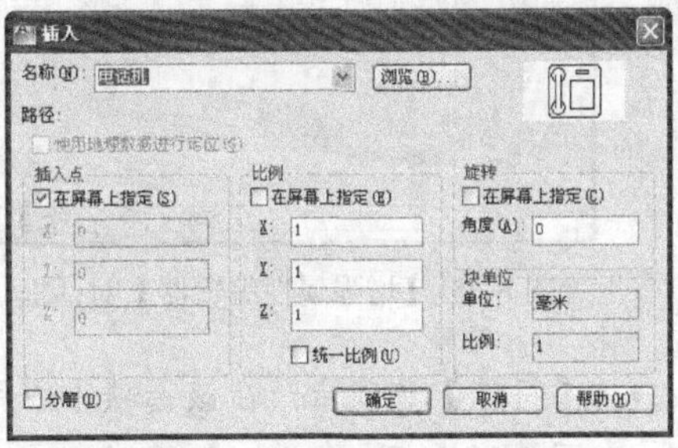

图 6-23 【插入】对话框

10. 单击 确定 按钮，AutoCAD 提示如下。

```
指定插入点或[基点(B)/比例(S)/X/Y/Z/旋转(R)]:          //在屏幕上的适当位置指定插入点
请输入您的姓名及电话号码 <李燕  2660732>: 张涛  5895926
                                                      //输入属性值
```

结果如图 6-24 所示。

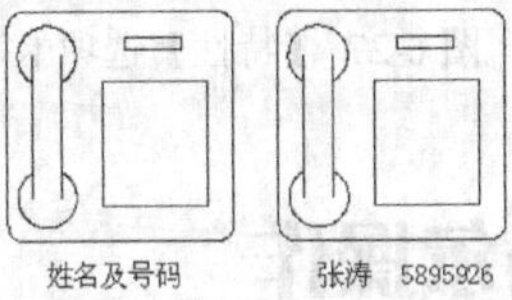

图 6-24　插入附带属性的图块

6.7.4　编辑块属性

若属性已被创建成为块，则用户可用 EATTEDIT 命令来编辑属性值及其他特性。

命令启动方法

- 菜单命令：【修改】/【对象】/【属性】/【单个】。
- 面板：【块】面板上的按钮。
- 命令：EATTEDIT。

【练习 6-10】：练习 EATTEDIT 命令。

启动 EATTEDIT 命令，AutoCAD 提示“选择块”，用户选择要编辑的图块后，AutoCAD 打开【增强属性编辑器】对话框，如图 6-25 所示。在该对话框中，用户可对块属性进行编辑。

【增强属性编辑器】对话框中有【属性】、【文字选项】和【特性】3 个选项卡，它们的功能如下。

- 【属性】选项卡：在该选项卡中，AutoCAD 列出了当前块对象中各个属性的标记、提示及值，如图 6-25 所示。选中某一属性，用户就可以在【值】框中修改属性的值。
- 【文字选项】选项卡：该选项卡用于修改属性文字的一些特性，如文字样式、字高等，如图 6-26 所示。该选项卡中各选项的含义与【文字样式】对话框中同名选项的含义相同。

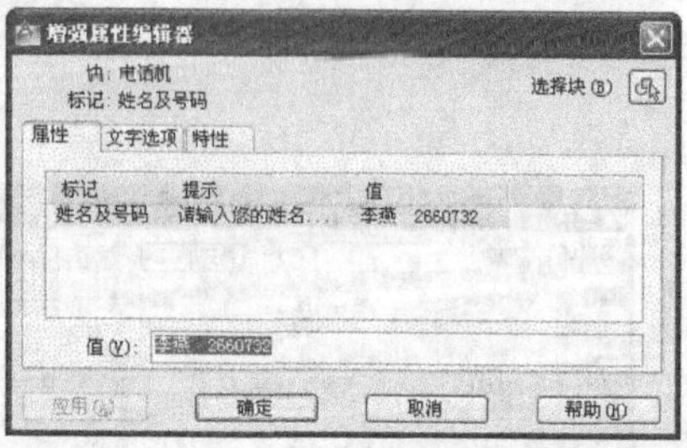

图 6-25 【增强属性编辑器】对话框

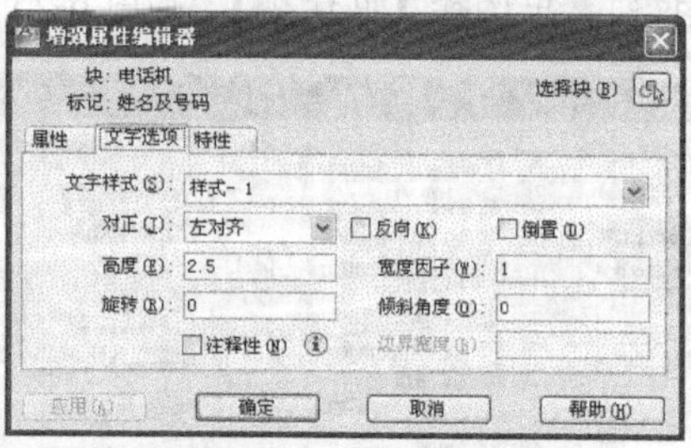

图 6-26 【文字选项】选项卡

- 【特性】选项卡：在该选项卡中用户可以修改属性文字的图层、线型、颜色等，如图 6-27 所示。

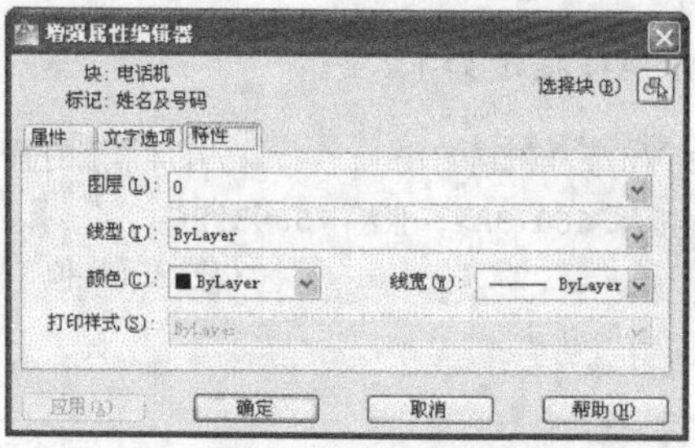

图 6-27 【特性】选项卡

6.8 面域对象及布尔操作

域（REGION）是指二维的封闭图形。它可由线段、多段线、圆、圆弧及样条曲线等对象围成，但应保证相邻对象间共享连接的端点，否则将不能创建域。域是一个单独的实体，具有面积、周长及形心等几何特性。使用域绘图与传统的绘图方法是截然不同的，此时可采用“并”、“交”及“差”等布尔运算来构造不同形状的图形。图 6-28 显示了 3 种布尔运算的结果。

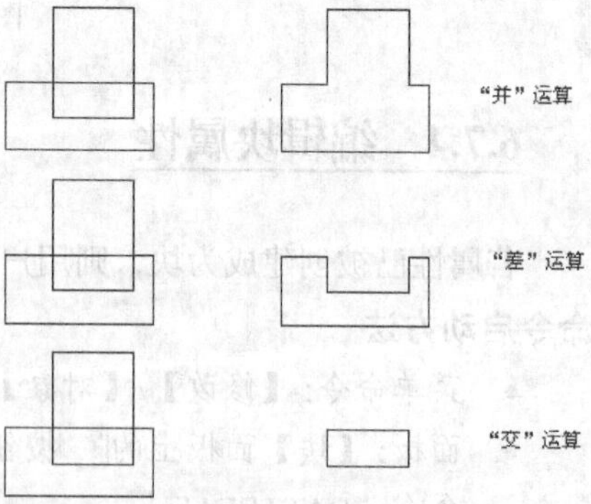

图 6-28 布尔运算

6.8.1 创建面域

REGION 命令可一次将多个封闭图形创建成面域，面域的外观与创建前相同，但该对象既包含图形轮廓又包含轮廓围成的面。

命令启动方法

- 菜单命令：【绘图】/【面域】。
- 面板：【绘图】面板上的按钮。
- 命令：REGION 或简写 REG。

【练习 6-11】：练习 REGION 命令。

打开文件“6-11.dwg”，如图 6-29 所示，用 REGION 命令将该图创建成面域。

```
命令：_region
选择对象：指定对角点：找到 7 个          //用交叉窗口选择矩形及两个圆，如图 6-29 所示
选择对象：                              //按 Enter 键结束
```

图 6-29 中包含了 3 个闭合区域，因而 AutoCAD 可创建 3 个面域。

面域以线框的形式显示出来，用户可以对其进行移动、复制等操作，还可用 EXPLODE 命令分解它，使其还原为原始图形对象。

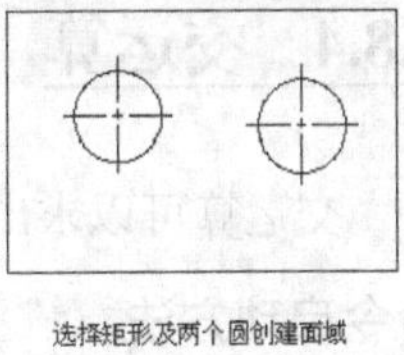

图 6-29 创建面域

要点提示 默认情况下，REGION 命令在创建面域的同时将删除原对象。如果用户希望原始对象被保留，需设置 DELOBJ 系统变量为 0。

6.8.2 并运算

并运算将所有参与运算的面域合并为一个新面域。

命令启动方法

- 菜单命令：【修改】/【实体编辑】/【并集】。
- 命令：UNION 或简写 UNI。

【练习 6-12】：练习 UNION 命令。

打开文件“6-12.dwg”，如图 6-30 左图所示，用 UNION 命令将左图修改为右图。

```
命令：_union
选择对象：指定对角点：找到 7 个          //用交叉窗口选择 5 个面域，如图 6-30 左图所示
选择对象：                              //按 Enter 键结束
```

结果如图 6-30 右图所示。

6.8.3 差运算

差运算是从一个面域中去掉一个或多个面域，从而形成一个新面域。

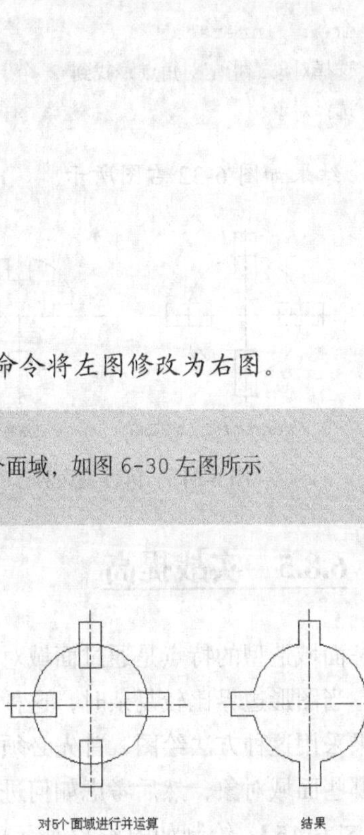

图 6-30 执行并运算

命令启动方法

- 菜单命令：【修改】/【实体编辑】/【差集】。

- 命令：SUBTRACT 或简写 SU。

【练习 6-13】：练习 SUBTRACT 命令。

打开文件“6-13.dwg”，如图 6-31 左图所示，用 SUBTRACT 命令将左图修改为右图。

```
命令: _subtract
选择对象: 找到 1 个                         //选择大圆面域，如图 6-31 左图所示
选择对象:                                   //按 Enter 键
选择对象:总计 4 个                          //选择 4 个小矩形面域
选择对象:                                   //按 Enter 键结束
```

结果如图 6-31 右图所示。

6.8.4 交运算

交运算可以求出各个相交面域的公共部分。

命令启动方法

- 菜单命令：【修改】/【实体编辑】/【交集】。
- 命令：INTERSECT 或简写 IN。

【练习 6-14】：练习 INTERSECT 命令。

打开文件“6-14.dwg”，如图 6-32 左图所示，用 INTERSECT 命令将左图修改为右图。

```
命令: _intersect
选择对象: 指定对角点: 找到 2 个             //选择圆面域及矩形面域，如图 6-32 左图所示
选择对象:                                   //按 Enter 键结束
```

结果如图 6-32 右图所示。

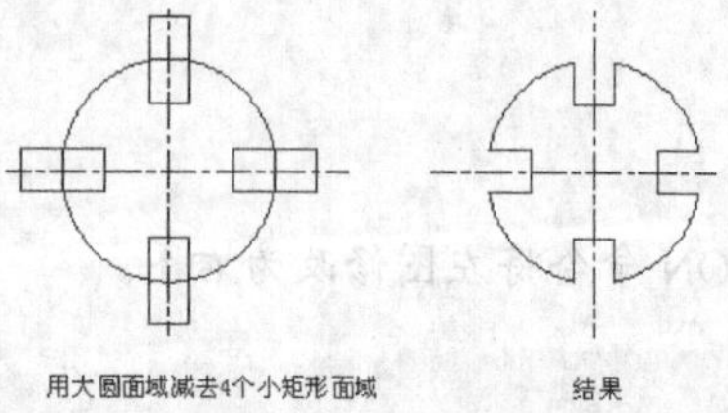

图 6-31　执行差运算

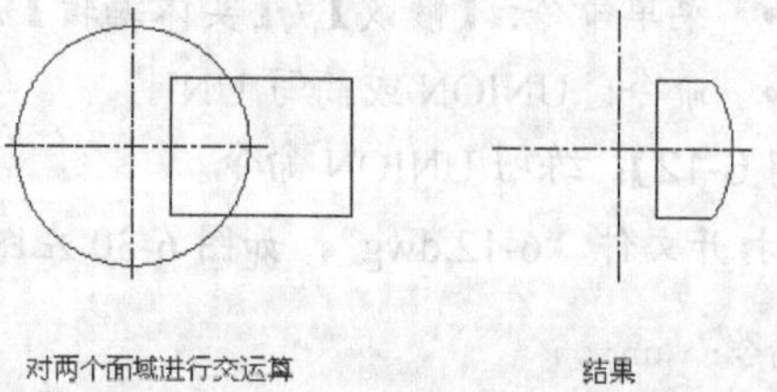

图 6-32　执行交运算

6.8.5 实战提高

面域造型的特点是通过面域对象的并、交或差运算来创建图形。当图形边界比较复杂时，这种绘图法的效率是很高的。用户如果采用这种方法绘图，首先必须对图形进行分析，以确定应生成哪些面域对象，然后考虑如何进行布尔运算形成最终的图形。

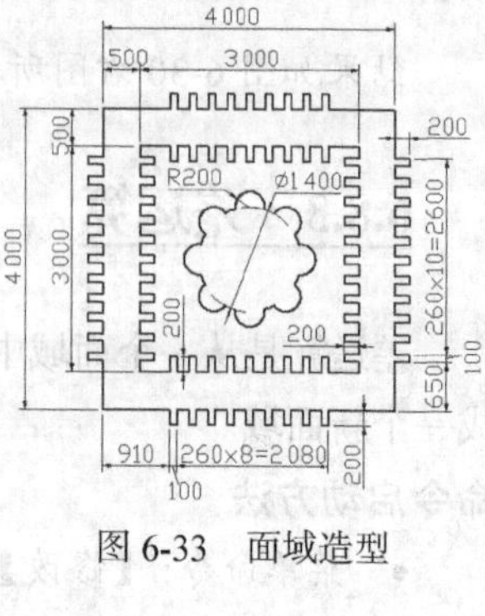

图 6-33　面域造型

【练习 6-15】：绘制如图 6-33 所示的图形。

1. 设定绘图区域大小为 10 000 × 10 000。

2. 打开极轴追踪、对象捕捉及自动追踪功能。指定极轴追踪角度增量为 90°，设定对象捕捉方式为端点、交点，设置仅沿正交方向自动追踪。
3. 绘制两条绘图辅助线 *A*、*B*，用 OFFSET、TRIM 及 CIRCLE 命令形成两个正方形、一个矩形和两个圆，再用 REGION 命令将它们创建成面域，如图 6-34 所示。
4. 用大正方形面域“减去”小正方形面域，形成一个方框面域。
5. 用 ARRAY、MIRROR 及 ROTATE 等命令形成图形 *C*、*D* 及 *E* 等，如图 6-35 所示。
6. 将所有的圆面域合并在一起，再将方框面域与所有矩形面域合并在一起，然后删除辅助线，结果如图 6-36 所示。

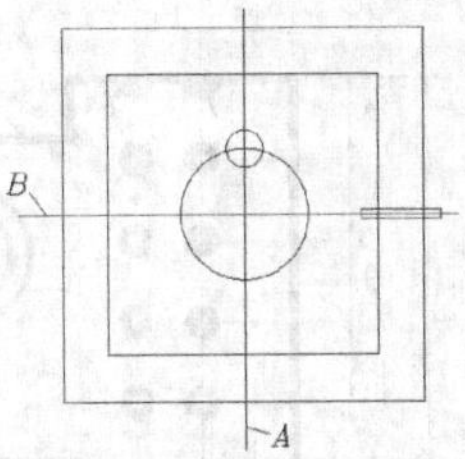

图 6-34　创建面域

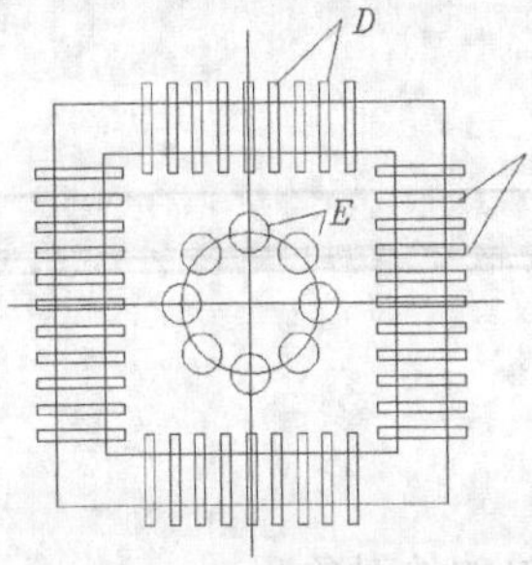

图 6-35　形成图形 *C*、*D*、*E* 等

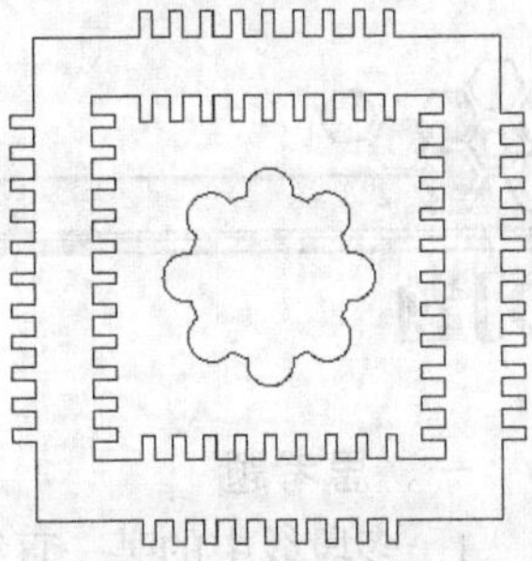

图 6-36　合并面域

6.9 综合练习——画多段线、圆点及圆环等

【练习 6-16】：用 PLINE、PEDIT、DONUT 及 ARRAY 等命令绘制图 6-37 所示的图形。

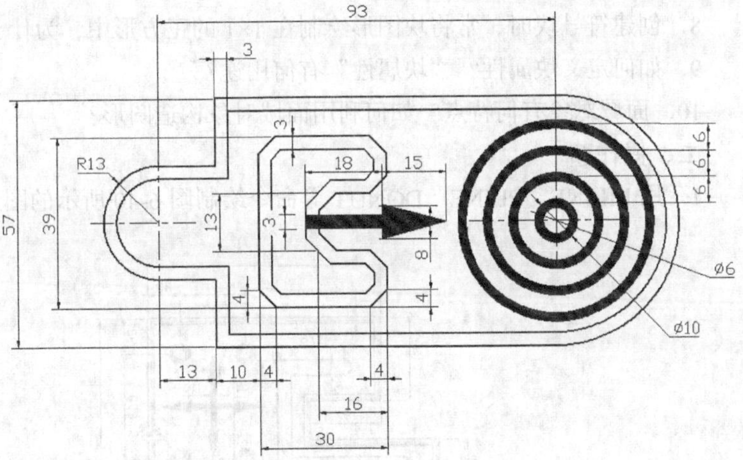

图 6-37　用 PLINE、DONUT 等命令画图

【练习 6-17】：用 PLINE、OFFSET、DONUT 及 ARRAY 等命令绘制图 6-38 所示的图形。

【练习 6-18】：用 PLINE、PEDIT、BLOCK 及 DIVIDE 等命令绘制图 6-39 所示的图形。

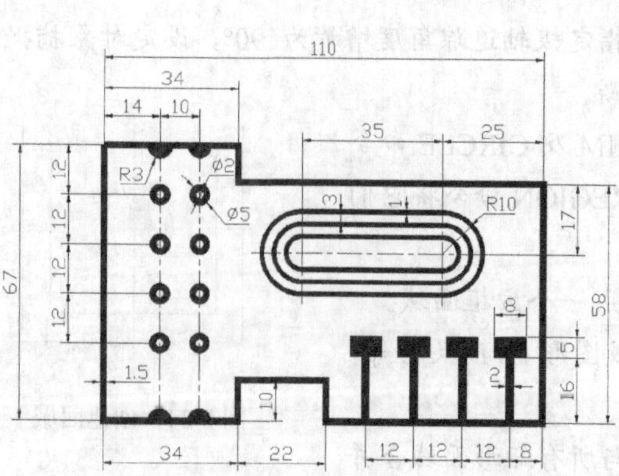

图 6-38　用 PLINE、DONUT 等命令画图

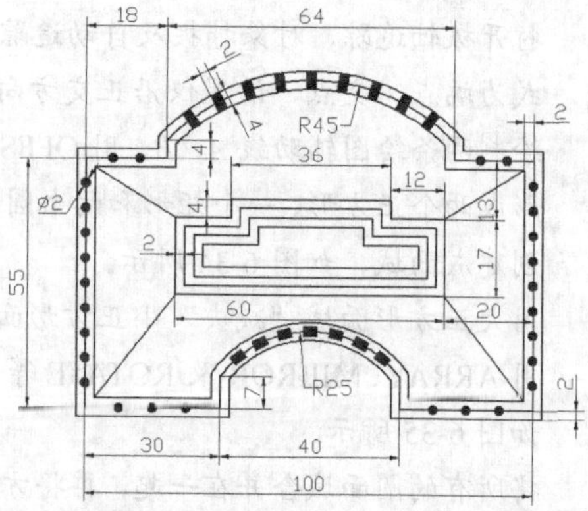

图 6-39　用 PLINE、BLOCK 及 DIVIDE 等命令画图

习题

一、思考题

1. 多段线中的某一直线段或圆弧段是单独的对象吗？
2. 多线的对正方式有哪几种？
3. 可用 OFFSET 和 TRIM 命令对多线进行操作吗？
4. 默认情况下，DONUT 命令生成填充圆环，怎样将此对象改为不填充的？
5. 如何在圆上截取一段指定长度的圆弧？
6. 如何将一角度等分成 *n* 等份？
7. 插入图块时，其缩放比例可以是负值吗？
8. 创建符号块时，常将块图形绘制在 1×1 的正方形中，为什么这样做呢？
9. 如何定义块属性？“块属性”有何用途？
10. 面域对象有何特点？如何利用面域对象构造图形？

二、操作题

1. 用 MLINE、PLINE、DONUT 等命令绘制图 6-40 所示的图形。

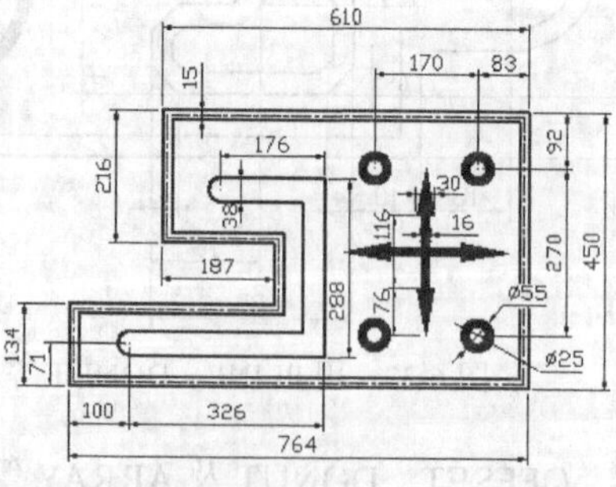

图 6-40　练习 PLINE、MLINE 等命令

2．用 LINE、PLINE、DONUT 及 ARRAY 等命令绘制图 6-41 所示的图形。

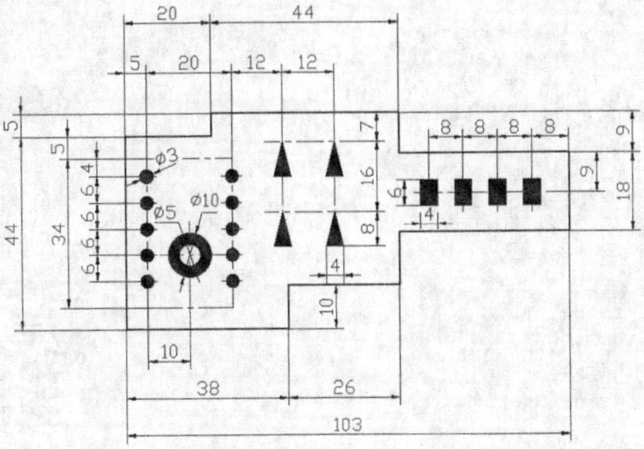

图 6-41　练习 PLINE、DONUT 等命令

3．用 LINE、PLINE、DONUT 及 ARRAY 等命令绘制图 6-42 所示的图形。

4．利用面域造型法绘制图 6-43 所示的图形。

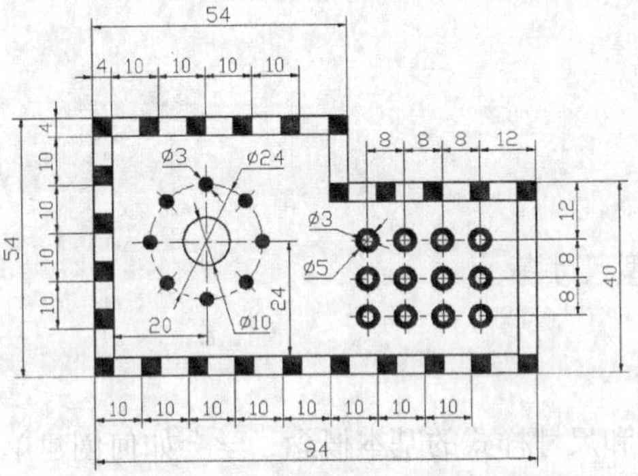

图 6-42　练习 PLINE、DONUT 等命令

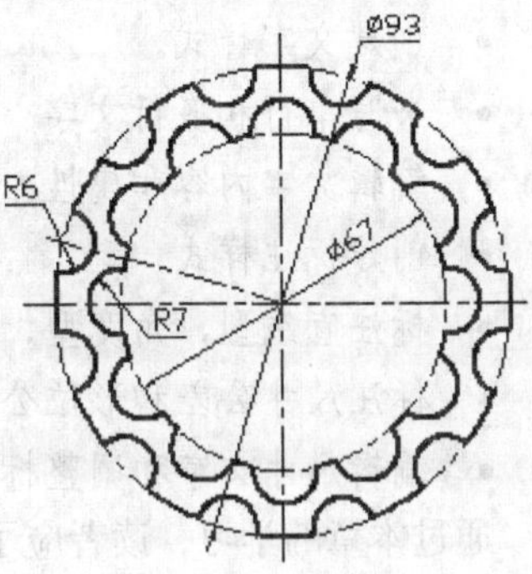

图 6-43　面域造型

第7章 书写文字和标注尺寸

本章介绍的主要内容如下。

- 创建文字样式。
- 书写单行和多行文字。
- 编辑文字内容和属性。
- 创建标注样式。
- 标注直线型、角度型、直径及半径型尺寸等。
- 标注尺寸公差和形位公差。
- 编辑尺寸文字和调整标注位置。

通过本章的学习，读者应了解文字样式和尺寸样式的基本概念，学会如何创建单行文字和多行文字，并掌握标注各类尺寸的方法等。

7.1 书写文字的方法

在 AutoCAD 中有两类文字对象，一类是单行文字，另一类是多行文字，它们分别由 DTEXT 和 MTEXT 命令来创建。一般来讲，比较简短的文字项目（如标题栏信息、尺寸标注说明等），常常采用单行文字；而对带有段落格式的信息（如工艺流程、技术条件等），则常采用多行文字。

AutoCAD 生成的文字对象，其外观由与它关联的文字样式决定。默认情况下，Standard 文字样式是当前样式。用户也可根据需要创建新的文字样式。

7.1.1 创建国标文字样式及书写单行文字

文字样式主要控制与文本连接的字体文件、字符宽度、文字倾斜角度及高度等项目。用户可以针对每一种风格的文字创建对应的文字样式，这样在输入文本时就可用相应的文字样式来控制文本的外观。例如，用户可建立专门用于控制尺寸标注文字和设计说明文字外观的文字样式。

用 DTEXT 命令可以非常灵活地创建文字项目。发出此命令后，用户不仅可以设定文本的对齐方式和文字的倾斜角度，而且能用十字鼠标光标在不同的地方选取点以定位文本的位置（系统变量 DTEXTED 不等于 0）。用户可以只发出一次命令就在图形的多个区域放置文本。另外，DTEXT 命令还提供了屏幕预演的功能，即在输入文字的同时也将该文字在屏幕上显示出来，这样用户就能很容易地发现文本输入的错误，以便及时修改。

默认情况下，单行文字关联的文字样式是“Standard”，采用的字体是“txt.shx”。用户若要输入中文，则应修改当前文字样式，使其与中文字体相联。此外，用户也可创建一个采用中文字体的新文字样式。

【练习 7-1】：创建国标文字样式及添加单行文字。

1. 打开文件“7-1.dwg”。
2. 选取菜单命令【格式】/【文字样式】或单击【注释】面板上的按钮，打开【文字样式】对话框，如图 7-1 所示。
3. 单击 新建(N)... 按钮，打开【新建文字样式】对话框，在【样式名】文本框中输入文字样式的名称“工程文字”，如图 7-2 所示。

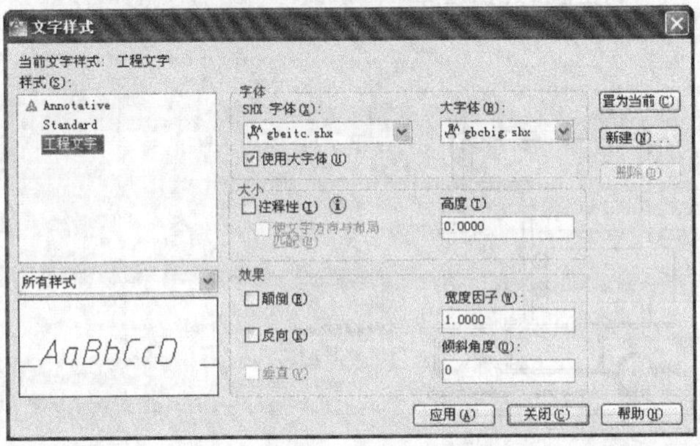

图 7-1 【文字样式】对话框

图 7-2 【新建文字样式】对话框

4. 单击 确定 按钮，返回【文字样式】对话框，在【字体】下拉列表中选择“gbeitc.shx”字体。勾选【使用大字体】复选框，然后在【大字体】下拉列表中选择“gbcbig.shx”字体，如图 7-1 所示。

要点提示 AutoCAD 提供了符合国标的字体文件。在工程图中，中文字体采用“gbcbig.shx”，该字体文件包含了长仿宋字；西文字体采用“gbeitc.shx”或“gbenor.shx”，前者是斜体西文，后者是直体西文。

5. 单击 应用(A) 按钮，然后退出【文字样式】对话框。
6. 用 DTEXT 命令创建单行文字，如图 7-3 所示。单击【注释】面板上的 A 单行文字 按钮或输入 DTEXT 命令，即可启动创建单行文字命令。

```
命令: _dtext
指定文字的起点或 [对正(J)/样式(S)]:          //单击 A 点，如图 7-3 所示
指定高度 <3.0000>: 5                        //输入文字高度
```

```
指定文字的旋转角度 <0>:                //按 Enter 键
输横臂升降机构                          //输入文字
行走轮                                  //在 B 点处单击一点，并输入文字
行走轨道                                //在 C 点处单击一点，并输入文字
行走台车                                //在 D 点处单击一点，输入文字并按 Enter 键
台车行走速度 5.72 m/min                 //输入文字并按 Enter 键
台车行走电机功率 3 kW                   //输入文字
立架                                    //在 E 点处单击一点，并输入文字
配重系统                                //在 F 点处单击一点，输入文字并按 Enter 键
                                        //按 Enter 键结束
命令:DTEXT                              //重复命令
指定文字的起点或 [对正(J)/样式(S)]:     //单击 G 点
指定高度 <5.0000>:                      //按 Enter 键
指定文字的旋转角度 <0>: 90              //输入文字旋转角度
设备总高 5 500                          //输入文字
横臂升降行程 1 500                      //在 H 点处单击一点，输入文字并按 Enter 键
                                        //按 Enter 键结束
```

结果如图 7-3 所示。

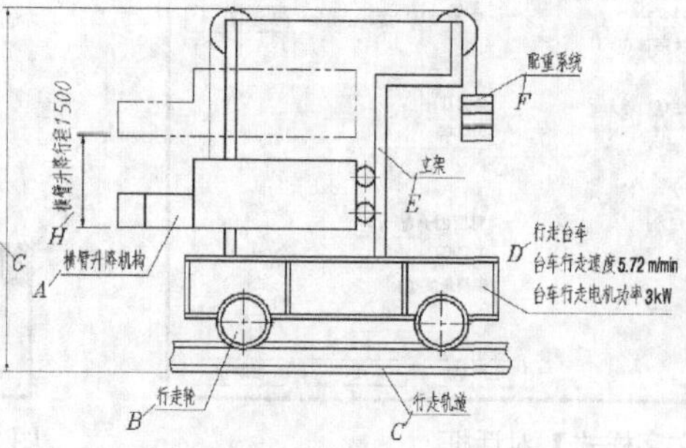

图 7-3　创建单行文字

要点提示　如果发现图形中的文本没有正确地显示出来，多数情况是由于文字样式所连接的字体不合适造成的。

设置字体、字高、特殊效果等外部特征以及修改、删除文字样式等操作是在【文字样式】对话框中进行的，该对话框的常用选项如下。

- 【样式】列表框：该列表框中显示图样中所有文字样式的名称，用户可从中选择一个，使其成为当前样式。
- 新建(N)... 按钮：单击此按钮，就可以创建新文字样式。
- 删除(D) 按钮：在【样式(S)】列表框中选择一个文字样式，再单击此按钮就可以将该文字样式删除。当前样式和正在使用的文字样式不能被删除。
- 【字体】下拉列表：此列表中罗列了所有的字体。带有双“T”标志的字体是 Windows 系统提供的“TrueType”字体，其他字体是 AutoCAD 自己的字体（*.shx），其中

"gbenor.shx" 和 "gbeitc.shx"（斜体西文）字体是符合国标的工程字体。

- 【大字体】: 大字体是指专为亚洲国家设计的文字字体。其中"gbcbig.shx"字体是符合国标的工程汉字字体，该字体文件还包含一些常用的特殊符号。由于"gbcbig.shx"中不包含西文字体定义，因而使用时可将其与"gbenor.shx"和"gbeitc.shx"字体配合使用。
- 【高度】: 输入字体的高度。如果用户在该文本框中指定了文本高度，则当使用 DTEXT（单行文字）命令时，系统将不再提示"指定高度"。
- 【颠倒】: 选取此复选项，文字将上下颠倒显示，该选项仅影响单行文字，如图 7-4 所示。

AutoCAD 2012　　　　AutoCAD 2012

关闭【颠倒】选项　　　　打开【颠倒】选项

图 7-4　关闭或打开【颠倒】选项

- 【反向】: 选取此复选项，文字将首尾反向显示，该选项仅影响单行文字，如图 7-5 所示。

AutoCAD 2012　　　　AutoCAD 2012

关闭【反向】选项　　　　打开【反向】选项

图 7-5　关闭或打开【反向】选项

- 【垂直】: 选取此复选项，文字将沿竖直方向排列，如图 7-6 所示。

AutoCAD　　　　A u t o C A D

关闭【垂直】选项　打开【垂直】选项

图 7-6　关闭或打开【垂直】选项

- 【宽度因子】: 默认的宽度因子为 1。若输入小于 1 的数值，文本将变窄，否则，文本变宽，如图 7-7 所示。

AutoCAD 2012　　　　AutoCAD 2012

宽度比例因子为 1.0　　　　宽度比例因子为 0.7

图 7-7　调整宽度比例因子

- 【倾斜角度】: 该选项用于指定文本的倾斜角度，角度值为正时向右倾斜，为负时向左倾斜，如图 7-8 所示。

AutoCAD 2012　　　　AutoCAD 2012

倾斜角度为 30°　　　　倾斜角度为-30°

图 7-8　设置文字倾斜角度

DTEXT 命令的常用选项。

- 对正(J)：设定文字的对齐方式，详见 7.1.3 小节。
- 样式(S)：指定当前文字样式。

用 DTEXT 命令可连续输入多行文字，每行按 Enter 键结束，但用户不能控制各行的间距。DTEXT 命令的优点是文字对象的每一行都是一个单独的实体，因而对每行进行重新定位或编辑都很容易。

7.1.2 修改文字样式

修改文字样式也是在【文字样式】对话框中进行的，其过程与创建文字样式相似，这里不再重复。

修改文字样式时，用户应注意以下几点。

（1）修改完成后，单击【文字样式】对话框的 应用(A) 按钮，则修改生效，AutoCAD 立即更新图样中与此文字样式关联的文字。

（2）当修改文字样式连接的字体文件时，AutoCAD 将改变所有文字的外观。

（3）当修改文字的颠倒、反向和垂直特性时，AutoCAD 将改变单行文字的外观。而修改文字高度、宽度因子及倾斜角度时，则不会引起已有单行文字外观的改变，但将影响此后创建的文字对象。

（4）对于多行文字，只有【垂直】、【宽度因子】及【倾斜角度】选项才影响已有多行文字的外观。

要点提示 若发现图形中的文本没有正确地显示出来，则多数情况是由于文字样式所连接的字体不合适。

7.1.3 单行文字的对齐方式

用户发出 DTEXT 命令后，AutoCAD 提示用户输入文本的插入点，此点和实际字符的位置关系由对齐方式“对正(J)”决定。对于单行文字，AutoCAD 提供了十多种对正选项。默认情况下，文本是左对齐的，即指定的插入点是文字的左基线点，如图 7-9 所示。

如果要改变单行文字的对齐方式，就使用“对正(J)”选项。在“指定文字的起点或[对正(J)/样式(S)]:”提示下，输入“J”，则 AutoCAD 提示如下。

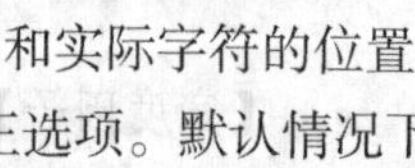

图 7-9 左对齐方式

```
[对齐(A)/布满(F)/居中(C)/中间(M)/右对齐(R)/左上(TL)/中上(TC)/右上(TR)/左中(ML)/正中(MC)/右中(MR)/左下(BL)/中下(BC)/右下(BR)]:
```

下面对以上给出的选项进行详细说明。

- 对齐(A)：使用此选项时，系统提示指定文本分布的起始点和结束点。当用户选定两点并输入文本后，系统会将文字压缩或扩展，使其充满指定的宽度范围，而文字的高度则按适当比例变化，以使文本不至于被扭曲。

- 布满(F)：使用此选项时，系统增加了“指定高度”的提示。使用此选项也将压缩或扩展文字，使其充满指定的宽度范围，但文字的高度值等于指定的数值。

分别利用“对齐(A)”和“布满(F)”选项在矩形框中填写文字，结果如图 7-10 所示。

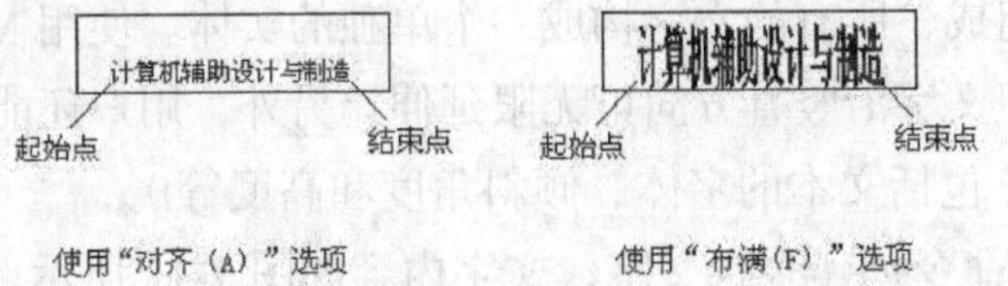

图 7-10　利用“对齐(A)”及“调整(F)”选项填写文字

- 居中(C)/中间(M)/右对齐(R)/左上(TL)/中上(TC)/右上(TR)/左中(ML)/正中(MC)/右中(MR)/左下(BL)/中下(BC)/右下(BR)：通过这些选项设置文字的插入点，各插入点的位置如图 7-11 所示。

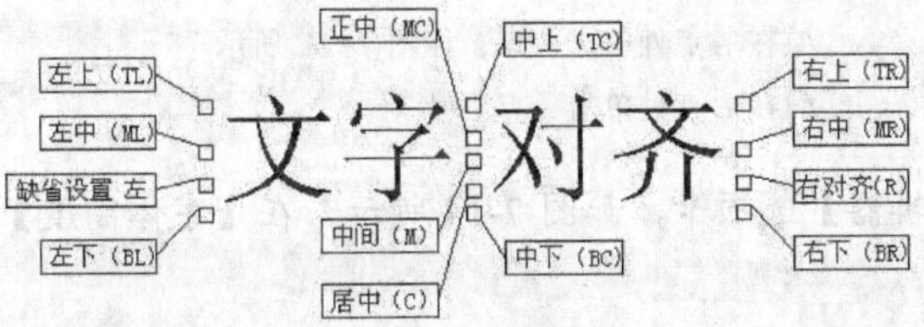

图 7-11　设置插入点

7.1.4　在单行文字中加入特殊符号

工程图中用到的许多符号都不能通过标准键盘直接输入，如文字的下划线、直径代号等。当用户利用 DTEXT 命令创建文字注释时，必须输入特殊的代码来产生特定的字符。这些代码及对应的特殊符号如表 7-1 所示。

表 7–1　特殊字符的代码

代　码	字　符
%%o	文字的上划线
%%u	文字的下划线
%%d	角度的度符号
%%p	表示“±”
%%c	直径代号

使用表中代码生成特殊字符的样例如图 7-12 所示。

图 7-12　创建特殊字符

7.1.5 创建多行文字

MTEXT 命令可以创建复杂的文字说明。用 MTEXT 命令生成的文字段落称为多行文字，它可由任意数目的文字行组成，所有的文字构成一个单独的实体。使用 MTEXT 命令时，用户可以指定文本分布的宽度，但文字沿竖直方向可无限延伸。另外，用户还能设置多行文字中单个字符或某一部分文字的属性（包括文本的字体、倾斜角度和高度等）。

【练习 7-2】：用 MTEXT 命令创建多行文字，文字内容如图 7-13 所示。

1. 创建新文字样式，并使该样式成为当前样式。新样式名称为“文字样式-1”，与其相连的字体文件是“gbeitc.shx”和“gbcbig.shx”。

图 7-13　创建多行文字

2. 单击【注释】面板上的 A 多行文字 按钮或输入 MTEXT 命令，AutoCAD 提示：

指定第一角点：	//在 A 点处单击一点，如图 7-13 所示
指定对角点：	//在 B 点处单击一点

3. 系统打开【文字编辑器】选项卡，如图 7-14 所示。在【字体高度】文本框中输入数值 3.5，然后输入文字。

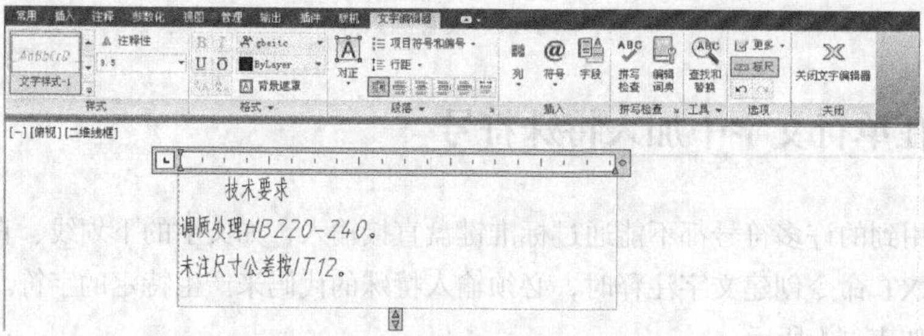

图 7-14　【文字编辑器】选项卡

4. 选中文字“技术要求”，然后在【字体高度】文本框中输入数值 5，按 Enter 键，结果如图 7-15 所示。

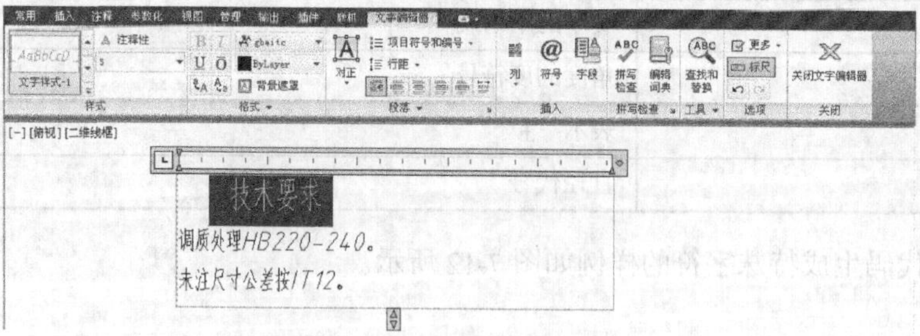

图 7-15　修改文字高度

5. 选中其他文字，单击【段落】面板上的 项目符号和编号 按钮，选择“以数字标记”选项，再调整标记数字与文字间的距离，结果如图 7-16 所示。

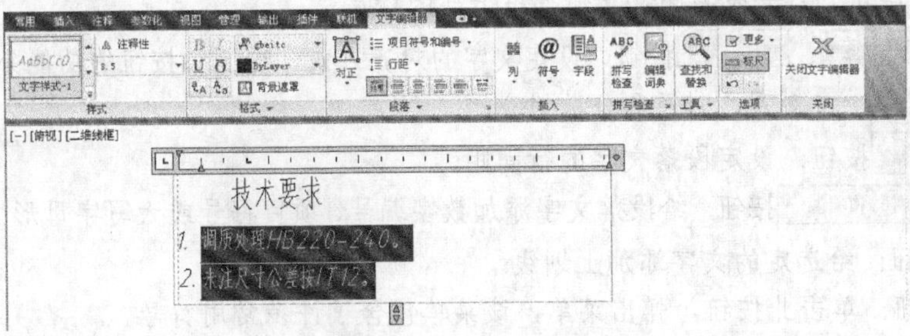

图 7-16 添加标记数字

6. 单击 ⊠ 按钮，结果如图 7-13 所示。

启动 MTEXT 命令并建立文本边框后，系统弹出【文字编辑器】选项卡及顶部带标尺的文字输入框，这两部分组成了多行文字编辑器，如图 7-17 所示。利用此编辑器可方便地创建文字并设置文字样式、对齐方式、字体及字高等。

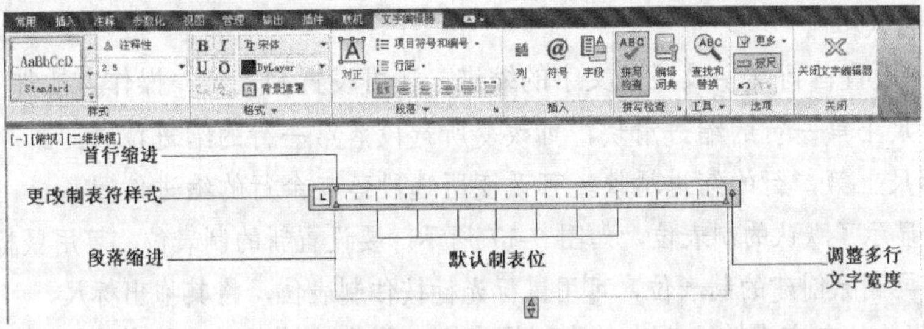

图 7-17 多行文字编辑器

用户在文字输入框中输入文本，当文本到达定义边框的右边界时，按 Shift+Enter 快捷键换行（若按 Enter 键换行，则表示已输入的文字构成一个段落）。默认情况下，文字输入框是透明的，可以观察到输入文字与其他对象是否重叠。若要关闭透明特性，可单击【选项】面板上的 ☑ 更多▾ 按钮，然后选择【编辑器设置】/【不透明背景】命令。

下面对多行文字编辑器的主要功能作出说明。

一、【文字编辑器】选项卡

- 【样式】面板：设置多行文字的文字样式。若将一个新样式与现有的多行文字相关联，将不会影响文字的某些特殊格式，如粗体、斜体和堆叠等。

 【字体】下拉列表：从此列表中选择需要的字体。多行文字对象中可以包含不同字体的字符。

 【字体高度】文本框：从此下拉列表中选择或输入文字高度。多行文字对象中可以包含不同高度的字符。

- B 按钮：若所选用的字体支持粗体，则可以通过此按钮将文本修改为粗体形式，按下该按钮为打开状态。

- I 按钮：若所选用的字体支持斜体，则可以通过此按钮将文本修改为斜体形式，按下该按钮为打开状态。

- U 按钮：可利用此按钮将文字修改为下划线形式。

- 【文字颜色】下拉列表：为输入的文字设定颜色或修改已选定文字的颜色。

- 标尺按钮：打开或关闭文字输入框上部的标尺。
- 、、、、按钮：设定文字的对齐方式，这 5 个按钮的功能分别为左对齐、居中、右对齐、对正和分散对齐。
- 行距按钮：设定段落文字的行间距。
- 项目符号和编号按钮：给段落文字添加数字编号、项目符号或大写字母形式的编号。
- Ō按钮：给选定的文字添加上划线。
- @按钮：单击此按钮，弹出菜单，该菜单包含了许多常用符号。
- 【倾斜角度】文本框：设定文字的倾斜角度。
- 【追踪】文本框：控制字符间的距离。输入大于 1 的数值，将增大字符间距，否则，缩小字符间距。
- 宽度因子】文本框：设定文字的宽度因子。输入小于 1 的数值，文本将变窄，否则，文本变宽。
- 按钮：设置多行文字的对正方式。

二、文字输入框

（1）标尺：设置首行文字及段落文字的缩进，还可设置制表位，操作方法如下。

- 拖动标尺上第一行的缩进滑块，可改变所选段落第一行的缩进位置。
- 拖动标尺上第二行的缩进滑块，可改变所选段落其余行的缩进位置。
- 标尺上显示了默认的制表位，如图 7-17 所示。要设置新的制表位，可用鼠标光标单击标尺。要删除创建的制表位，可用鼠标光标按住制表位，将其拖出标尺。

（2）快捷菜单：在文本输入框中单击鼠标右键，弹出快捷菜单。该菜单中包含了一些标准编辑命令和多行文字特有的命令，如图 7-18 所示（只显示了部分命令）。

- 【符号】：该命令包含以下常用子命令。

【度数】：在鼠标光标定位处插入特殊字符“%%d”，它表示度数符号“°”。

【正/负】：在鼠标光标定位处插入特殊字符“%%p”，它表示加、减符号“±”。

【直径】：在鼠标光标定位处插入特殊字符“%%c”，它表示直径符号“φ”。

【几乎相等】：在鼠标光标定位处插入符号“≈”。

【角度】：在鼠标光标定位处插入符号“∠”。

【不相等】：在鼠标光标定位处插入符号“≠”。

【下标 2】：在鼠标光标定位处插入下标“2”。

【平方】：在鼠标光标定位处插入上标“2”。

【立方】：在鼠标光标定位处插入上标“3”。

【其他】：选取该命令，AutoCAD 打开【字符映射表】对话框，在该对话框的【字体】下拉列表中选取字体，则对话框显示所选字体包含的各种字符，如图 7-19 所示。若要插入一个字符，先选择它并单击 选择(S) 按钮，此时 AutoCAD 将选取的字符放在【复制字符】文本框中。依次选取所有要插入的字符，然后单击 复制(C) 按钮，关闭【字符映射表】对话框，返回多行【文字编辑器】。在要插入字符的地方单击鼠标左键，再单击鼠标右键，从弹出的快捷菜单中选取【粘贴】命令，这样就将字符插入多行文字中了。

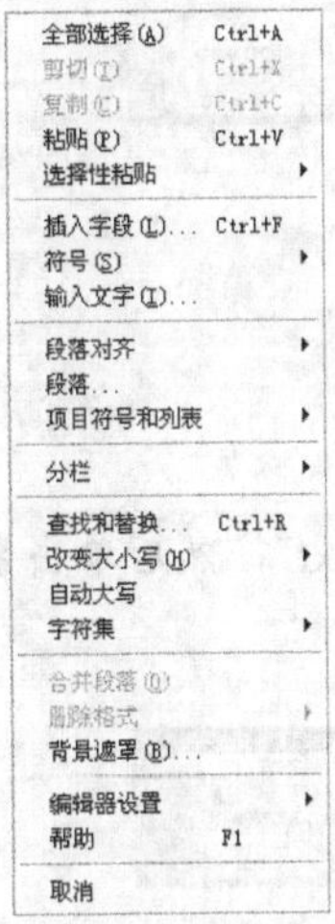

图 7-18 快捷菜单

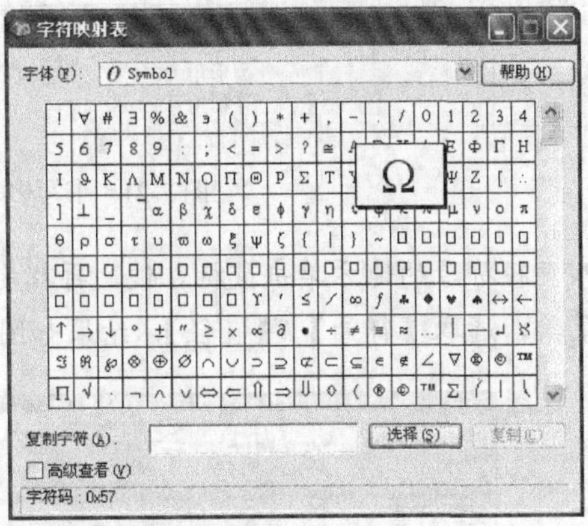

图 7-19 【字符映射表】对话框

- 【输入文字】：选取该命令，则 AutoCAD 打开【选择文件】对话框。用户可通过该对话框将其他文字处理器创建的文本文件输入当前图形中。
- 【项目符号和列表】：给段落文字添加编号及项目符号。
- 【背景遮罩】：在文字后设置背景。
- 【段落对齐】：设置多行文字的对齐方式。
- 【段落】：设定制表位和缩进，控制段落的对齐方式、段落间距和行间距。
- 【查找和替换】：该命令用于搜索及替换指定的字符串。
- 【堆叠】：利用此命令使可层叠的文字堆叠起来（见图 7-20），这对创建分数及公差形式的文字很有用。AutoCAD 通过特殊字符"/"、"^"及"#"表明多行文字是可层叠的。输入层叠文字的方式为"左边文字+特殊字符+右边文字"，堆叠后，左边文字被放在右边文字的上面。

输入可堆叠的文字	堆叠结果
1/3	$\frac{1}{3}$
100+0.021^-0.008	$100^{+0.021}_{-0.008}$
1#12	$^{1}/_{12}$

图 7-20 堆叠文字

7.1.6 添加特殊字符

以下过程演示了如何在多行文字中加入特殊字符，文字内容如下。

蜗轮分度圆直径= ϕ100
齿形角α=20°
导程角γ=14°

【练习 7-3】：添加特殊字符。

1. 单击【注释】面板上的 A 多行文字 按钮，再指定文字分布宽度，AutoCAD 打开【文字编辑器】选项卡，在【字体】下拉列表中选取【宋体】，在【字体高度】文本框中输入数值"3"，然后输入文字，如图 7-21 所示。

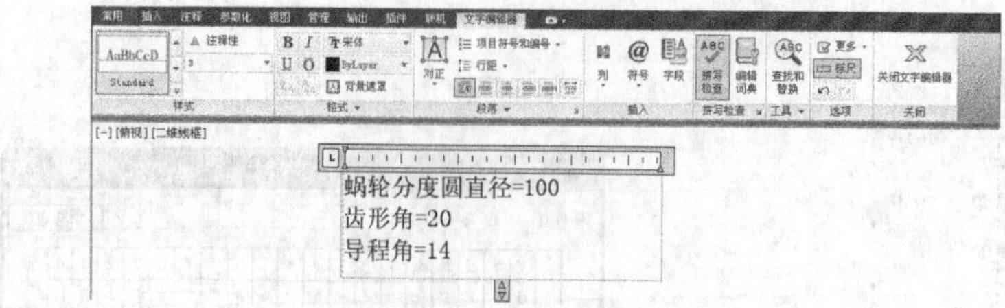

图 7-21　书写多行文字

2. 在要插入直径符号的地方单击鼠标左键，再指定当前字体为“txt”，然后单击鼠标右键，弹出快捷菜单，选取【符号】/【直径】，结果如图 7-22 所示。

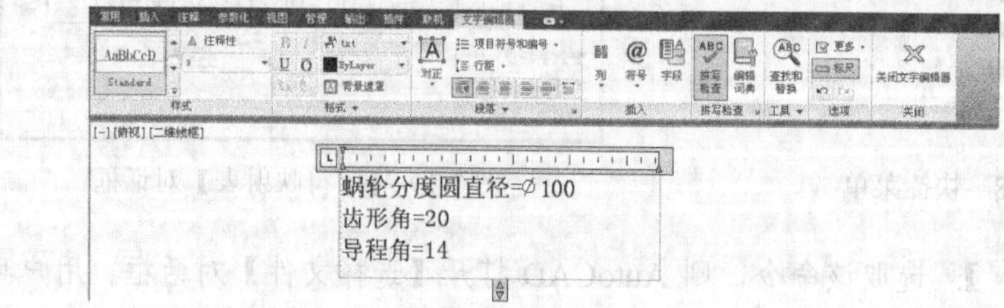

图 7-22　插入直径符号

3. 在要插入符号“°”的地方单击鼠标左键，然后单击鼠标右键，弹出快捷菜单，选取【符号】/【度数】。
4. 在文本输入窗口中单击鼠标右键，弹出快捷菜单，选取【符号】/【其他】，打开【字符映射表】对话框，如图 7-23 所示。
5. 在对话框的【字体】下拉列表中选取【Symbol】，然后选取需要的字符“α”，如图 7-23 所示。
6. 单击 选择(S) 按钮，再单击 复制(C) 按钮。
7. 返回文字输入框，在需要插入符号“α”的地方单击鼠标左键，然后单击鼠标右键，弹出快捷菜单，选取【粘贴】命令，结果如图 7-24 所示。

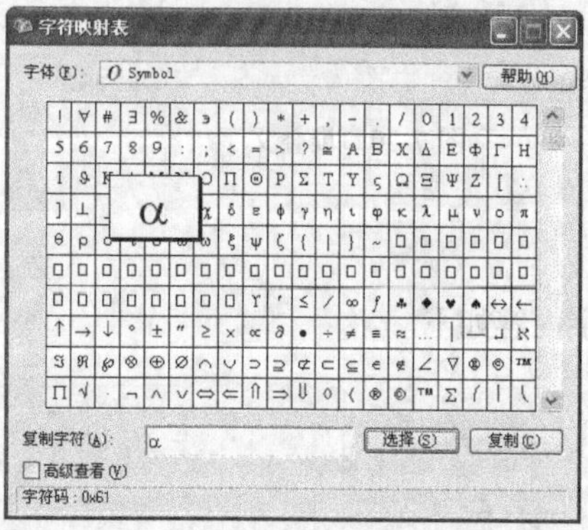

图 7-23　选择需要的字符“α”

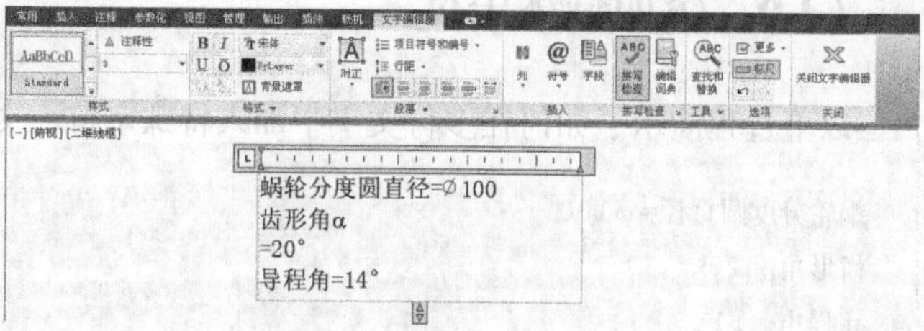

图 7-24　插入符号“α”

要点提示　粘贴符号“α”后，AutoCAD 将自动回车。

8. 把符号“α”的高度修改为 3，再将鼠标光标放置在此符号的后面，按 Delete 键，结果如图 7-25 所示。

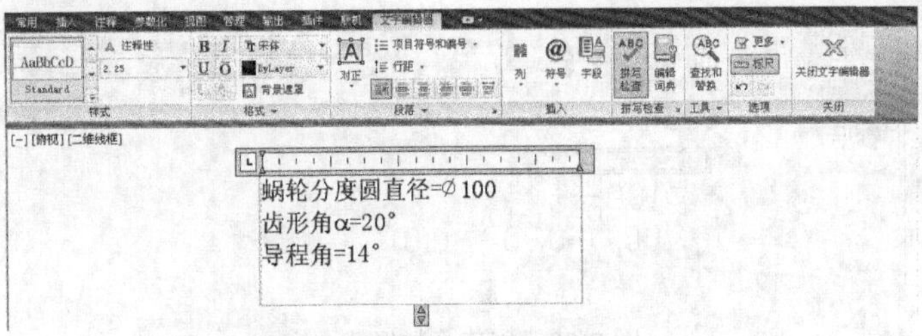

图 7-25　修改文字高度及调整文字位置

9.　用同样的方法插入字符“γ”，结果如图 7-26 所示。

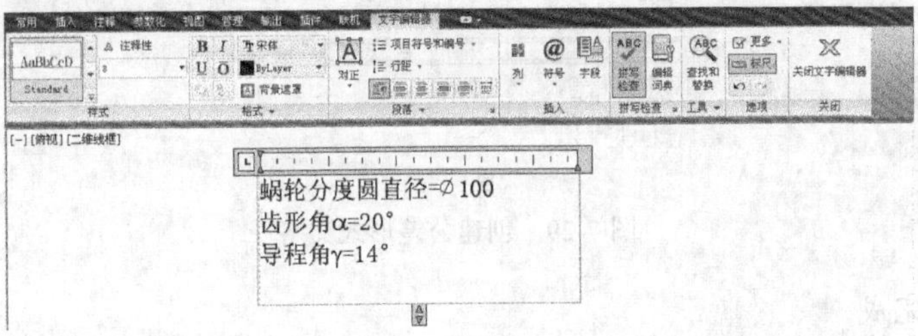

图 7-26　插入符号“γ”

10.　单击按钮完成。

7.1.7　创建分数及公差形式文字

下面使用多行【文字编辑器】创建分数及公差形式文字，文字内容如下。

$$\varnothing 100\frac{H7}{m6}$$

$$200^{+0.020}_{-0.016}$$

【练习 7-4】：创建分数及公差形式文字。

1.　打开【文字编辑器】选项卡，输入多行文字，如图 7-27 所示。

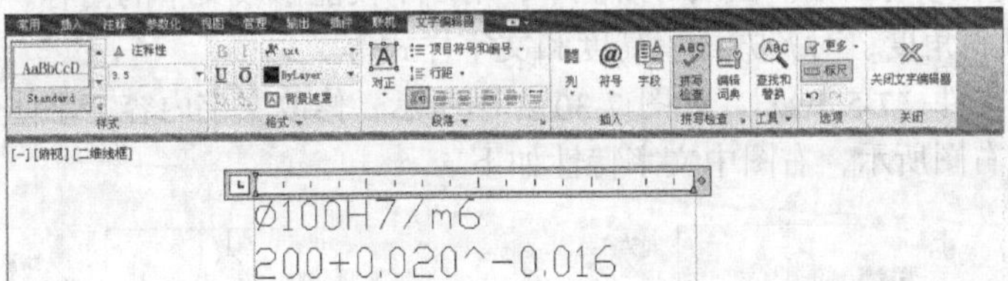

图 7-27　输入多行文字

2.　选择文字“H7/m6”，然后单击鼠标右键，选择【堆叠】命令，结果如图 7-28 所示。

3.　选择文字“+0.020^-0.016”，然后单击鼠标右键，选择【堆叠】命令，结果如图 7-29 所示。

图 7-28　创建分数形式文字

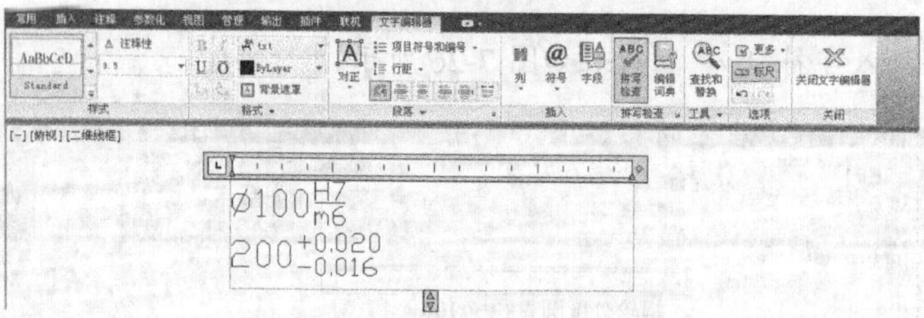

图 7-29　创建公差形式文字

4.　单击按钮完成。

要点提示　通过堆叠文字的方法也可创建文字的上标、下标，输入方式分别为“上标^”、“^下标”。例如，输入“53^”，选中“3^”，单击鼠标右键，选择【堆叠】命令，结果为“5^3”。

7.1.8　编辑文字

编辑文字的常用方法有以下两种。

（1）使用 DDEDIT 命令编辑单行或多行文字。选择的对象不同，AutoCAD 将打开不同的对话框。对于单行或多行文字，AutoCAD 分别打开【编辑文字】对话框和【文字编辑器】选项卡。用 DDEDIT 命令编辑文本的优点是，此命令连续地提示用户选择要编辑的对象，因而只要发出 DDEDIT 命令就能一次修改许多文字对象。

（2）用 PROPERTIES 命令修改文本。选择要修改的文字后，再发出 PROPERTIES 命令，AutoCAD 打开【特性】对话框。在该对话框中，用户不仅能修改文本的内容，还能编辑文本的其他许多属性，如倾斜角度、对齐方式、高度和文字样式等。

【练习 7-5】：打开文件“7-5.dwg”，如图 7-30 左图所示，修改文字内容、字体及字高，结果如图 7-30 右图所示，右图中文字特性如下。

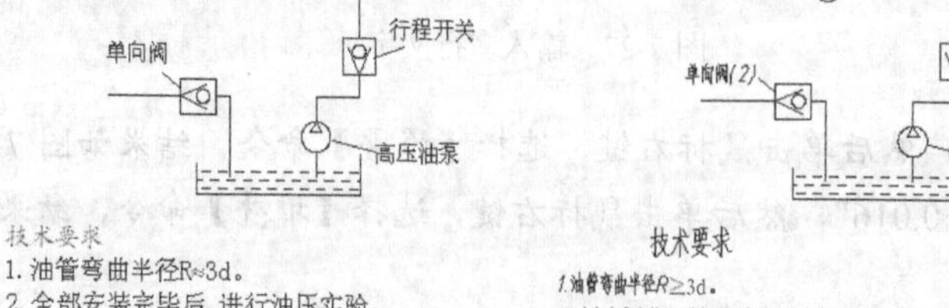

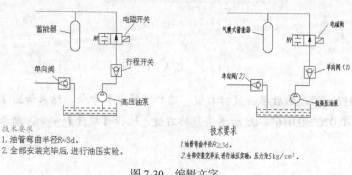

图 7-30　编辑文字

- “技术要求”：字高 5，字体“gbeitc,gbcbig”。
- 其余文字：字高 3.5，字体“gbeitc,gbcbig”。

1. 创建新文字样式，新样式名称为“工程文字”，与其相连的字体文件是“gbeitc.shx”和“gbcbig.shx”。
2. 用 DDEDIT 命令修改“蓄能器”、“行程开关”等单行文字的内容，再用 PROPERTIES 命令将这些文字的高度修改为 3.5，并使其与样式“工程文字”相连，结果如图 7-31 左图所示。
3. 用 DDEDIT 命令修改“技术要求”等多行文字的内容，再改变文字高度，并使其与样式“工程文字”相连，结果如图 7-31 右图所示。

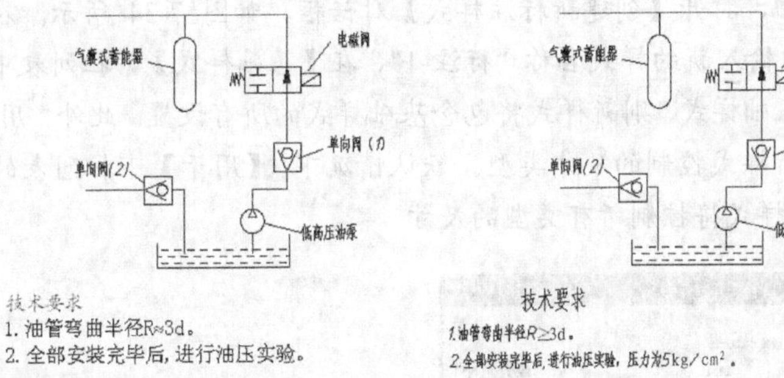

图 7-31　修改文字高度及指定文字样式

7.2 标注尺寸的方法

AutoCAD 的尺寸标注命令很丰富，用户可以轻松地创建出各种类型的尺寸。所有尺寸与尺寸样式相关联。通过调整尺寸样式，就能控制与该样式相关联的尺寸标注的外观。下面介绍创建尺寸样式的方法和 AutoCAD 的尺寸标注命令。

7.2.1 创建国标尺寸样式

尺寸标注是一个复合体，它以块的形式存储在图形中。其组成部分包括尺寸线、尺寸线两端起止符号（箭头、斜线等）、尺寸界线及标注文字等，如图 7-32 所示。所有这些组成部分的格式都由尺寸样式来控制。

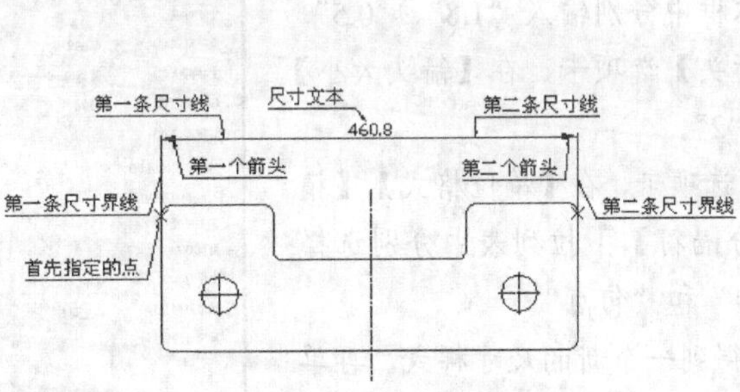

图 7-32　尺寸标注组成

在标注尺寸前，用户一般都要创建尺寸样式，否则 AutoCAD 将使用默认样式 ISO-25 生成尺寸标注。AutoCAD 中可以定义多种不同的标注样式并为之命名。标注时，用户只需指定某个样式为当前样式，就能创建相应的标注形式。

【练习 7-6】：建立符合国标规定的尺寸样式。

1. 创建一个新文件。
2. 建立新文字样式，样式名为“标注文字”，与该样式相连的字体文件是“gbeitc.shx”和“gbcbig.shx”。
3. 单击【注释】面板上的按钮或选择菜单命令【格式】/【标注样式】，打开【标注样式管理器】对话框，如图 7-33 所示。该对话框用来管理尺寸样式，通过它可以命名新的尺寸样式或修改样式中的尺寸变量。
4. 单击 新建(N)... 按钮，打开【创建新标注样式】对话框，如图 7-34 所示。在该对话框的【新样式名】文本框中输入新的样式名称“标注-1”，在【基础样式】下拉列表中指定某个尺寸样式作为新样式的基础样式，则新样式将包含基础样式的所有设置。此外，用户还可在【用于】下拉列表中设定新样式控制的尺寸类型。默认情况下，【用于】下拉列表的选项是【所有标注】，意思是指新样式将控制所有类型的尺寸。

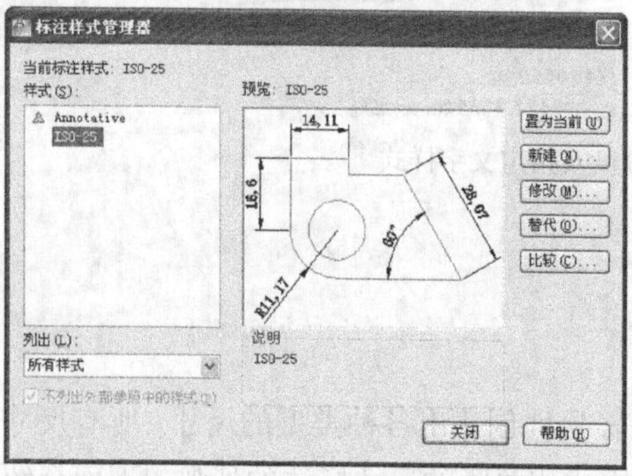

图 7-33 【标注样式管理器】对话框

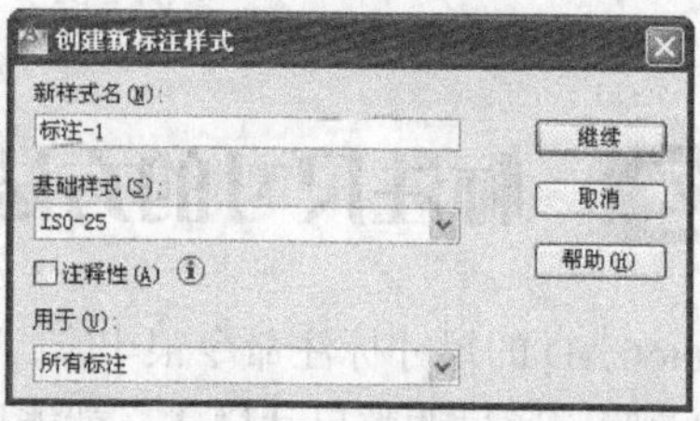

图 7-34 【创建新标注样式】对话框

5. 单击 继续 按钮，打开【新建标注样式】对话框，如图 7-35 所示。该对话框有 7 个选项卡，在这些选项卡中做以下设置。
   - 在【文字】选项卡的【文字样式】下拉列表中选择【标注文字】，在【文字高度】、【从尺寸线偏移】文本框中分别输入“3.5”和“0.8”。
   - 进入【线】选项卡，在【超出尺寸线】和【起点偏移量】文本框中分别输入“1.8”、“0.5”。
   - 进入【符号和箭头】选项卡，在【箭头大小】文本框中输入“2”。
   - 进入【主单位】选项卡，在【单位格式】、【精度】和【小数分隔符】下拉列表中分别选择“小数”、“0.00”和“句点”。
6. 单击 确定 按钮得到一个新的尺寸样式，再单击 置为当前(U) 按钮使新样式成为当前样式。

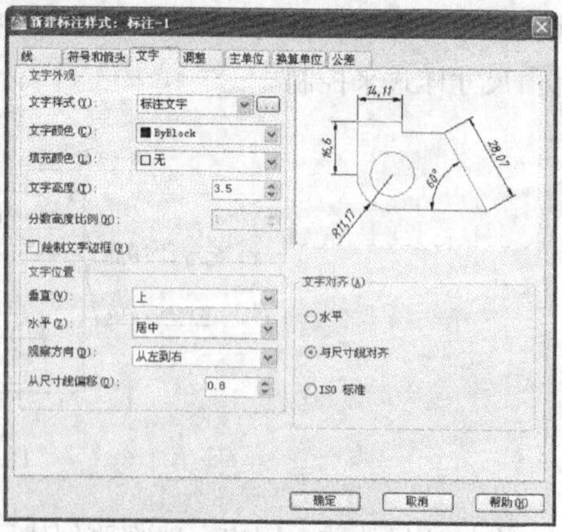

图 7-35 【新建标注样式】对话框

以下介绍【新建标注样式】对话框中常用选项的功能。

一、【线】选项卡

- 【超出标记】：该选项决定了尺寸线超过尺寸界线的长度，如图 7-36 所示。若尺寸线两端是箭头，则此选项无效。但当在对话框的【符号和箭头】选项卡中设定了箭头的形式是“倾斜”或“建筑标记”时，该选项是有效的。
- 【基线间距】：此选项决定了平行尺寸线间的距离。例如，当创建基线型尺寸标注时，相邻尺寸线间的距离由该选项控制，如图 7-37 所示。

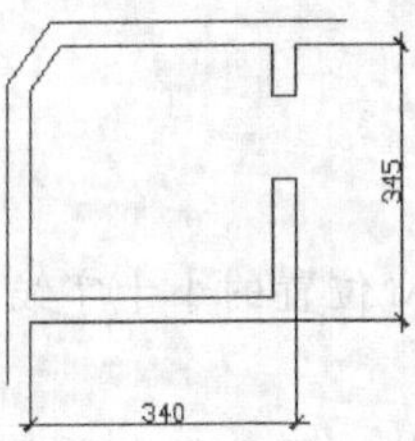

图 7-36　延伸尺寸线

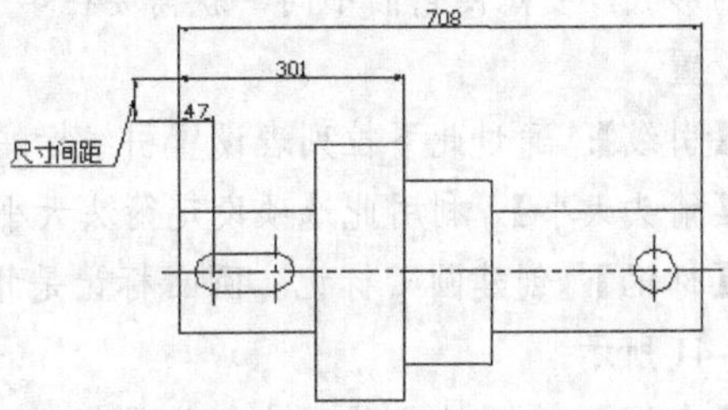

图 7-37　控制尺寸线间的距离

- 【隐藏】：【尺寸线 1】和【尺寸线 2】分别控制第一条和第二条尺寸线的可见性。在尺寸标注中，若尺寸文字将尺寸线分成两段，则第一条尺寸线是指靠近第一个选择点的那一段，如图 7-38 所示，否则，第一条、第二条尺寸线与原始尺寸线长度一样。唯一的差别是第一条尺寸线仅在靠近第一个选择点的那端带有箭头，而第二条尺寸线只在靠近第二个选择点的那端带有箭头。

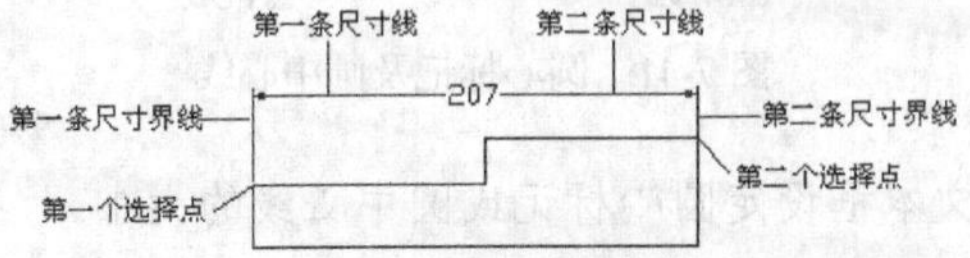

图 7-38　控制尺寸线

- 【超出尺寸线】：控制尺寸界线超出尺寸线的距离，如图 7-39 所示。国标中规定，尺寸界线一般超出尺寸线 2~3 mm，若准备使用 1∶1 比例出图，则延伸值要输入 2 和 3 之间的值。
- 【起点偏移量】：控制尺寸界线起点与标注对象端点间的距离，如图 7-40 所示。通常应使尺寸界线与标注对象不发生接触，这样才能较容易地区分尺寸标注和被标注的对象。

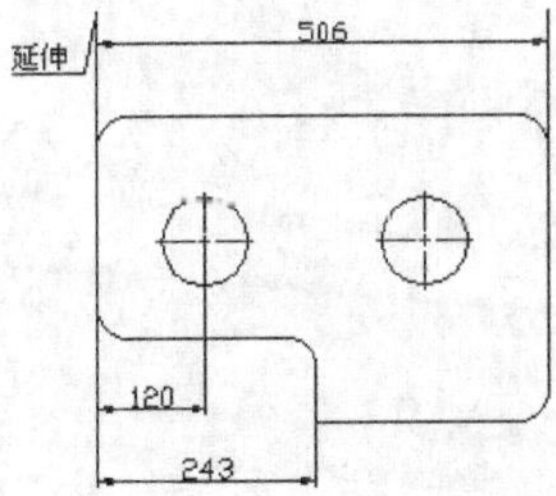

图 7-39　延伸尺寸界线

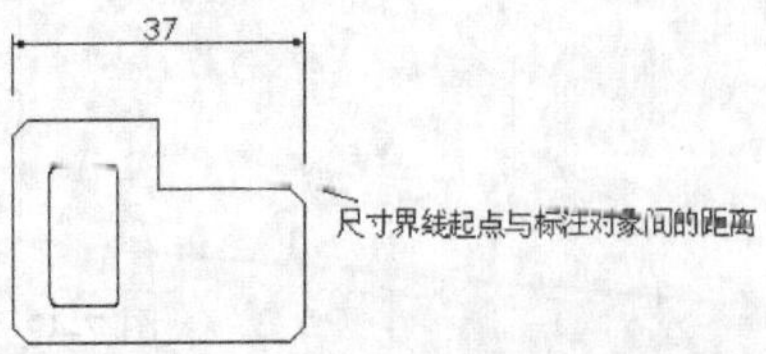

图 7-40　控制尺寸界线起点与标注对象间的距离

- 【隐藏】:【尺寸界线 1】和【尺寸界线 2】控制了第一条和第二条尺寸界线的可见性。第一条尺寸界线由用户标注时选择的第一个尺寸起点决定，如图 7-38 所示。当某条尺寸界线与图形轮廓线重合或与其他图形对象发生干涉时，就可隐藏这条尺寸界线。

二、【符号和箭头】选项卡

- 【第一个】及【第二个】: 这两个下拉列表用于选择尺寸线两端箭头的样式。AutoCAD 中提供了 19 种箭头类型。如果选择了第一个箭头的形式，第二个箭头也将采用相同的形式。要想使它们不同，就需要在第一个下拉列表和第二个下拉列表中分别进行设置。
- 【引线】: 通过此下拉列表设置引线标注的箭头样式。
- 【箭头大小】: 利用此选项设定箭头大小。
- 【标记】: 创建圆心标记。圆心标记是指表明圆或圆弧圆心位置的小十字线，如图 7-41 所示。
- 【直线】: 创建中心线。中心线是指过圆心并延伸至圆周的水平及竖直直线，如图 7-41 所示。用户应注意，只有把尺寸线放在圆或圆弧的外边时，AutoCAD 才绘制圆心标记或圆中心线。

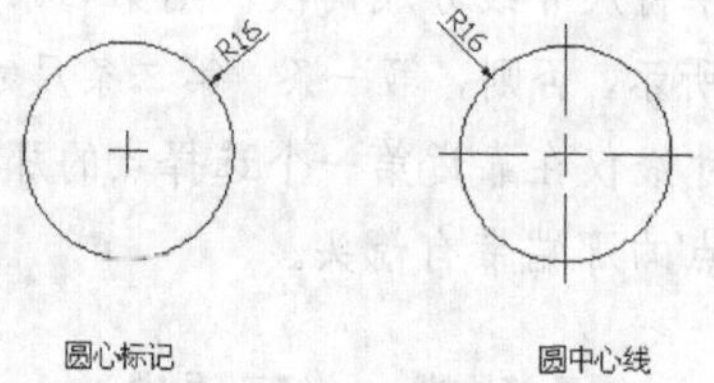

图 7-41　圆心标记及圆中心线

- 

: 利用该文本框设定圆心标记或圆中心线的大小。

三、【文字】选项卡

- 【文字样式】: 在该下拉列表中选择文字样式或单击【文字样式】下拉列表右边的按钮，打开【文字样式】对话框，创建新的文字样式。
- 【文字高度】: 在此文本框中指定文字的高度。若在文本样式中已设定了文字高度，则此文本框中设置的文本高度无效。
- 【分数高度比例】: 该选项用于设定分数形式字符与其他字符的比例。只有当选择了支持分数的标注格式（标注单位为“分数”）时，此选项才可用。
- 【绘制文字边框】: 通过此选项，用户可以给标注文本添加一个矩形边框，如图 7-42 所示。

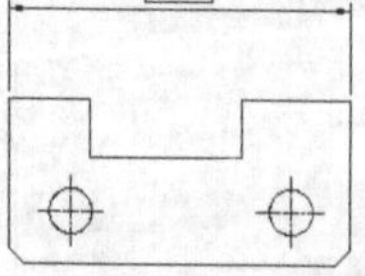

图 7-42　给标注文字添加矩形框

- 【垂直】下拉列表：此下拉列表包含 5 个选项。当选中某一选项时，请注意对话框右上角预览图片的变化。通过这张图片，用户可以更清楚地了解每一选项的功能，如表7-2所示。

表7–2　【垂直】下拉列表中各选项的功能

选　项	功　能
居中	尺寸线断开，标注文字放置在断开处
上	尺寸文本放置在尺寸线上
外部	以尺寸线为准，将标注文字放置在距标注对象最远的那一边
JIS	标注文本的放置方式遵循日本工业标准
下	将标注文字放在尺寸线下方

- 【水平】下拉列表：此部分包含5个选项，各选项的功能如表7-3所示。

表7–3　【水平】下拉列表中各选项的功能

选　项	功　能
居中	尺寸文本放置在尺寸线中部
第一条尺寸界线	在靠近第一条尺寸界线处放置标注文字
第二条尺寸界线	在靠近第二条尺寸界线处放置标注文字
第一条尺寸界线上方	将标注文本放置在第一条尺寸界线上
第二条尺寸界线上方	将标注文本放置在第二条尺寸界线上

- 【从尺寸线偏移】：该选项设定标注文字与尺寸线间的距离，如图7-43所示。若标注文本在尺寸线的中间（尺寸线断开），则其值表示断开处尺寸线的端点与标注文字的间距。另外，该值也用来控制文本边框与其中文本的距离。
- 【水平】：该选项使所有的标注文本水平放置。
- 【与尺寸线对齐】：该选项使标注文本与尺寸线对齐。
- 【ISO标准】：当标注文本在两条尺寸界线的内部时，标注文本与尺寸线对齐，否则，标注文本水平放置。

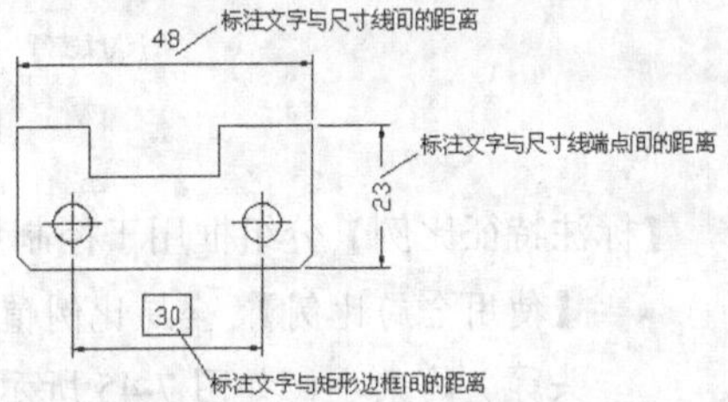

图7-43　控制文字相对于尺寸线的偏移量

四、【调整】选项卡

当尺寸界线间不能同时放下文字和箭头时，用户可通过【调整选项】分组框设定如何放置文字和箭头。

（1）【文字或箭头（最佳效果）】：对标注文本及箭头进行综合考虑，自动选择将其中之一放在尺寸界线外侧，以达到最佳标注效果。该选项有以下3种放置方式。

- 若尺寸界线间的距离仅够容纳文字，则只把文字放在尺寸界线内。
- 若尺寸界线间的距离仅够容纳箭头，则只把箭头放在尺寸界线内。
- 若尺寸界线间的距离既不够放置文字又不够放置箭头，则文字和箭头都放在尺寸界线外。

（2）【箭头】：选取此单选项后，AutoCAD 尽量将箭头放在尺寸界线内，否则，文字和箭头都放在尺寸界线外。

（3）【文字】：选取此单选项后，AutoCAD 尽量将文字放在尺寸界线内，否则，文字和箭头都放在尺寸界线外。

（4）【文字和箭头】：当尺寸界线间不能同时放下文字和箭头时，就将其都放在尺寸界线外。

（5）【文字始终保持在尺寸界线之间】：选取此单选项后，AutoCAD 总是把文字放置在尺寸界线内。

（6）【若箭头不能放在尺寸界线内，则将其消除】：该选项可以和前面的选项一同使用。当尺寸界线间的空间不足以放下尺寸箭头，且箭头也没有被调整到尺寸界线外时，AutoCAD 将不绘制出箭头。

【文字位置】分组框用于控制当文本移出尺寸界线时文本的放置方式。

- 【尺寸线旁边】：当标注文字在尺寸界线外时，将文字放置在尺寸线旁边，如图 7-44 左图所示。
- 【尺寸线上方，带引线】：当标注文字在尺寸界线外时，把标注文字放在尺寸线上方，并用指引线与其相连，如图 7-44 中图所示。若选取此单选项，则移动文字时将不改变尺寸线的位置。
- 【尺寸线上方，不带引线】：当标注文字在尺寸界线外时，把标注文字放在尺寸线上方，但不用指引线与其连接，如图 7-44 右图所示。若选取此单选项，则移动文字时将不改变尺寸线的位置。

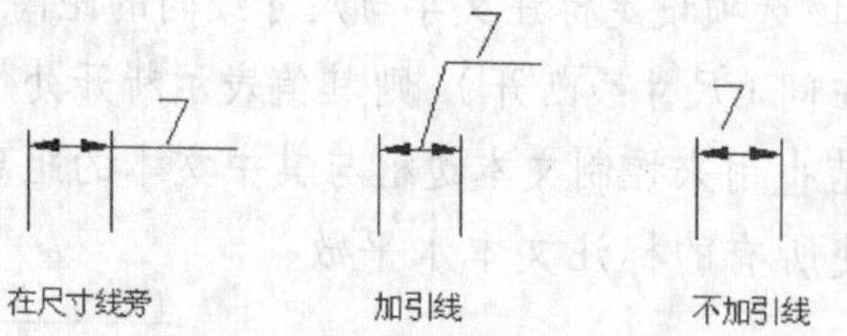

图 7-44　控制文字位置

【标注特征比例】分组框用于控制尺寸标注的全局比例。

- 【使用全局比例】：全局比例值将影响尺寸标注所有组成元素（如标注文字、尺寸箭头等）的大小，如图 7-45 所示。

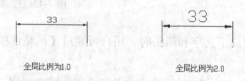

图 7-45　全局比例对尺寸标注的影响

- 【将标注缩放到布局】：选取此单选项时，全局比例不再起作用。当前尺寸标注的缩放比例是模型空间相对于图纸空间的比例。

【优化】分组框用于文本和尺寸线的位置确定。

- 【手动放置文字】：该选项使用户可以手工放置文本位置。
- 【在尺寸界线之间绘制尺寸线】：选取此复选项后，AutoCAD 总是在尺寸界线间绘制尺寸线，否则，当将尺寸箭头移至尺寸界线外侧时，不画出尺寸线，如图 7-46 所示。

打开【在尺寸界线之间绘制尺寸线】 关闭【在尺寸界线之间绘制尺寸线】

图 7-46 控制是否绘制尺寸线

五、【主单位】选项卡

【线性标注】分组框用于设置线性尺寸的单位格式和精度。

- 【单位格式】：在此下拉列表中选择所需的长度单位类型。
- 【精度】：设定长度型尺寸数字的精度（小数点后显示的位数）。
- 【分数格式】：当在【单位格式】下拉列表中选取【分数】选项时，该下拉列表才可用。此列表中有 3 个选项：【水平】、【对角】和【非堆叠】。通过这些选项，用户可设置标注文字的分数格式，效果如图 7-47 所示。

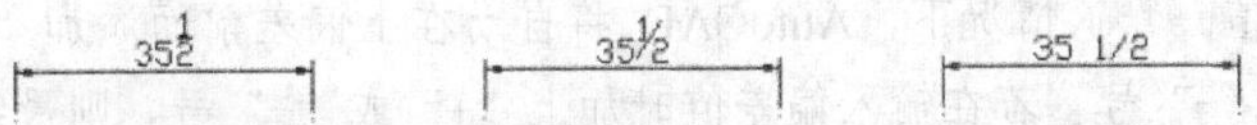

【水平】选项 【对角】选项 【非堆叠】选项

图 7-47 标注文字的分数格式

- 【小数分隔符】：若单位类型是十进制，则用户可在此下拉列表中选择分隔符的形式。AutoCAD 提供了 3 种分隔符：逗点、句点和空格。
- 【舍入】：此选项用于设定标注数值的近似规则。例如，若在此文本框中输入“0.03”，则 AutoCAD 将标注数字的小数部分近似到最接近 0.03 的整数倍。
- 【前缀】：在此文本框中输入标注文本的前缀。
- 【后缀】：在此文本框中输入标注文本的后缀。
- 【比例因子】：可输入尺寸数字的缩放比例因子。当标注尺寸时，AutoCAD 用此比例因子乘真实的测量数值，然后将结果作为标注数值。
- 【前导】：隐藏长度型尺寸数字前面的 0。例如，若尺寸数字是“0.578”，则显示为“.578”。
- 【后续】：隐藏长度型尺寸数字后面的 0。例如，若尺寸数字是“5.780”，则显示为“5.78”。

【角度标注】分组框用于设置角度尺寸的单位格式和精度。

- 【单位格式】：在此下拉列表中选择角度的单位类型。
- 【精度】：设置角度型尺寸数字的精度（小数点后显示的位数）。
- 【前导】：隐藏角度型尺寸数字前面的 0。
- 【后续】：隐藏角度型尺寸数字后面的 0。

六、【公差】选项卡

在【公差格式】分组框中指定公差值及精度。

（1）【方式】下拉列表中包含 5 个选项。

- 【无】：只显示基本尺寸。

- 【对称】：若选择【对称】选项，则只能在【上偏差】文本框中输入数值，标注时 AutoCAD 自动加入“±”符号，结果如图 7-48 所示。

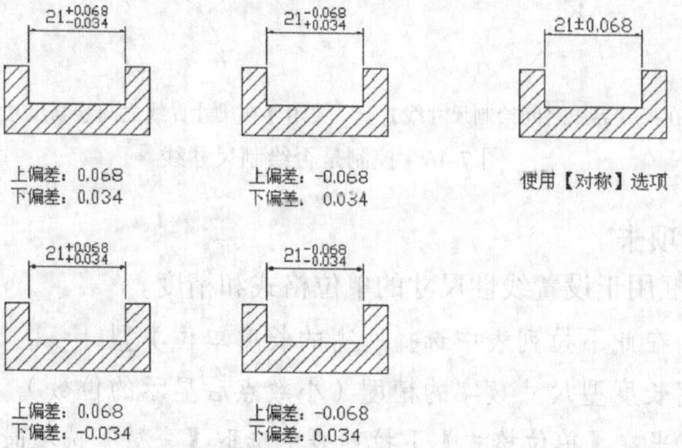

图 7-48　尺寸公差标注结果

- 【极限偏差】：利用此选项可以在【上偏差】和【下偏差】文本框中分别输入尺寸的上、下偏差值。默认情况下，AutoCAD 将自动在上偏差前面添加“+”号，在下偏差前面添加“−”号。若在输入偏差值时加上“+”或“−”号，则最终显示的符号将是默认符号与输入符号相乘的结果。输入值的正、负号与标注结果的对应关系如图 7-48 所示。
- 【极限尺寸】：同时显示最大极限尺寸和最小极限尺寸。
- 【基本尺寸】：将尺寸标注值放置在一个长方形的框中（理想尺寸标注形式）。

（2）【精度】：设置上、下偏差值的精度（小数点后显示的位数）。

（3）【上偏差】：在此文本框中输入上偏差数值。

（4）【下偏差】：在此文本框中输入下偏差数值。

（5）【高度比例】：该选项能让用户调整偏差文本相对于尺寸文本的高度，默认值是 1，此时偏差文本与尺寸文本高度相同。在标注机械图时，建议将此数值设定为 0.7 左右，但若使用【对称】选项，则【高度比例】值仍选为 1。

（6）【垂直位置】：在此下拉列表中可指定偏差文字相对于基本尺寸的位置关系。当标注机械图时，建议选取【中】选项。

（7）【对齐小数分隔符】：堆叠时，通过值的小数分隔符控制上偏差值和下偏差值的对齐。

（8）【对齐运算符】：堆叠时，通过值的运算符控制上偏差值和下偏差值的对齐。

（9）【前导】：隐藏偏差数字前面的 0。

（10）【后续】：隐藏偏差数字后面的 0。

在【换算单位公差】分组框中设定换算单位公差值的精度。

- 【精度】：设置换算单位公差值精度（小数点后显示的位数）。
- 【消零】：在此分组框中用户可控制是否显示公差数值前面或后面的 0。

7.2.2　删除和重命名标注样式

删除和重命名标注样式是在【标注样式管理器】对话框中进行的。

【练习 7-7】：删除和重命名标注样式。

1. 在【标注样式管理器】对话框的样式列表框中选择要进行操作的样式名。
2. 单击鼠标右键打开快捷菜单，选取【删除】命令就删除了尺寸样式，如图 7-49 所示。
3. 若要重命名样式，则选取【重命名】命令，然后输入新名称，如图 7-49 所示。

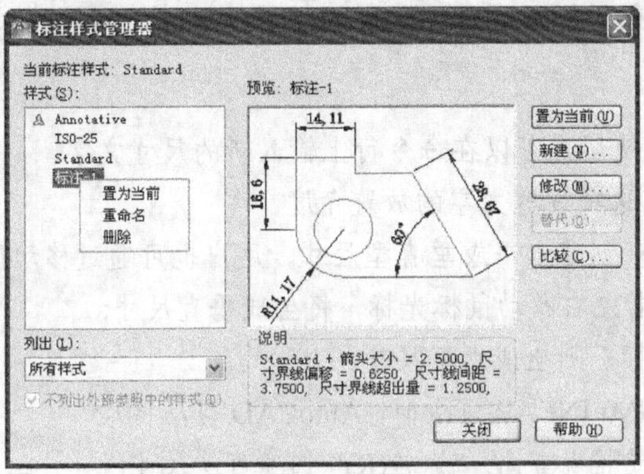

图 7-49 删除和重命名标注样式

需要注意的是，当前样式及正被使用的尺寸样式不能被删除，此外，也不能删除样式列表中仅有的一个标注样式。

7.2.3 标注水平、竖直及倾斜方向尺寸

DIMLINEAR 命令可以标注水平、竖直及倾斜方向尺寸。用户标注时，若要使尺寸线倾斜，则输入“R”选项，然后输入尺寸线倾角即可。

命令启动方法

- 菜单命令：【标注】/【线性】。
- 面板：【注释】面板上的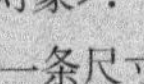按钮。
- 命令：DIMLINEAR 或简写 DIMLIN。

【练习 7-8】：练习 DIMLINEAR 命令。

打开文件“7-8.dwg”，用 DIMLINEAR 命令创建尺寸标注，如图 7-50 所示。

```
命令: _dimlinear
指定第一条尺寸界线原点或 <选择对象>:
                    //指定第一条尺寸界线的起始点 A，或按 Enter 键，选择要标注的对象，如图 7-50 所示
指定第二条尺寸界线原点:    //选取第二条尺寸界线的起始点 B
指定尺寸线位置或[多行文字(M)/文字(T)/角度(A)/水平(H)/垂直(V)/旋转(R)]:
                    //拖动鼠标光标将尺寸线放置在适当位置，然后单击鼠标左键，完成操作
```

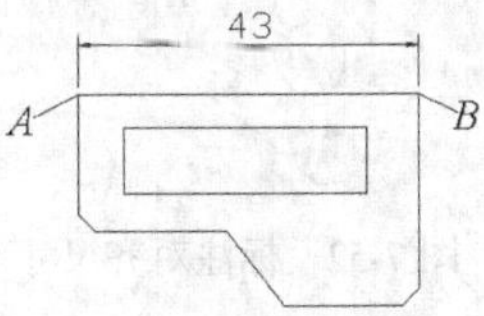

图 7-50 标注水平方向尺寸

命令选项

- 多行文字(M)：使用该选项时打开【多行文字编辑器】。利用此编辑器，用户可输入新的标注文字。

> **要点提示** 若修改了系统自动标注的文字，就会失去尺寸标注的关联性，即尺寸数字不随标注对象的改变而改变。

- 文字(T)：此选项使用户可以在命令行上输入新的尺寸文字。
- 角度(A)：通过该选项设置文字的放置角度。
- 水平(H)/垂直(V)：创建水平或垂直型尺寸。用户也可通过移动鼠标光标指定创建何种类型的尺寸。若左右移动鼠标光标，将生成垂直尺寸；上下移动鼠标光标，则生成水平尺寸。
- 旋转(R)：使用 DIMLINEAR 命令时，AutoCAD 自动将尺寸线调整成水平或竖直方向。“旋转(R)”选项可使尺寸线倾斜一个角度，因此可利用这个选项标注倾斜的对象，如图 7-51 所示。

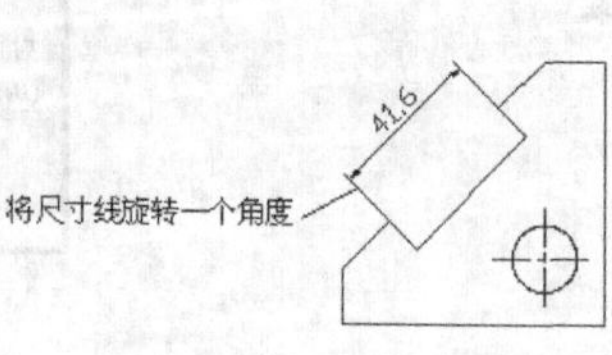

图 7-51　标注倾斜方向尺寸

7.2.4　创建对齐尺寸标注

要标注倾斜对象的真实长度，可使用对齐尺寸。对齐尺寸的尺寸线平行于倾斜的标注对象。若用户选择两个点来创建对齐尺寸，则尺寸线与两点的连线平行。

命令启动方法

- 菜单命令：【标注】/【对齐】。
- 面板：【注释】面板上的按钮。
- 命令：DIMALIGNED 或简写 DIMALI。

【练习 7-9】：练习 DIMALIGNED 命令。

打开文件“7-9.dwg”，用 DIMALIGNED 命令创建尺寸标注，如图 7-52 所示。

```
命令: _dimaligned
指定第一条尺寸界线原点或 <选择对象>:
                                        //捕捉交点 A，或按回车键选择要标注的对象，如图 7-52 所示
指定第二条尺寸界线原点:                          //捕捉交点 B
指定尺寸线位置或[多行文字(M)/文字(T)/角度(A)]:      //移动鼠标光标指定尺寸线的位置
```

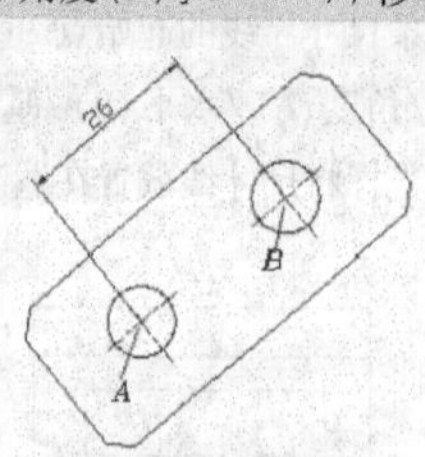

图 7-52　标注对齐尺寸

DIMALIGNED 命令各选项功能请参见 7.2.3 小节。

7.2.5　创建连续型和基线型尺寸标注

连续型尺寸标注是一系列首尾相连的标注形式，而基线型尺寸标注是指所有的尺寸都从同一点开始标注，即共用一条尺寸界线。连续型和基线型尺寸的标注方法是类似的。在创建这两种形式的尺寸时，首先应建立一个尺寸标注，然后发出标注命令。当 AutoCAD 提示"指定第二条尺寸界线原点或[放弃(U)/选择(S)] <选择>:"时。用户可以采取下面的某种操作方式。

- 直接拾取对象上的点。由于用户已事先建立了一个尺寸，因此 AutoCAD 将以该尺寸的第一条尺寸界线为基准线生成基线型尺寸，或者以该尺寸的第二条尺寸界线为基准线建立连续型尺寸。
- 若不想在前一个尺寸的基础上生成连续型或基线型尺寸，可按 Enter 键，AutoCAD 提示"选择连续标注:"或"选择基准标注:"，此时可选择某条尺寸界线作为建立新尺寸的基准线。

一、基线标注

命令启动方法

- 菜单命令：【标注】/【基线】。
- 面板：【注释】选项卡【标注】面板上的 基线 按钮。
- 命令：DIMBASELINE 或简写 DIMBASE。

【练习 7-10】：练习 DIMBASELINE 命令。

打开文件"7-10.dwg"，用 DIMBASELINE 命令创建尺寸标注，如图 7-53 所示。

```
命令: _dimbaseline
选择基准标注:                                          //指定 A 点处的尺寸界线为基准线，如图 7-53 所示
指定第二条尺寸界线原点或 [放弃(U)/选择(S)] <选择>: //指定基线标注第二点 B
指定第二条尺寸界线原点或 [放弃(U)/选择(S)] <选择>: //指定基线标注第三点 C
指定第二条尺寸界线原点或 [放弃(U)/选择(S)] <选择>: //按 Enter 键
选择基准标注:                                          //按 Enter 键结束
```

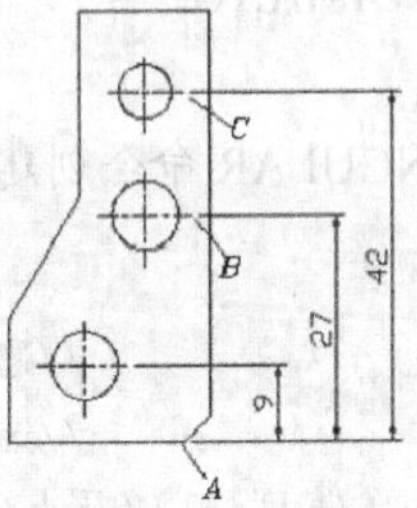

图 7-53　基线标注

二、连续标注

命令启动方法

- 菜单命令：【标注】/【连续】。
- 面板：【注释】选项卡【标注】面板上的 连续 按钮。

- 命令：DIMCONTINUE 或简写 DIMCONT。

【练习 7-11】：练习 DIMCONTINUE 命令。

打开文件“7-11.dwg”，用 DIMCONTINUE 命令创建尺寸标注，如图 7-54 所示。

```
命令：_dimcontinue
选择连续标注：                              //指定 A 点处的尺寸界线为基准线，如图 7-54 所示
指定第二条尺寸界线原点或 [放弃(U)/选择(S)] <选择>：//指定连续标注第二点 B
指定第二条尺寸界线原点或 [放弃(U)/选择(S)] <选择>：//指定连续标注第三点 C
指定第二条尺寸界线原点或 [放弃(U)/选择(S)] <选择>：//按 Enter 键
选择连续标注：                                    //按 Enter 键结束
```

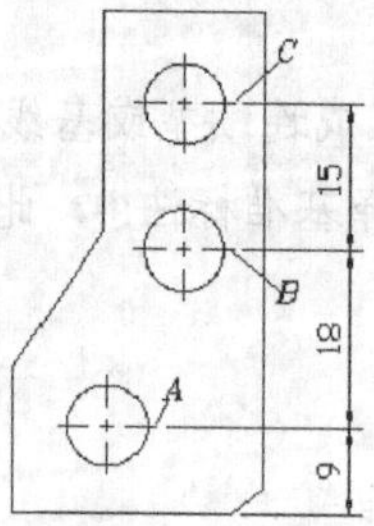

图 7-54　连续标注

要点提示　用户可以对角度型尺寸使用 DIMBASELINE 和 DIMCONTINUE 命令标注。

7.2.6　创建角度尺寸标注

标注角度时，用户可以通过拾取两条边线、三个点或一段圆弧来创建角度尺寸。

命令启动方法

- 菜单命令：【标注】/【角度】。
- 面板：【注释】面板上的 角度 按钮。
- 命令：DIMANGULAR 或简写 DIMANG。

【练习 7-12】：DIMANGULAR 命令。

打开文件“7-12.dwg”，用 DIMANGULAR 命令创建尺寸标注，如图 7-55 所示。

```
命令：_dimangular
选择圆弧、圆、直线或 <指定顶点>：                 //选择角的第一条边 A，如图 7-55 所示
选择第二条直线：                                 //选择角的第二条边 B
指定标注弧线位置或 [多行文字(M)/文字(T)/角度(A)/象限点(Q)]：
                                                 //移动鼠标光标指定尺寸线的位置
命令：DIMANGULAR                                 //重复命令
选择圆弧、圆、直线或 <指定顶点>：                 //按 Enter 键
指定角的顶点：                                   //捕捉 C 点
指定角的第一个端点：                             //捕捉 D 点
指定角的第二个端点：                             //捕捉 E 点
```

指定标注弧线位置或 [多行文字(M)/文字(T)/角度(A)/象限点(Q)]:
//移动鼠标光标指定尺寸线的位置

结果如图 7-55 所示。

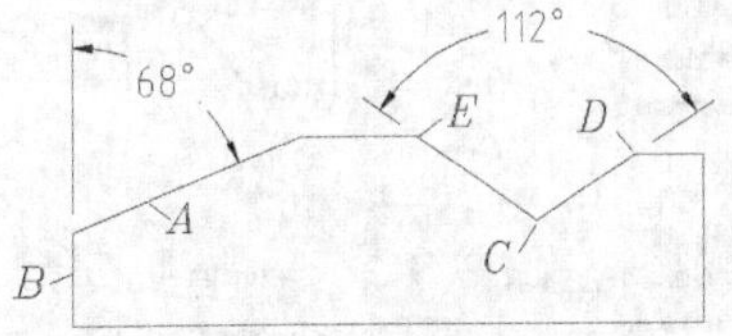

图 7-55　标注角度

选择圆弧时，系统直接标注圆弧所对应的圆心角。移动鼠标光标到圆心的不同侧时，标注数值不同。

选择圆时，第一个选择点是角度起始点，第二个选择点是角度终止点，系统标出这两点间圆弧所对应的圆心角。当移动鼠标光标到圆心的不同侧时，标注数值不同。

DIMANGULAR 命令各选项功能请参见 7.2.3 小节。

要点提示 用户可以使用角度尺寸或长度尺寸的标注命令来查询角度值或长度值。在发出命令并选择对象后，就能看到标注文本，此时按 Esc 键取消正在执行的命令就不会将尺寸标注出来。

7.2.7　将角度数值水平放置

国标中对于角度标注有规定，如图 7-56 所示。角度数字一律水平书写，一般注写在尺寸线的中断处，必要时可注写在尺寸线上方或外面，也可画引线标注。显然角度文本的注写方式与线性尺寸文本是不同的。

为使角度数字的放置形式符合国标规定，用户可采用当前样式覆盖方式标注角度。

【练习 7-13】：打开文件“7-13.dwg”，用当前样式覆盖方式标注角度，如图 7-57 所示。

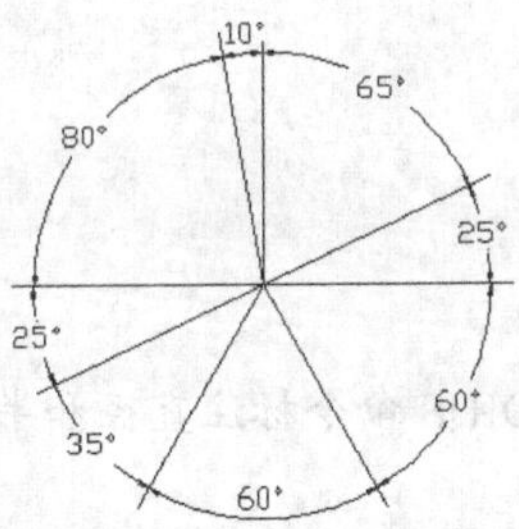

图 7-56　角度文本注写规则

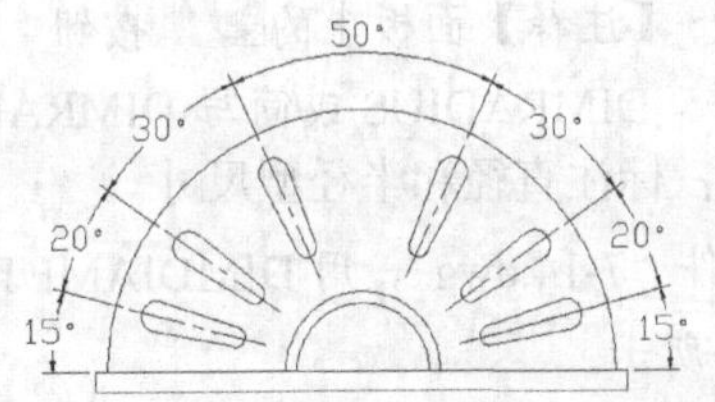

图 7-57　利用当前样式覆盖方式标注角度

1. 单击【注释】面板上的按钮，打开【标注样式管理器】对话框。
2. 单击 替代(O)... 按钮，打开【替代当前样式】对话框。
3. 选取【文字】选项卡，在【文字对齐】区域中选择【水平】选项，如图 7-58 所示。

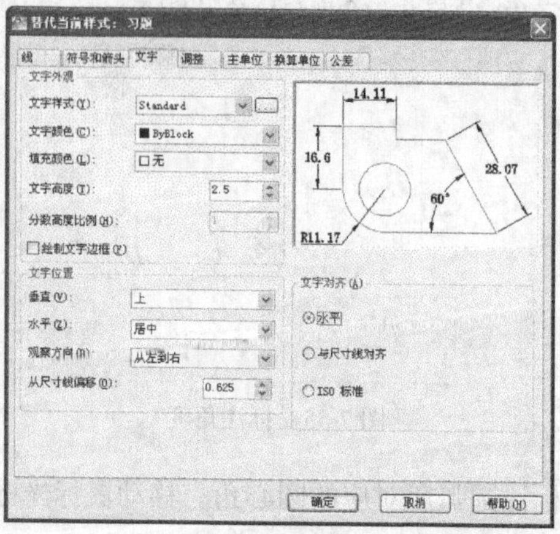

图 7-58 【替代当前样式】对话框

4. 返回主窗口，用 DIMANGULAR 和 DIMCONTINUE 命令标注角度尺寸，角度数字将水平放置，如图 7-57 所示。

5. 角度标注完成后，若要恢复原来的尺寸样式，需进入【标注样式管理器】对话框。在此对话框的列表框中选择尺寸样式，然后单击置为当前(U)按钮，此时系统打开一个提示性对话框，继续单击确定按钮完成设置。

7.2.8 标注直径和半径型尺寸

在标注直径和半径型尺寸时，AutoCAD 自动在标注文字前面加入“∅”或“R”符号。实际标注中，直径和半径型尺寸的标注形式多种多样，通过当前样式的覆盖方式进行标注非常方便。

直径型尺寸标注命令启动方法：

- 菜单命令：【标注】/【直径】。
- 面板：【注释】面板上的直径按钮。
- 命令：DIMDIAMETER 或简写 DIMDIA。

半径型尺寸标注命令启动方法：

- 菜单命令：【标注】/【半径】。
- 面板：【注释】面板上的半径按钮。
- 命令：DIMRADIUS 或简写 DIMRAD。

【练习 7-14】：标注直径和半径型尺寸。

打开文件“7-14.dwg”，用 DIMDIAMETER 及 DIMRADIUS 命令标注直径和半径型尺寸，如图 7-59 所示。

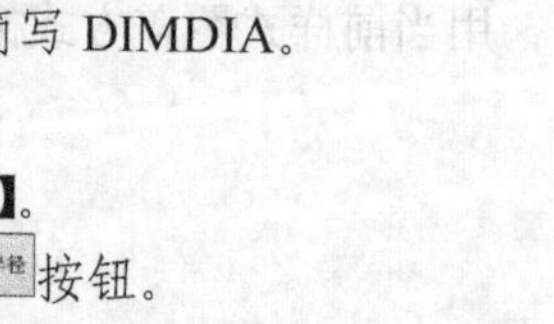

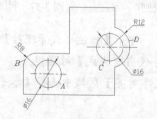

图 7-59 标注直径和半径型尺寸

1. 标注圆 *A* 及圆弧 *B*，如图 7-59 所示。

```
命令: _dimdiameter                                    //标注直径型尺寸
选择圆弧或圆:                                          //选择圆 A
指定尺寸线位置或 [多行文字(M)/文字(T)/角度(A)]:         //移动鼠标光标指定标注文字的位置
命令: _dimradius                                      //标注半径型尺寸
选择圆弧或圆:                                          //选择圆弧 B
指定尺寸线位置或 [多行文字(M)/文字(T)/角度(A)]:         //移动鼠标光标指定标注文字的位置
```

2. 利用当前样式的覆盖方式设定标注文字水平放置，然后标注圆 *C* 及圆弧 *D*，结果如图 7-59 所示。

DIMDIAMETER 及 DIMRADIUS 命令各选项功能请参见 7.2.3 小节。

7.2.9 标注尺寸及形位公差

创建尺寸公差标注的方法有两种。

- 在【替代当前样式】对话框的【公差】选项卡中设置尺寸上、下偏差。
- 标注时，利用“多行文字(M)”选项打开多行文字编辑器，然后采用堆叠文字方式标注公差。

标注形位公差可使用 TOLERANCE 命令及 QLEADER 命令，前者只能产生公差框格，而后者既能形成公差框格又能形成标注指引线。

【练习 7-15】：打开文件“7-15.dwg”，利用当前样式覆盖方式标注尺寸公差，如图 7-60 所示。

1. 打开【标注样式管理器】对话框，单击 替代(O)... 按钮，打开【替代当前样式】对话框，再单击【公差】选项卡，弹出新的一页，如图 7-61 所示。

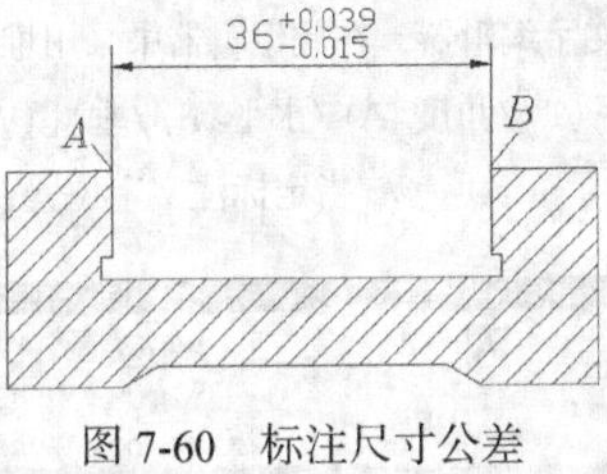

图 7-60　标注尺寸公差

2. 在【方式】、【精度】和【垂直位置】下拉列表中分别选择“极限偏差”、“0.000”和“中”，在【上偏差】、【下偏差】和【高度比例】文本框中分别输入“0.039”、“0.015”和“0.75”，如图 7-61 所示。
3. 返回 AutoCAD 图形窗口，发出 DIMLINEAR 命令，AutoCAD 提示：

```
命令: _dimlinear
指定第一条尺寸界线原点或 <选择对象>:                    //捕捉交点 A，如图 7-60 所示
指定第二条尺寸界线原点:                                //捕捉交点 B
指定尺寸线位置或[多行文字(M)/文字(T)/角度(A)/水平(H)/垂直(V)/旋转(R)]:
                                                      //移动鼠标光标指定标注文字的位置
```

结果如图 7-60 所示。

要点提示 标注尺寸公差时，若空间过小，可考虑使用较窄的文字进行标注。具体方法是：先建立一个新的文本样式，在该样式中设置文字宽度比例因子小于 1，然后通过尺寸样式的覆盖方式使当前尺寸样式连接新文字样式，这样标注的文字宽度就会变小。

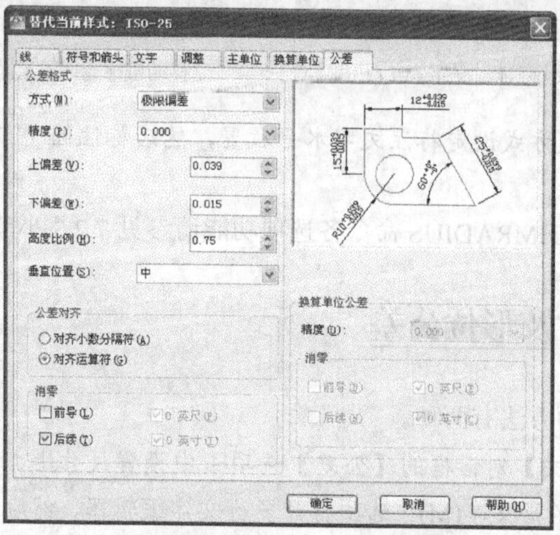

图 7-61 【公差】选项卡

【练习 7-16】：通过堆叠文字方式标注尺寸公差。

```
命令：_dimlinear
指定第一条尺寸界线原点或 <选择对象>：          //捕捉交点 A，如图 7-60 所示
指定第二条尺寸界线原点：                        //捕捉交点 B
指定尺寸线位置或[多行文字(M)/文字(T)/角度(A)/水平(H)/垂直(V)/旋转(R)]:m
                    //打开多行文字编辑器，在此编辑器中采用堆叠文字方式输入尺寸公差，如图 7-62 所示
指定尺寸线位置或[多行文字(M)/文字(T)/角度(A)/水平(H)/垂直(V)/旋转(R)]:
                                                //指定标注文字位置，结果如图 7-60 所示
```

图 7-62 输入尺寸公差

要点提示 公差文字的字高可设定为标注文字字高的 0.75 倍。

【练习 7-17】：打开文件“7-17.dwg”，用 QLEADER 命令标注形位公差，如图 7-63 所示。

1. 输入 QLEADER 命令，AutoCAD 提示“指定第一个引线点或[设置(S)]<设置>：”，直接按 Enter 键，打开【引线设置】对话框，在【注释】选项卡中选择【公差】选项，如图 7-64 所示。

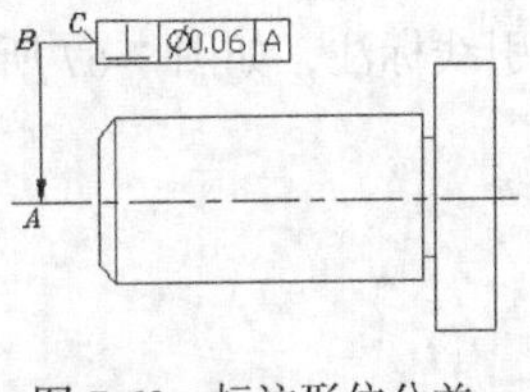

图 7-63　标注形位公差

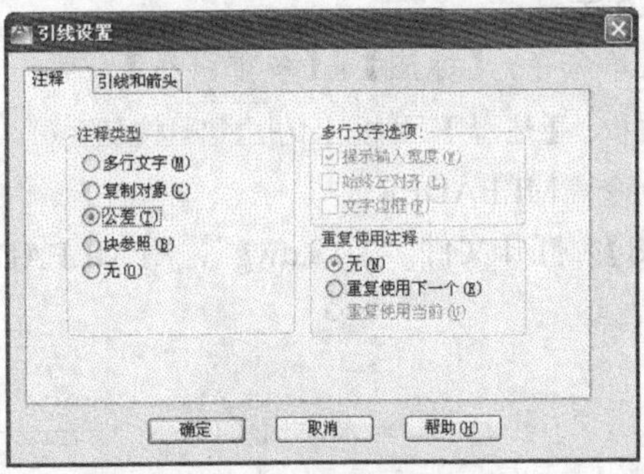

图 7-64 【引线设置】对话框

2.　单击 确定 按钮，AutoCAD 提示：

```
指定第一个引线点或 [设置(S)]<设置>: nea 到          //在轴线上捕捉点 A，如图 7-63 所示
指定下一点: <正交 开>                                //打开正交并在 B 点处单击一点
指定下一点:                                          //在 C 点处单击一点
```

AutoCAD 打开【形位公差】对话框，在此对话框中输入公差值，如图 7-65 所示。

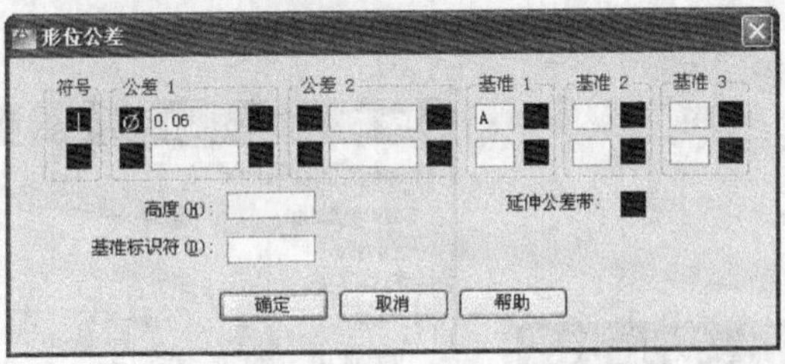

图 7-65 【形位公差】对话框

3.　单击 确定 按钮，结果如图 7-63 所示。

7.2.10　引线标注

MLEADER 命令创建引线标注。它由箭头、引线、基线、多行文字或图块组成，如图 7-66 所示，其中箭头的形式、引线外观、文字属性及图块形状等由引线样式控制。

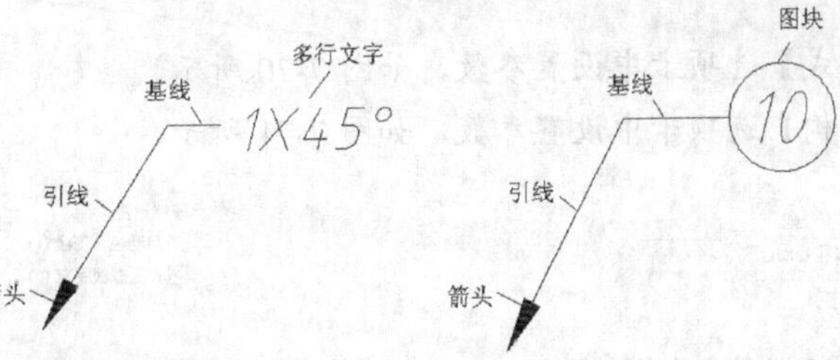

图 7-66　引线标注的组成部分

选中引线标注对象，利用关键点移动基线，则引线、文字或图块跟着移动。若利用关键点移动箭头，则只有引线跟着移动，基线、文字或图块不动。

命令启动方法：

- 菜单命令：【标注】/【多重引线】。
- 面板：【注释】面板上的 引线 按钮。
- 命令：MLEADER。

【练习 7-18】：打开文件“7-18.dwg”，用 MLEADER 命令创建引线标注，如图 7-67 所示。

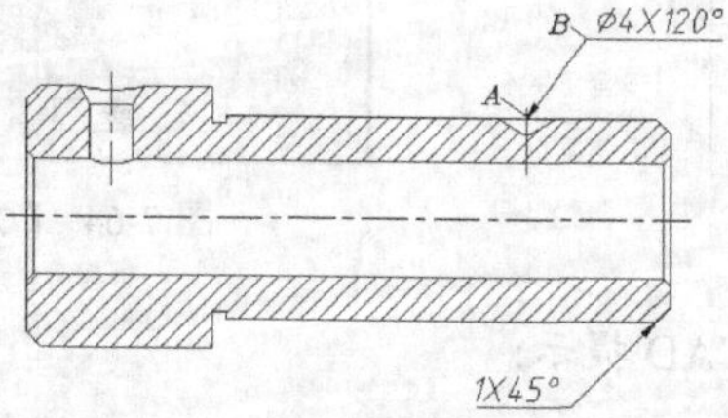

图 7-67　创建引线标注

1. 单击【注释】面板上的 按钮，打开【多重引线样式管理器】对话框，如图 7-68 所示。利用该对话框可新建、修改、重命名或删除引线样式。
2. 单击 修改(M)... 按钮，打开【修改多重引线样式】对话框，如图 7-69 所示，在该对话框中完成以下设置。

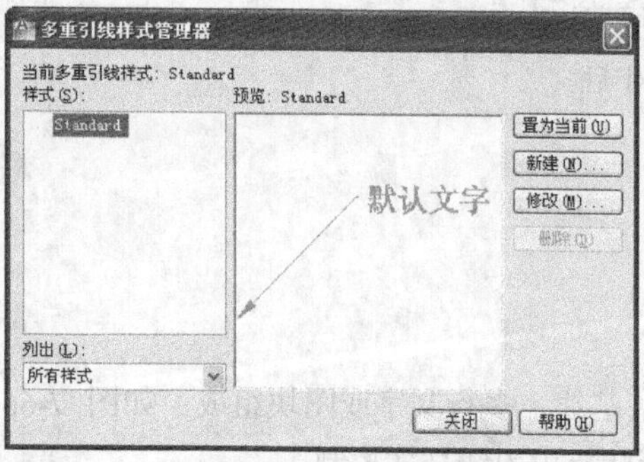

图 7-68　【多重引线样式管理器】对话框

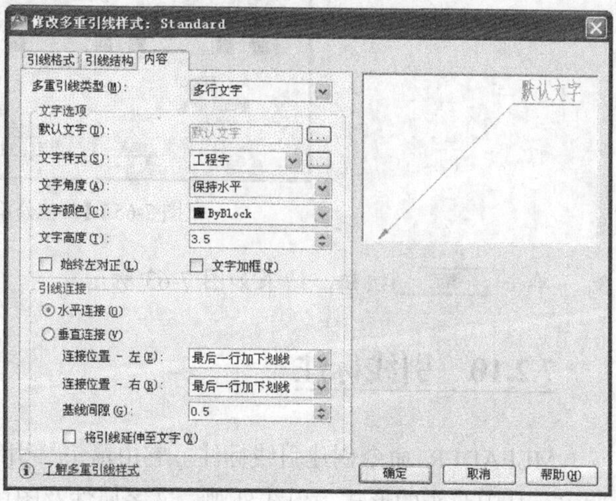

图 7-69　【修改多重引线样式】对话框

（1）在【引线格式】选项卡中设置参数，如图 7-70 所示。

（2）在【引线结构】选项卡中设置参数，如图 7-71 所示。

图 7-70　【引线格式】选项卡中的参数

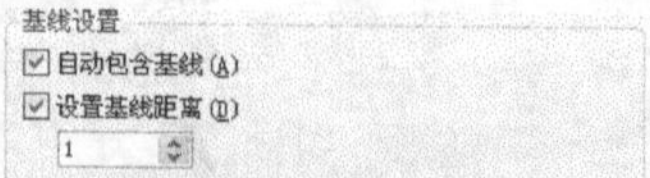

图 7-71　【引线结构】选项卡中的参数

文本框中的数值表示基线的长度。

（3）在【内容】选项卡中设置参数，如图 7-69 所示。其中，【基线间隙】文本框中的数值表示基线与标注文字间的距离。

3. 单击【注释】面板上的 引线 按钮，启动创建引线标注命令。

```
命令: _mleader
指定引线箭头的位置或 [引线基线优先(L)/内容优先(C)/选项(O)] <选项>:
                         //指定引线起始点 A，如图 7-67 所示
指定引线基线的位置:       //指定引线下一个点 B
                         //打开【文字编辑器】选项卡，然后输入标注文字"φ4×120°"
```

重复命令，创建另一个引线标注，结果如图 7-67 所示。

要点提示 创建引线标注时，若文本或指引线的位置不合适，则可利用夹点编辑方式进行调整。

7.2.11 编辑尺寸标注

尺寸标注的各个组成部分（如文字的大小、箭头的形式等）都可以通过调整尺寸样式进行修改。但当变动尺寸样式后，所有与此样式关联的尺寸标注都将发生变化。如果仅仅想改变某一个尺寸的外观或标注文本的内容，该怎么办？本节将通过一个实例说明编辑单个尺寸标注的一些方法。

【练习 7-19】：以下练习内容包括修改标注文本内容、改变尺寸界线及文字的倾斜角度、调整标注位置及编辑尺寸标注属性等。

一、修改尺寸标注文字

如果仅仅是修改尺寸标注文字，那么最佳的方法是使用 DDEDIT 命令。发出该命令后，用户可以连续地修改想要编辑的尺寸。

下面用 DDEDIT 命令修改标注文本的内容。

1. 打开文件"7-19.dwg"。
2. 输入 DDEDIT 命令，AutoCAD 提示"选择注释对象或[放弃(U)]:"，选择尺寸"84"后，AutoCAD 打开【文字编辑器】选项卡，在该编辑器中输入直径代码，如图 7-72 所示。

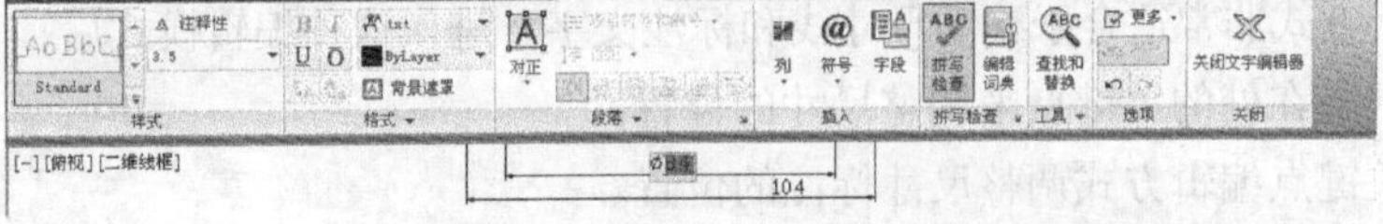

图 7-72　多行【文字编辑器】

3. 单击 按钮，返回图形窗口，AutoCAD 继续提示"选择注释对象或[放弃(U)]:"，此时，用户选择尺寸"104"，然后在该尺寸文字前加入直径代码，编辑结果如图 7-73 右图所示。

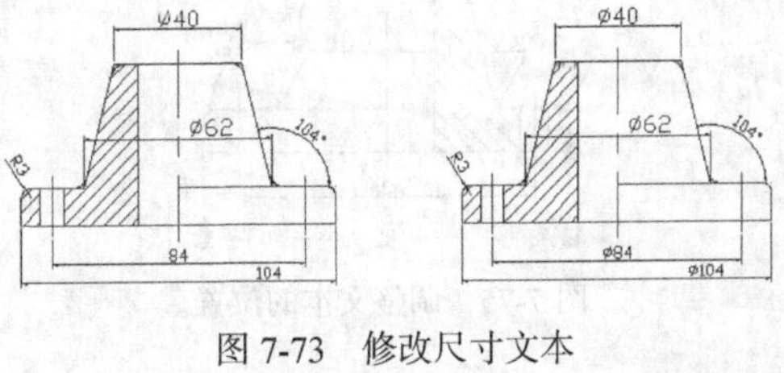

图 7-73　修改尺寸文本

二、改变尺寸界线及文字的倾斜角度

DIMEDIT 命令可以调整尺寸文本位置，并能修改文本内容，此外，还可将尺寸界线倾斜某一角度及旋转尺寸文字。这个命令的优点是，可以同时编辑多个尺寸标注。

DIMEDIT 命令的选项如下。

- 默认(H)：将标注文字放置在尺寸样式中定义的位置。
- 新建(N)：该选项打开多行【文字编辑器】，通过此编辑器输入新的标注文字。
- 旋转(R)：将标注文本旋转某一角度。
- 倾斜(O)：使尺寸界线倾斜一个角度。当创建轴测图尺寸标注时，这个选项非常有用。

下面使用 DIMEDIT 命令使尺寸“ϕ62”的尺寸界线倾斜，如图 7-74 所示。

接上例。单击【注释】选项卡【标注】面板上的按钮，或输入 DIMEDIT 命令，AutoCAD 提示如下。

```
命令: _dimedit
输入标注编辑类型[默认(H)/新建(N)/旋转(R)/倾斜(O)]<默认>:O    //使用“倾斜(O)”选项
选择对象: 找到 1 个                                          //选择尺寸“ϕ62”
选择对象:                                                    //按 Enter 键
输入倾斜角度 (按 ENTER 表示无):120                            //输入尺寸界线的倾斜角度
```

结果如图 7-74 所示。

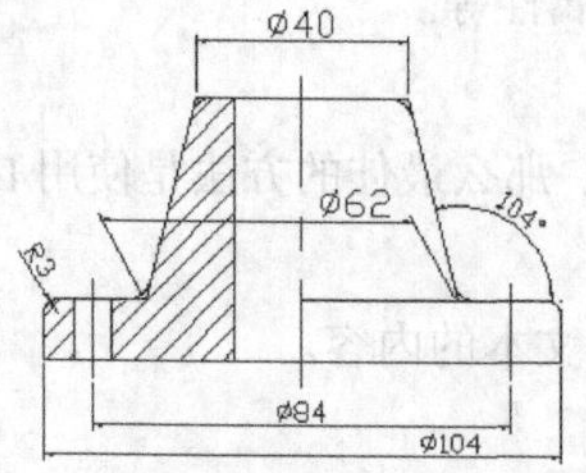

图 7-74　使尺寸界线倾斜某一角度

三、利用关键点调整标注位置

关键点编辑方式非常适合于移动尺寸线和标注文字。进入这种编辑模式后，一般通过尺寸线两端或标注文字所在处的关键点来调整尺寸的位置。

下面使用关键点编辑方式调整尺寸标注的位置。

1. 接上例。选择尺寸“ϕ104”，并激活文本所在处的关键点，AutoCAD 自动进入拉伸编辑模式。
2. 向下移动鼠标光标调整文本的位置，结果如图 7-75 所示。

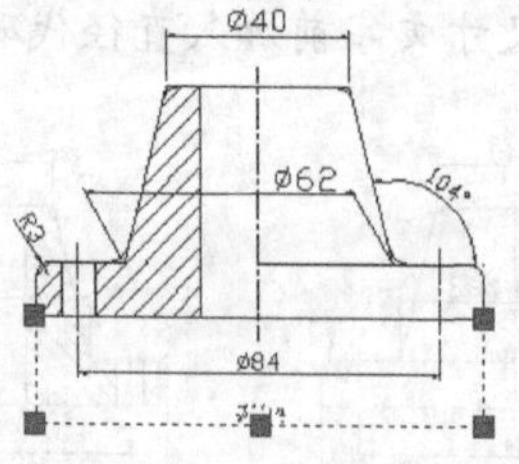

图 7-75　调整文本的位置

调整尺寸标注位置的最佳方法是采用关键点编辑方式，在激活关键点后就可以移动文本或尺寸线到适当的位置。若还不能满足要求，则可用 EXPLODE 命令将尺寸标注分解为单个对象，然后调整它们以达到满意的效果。

四、编辑尺寸标注属性

使用 PROPERTIES 命令可以非常方便地编辑尺寸，用户一次可同时选取多个尺寸标注。发出 PROPERTIES 命令后，AutoCAD 打开【特性】对话框。在该对话框中，用户可修改尺寸标注的许多属性。PROPERTIES 命令的另一个优点是，当多个尺寸标注的某一属性不同时，也能将其设置为相同。例如，有几个尺寸标注的文本高度不同，就可同时选择这些尺寸，然后用 PROPERTIES 命令将所有标注文本的高度值修改为同样的数值。

下面使用 PROPERTIES 命令修改标注文字的高度。

1. 接上例。选择尺寸"φ40"和"φ62"，如图 7-76 所示，然后输入 PROPERTIES 命令，AutoCAD 打开【特性】对话框。
2. 在该对话框的【文字高度】文本框中输入数值"3.5"，如图 7-76 所示。
3. 返回图形窗口，单击 Esc 键取消选择，结果如图 7-77 所示。

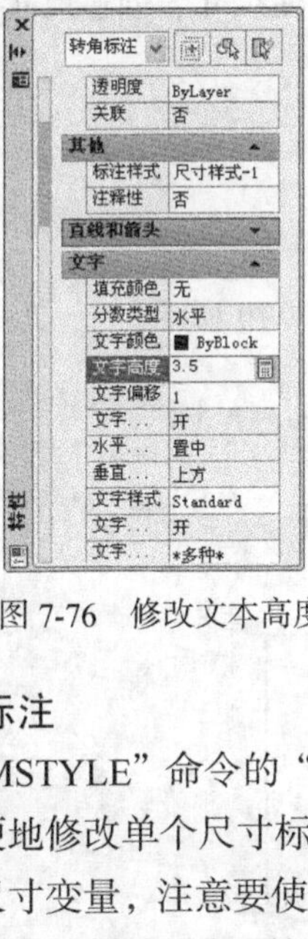

图 7-76　修改文本高度

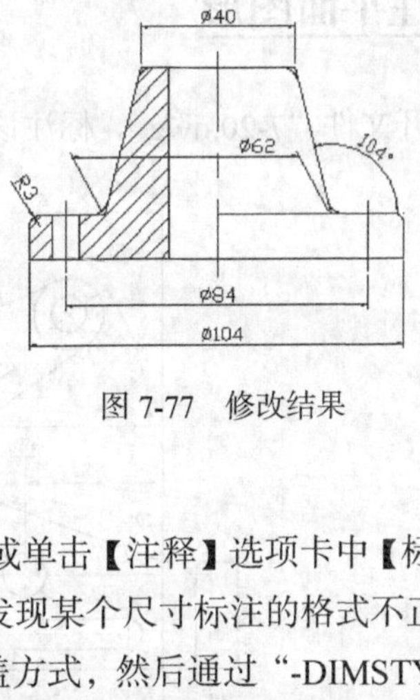

图 7-77　修改结果

五、更新标注

使用"-DIMSTYLE"命令的"应用(A)"选项（或单击【注释】选项卡中【标注】面板上的按钮）可以方便地修改单个尺寸标注的属性。如果发现某个尺寸标注的格式不正确，就修改尺寸样式中相关的尺寸变量，注意要使用尺寸样式的覆盖方式，然后通过"-DIMSTYLE"命令使要修改的尺寸按新的尺寸样式进行更新。在使用此命令时，用户可以连续地对多个尺寸进行编辑。

下面练习使半径及角度尺寸标注的文本水平放置。

1. 接上例。单击【注释】面板上的按钮，打开【标注样式管理器】对话框。
2. 单击 替代(O)... 按钮，打开【替代当前样式】对话框。
3. 单击【文字】选项卡，打开新界面，在该页的【文字对齐】分组框中选取【水平】单选项。
4. 返回 AutoCAD 主窗口，单击【注释】选项卡中【标注】面板上的按钮，AutoCAD 提示如下。

```
选择对象：找到 1 个                          //选择角度尺寸
选择对象：找到 1 个，总计 2 个                //选择半径尺寸
```

结果如图 7-78 所示。

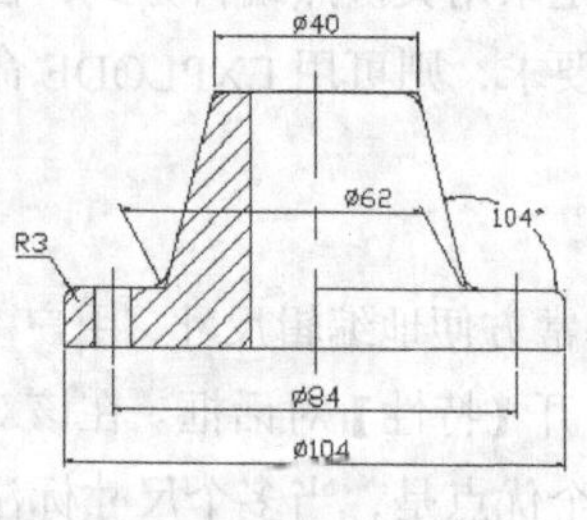

图 7-78 更新尺寸标注

要点提示 选择要修改的尺寸，再使用 DDMODIFY 命令使这些尺寸连接新的尺寸样式。操作完成后，AutoCAD 更新被选取的尺寸标注。

7.3 尺寸标注综合练习

以下提供平面图形及零件图的标注练习，练习内容包括标注尺寸、创建尺寸公差和形位公差标注、标注表面粗糙度、选用图幅等。

7.3.1 标注平面图形

【练习 7-20】：打开文件“7-20.dwg”，标注该图形，结果如图 7-79 所示。

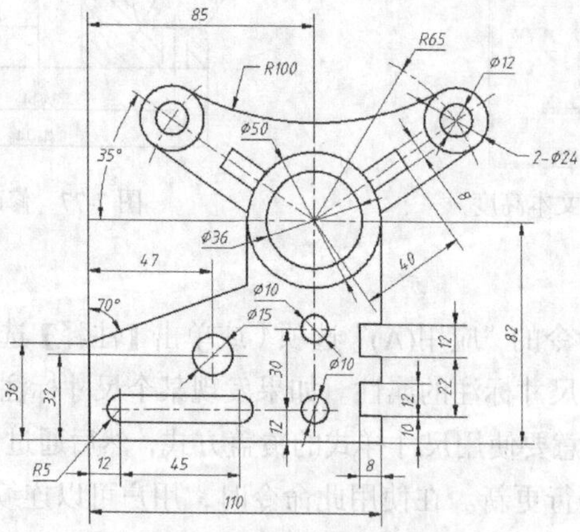

图 7-79 标注平面图形

1. 建立一个名为“标注层”的图层，设置图层颜色为红色，线型为 Continuous，并使其成为当前层。
2. 创建新文字样式，样式名为“标注文字”，与该样式相连的字体文件是“gbeitc.shx”和“gbcbig.shx”。
3. 创建一个尺寸样式，名称为“国标标注”，对该样式作以下设置。
   - 标注文本连接“标注文字”，文字高度等于“2.5”，精度为“0.0”，小数点格式是“句点”。

- 标注文本与尺寸线间的距离是“0.8”。
- 箭头大小为“2”。
- 尺寸界线超出尺寸线长度等于“2”。
- 尺寸线起始点与标注对象端点间的距离为“0”。
- 标注基线尺寸时，平行尺寸线间的距离为“6”。
- 标注总体比例因子为“2”。
- 使“国标标注”成为当前样式。

4. 打开对象捕捉，设置捕捉类型为端点、交点，标注尺寸，结果如图 7-79 所示。

7.3.2 插入图框、标注零件尺寸及表面粗糙度

【练习 7-21】：打开文件“7-21.dwg”，标注传动轴零件图，标注结果如图 7-80 所示。零件图图幅选用 A3 幅面，绘图比例 2：1，标注字高 2.5，字体“gbeitc.shx”，标注总体比例因子 0.5。

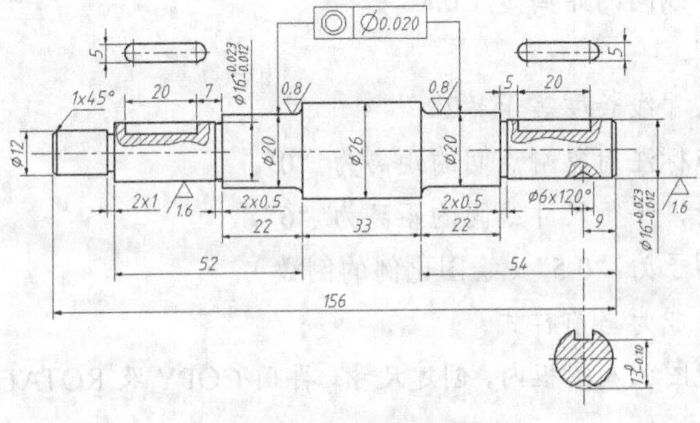

图 7-80　标注传动轴零件图

1. 打开包含标准图框及表面粗糙度符号的图形文件“A3.dwg”，如图 7-81 所示。在图形窗口中单击鼠标右键，弹出快捷菜单，选择【剪贴板】/【带基点复制】选项，然后指定 A3 图框的右下角为基点，再选择该图框及表面粗糙度符号。

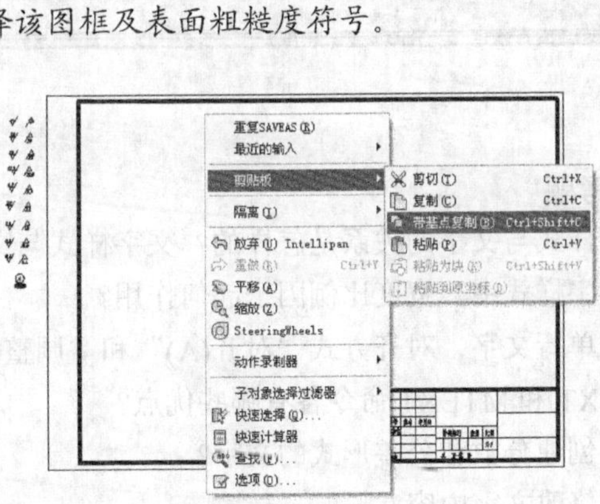

图 7-81　复制图框

2. 切换到当前零件图，在图形窗口中单击鼠标右键，弹出快捷菜单，选择【剪贴板】/【粘贴】选项，把 A3 图框复制到当前图形中，如图 7-82 所示。

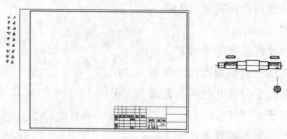

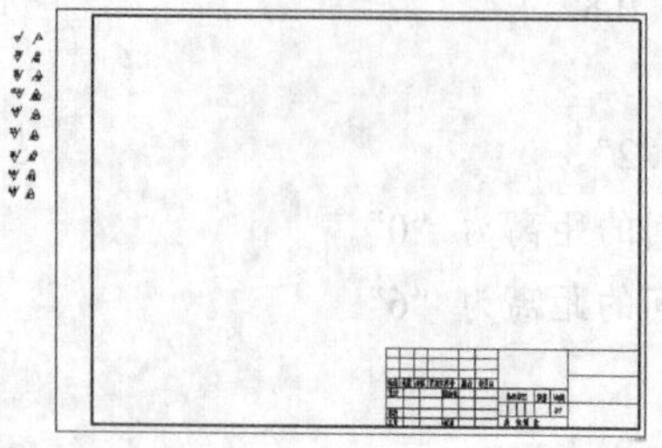

图 7-82　粘贴图框

3. 用 SCALE 命令把 A3 图框和表面粗糙度符号缩小 50%。
4. 创建新文字样式，样式名为“标注文字”，与该样式相连的字体文件是“gbeitc.shx”和“gbcbig.shx”。
5. 创建一个尺寸样式，名称为“国标标注”，对该样式作以下设置。
   - 标注文本连接“标注文字”，文字高度等于“2.5”，精度为“0.0”，小数点格式是“句点”。
   - 标注文本与尺寸线间的距离是“0.8”。
   - 箭头大小为“2”。
   - 尺寸界线超出尺寸线长度等于“2”。
   - 尺寸线起始点与标注对象端点间的距离为“0”。
   - 标注基线尺寸时，平行尺寸线间的距离为“6”。
   - 标注总体比例因子为“0.5”（绘图比例的倒数）。
   - 使“国标标注”成为当前样式。
6. 用 MOVE 命令将视图放入图框内，创建尺寸，再用 COPY 及 ROTATE 命令标注表面粗糙度，结果如图 7-80 所示。

习题

一、思考题

1．文字样式与文字的关系是怎样的？文字样式与文字字体有什么不同？
2．在文字样式中，宽度比例因子起何作用？
3．对于单行文字，对齐方式“对齐(A)”和“调整(F)”有何差别？
4．DTEXT 和 MTEXT 命令各有哪些优点？
5．如何创建分数和公差形式的文字？
6．如何修改文字内容？
7．尺寸样式的作用是什么？
8．创建基线形式标注时，如何控制尺寸线间的距离？
9．怎样调整尺寸界线起点与标注对象间的距离？

10．若公差数值的外观大小不合适，应该如何调整？

11．如何设定标注全局比例因子？它的作用是什么？

12．怎样修改标注文字内容？

二、操作题

1．打开文件“7-22.dwg”，如图 7-83 所示，请在图中添加单行文字，文字字高设为“3.5”，字体采用“楷体”。

2．打开文件“7-23.dwg”，如图 7-84 所示，请在图中添加单行及多行文字，图中文字特性如下。

单行文字字体为“宋体”，字高为“10”。其中部分文字沿“60° ”方向书写，字体倾斜角度为“30° ”。多行文字字高为“12”，字体为“黑体”和“宋体”。

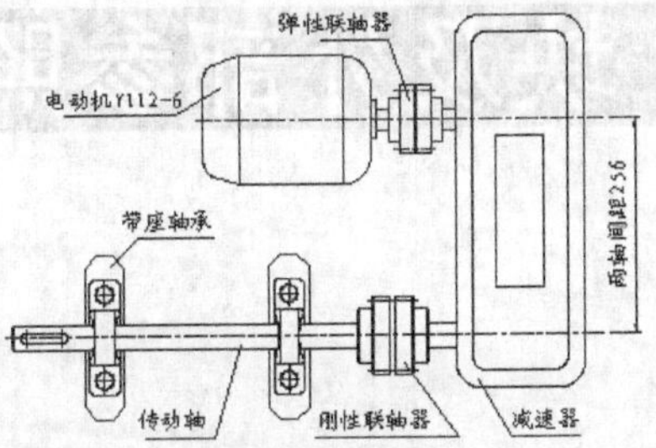

图 7-83　创建单行文字

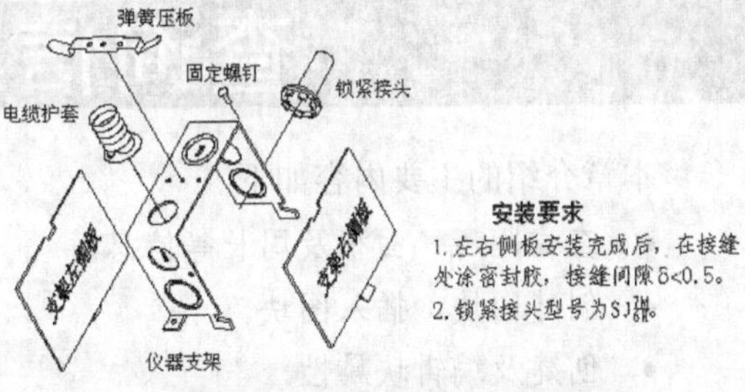

图 7-84　添加单行及多行文字

3．打开文件“7-24.dwg”，如图 7-85 所示，请标注该图样。

4．打开文件“7-25.dwg”，如图 7-86 所示，请标注该图样。

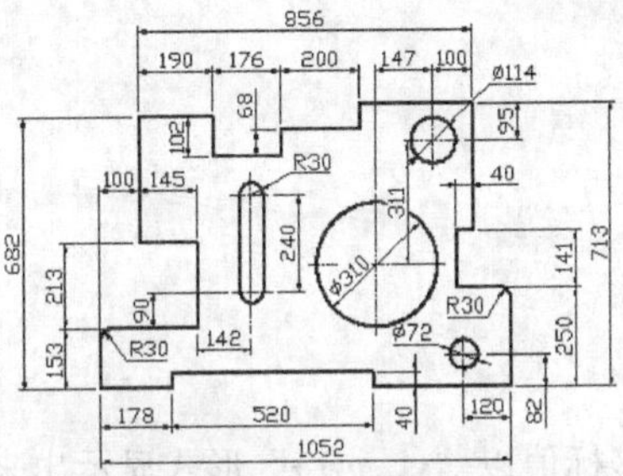

图 7-85　尺寸标注练习一

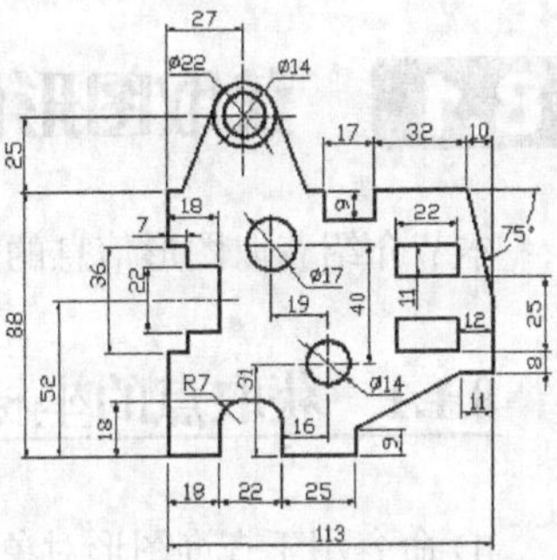

图 7-86　尺寸标注练习二

5．打开文件“7-26.dwg”，如图 7-87 所示，请标注该图样。

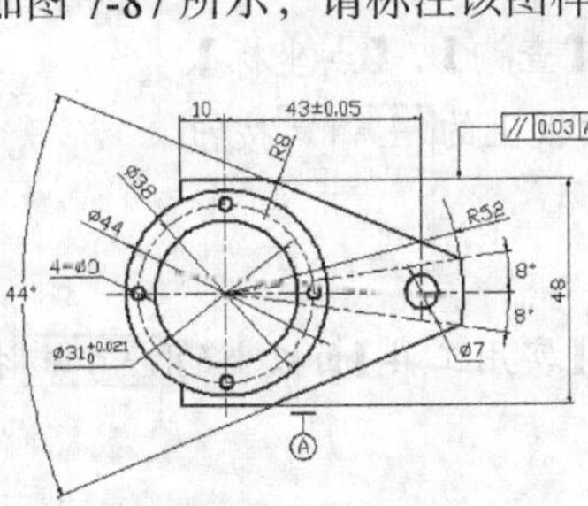

图 7-87　尺寸标注练习三

第8章 查询信息、块及外部参照

本章介绍的主要内容如下。

- 查询距离、面积及周长等信息。
- 创建图块、插入图块。
- 创建及编辑块属性。
- 引用外部图形。
- 更新当前图形中的外部引用。

通过本章的学习，读者应掌握查询距离、面积、周长等图形信息的方法，并了解块、外部参照的概念及基本使用方法等。

8.1 获取图形信息的方法

本节介绍获取图形信息的一些命令。

8.1.1 获取点的坐标

ID 命令用于查询图形对象上某点的绝对坐标，坐标值以“*x*，*y*，*z*”形式显示出来。对于二维图形，*z* 坐标值为零。

命令启动方法

- 菜单命令：【工具】/【查询】/【点坐标】。
- 面板：【实用工具】面板上的 点坐标 按钮。
- 命令：ID。

【练习 8-1】：练习 ID 命令。

打开文件“8-1.dwg”。单击【实用工具】面板上的 点坐标 按钮，启动 ID 命令，AutoCAD 提示如下。

```
命令: '_id 指定点: cen 于                              //捕捉圆心 A，如图 8-1 所示
X = 1463.7504   Y = 1166.5606   Z = 0.0000            //AutoCAD 显示圆心坐标值
```

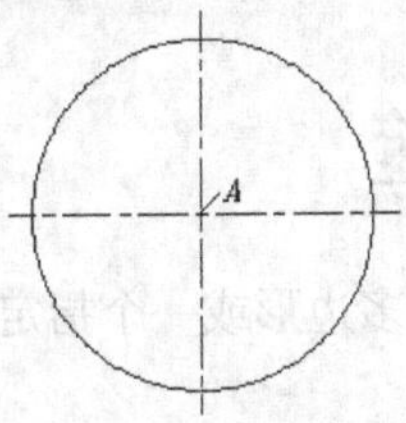

图 8-1　查询点的坐标

要点提示　ID 命令显示的坐标值与当前坐标系的位置有关。如果用户创建新坐标系，则 ID 命令测量的同一点坐标值也将发生变化。

8.1.2　测量距离

DIST 命令可测量图形对象上两点之间的距离，同时，还能计算出与两点连线相关的某些角度。

命令启动方法

- 菜单命令:【工具】/【查询】/【距离】。
- 面板:【实用工具】面板上的按钮。
- 命令: DIST 或简写 DI。

【练习 8-2】: 练习 DIST 命令。

打开文件“8-2.dwg”。单击【实用工具】面板上的按钮，启动 DIST 命令，AutoCAD 提示如下。

```
命令: '_dist 指定第一点: end 于                          //捕捉端点 A，如图 8-2 所示
指定第二点: end 于                                      //捕捉端点 B
距离 = 206.9383, XY 平面中的倾角 = 106,   与 XY 平面的夹角 = 0
X 增量 = -57.4979,   Y 增量 = 198.7900,    Z 增量 = 0.0000
```

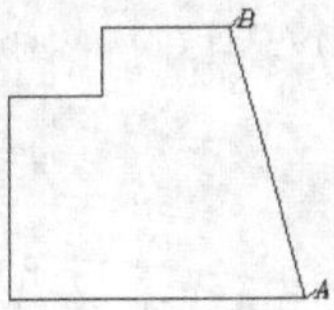

图 8-2　测量距离

DIST 命令显示的测量值意义如下。

- 距离：两点间的距离。
- XY 平面中的倾角：两点连线在 *xy* 平面上的投影与 *x* 轴间的夹角。
- 与 XY 平面的夹角：两点连线与 *xy* 平面间的夹角。
- X 增量：两点的 *x* 坐标差值。
- Y 增量：两点的 *y* 坐标差值。
- Z 增量：两点的 *z* 坐标差值。

要点提示 使用 DIST 命令时，两点的选择顺序不影响距离值，但影响该命令的其他测量值。

8.1.3 计算图形面积及周长

AREA 命令可以计算出圆、面域、多边形或一个指定区域的面积及周长，还可以进行面积的加、减运算等。

命令启动方法

- 菜单命令：【工具】/【查询】/【面积】。
- 面板：【实用工具】面板上的按钮。
- 命令：AREA 或简写 AA。

【练习 8-3】：练习 AREA 命令。

打开文件“8-3.dwg”，启动 AREA 命令，AutoCAD 提示如下。

```
命令: _area
指定第一个角点或 [对象(O)/增加面积(A)/减少面积(S)/退出(X)]:
                                                        //捕捉交点 A，如图 8-3 所示
指定下一个点或 [圆弧(A)/长度(L)/放弃(U)]:                  //捕捉交点 B
指定下一个点或 [圆弧(A)/长度(L)/放弃(U)]:                  //捕捉交点 C
指定下一个点或 [圆弧(A)/长度(L)/放弃(U)/总计(T)] <总计>:   //捕捉交点 D
指定下一个点或 [圆弧(A)/长度(L)/放弃(U)/总计(T)] <总计>:   //捕捉交点 E
指定下一个点或 [圆弧(A)/长度(L)/放弃(U)/总计(T)] <总计>:   //捕捉交点 F
指定下一个点或 [圆弧(A)/长度(L)/放弃(U)/总计(T)] <总计>:   //按 Enter 键结束
面积 = 553.7844，周长 = 112.1768
命令:                                                   //重复命令
AREA
指定第一个角点或 [对象(O)/增加面积(A)/减少面积(S)/退出(X)]: //捕捉端点 G
指定下一个点或 [圆弧(A)/长度(L)/放弃(U)]:                  //捕捉端点 H
指定下一个点或 [圆弧(A)/长度(L)/放弃(U)]:                  //捕捉端点 I
指定下一个点或 [圆弧(A)/长度(L)/放弃(U)/总计(T)] <总计>:   //按 Enter 键结束
面积 = 198.7993，周长 = 67.4387
```

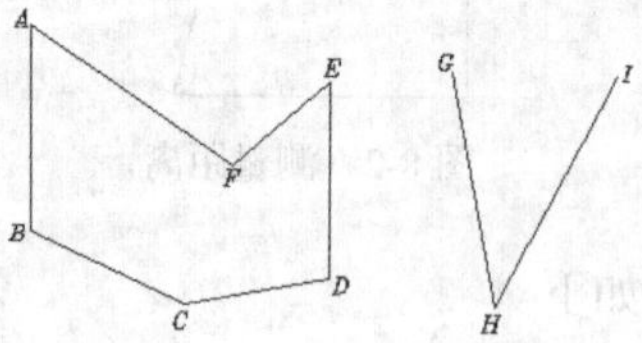

图 8-3 计算面积

命令选项

（1）对象(O)：求出所选对象的面积，有以下几种情况。

- 用户选择的对象是圆、椭圆、面域、正多边形和矩形等闭合图形。
- 对于非封闭的多段线及样条曲线，AutoCAD 将假定有一条连线使其闭合，然后计算出闭合区域的面积，而所计算出的周长却是多段线或样条曲线的实际长度。

（2）增加面积(A)：进入“加”模式。该选项使用户可以将新测量的面积加入总面积中。

```
命令: _area
指定第一个角点或 [对象(O)/增加面积(A)/减少面积(S)/退出(X)] <对象(O)>: A
                                                          //进入“增加面积”模式
指定第一个角点或 [对象(O)/减少面积(S)/退出(X)]:                //捕捉交点 A，如图 8-4 所示
(“加”模式)指定下一个点或 [圆弧(A)/长度(L)/放弃(U)]:           //捕捉交点 B
(“加”模式)指定下一个点或 [圆弧(A)/长度(L)/放弃(U)]:           //捕捉交点 C
(“加”模式)指定下一个点或 [圆弧(A)/长度(L)/放弃(U)/总计(T)] <总计>:
                                                          //捕捉交点 D
(“加”模式)指定下一个点或 [圆弧(A)/长度(L)/放弃(U)/总计(T)] <总计>: //捕捉交点 E
(“加”模式)指定下一个点或 [圆弧(A)/长度(L)/放弃(U)/总计(T)] <总计>: //捕捉交点 F
(“加”模式)指定下一个点或 [圆弧(A)/长度(L)/放弃(U)/总计(T)] <总计>: //按 Enter 键
面积 = 389.6385，周长 = 81.2421                              //左边图形的面积及周长
总面积 = 389.6385
指定第一个角点或 [对象(O)/减少面积(S)/退出(X)]:                //捕捉交点 G
(“加”模式)指定下一个点或 [圆弧(A)/长度(L)/放弃(U)]:           //捕捉交点 H
(“加”模式)指定下一个点或 [圆弧(A)/长度(L)/放弃(U)]:           //捕捉交点 I
(“加”模式)指定下一个点或 [圆弧(A)/长度(L)/放弃(U)/总计(T)] <总计>: //捕捉交点 J
(“加”模式)指定下一个点或 [圆弧(A)/长度(L)/放弃(U)/总计(T)] <总计>: //按 Enter 键
面积 = 146.2608，周长 = 48.4006                              //右边图形的面积及周长
总面积 = 535.8993                                           //两个图形的面积总和
指定第一个角点或 [对象(O)/减少面积(S)/退出(X)]:                //按 Esc 键结束
```

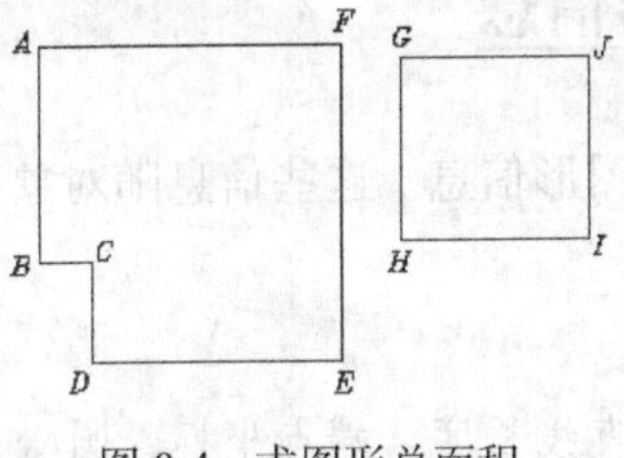

图 8-4　求图形总面积

（3）减少面积（S）：利用此选项可使 AutoCAD 把新测量的面积从总面积中扣除。

```
命令: _area
指定第一个角点或 [对象(O)/增加面积(A)/减少面积(S)/退出(X)] <对象(O)>: A
                                                          //进入“增加面积”模式
指定第一个角点或 [对象(O)/减少面积(S)/退出(X)]:                //捕捉交点 A，如图 8-5 所示
(“加”模式)指定下一个点或 [圆弧(A)/长度(L)/放弃(U)]:           //捕捉交点 B
(“加”模式)指定下一个点或 [圆弧(A)/长度(L)/放弃(U)]:           //捕捉交点 C
(“加”模式)指定下一个点或 [圆弧(A)/长度(L)/放弃(U)/总计(T)] <总计>: //捕捉交点 D
(“加”模式)指定下一个点或 [圆弧(A)/长度(L)/放弃(U)/总计(T)] <总计>: //按 Enter 键
面积 = 723.5827，周长 = 111.0341
总面积 = 723.5827                                           //大矩形的面积
```

```
指定第一个角点或 [对象(O)/减少面积(S)/退出(X)]: S                    //进入“减少面积”模式
指定第一个角点或 [对象(O)/增加面积(A)/退出(X)]: O                    //使用“对象(O)”选项
(“减”模式) 选择对象:                                                 //选择圆
面积 = 37.7705，圆周长 = 21.7862
总面积 = 685.8122                                                    //大矩形与圆的面积之差
(“减”模式) 选择对象:                                                 //按Enter键
指定第一个角点或 [对象(O)/增加面积(A)/退出(X)]:                       //捕捉交点 E
(“减”模式)指定下一个点或 [圆弧(A)/长度(L)/放弃(U)]:                  //捕捉交点 F
(“减”模式)指定下一个点或 [圆弧(A)/长度(L)/放弃(U)]:                  //捕捉交点 G
(“减”模式)指定下一个点或 [圆弧(A)/长度(L)/放弃(U)/总计(T)] <总计>:   //捕捉交点 H
(“减”模式)指定下一个点或 [圆弧(A)/长度(L)/放弃(U)/总计(T)] <总计>:   //按Enter键
面积 = 75.5912，周长 = 36.9312                                       //小矩形的面积和周长
总面积 = 610.2210                                                    //大矩形与圆、小矩形的面积之差
指定第一个角点或 [对象(O)/增加面积(A)/退出(X)]:                       //按Esc键结束
```

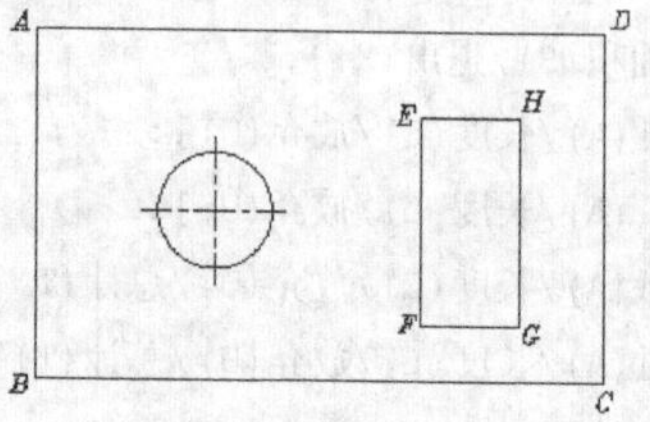

图 8-5　求面积之差

8.1.4　列出对象的图形信息

LIST 命令将列表显示对象的图形信息。这些信息随对象类型的不同而不同，一般包括以下内容。

- 对象类型、图层及颜色等。
- 对象的一些几何特性，如直线长度、端点坐标、圆心位置、半径大小、圆的面积及周长等。

命令启动方法

- 菜单命令：【工具】/【查询】/【列表】。
- 面板：【特性】面板上的 列表 按钮。
- 命令：LIST 或简写 LI。

【练习 8-4】：练习 LIST 命令。

打开文件“8-4.dwg”。单击【特性】面板上的 列表 按钮，启动 LIST 命令，AutoCAD 提示如下。

```
命令: _list
选择对象: 找到 1 个                 //选择圆，如图 8-6 所示
选择对象:                           //按Enter键结束，AutoCAD 打开【文本窗口】
```

```
圆      图层: 0
空间: 模型空间
句柄 = 1e9
圆心 点,  X=1643.5122  Y=1348.1237  Z=0.0000
半径  59.1262
周长  371.5006
面积 10982.7031
```

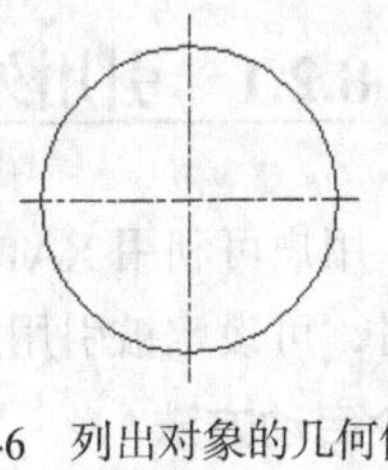

图 8-6　列出对象的几何信息

要点提示　用户可以将复杂的图形创建成面域，然后用 LIST 命令查询面积及周长等。

8.1.5　查询图形信息综合练习

【练习 8-5】：打开文件“8-5.dwg”，如图 8-7 所示，试计算：

（1）图形外轮廓线的周长。

（2）图形面积。

（3）圆心 *A* 到中心线 *B* 的距离。

（4）中心线 *B* 的倾斜角度。

1. 用 REGION 命令将图形外轮廓线框 *C*（见图 8-8）创建成面域，然后用 LIST 命令获取此线框的周长，数值为 1 766.97。
2. 将线框 *D*、*E* 及 4 个圆创建成面域，用面域 *C*“减去”面域 *D*、*E* 及 4 个圆面域，如图 8-8 所示。

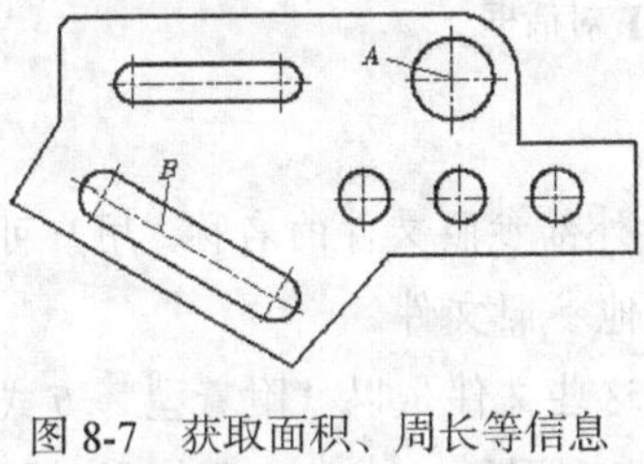

图 8-7　获取面积、周长等信息

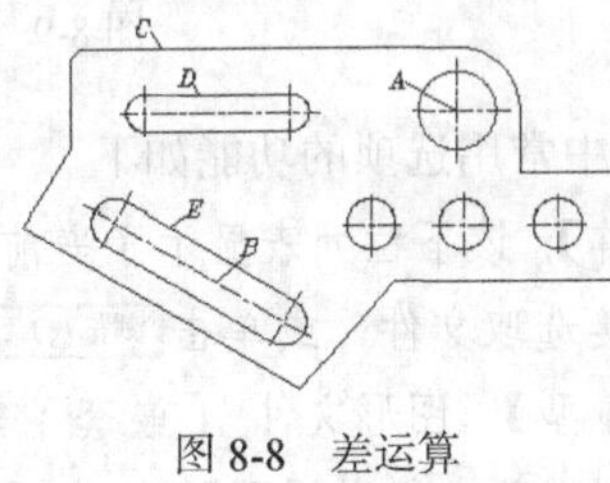

图 8-8　差运算

3. 用 LIST 命令查询面域面积，数值为 117 908.46。
4. 用 DIST 命令计算圆心 *A* 到中心线 *B* 的距离，数值为 284.95。
5. 用 LIST 命令获取中心线 *B* 的倾斜角度，数值为 150°。

8.2　使用外部参照

当用户将其他图形以块的形式插入当前图样中时，被插入的图形就成为当前图样的一部分。用户可能并不想如此，而仅仅是要把另一个图形作为当前图形的一个样例，或者想观察一下正在绘制的图形与其他图形是否匹配，此时就可通过外部引用（也称 Xref）将其他图形文件放置到当前图形中。

Xref 能使用户方便地在自己的图形中以引用的方式看到其他图样，被引用的图并不成为当前图样的一部分，当前图形中仅记录了外部引用文件的位置和名称。

8.2.1 引用外部图形

用户可利用 XATTACH 命令在当前图形中引用外部 dwg 图形，被引用的图形是一个整体。操作时，可设定被引用图形的缩放比例及旋转角度。

命令启动方法

- 菜单命令：【插入】/【DWG 参照】。
- 面板：【插入】选项卡中【参照】面板上的按钮。
- 命令：XATTACH 或简写 XA。

启动 XATTACH 命令，AutoCAD 打开【选择参照文件】对话框。用户在该对话框中选择所需文件后，单击 打开(O) 按钮，弹出【附着外部参照】对话框，如图 8-9 所示。

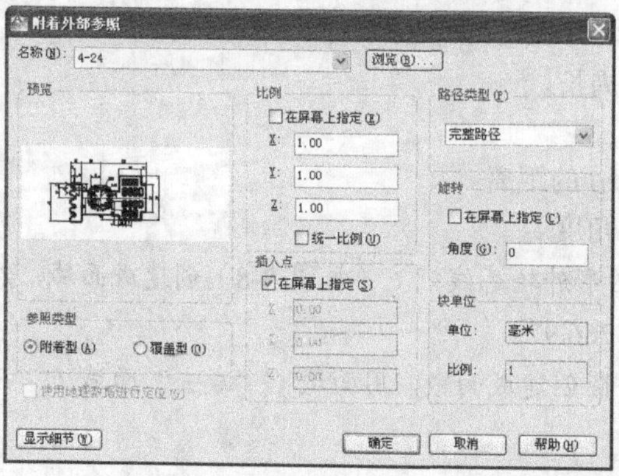

图 8-9 【附着外部参照】对话框

该对话框中常用选项的功能如下。

- 【名称】：该下拉列表显示了当前图形中包含的外部参照文件的名称。用户可在列表中直接选取文件，或单击 浏览(B)... 按钮查找其他参照文件。
- 【附着型】：图形文件 *A* 嵌套了其他 Xref，而这些文件是以"附着型"方式被引用的，则当新文件引用图形 *A* 时，用户不仅可以看到图形 *A* 本身，还能看到图形 *A* 中嵌套的 Xref。附加方式的 Xref 不能循环嵌套，即如果图形 *A* 引用了图形 *B*，而图形 *B* 又引用了图形 *C*，则图形 *C* 不能再引用图形 *A*。
- 【覆盖型】：图形 *A* 中有多层嵌套的 Xref，但它们均以"覆盖型"方式被引用。当其他图形引用图形 *A* 时，就只能看到图形 *A* 本身，而其包含的任何 Xref 都不会显示出来。覆盖方式的 Xref 可以循环引用，这使设计人员可以灵活地察看其他任何图形文件，而无须为图形之间的嵌套关系担忧。
- 【插入点】：在此分组框中指定外部参照文件的插入基点，可直接在【X】、【Y】和【Z】文本框中输入插入点的坐标或选取【在屏幕上指定】复选项，然后在屏幕上指定。
- 【比例】：在此分组框中指定外部参照文件的缩放比例，可直接在【X】、【Y】、【Z】文本框中输入沿这 3 个方向的比例因子，或者选取【在屏幕上指定】复选项，然后在屏幕上指定。

- 【旋转】：确定外部参照文件的旋转角度，可直接在【角度】文本框中输入角度值，或者选取【在屏幕上指定】复选项，然后在屏幕上指定。

8.2.2　更新外部引用

当被引用的图形作了修改后，AutoCAD 并不自动更新当前图样中的 Xref 图形，用户必须重新加载以更新它。在【外部参照】对话框中，用户可以选择一个引用文件或者同时选取几个文件，然后单击鼠标右键，选取【重载】命令，以加载外部图形，如图 8-10 所示。由于可以随时进行更新，因此用户在设计过程中能及时获得最新的 Xref 文件。

命令启动方法

- 菜单命令：【插入】/【外部参照】。
- 面板：【插入】选项卡【参照】面板右下角的按钮。
- 命令：XREF 或简写 XR。

调用 XREF 命令，AutoCAD 弹出【外部参照】对话框，如图 8-10 所示。该对话框中常用选项的功能如下。

- ：单击此按钮，AutoCAD 弹出【选择参照文件】对话框，用户通过该对话框选择要插入的图形文件。
- 附着（快捷菜单命令，以下都是）：选择此命令，AutoCAD 弹出【外部参照】对话框，用户通过此对话框选择要插入的图形文件。
- 卸载：暂时移走当前图形中的某个外部参照文件，但在列表框中仍保留该文件的路径。
- 重载：在不退出当前图形文件的情况下更新外部引用文件。
- 拆离：将某个外部参照文件去除。
- 绑定：将外部参照文件永久地插入当前图形中，使之成为当前文件的一部分，详细内容见 8.2.3 小节。

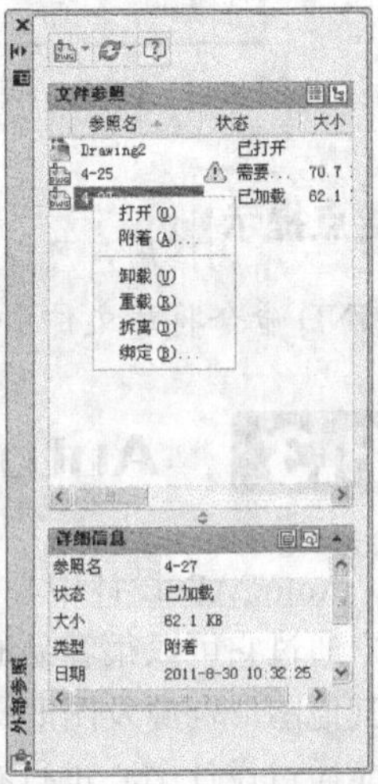

图 8-10　【外部参照】管理菜单

8.2.3　转化外部引用文件的内容为当前图样的一部分

由于被引用的图形本身并不是当前图形的内容，因此引用图形的命名项目（如图层、文本样式和尺寸标注样式等）都以特有的格式表示出来。Xref 的命名项目表示形式为“Xref 名称|命名项目”。通过这种方式，AutoCAD 将引用文件的命名项目与当前图形的命名项目区别开来。

用户可以把外部引用文件转化为当前图形的内容，转化后 Xref 就变为图样中的一个图块，另外，也能把引用图形的命名项目（如图层、文字样式等）转变为当前图形的一部分。通过这种方法，用户可以轻易地使所有图纸的图层、文字样式等命名项目保持一致。

在【外部参照】对话框（见图 8-10）中，选择要转化的图形文件，然后用鼠标右键单击，弹出快捷菜单，选取【绑定】命令，打开【绑定外部参照】对话框，如图 8-11 所示。

【绑定外部参照】对话框中有两个选项，它们的功能如下。

- 【绑定】：选取该单选项时，引用图形的所有命名项目的名称由“Xref 名称|命名项目”变为“Xref 名称N命名项目”。其中，字母 N 是可自动增加的整数，以避免与

当前图样中的项目名称重复。

- 【插入】：使用该选项类似于先拆离引用文件，再以块的形式插入外部文件。当合并外部图形后，命名项目的名称前不加任何前缀。例如，外部引用文件中有图层 WALL，当利用【插入】选项转化外部图形时，若当前图形中无 WALL 层，那么 AutoCAD 就创建 WALL 层，否则继续使用原来的 WALL 层。

在命令行上输入 XBIND 命令，AutoCAD 打开【外部参照绑定】对话框，如图 8-12 所示。在该对话框左边的列表框中选择要添加到当前图形中的项目，然后单击[添加(A) ->]按钮，把命名项加入【绑定定义】列表框中，再单击[确定]按钮完成。

图 8-11 【绑定外部参照】对话框

图 8-12 【外部参照绑定】对话框

要点提示 用户可以通过 Xref 连接一系列的库文件。如果想要使用库文件中的内容，就用 XBIND 命令将库文件中的有关项目（如尺寸样式、图块等）转化成当前图样的一部分。

8.3 AutoCAD 设计中心

AutoCAD 设计中心为用户提供了一种直观、高效且与 Windows 资源管理器相似的操作界面，用户通过它可以很容易地查找和组织本地局域网络或 Internet 上存储的图形文件，还能方便地利用其他图形资源及图形文件中的块、文本样式及尺寸样式等内容。此外，如果用户打开多个文件，还能通过设计中心进行有效的管理。

AutoCAD 设计中心的主要功能具体概括为以下几点。

- 可以从本地磁盘、网络甚至 Internet 上浏览图形文件内容，并可通过设计中心打开文件。
- 可以将某一图形文件中包含的块、图层、文本样式及尺寸样式等信息展示出来，并提供预览功能。
- 利用拖放操作就可以将一个图形文件或块、图层、文字样式等插入另一图形中使用。
- 可以快速查找存储在其他位置的图样、图块、文字样式、标注样式及图层等信息。

搜索完成后，可将结果加载到设计中心或直接拖入当前图形中使用。

下面提供几个 AutoCAD 的设计练习，通过这些练习可以让读者更加深刻地了解设计中心的使用方法。

8.3.1 浏览及打开图形

【练习 8-6】：利用设计中心查看图形及打开图形。

1. 单击【视图】选项卡中【选项板】面板上的▦按钮，打开【设计中心】对话框，如图 8-13

所示。该对话框包含 3 个选项卡。

- 【文件夹】：显示本地计算机及网上邻居的信息资源，与 Windows 资源管理器类似。
- 【打开的图形】：列出当前 AutoCAD 中所有打开的图形文件。单击文件名前的图标“⊞”，设计中心即列出该图形所包含的命名项目，如图层、文字样式和图块等。
- 【历史记录】：显示最近访问过的图形文件，包括文件的完整路径。

2. 查找“AutoCAD 2012-Simplified Chinese”子目录，选中子目录中的“Sample”文件夹并将其展开，再选中目录中的“Database Connectivity”文件夹并将其展开，单击对话框顶部的▤▾按钮，选择【大图标】，结果设计中心在右边的窗口中显示文件夹中图形文件的小型图片，如图 8-13 所示。
3. 选中“db_samp.dwg”图形文件的小型图标，【文件夹】选项卡下部则显示出相应的预览图片及文件路径，如图 8-13 所示。
4. 单击鼠标右键，弹出快捷菜单，如图 8-14 所示，选取【在应用程序窗口中打开】命令，就可打开此文件。

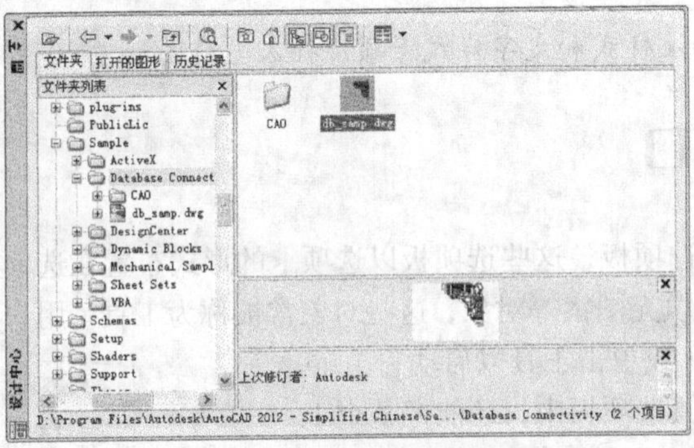

图 8-13　预览文件内容

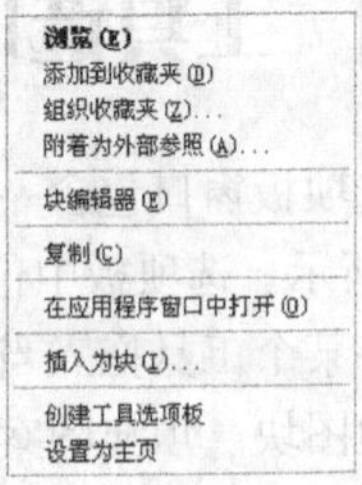

图 8-14　快捷菜单

快捷菜单中其他常用选项的功能如下。

- 【浏览】：列出文件中块、图层和文本样式等命名项目。
- 【添加到收藏夹】：在收藏夹中创建图形文件的快捷方式。当用户单击设计中心的▣按钮时，能快速找到这个文件的快捷图标。
- 【附着为外部参照】：以附加或覆盖方式引用外部图形。
- 【插入为块】：将图形文件以块的形式插入当前图样中。
- 【创建工具选项板】：创建以文件名命名的工具选项板。该选项板包含图形文件中的所有图块。

8.3.2　将图形文件的块、图层等对象插入当前图形中

【练习 8-7】：利用设计中心插入图块、图层等对象。

1. 打开设计中心，查找“AutoCAD 2012-Simplified Chinese”子目录，选中子目录中的“Sample”文件夹并将其展开，再选中目录中的“Database Connectivity”文件夹并展开它。
2. 选中“db_samp.dwg”文件，则设计中心在右边的窗口中列出图层、图块和文字样式等项目，如图 8-15 所示。

3. 若要显示图形中块的详细信息，就选中【块】，然后单击鼠标右键，选择【浏览】命令，则设计中心列出图形中的所有图块，如图 8-16 所示。

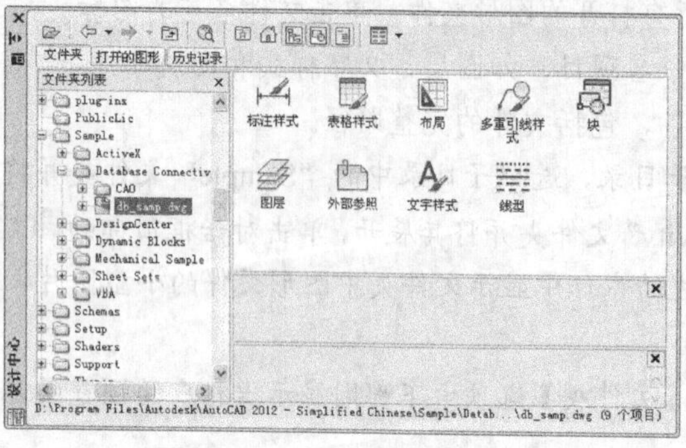

图 8-15 显示图层、图块等项目

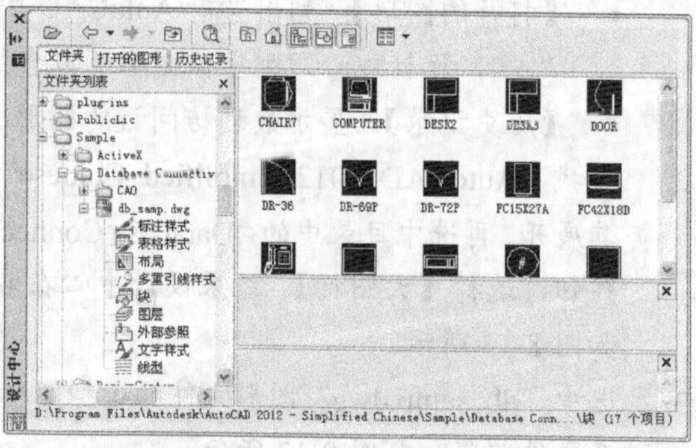

图 8-16 列出图块信息

4. 选中某一图块，单击鼠标右键，弹出快捷菜单，选取【插入块】命令，就可将此图块插入当前图形中。

5. 用类似上述的方法可将图层、标注样式和文字样式等项目插入当前图形中。

8.4 工具选项板窗口

工具选项板窗口包含一系列工具选项板，这些选项板以选项卡的形式布置在选项板窗口中，如图 8-17 所示。选项板中包含图块、填充图案等对象，这些对象常被称为工具。用户可以从工具板中直接将某个工具拖入当前图形中（或单击工具以启动它），也可以将新建图块、填充图案等放入工具选项板中，还能把整个工具选项板输出，或创建新的工具选项板。总之，工具选项板提供了组织、共享图块及填充图案的有效方法。

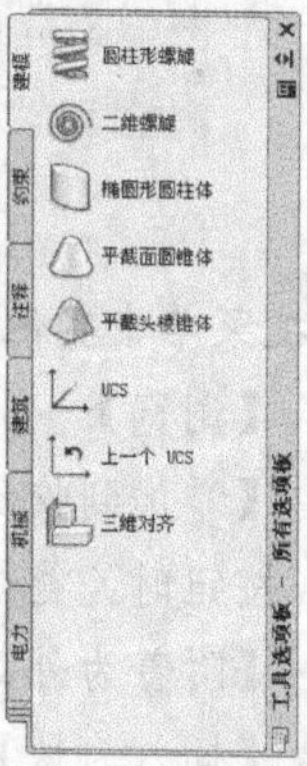

图 8-17 【工具选项板】窗口

8.4.1 利用工具选项板插入图块及图案

工具选项板中显示出图块及填充图案的预览图片，因而便于用户快速查找及使用它们。

命令启动方法

- 菜单命令：【工具】/【选项板】/【工具选项板】。
- 面板：【视图】选项卡中【选项板】面板上的按钮。
- 命令：TOOLPALETTES 或简写 TP。

启动 TOOLPALETTES 命令，打开【工具选项板】窗口。当需要向图形中添加块或填充图案时，可直接单击工具启动它或将其从工具选项板中拖入当前图形中。

【练习 8-8】：利用工具选项板插入块。

1. 打开文件“8-8.dwg”。

2. 单击【视图】选项卡【选项板】面板上的按钮，打开【工具选项板】窗口，再单击【建筑】选项卡，显示【建筑】工具板，如图 8-18 右图所示。

3. 单击工具板中的【门-公制】工具，再指定插入点，将门插入图形中，结果如图 8-18 左图所示。

4. 用 ROTATE 命令调整门的方向，再用关键点编辑方式改变门的大小及开启角度，结果如图 8-19 所示。

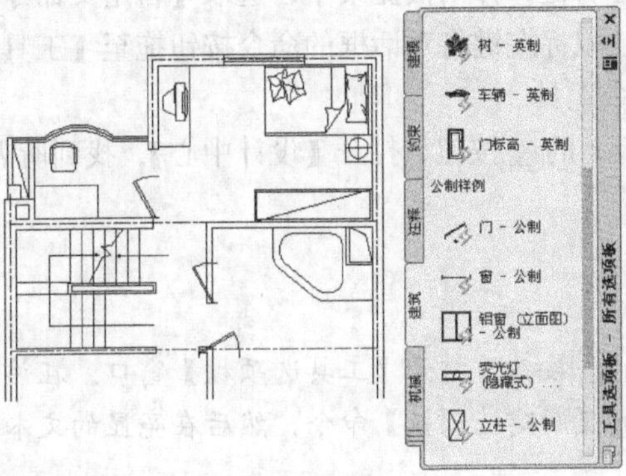

图 8-18　插入“门”

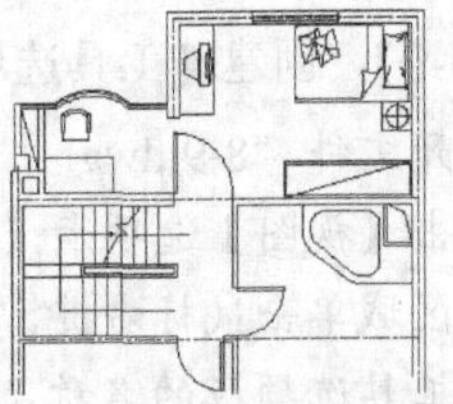

图 8-19　调整门的方向、大小和开启角度

要点提示 对于【工具选项板】上的块工具，源图形文件必须始终可用。如果源图形文件移至其他文件夹，则必须对块工具的源文件特性进行修改。方法是，用鼠标右键单击块工具，然后选择【特性】命令，打开【工具特性】对话框，在该对话框中指定新的源文件位置。

8.4.2　修改及创建【工具选项板】

修改【工具选项板】一般包含以下几方面内容。

（1）向【工具选项板】中添加新工具。从绘图窗口将直线、圆、尺寸标注、文字及填充图案等对象拖入【工具选项板】中，创建相应的新工具。用户可使用该工具快速生成与原始对象特性相同的新对象。生成新工具的另一种方法是，先利用设计中心显示某一图形中的块及填充图案，然后将其从设计中心拖入【工具选项板】中。

（2）将常用命令添加到【工具选项板】中。在【工具选项板】的空白处单击鼠标右键，弹出快捷菜单，选取【自定义】命令，打开【自定义】对话框。此时，按住鼠标左键将工具栏上的命令按钮拖至【工具选项板】上，在【工具选项板】上就创建了相应的命令工具。

（3）将一选项板中的工具移动或复制到另一选项板中。在【工具选项板】中选中一个工具，单击鼠标右键，弹出快捷菜单，利用【复制】或【剪切】命令拷贝该工具，然后切换到另一【工具选项板】，单击鼠标右键，弹出快捷菜单，选取【粘贴】命令，添加该工具。

（4）修改【工具选项板】某一工具的插入特性及图案特性，例如，可以事先设定块插入时的缩放比例或填充图案的角度和比例。在要修改的工具上单击鼠标右键，弹出快捷菜单，选取【特性】命令，打开【工具特性】对话框。该对话框列出了工具的插入特性及基本特性，用户可选择某一特性进行修改。

（5）从【工具选项板】中删除工具。用鼠标右键单击【工具选项板】中的一个工具，弹出快捷菜单，选取【删除】命令，即删除此工具。

创建新【工具选项板】的方法如下。

（1）使鼠标光标位于【工具选项板】窗口，单击鼠标右键，弹出快捷菜单，选取【新建选项板】命令。

（2）从绘图窗口将直线、圆、尺寸标注、文字和填充图案等对象拖入【工具选项板】中，以创建新工具。

（3）在【工具选项板】的空白处单击鼠标右键，弹出快捷菜单，选取【自定义命令】命令，打开【自定义用户界面】对话框，此时，按住鼠标左键将对话框的命令按钮拖至【工具选项板】上，在【工具选项板】上就创建了相应的命令工具。

（4）单击【视图】选项卡【选项板】面板上的按钮，打开【设计中心】，找到所需的图块，将其拖入新工具板中。

【练习 8-9】：创建【工具选项板】。

1. 打开文件“8-9.dwg”。
2. 单击【视图】选项卡【选项板】面板上的按钮，打开【工具选项板】窗口。在该窗口的空白区域单击鼠标右键，选取快捷菜单上的【新建选项板】命令，然后在亮显的文本框中输入新工具选项板的名称“新工具”。
3. 在绘图区域中选中填充图案，按住鼠标左键，把该图案拖放到【新工具】选项板上。用同样的方法将绘图区中的圆也拖到【新工具】选项板上。此时，选项板上出现了两个新工具，其中的【圆】工具是一个嵌套的工具集，如图 8-20 所示。
4. 在【新工具】选项板的【ANSI31】工具上单击鼠标右键，然后在快捷菜单上选择【特性】命令，打开【工具特性】对话框，在该对话框的【图层】下拉列表中选取【剖面层】选项，如图 8-21 所示。今后，当用“ANSI31”工具创建填充图案时，图案将位于剖面层上。
5. 在【新工具】选项板的空白区域中单击鼠标右键，弹出快捷菜单，选取【自定义命令】命令，打开【自定义用户界面】对话框，然后将鼠标光标移到按钮的上边，按住鼠标左键，将该按钮拖到【新工具】选项板上，则【工具选项板】上就出现阵列工具，如图 8-22 所示。

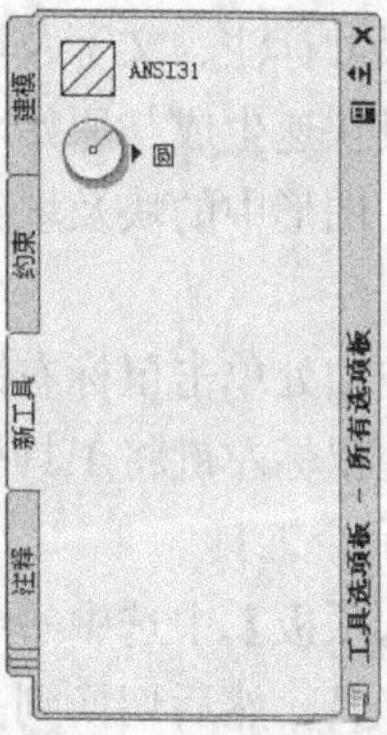

图 8-20 创建新工具

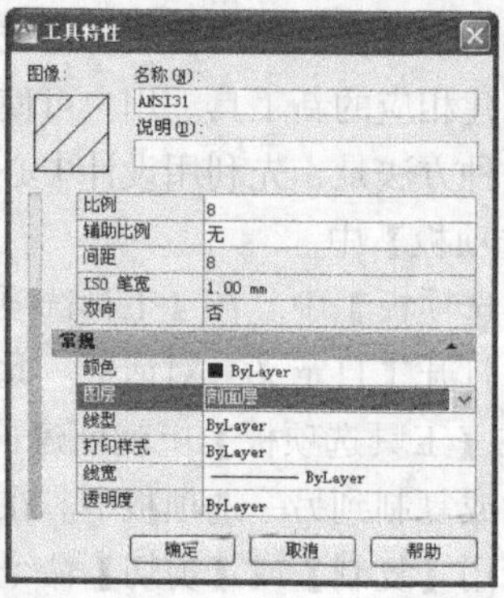

图 8-21 【工具特性】对话框

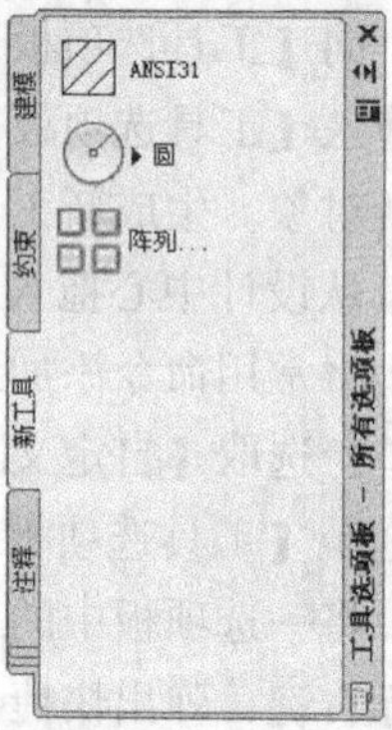

图 8-22 创建阵列工具

习题

一、思考题

1. 用 AREA 命令可以轻易地计算出多边形的面积。若图形很复杂，比如带有曲线边界，此时该怎样操作，才能用该命令获得图形面积？

2．Xref 与块的主要区别是什么？其用途有哪些？

3．怎样将外部引用图形的内容转化为当前图形的内容？

4．如何利用设计中心浏览及打开图形？

5．用户可以通过设计中心列出图形文件中的哪些信息？如何在当前图样中使用这些信息？

6．如何使用工具选项板中的工具？

7．怎样向工具板中添加工具或从中删除工具？

二、操作题

1．打开文件“8-10.dwg”，如图 8-23 所示，试计算图形面积及外轮廓线周长。

2．创建新图形文件，在新图形中引用教学资源包中文件“8-11.dwg”，然后利用设计中心插入“8-12.dwg”中的图块，块名为“双人床”、“电视”及“电脑桌”，结果如图 8-24 所示。

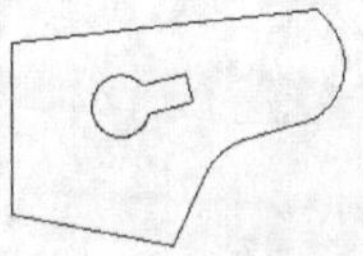

图 8-23　计算图形面积及周长

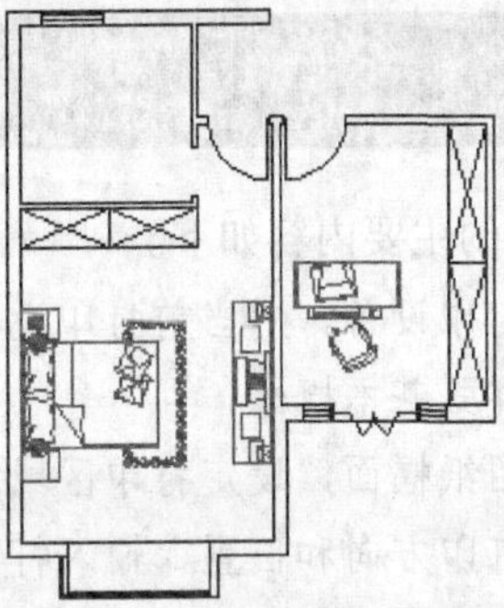

图 8-24　引用图形及插入图块

3．下面这个练习的内容包括引用外部图形、修改及保存图形、重新加载图形。

（1）打开文件“8-13-1.dwg”、“8-13-2.dwg”。

（2）激活文件“8-13-1.dwg”，用 XATTACH 命令插入文件“8-13-2.dwg”，再用 MOVE 命令移动图形，使两个图形“装配”在一起，如图 8-25 所示。

（3）激活文件“8-13-2.dwg”，如图 8-26 左图所示。用 STRETCH 命令调整上、下两孔的位置，使两孔间距离增加 40，如图 8-26 右图所示。

（4）保存文件“8-13-2.dwg”。

（5）激活文件“8-13-1.dwg”，用 XREF 命令重新加载文件“8-13-2.dwg”，结果如图 8-27 所示。

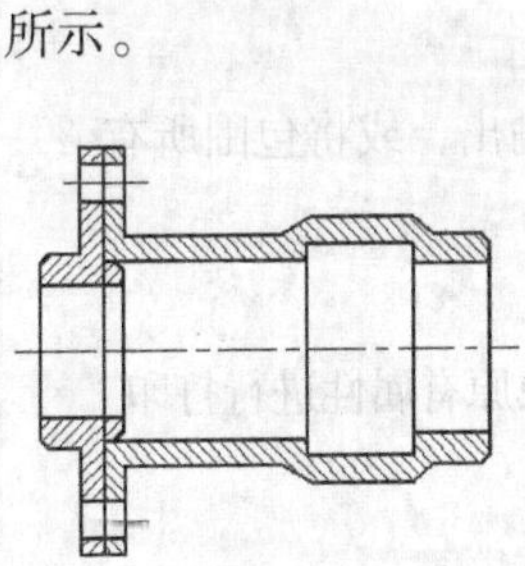

图 8-25　引用外部图形

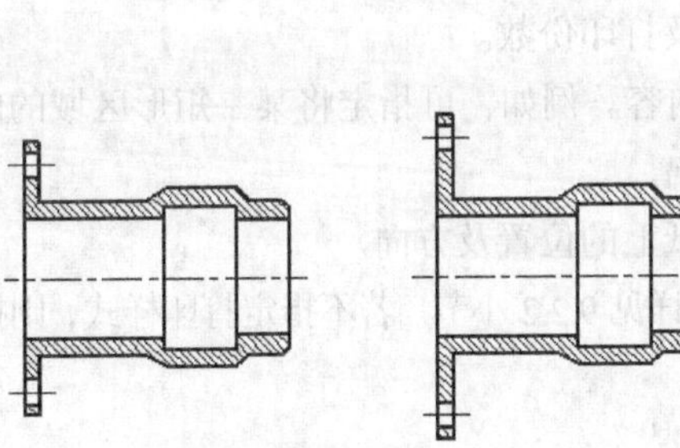

图 8-26　调整孔的位置

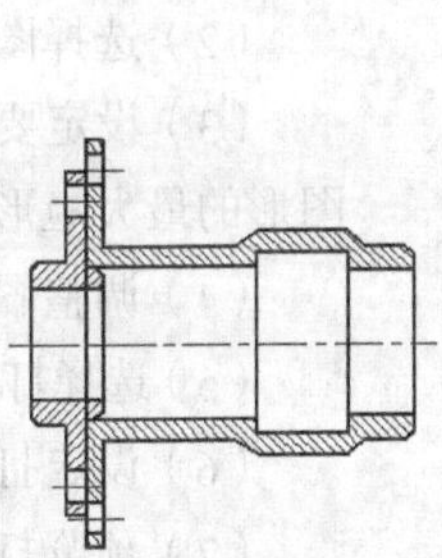

图 8-27　重新加载外部文件

第9章 打印图形

本章介绍的主要内容如下。

- 指定打印设备，对当前打印设备的设置进行简单修改。
- 打印样式基本概念。
- 选择图纸幅面，设定打印区域。
- 调整打印方向和位置，输入打印比例。
- 将小幅面图纸组合成大幅面图纸进行打印。

通过本章的学习，读者应掌握从模型空间打印图形的方法，并学会将多个图样布置在一起打印的技巧。

9.1 打印图形的过程

用户在模型空间中将工程图样布置在标准幅面的图框内，再标注尺寸及书写文字后，就可以输出图形了。输出图形的主要过程如下。

（1）指定打印设备，可以是 Windows 系统打印机，也可以是在 AutoCAD 中安装的打印机。

（2）选择图纸幅面及打印份数。

（3）设定要输出的内容。例如，可指定将某一矩形区域的内容输出，或将包围所有图形的最大矩形区域输出。

（4）调整图形在图纸上的位置及方向。

（5）选择打印样式，详见 9.2.2 小节。若不指定打印样式，则按对象原有属性进行打印。

（6）设定打印比例。

（7）预览打印效果。

【练习 9-1】：从模型空间打印图形。

1. 打开文件“9-1.dwg”。
2. 选取菜单命令【文件】/【绘图仪管理器】，打开【Plotters】对话框，利用该对话框的【添加绘图仪向导】配置一台绘图仪【DesignJet 450C C4716A】。

3. 单击【输出】选项卡【打印】面板上的按钮，打开【打印-模型】对话框，如图 9-1 所示，在该对话框中完成以下设置。

- 在【打印机/绘图仪】分组框的【名称】下拉列表中选择打印设备【DesignJet 450C C4716A.pc3】。
- 在【图纸尺寸】下拉列表中选择 A2 幅面图纸。

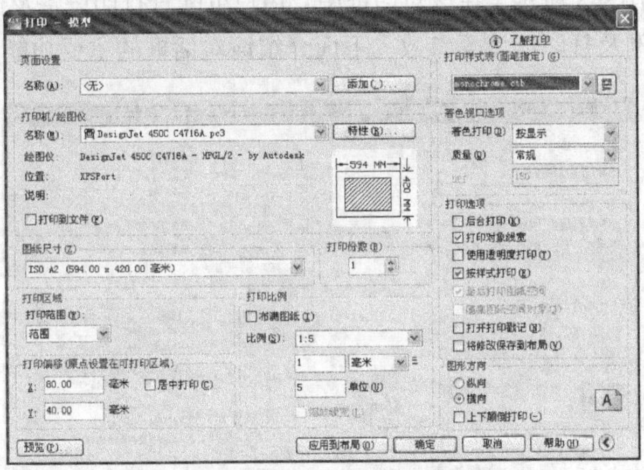

图 9-1 【打印-模型】对话框

- 在【打印份数】分组框的文本框中输入打印份数。
- 在【打印范围】下拉列表中选取【范围】选项。
- 在【打印比例】分组框中设置打印比例 1∶5。
- 在【打印偏移】分组框中指定打印原点为（80,40）。
- 在【图形方向】分组框中设定图形打印方向为【横向】。
- 在【打印样式表】分组框的下拉列表中选择打印样式【monochrome.ctb】（将所有颜色打印为黑色）。

4. 单击【预览(P)...】按钮，预览打印效果，如图 9-2 所示。若满意，按键开始打印，否则，按 Esc 键返回【打印-模型】对话框重新设定打印参数。

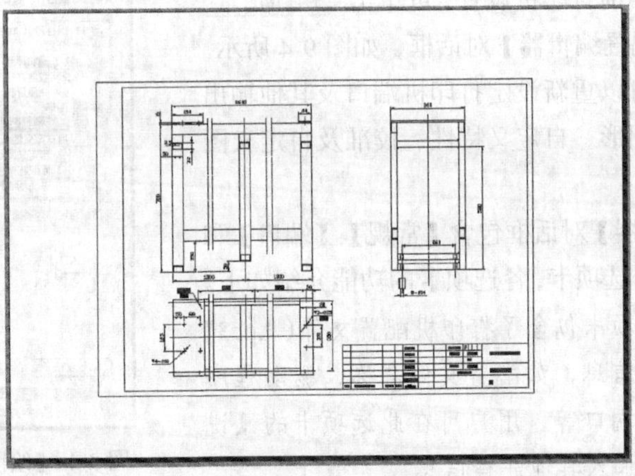

图 9-2　预览打印效果

9.2 设置打印参数

在 AutoCAD 中，用户可使用内部打印机或 Windows 系统打印机输出图形，并能方便地修改打印机设置及其他打印参数。单击【输出】选项卡【打印】面板上的按钮，AutoCAD 打开【打印-模型】对话框，如图 9-3 所示。在该对话框中，用户可配置打印设备及选择打印样式，还能设定图纸幅面、打印比例及打印区域等参数。下面介绍该对话框的主要功能。

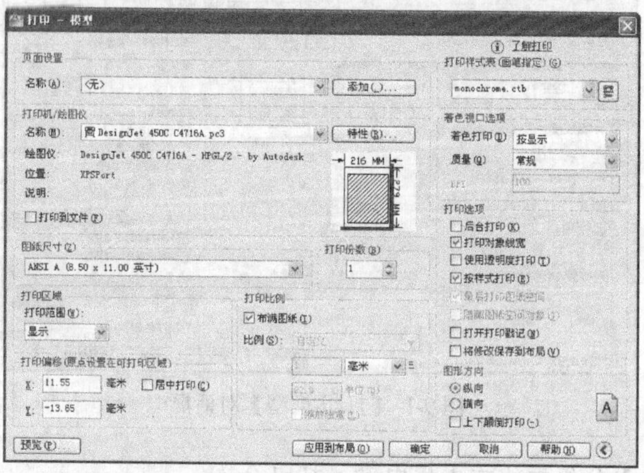

图 9-3 【打印-模型】对话框

9.2.1 选择打印设备

在【打印机/绘图仪】分组框的【名称】下拉列表中，用户可选择 Windows 系统打印机或 AutoCAD 内部打印机（".pc3" 文件）作为输出设备。请注意，这两种打印机名称前的图标是不一样的。当用户选定某种打印机后，【名称】下拉列表下面将显示被选中设备的名称、连接端口以及其他有关打印机的注释信息。

如果用户想修改当前打印机设置，可单击 特性(R)... 按钮，打开【绘图仪配置编辑器】对话框，如图 9-4 所示。在该对话框中，用户可以重新设定打印机端口及其他输出设置，如打印介质、图形、自定义特性、校准及自定义图纸尺寸等。

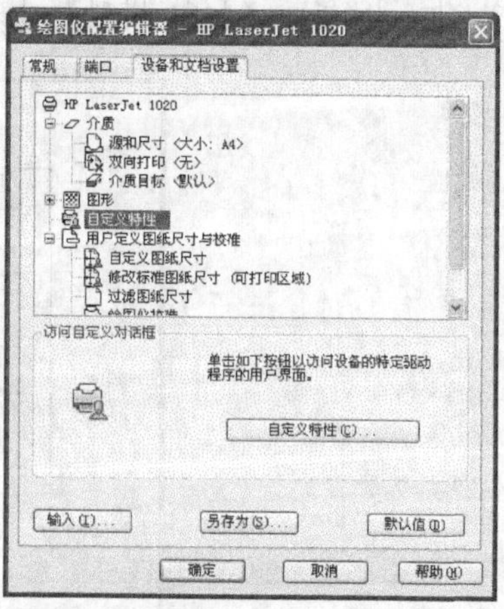

图 9-4 【绘图仪配置编辑器】对话框

【绘图仪配置编辑器】对话框包含【常规】、【端口】和【设备和文档设置】3 个选项卡，各选项卡的功能介绍如下。

- 【常规】：该选项卡包含了打印机配置文件（".pc3" 文件）的基本信息，如配置文件名称、驱动程序信息和打印机端口等。用户可在此选项卡的【说明】列表框中加入其他注释信息。
- 【端口】：通过此选项卡，用户可修改打印机与计算机的连接设置，如选定打印端口、指定打印到文件和后台打印等。

要点提示　若使用后台打印，则允许用户在打印的同时运行其他应用程序。

- 【设备和文档设置】：在该选项卡中，用户可以指定图纸的来源、尺寸和类型，并能修改颜色深度、打印分辨率等。

9.2.2 使用打印样式

在【打印-模型】对话框【打印样式表】下拉列表中选择打印样式，如图 9-5 所示。打印样式是对象的一种特性，同颜色、线型一样，它用于修改打印图形的外观。若为某个对象选择了一种打印样式，则输出图形后，对象的外观由样式决定。AutoCAD 提供了几百种打印样式，并将其组合成一系列打印样式表。

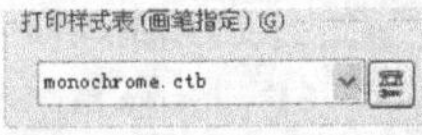

图 9-5　使用打印样式

有以下两种类型的打印样式表。

- 颜色相关打印样式表：颜色相关打印样式表以“.ctb”为文件扩展名保存。该表以对象颜色为基础，共包含 255 种打印样式。每种 ACI 颜色对应一个打印样式，样式名分别为“颜色 1”、“颜色 2”等。用户不能添加或删除颜色相关打印样式，也不能改变它们的名称。若当前图形文件与颜色相关打印样式表相连，则系统自动根据对象的颜色分配打印样式。用户不能选择其他打印样式，但可以对已分配的样式进行修改。
- 命名相关打印样式表：命名相关打印样式表以“.stb”为文件扩展名保存。该表包括一系列已命名的打印样式。用户可修改打印样式的设置及其名称，还可添加新的样式。若当前图形文件与命名相关打印样式表相连，则用户可以不考虑对象颜色，直接给对象指定样式表中的任意一种打印样式。

【打印样式表】下拉列表中包含了当前图形中的所有打印样式表，用户可选择其中之一。若要修改打印样式，就单击此下拉列表右边的按钮，打开【打印样式表编辑器】对话框，利用该对话框，用户可查看或改变当前打印样式表中的参数。

要点提示　选取菜单命令【文件】/【打印样式管理器】，AutoCAD 打开【Plot Styles】界面。该界面中包含打印样式文件及创建新打印样式的快捷方式，单击此快捷方式就能创建新打印样式。

AutoCAD 新建的图形不是处于“颜色相关”模式下就是处于“命名相关”模式下，这和创建图形时选择的样板文件有关。若是采用无样板方式新建图形，则可事先设定新图形的打印样式模式。发出 OPTIONS 命令，系统打开【选项】对话框，进入【打印和发布】选项卡，单击 打印样式表设置(S)... 按钮，打开【打印样式表设置】对话框，如图 9-6 所示，通过该对话框设置新图形的默认打印样式模式。当选取【使用命名打印样式】单选项时，用户还可设定图层 0 或图形对象所采用的默认打印样式。

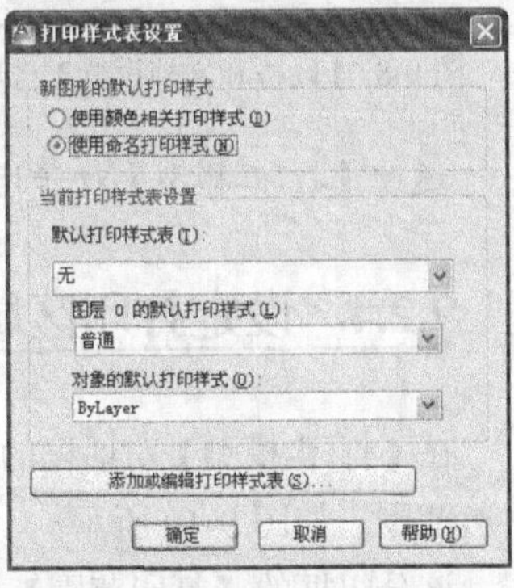

图 9-6　设置新图形打印样式模式

9.2.3 选择图纸幅面

在【打印-模型】对话框的【图纸尺寸】下拉列表中指定图纸大小，如图 9-7 所示。【图纸尺寸】下拉列表中包含了选定打印设备可用的标准图纸尺寸。当选择某种幅面图纸时，该列表右上角出现所选图纸及实际打印范围的预览图像（打印范围用阴影表示出来，可在【打印区域】分组框中设定）。将鼠标光标移到图像上面，在鼠标光标位置处就显示出精确的图纸尺寸及图纸上可打印区域的尺寸。

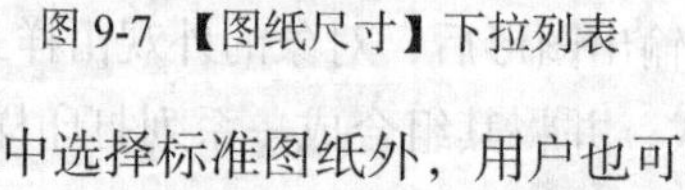

图 9-7 【图纸尺寸】下拉列表

除了从【图纸尺寸】下拉列表中选择标准图纸外，用户也可以创建自定义的图纸。此时，用户需修改所选打印设备的配置。

【练习 9-2】：创建自定义图纸。

1. 在【打印-模型】对话框的【打印机/绘图仪】分组框中单击 特性(R)... 按钮，打开【绘图仪配置编辑器】对话框，在【设备和文档设置】选项卡中选取【自定义图纸尺寸】选项，如图 9-8 所示。
2. 单击 添加(A)... 按钮，打开【自定义图纸尺寸】对话框，如图 9-9 所示。
3. 不断单击 下一步(N) > 按钮，并根据提示设置图纸参数，最后单击 完成(F) 按钮结束。

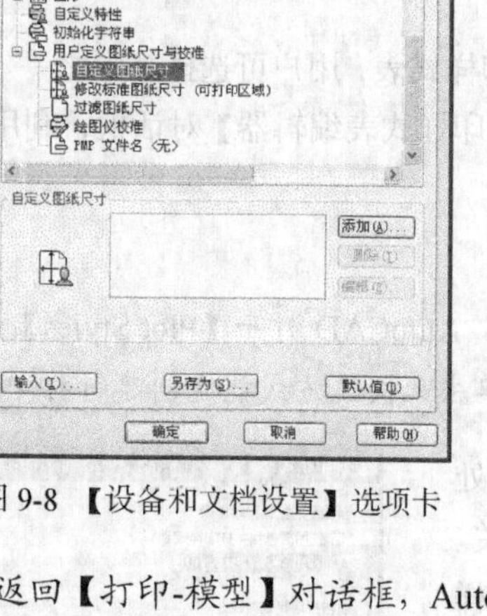

图 9-8 【设备和文档设置】选项卡

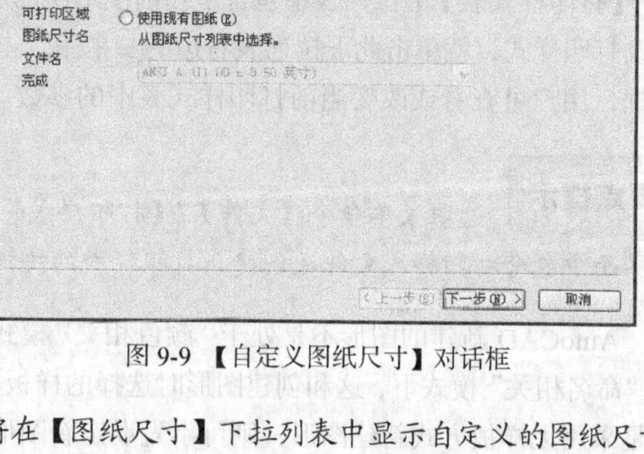

图 9-9 【自定义图纸尺寸】对话框

4. 返回【打印-模型】对话框，AutoCAD 将在【图纸尺寸】下拉列表中显示自定义的图纸尺寸。

9.2.4 设定打印区域

在【打印-模型】对话框的【打印区域】分组框中设置要输出的图形范围，如图 9-10 所示。

该分组框的【打印范围】下拉列表中包含 4 个选项。用户可利用图 9-11 所示的图样了解它们的功能。

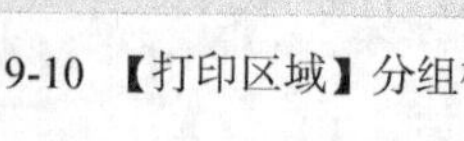

图 9-10 【打印区域】分组框

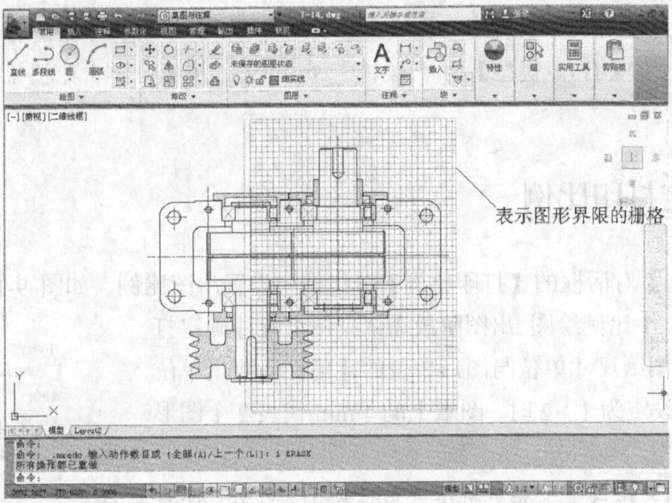

图 9-11　设置打印区域

- 【图形界限】：从模型空间打印时，【打印范围】下拉列表将列出【图形界限】选项。选取该选项，系统就把设定的图形界限范围（用 LIMITS 命令设置图形界限）打印在图纸上，结果如图 9-12 所示。

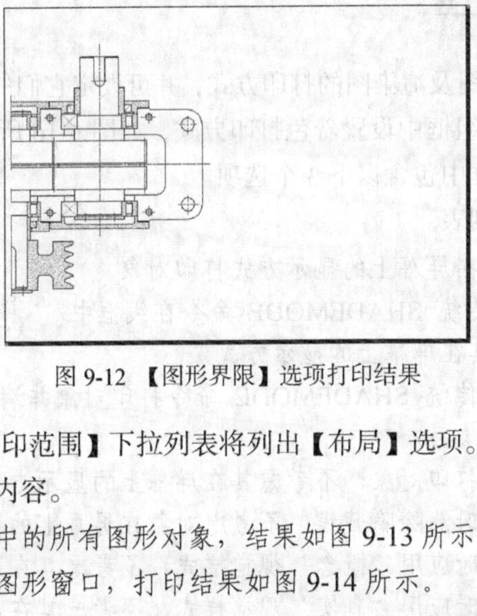

图 9-12　【图形界限】选项打印结果

从图纸空间打印时，【打印范围】下拉列表将列出【布局】选项。选取该选项，系统将打印虚拟图纸可打印区域内的所有内容。

- 【范围】：打印图样中的所有图形对象，结果如图 9-13 所示。
- 【显示】：打印整个图形窗口，打印结果如图 9-14 所示。

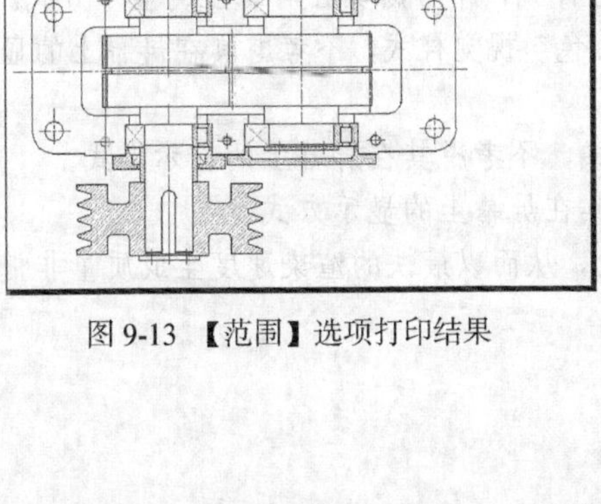

图 9-13　【范围】选项打印结果

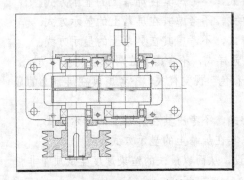

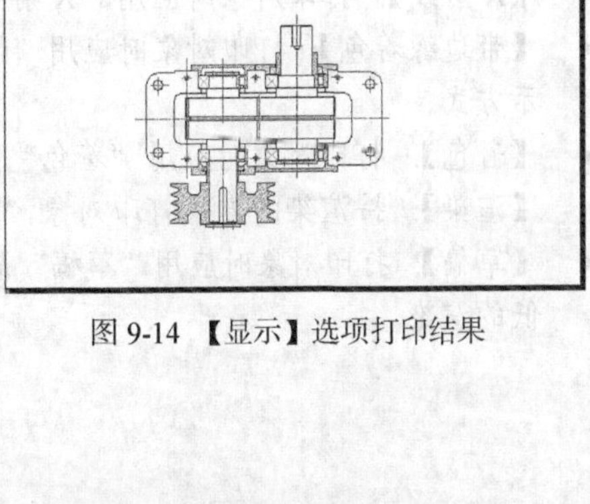

图 9-14　【显示】选项打印结果

- 【窗口】: 打印用户自己设定的区域。选取此选项后，系统提示指定打印区域的两个角点，同时在【打印-模型】对话框中显示 窗口(O)< 按钮，单击此按钮，可重新设定打印区域。

9.2.5 设定打印比例

在【打印-模型】对话框的【打印比例】分组框中设置出图比例，如图 9-15 所示。绘制阶段用户根据实物按 1∶1 比例绘图，出图阶段需依据图纸尺寸确定打印比例，该比例是图纸尺寸单位与图形单位的比值。当测量单位是毫米，打印比例设定为 1∶2 时，图纸上的 1 mm 代表 2 个图形单位。

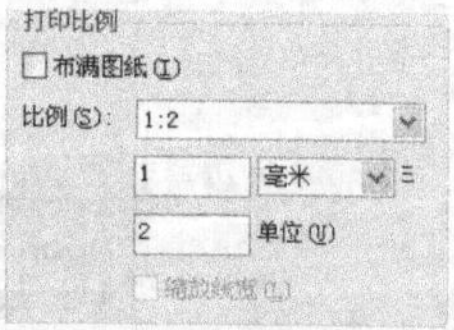

图 9-15 【打印比例】分组框

【比例】下拉列表包含了一系列标准缩放比例值。此外，还有【自定义】选项，该选项使用户可以自己指定打印比例。

从模型空间打印时，【打印比例】的默认设置是“布满图纸”。此时，系统将缩放图形以充满所选定的图纸。

9.2.6 设定着色打印

着色打印用于指定着色图及渲染图的打印方式，并可设定它们的分辨率。在【打印-模型】对话框的【着色视口选项】分组框中设置着色打印方式，如图 9-16 所示。

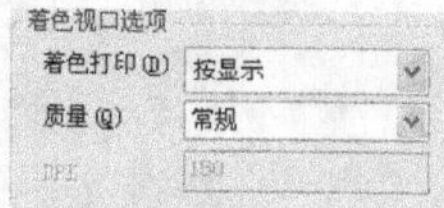

图 9-16 【着色视口选项】分组框

【着色视口选项】分组框中包含以下 3 个选项。

（1）【着色打印】下拉列表。

- 【按显示】: 按对象在屏幕上的显示方式打印对象。
- 【传统线框】: 使用传统 SHADEMODE 命令在线框中打印对象，不考虑其在屏幕上的显示方式。
- 【传统隐藏】: 使用传统 SHADEMODE 命令打印对象并消除隐藏线，不考虑其在屏幕上的显示方式。
- 【线框】: 在线框中打印对象，不考虑其在屏幕上的显示方式。
- 【消隐】: 打印对象时消除隐藏线，不考虑对象在屏幕上的显示方式。
- 【概念】: 打印对象时应用“概念”视觉样式，不考虑其在屏幕上的显示方式。
- 【真实】: 打印对象时应用“真实”视觉样式，不考虑其在屏幕上的显示方式。
- 【灰度】: 打印对象时应用“灰度”视觉样式，不考虑其在屏幕上的显示方式。
- 【勾画】: 打印对象时应用“勾画”视觉样式，不考虑其在屏幕上的显示方式。
- 【X 射线】: 打印对象时应用“X 射线”视觉样式，不考虑其在屏幕上的显示方式。
- 【带边缘着色】: 打印对象时应用“带边缘着色”视觉样式，不考虑其在屏幕上的显示方式。
- 【着色】: 打印对象时应用“着色”视觉样式，不考虑其在屏幕上的显示方式。
- 【渲染】: 按渲染的方式打印对象，不考虑其在屏幕上的显示方式。
- 【草稿】: 打印对象时应用“草稿”渲染预设，从而以最快的渲染速度生成质量非常低的渲染。

- 【低】：打印对象时应用“低”渲染预设，以生成质量高于“草稿”的渲染。
- 【中】：打印对象时应用“中”渲染预设，可提供质量和渲染速度之间的良好平衡。
- 【高】：打印对象时应用“高”渲染预设。
- 【演示】：打印对象时应用适用于真实照片渲染图像的“演示”渲染预设，处理所需时间最长。

（2）【质量】下拉列表。

- 【草稿】：将渲染及着色图按线框方式打印。
- 【预览】：将渲染及着色图的打印分辨率设置为当前设备分辨率的四分之一，DPI 的最大值为“150”。
- 【常规】：将渲染及着色图的打印分辨率设置为当前设备分辨率的二分之一，DPI 的最大值为“300”。
- 【演示】：将渲染及着色图的打印分辨率设置为当前设备的分辨率，DPI 的最大值为“600”。
- 【最大】：将渲染及着色图的打印分辨率设置为当前设备的分辨率。
- 【自定义】：将渲染及着色图的打印分辨率设置为【DPI】文本框中用户指定的分辨率，最大可为当前设备的分辨率。

（3）【DPI】文本框。

设定打印图像时每英寸的点数，最大值为当前打印设备分辨率的最大值。只有当【质量】下拉列表中选取了【自定义】时，此选项才可用。

9.2.7　调整图形打印方向和位置

图形在图纸上的打印方向通过【图形方向】分组框中的选项调整，如图 9-17 所示。该分组框包含一个图标，此图标表明图纸的放置方向，图标中的字母方向代表图形在图纸上的打印方向。

【图形方向】分组框包含以下 3 个选项。

- 【纵向】：图形在图纸上的放置方向是水平的。
- 【横向】：图形在图纸上的放置方向是竖直的。
- 【上下颠倒打印】：使图形颠倒打印，此选项可与【纵向】、【横向】结合使用。

图形在图纸上的打印位置是由【打印偏移】分组框中的选项决定的，如图 9-18 所示。默认情况下，AutoCAD 从图纸左下角打印图形，打印原点处在图纸左下角位置，坐标是（0,0）。用户可在【打印偏移】分组框中设定新的打印原点，这样图形在图纸上将沿 x 和 y 轴移动。

图 9-17 【图形方向】分组框

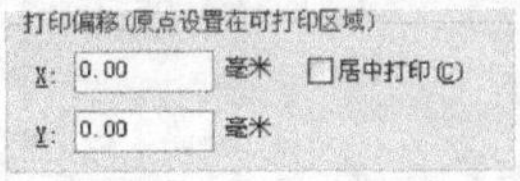

图 9-18 【打印偏移】分组框

【打印偏移】分组框包含以下 3 个选项。

- 【居中打印】：在图纸正中间打印图形（自动计算 x 和 y 的偏移值）。
- 【X】：指定打印原点在 x 轴方向的偏移值。
- 【Y】：指定打印原点在 y 轴方向的偏移值。

要点提示 如果用户不能确定打印机如何确定原点，可试着改变一下打印原点的位置并预览打印结果，然后根据图形的移动距离推测原点位置。

9.2.8 预览打印效果

打印参数设置完成后，用户可通过打印预览观察图形的打印效果，如果不合适，可重新调整，以免浪费图纸。

单击【打印-模型】对话框下面的 预览(P)... 按钮，AutoCAD 显示实际的打印效果。由于系统要重新生成图形，因此复杂图形会耗费较长时间。

预览时，鼠标光标变成“Q+”，可以进行实时缩放操作。查看完毕后，按 Esc 或 Enter 键返回【打印-模型】对话框。

9.2.9 保存打印设置

用户选择打印设备并设置打印参数（图纸幅面、比例和方向等）后，可以将所有这些保存在页面设置中，以便以后使用。

【打印-模型】对话框【页面设置】分组框的【名称】下拉列表中显示了所有已命名的页面设置。若要保存当前页面设置，就单击该列表右边的 添加(.)... 按钮，打开【添加页面设置】对话框，如图 9-19 所示，在该对话框的【新页面设置名】文本框中输入页面名称，然后单击 确定(O) 按钮，存储页面设置。

用户也可以从其他图形中输入已定义的页面设置。在【页面设置】分组框的【名称】下拉列表中选取【输入】选项，打开【从文件选择页面设置】对话框，选择并打开所需的图形文件，打开【输入页面设置】对话框，如图 9-20 所示。该对话框显示图形文件中包含的页面设置，选择其中之一，单击 确定(O) 按钮完成。

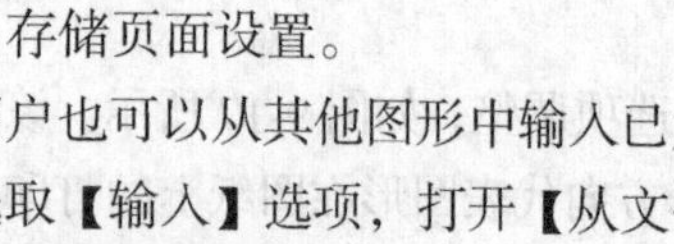

图 9-19 【添加页面设置】对话框

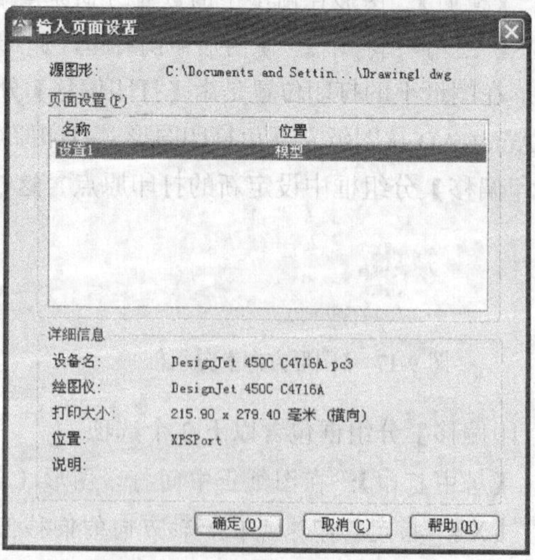

图 9-20 【输入页面设置】对话框

9.3 打印图形实例

前面几节介绍了许多有关打印方面的知识，下面通过一个实例演示打印图形的全过程。

【练习 9-3】：打印图形。

1. 打开文件“9-3.dwg”。
2. 单击【输出】选项卡【打印】面板上的按钮，打开【打印-模型】对话框，如图 9-21 所示。

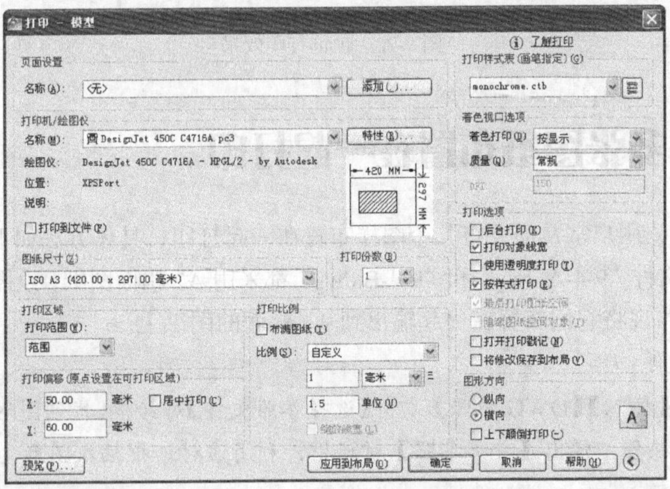

图 9-21 【打印-模型】对话框

3. 如果想使用以前创建的页面设置，就在【页面设置】分组框的【名称】下拉列表中选择它。
4. 在【打印机/绘图仪】分组框的【名称】下拉列表中指定打印设备。若要修改打印机特性，可单击下拉列表右边的 特性(R)... 按钮，打开【绘图仪配置编辑器】对话框。通过该对话框，用户可修改打印机端口、介质类型，还可自定义图纸大小。
5. 在【打印份数】分组框的文本框中输入打印份数。
6. 若要将图形输出到文件，则应在【打印机/绘图仪】分组框中选取【打印到文件】复选项。此后，当用户单击【打印-模型】对话框的 确定 按钮时，AutoCAD 就打开【浏览打印文件】对话框，用户通过该对话框指定输出文件的名称及地址。
7. 继续在【打印-模型】对话框中做以下设置。
   - 在【图纸尺寸】下拉列表中选择 A3 图纸。
   - 在【打印范围】下拉列表中选取【范围】选项。
   - 设定打印比例为“1：1.5”。
   - 设定图形打印方向为“横向”。
   - 指定打印原点为（50,60）。
   - 在【打印样式表】分组框的下拉列表中选择打印样式【monochrome.ctb】（将所有颜色打印为黑色）。
8. 单击 预览(P)... 按钮，预览打印效果，如图 9-22 所示。若满意，按 Esc 键返回【打印-模型】对话框，再单击 确定 按钮开始打印；否则，重新调整后打印。

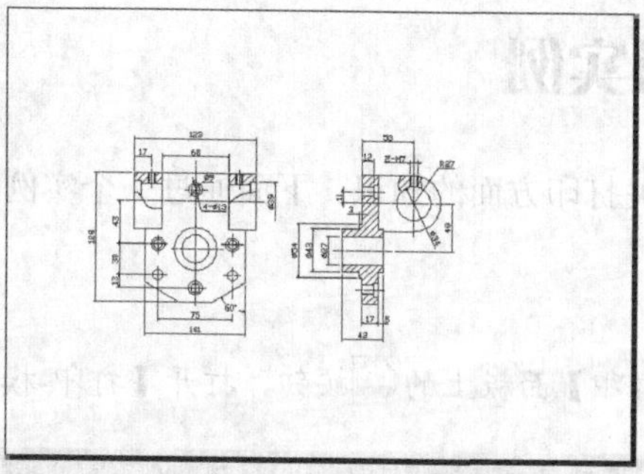

图 9-22　预览打印效果

9.4 将多张图纸布置在一起打印

为了节省图纸，用户常常需要将几个图样布置在一起打印，具体方法如下。

【练习 9-4】：附盘文件“9-4-A.dwg”和“9-4-B.dwg”都采用 A2 幅面图纸，绘图比例分别为 1∶3、1∶4，现将它们布置在一起输出到 A1 幅面的图纸上。

1. 创建一个新文件。
2. 选取菜单命令【插入】/【DWG 参照】，打开【选择参照文件】对话框，找到图形文件“9-4-A.dwg”，单击 打开(O) 按钮，弹出【外部参照】对话框，利用该对话框插入图形文件。插入时的缩放比例为 1∶1。
3. 用 SCALE 命令缩放图形，缩放比例为 1∶3（图样的绘图比例）。
4. 用与第 2、3 步相同的方法插入文件“9-4-B.dwg”，插入时的缩放比例为 1∶1。插入图样后，用 SCALE 命令缩放图形，缩放比例为 1∶4。
5. 用 MOVE 命令调整图样位置，让其组成 A1 幅面图纸，如图 9-23 所示。

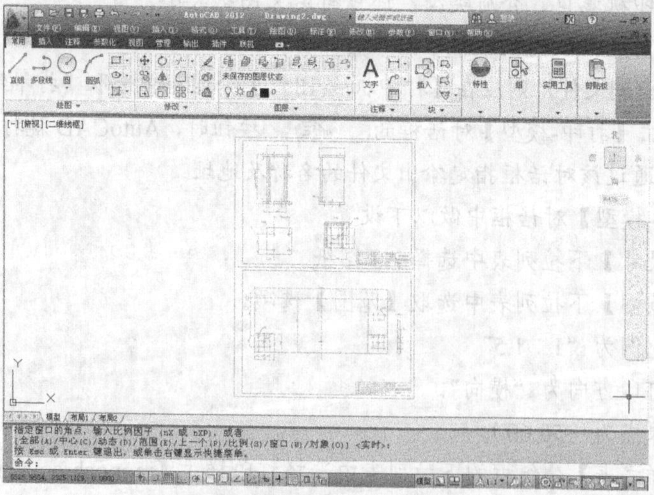

图 9-23　让图形组成 A1 幅面图纸

6. 单击【输出】选项卡【打印】面板上的按钮，打开【打印-模型】对话框，如图 9-24 所示，在该对话框中做以下设置。

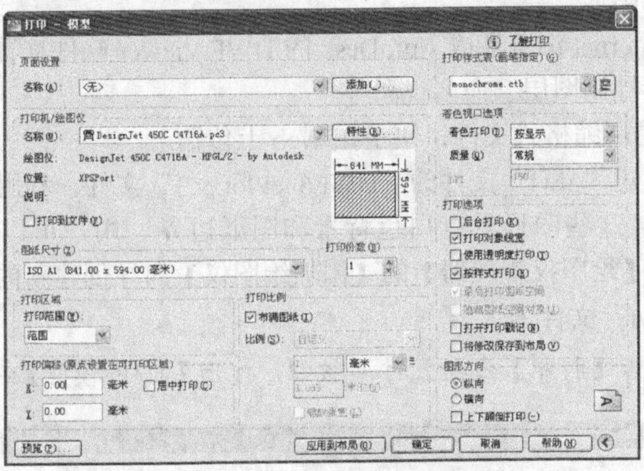

图 9-24 【打印-模型】对话框

- 在【打印机/绘图仪】分组框的【名称】下拉列表中选择打印设备【DesignJet 450C C4716A.pc3】。
- 在【图纸尺寸】下拉列表中选择 A1 幅面图纸。
- 在【打印样式表】分组框的下拉列表中选择打印样式【monochrome.ctb】(将所有颜色打印为黑色)。
- 在【打印范围】下拉列表中选取【范围】选项。
- 在【打印比例】分组框中选取【布满图纸】复选项。
- 在【图形方向】分组框中选取【纵向】单选项。

7. 单击 预览(P)... 按钮，预览打印效果，如图 9-25 所示。若满意，单击打印按钮开始打印；否则，重新调整后打印。

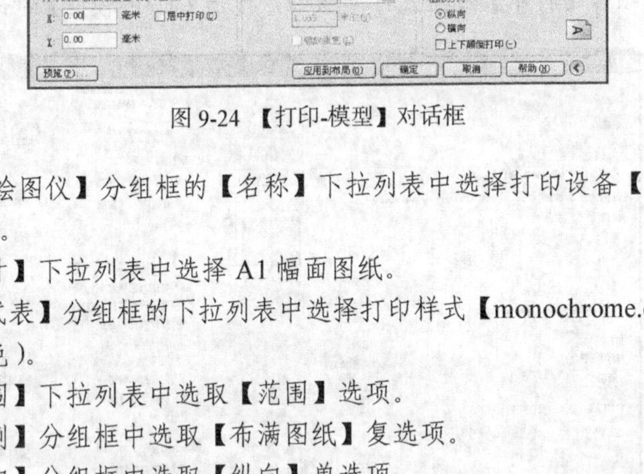

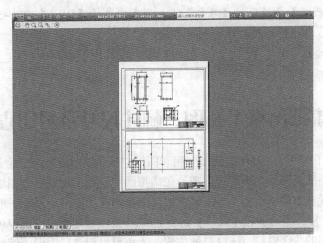

图 9-25　预览打印效果

9.5 创建电子图纸

用户可通过 AutoCAD 的电子打印功能将图形存为 Web 上可用的“.dwf”格式文件，此种格式文件具有以下特点。

（1）它是矢量格式图形。

（2）用户可使用 Internet 浏览器或 AutoDesk 的 DWF Viewer 软件查看和打印，并能对其进行平移和缩放操作，还可控制图层、命名视图等。

（3）".dwf" 文件是压缩格式文件，便于在 Web 上传输。

系统提供了用于创建".dwf"文件的"DWF6 ePlot.pc3"文件，利用它可生成针对打印和查看而优化的电子图形。这些图形具有白色背景和图纸边界。用户可以修改预定义的"DWF6 ePlot.pc3"文件或通过【绘图仪管理器】的【添加绘图仪】向导创建新的".dwf"打印机配置。

【练习 9-5】：创建".dwf"文件。

1. 单击【输出】选项卡【打印】面板上的按钮，打开【打印-模型】对话框，如图 9-26 所示。

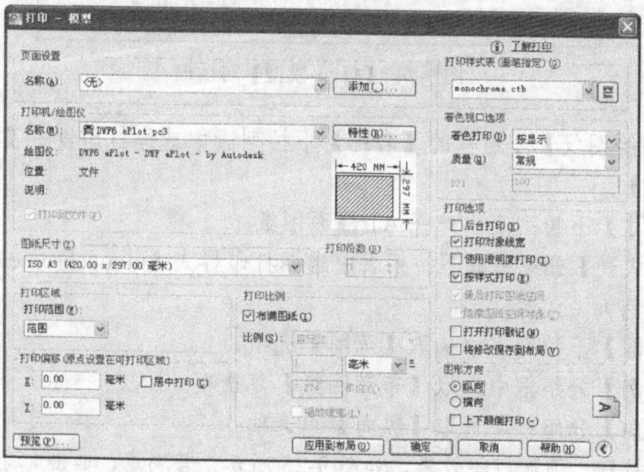

图 9-26 【打印-模型】对话框

2. 在【打印机/绘图仪】分组框的【名称】下拉列表中选择【DWF6 ePlo 七.pc3】打印机。

3. 设定图纸尺寸、打印区域及打印比例等参数。

4. 单击 确定 按钮，打开【浏览打印文件】对话框，通过该对话框指定要生成的".dwf"文件的名称和位置。

9.6 在虚拟图纸上布图、标注尺寸及打印虚拟图纸

AutoCAD 提供了两种图形环境：模型空间和图纸空间。模型空间用于绘制图形，图纸空间用于布置图形。进入图纸空间后，图形区出现一张虚拟图纸。用户可设定该图纸的幅面，并能将模型空间中的图形布置在虚拟图纸上，方法是通过浮动视口显示图形，系统一般会自动在图纸上建立一个视口。此外，用户也可通过【视口】面板上的按钮创建视口。用户可以认为视口是虚拟图纸上观察模型空间的一个窗口，该窗口的位置、大小可以调整，图形的缩放比例也可以设定。视口激活后，其所在范围就是一个小的模型空间，在其中可对图形进行各类操作。

在虚拟图纸上布置所需的图形并设定缩放比例后就可标注尺寸及书写文字（注意，一般不要进入模型空间标注尺寸或书写文字），标注全局比例设定为 1，文字高度等于打印在图纸上的实际高度。

下面将介绍在图纸空间布图及出图的方法。

【练习 9-6】：在图纸空间布图及出图。

1. 打开文件"9-A3.dwg"及"9-6.dwg"。

2. 单击模型按钮切换至图纸空间，系统显示一张虚拟图纸。利用 Windows 的复制/粘贴功能将文件“9-A3.dwg”中的 A3 幅面图框拷贝到虚拟图纸上，再调整其位置，如图 9-27 所示。
3. 将鼠标光标放在布局1按钮上，单击鼠标右键，弹出快捷菜单，选取【页面设置管理器】命令，打开【页面设置管理器】对话框，单击修改(M)...按钮，打开【页面设置】对话框，如图 9-28 所示。在该对话框中完成以下设置。
   - 在【打印机/绘图仪】分组框的【名称】下拉列表中选择打印设备【DesignJet 450C C4716A.pc3】。
   - 在【图纸尺寸】下拉列表中选择 A3 幅面图纸。
   - 在【打印范围】下拉列表中选取【范围】选项。
   - 在【打印比例】分组框中选取【布满图纸】复选项。
   - 在【打印偏移】分组框中指定打印原点为（0,0）。
   - 在【图形方向】分组框中设定图形打印方向为“横向”。
   - 在【打印样式表】分组框的下拉列表中选择打印样式【monochrome.ctb】（将所有颜色打印为黑色）。

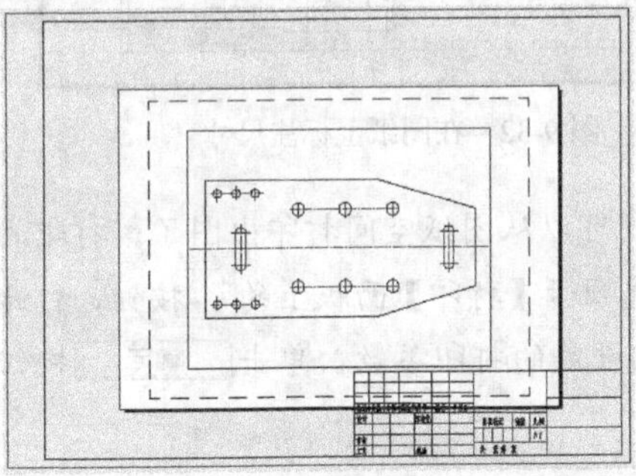

图 9-27　插入图框

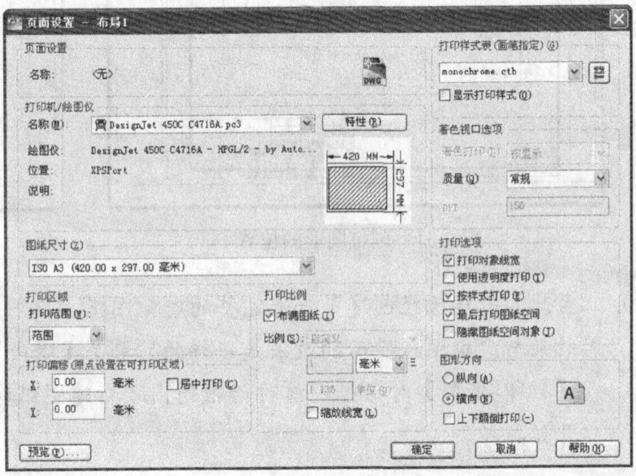

图 9-28 【页面设置】对话框

4. 单击确定按钮，再关闭【页面设置管理器】对话框，屏幕上出现一张 A3 幅面的图纸，图纸上的虚线代表可打印区域，A3 图框被布置在此区域中，如图 9-29 所示。图框内部的小矩形是系统自动创建的浮动视口，这个视口显示模型空间中的图形。用户可复制或移动视口，还可利用编辑命令调整其大小。
5. 创建“视口”层，将矩形视口修改到该层上，然后利用关键点编辑方式调整视口大小。选中视口，在【视口】工具栏上的【视口缩放比例】下拉列表中设定视口缩放比例为 1: 1.5，如图 9-30 所示。视口缩放比例值就是图形布置在图纸上的缩放比例，即绘图比例。
6. 锁定视口的缩放比例。选中视口，单击鼠标右键，弹出快捷菜单，通过此菜单将【显示锁定】设置为【是】。
7. 单击图纸按钮，激活浮动视口，用 MOVE 命令调整图形的位置，结果如图 9-31 所示。
8. 单击模型按钮，返回图纸空间，冻结视口层。使“国标标注”成为当前样式，再设定标注全局比例因子为 1，然后标注尺寸，结果如图 9-32 所示。

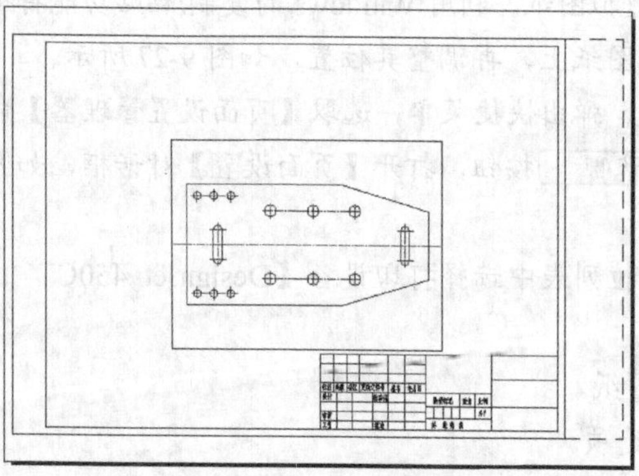

图 9-29 指定 A3 幅面图纸

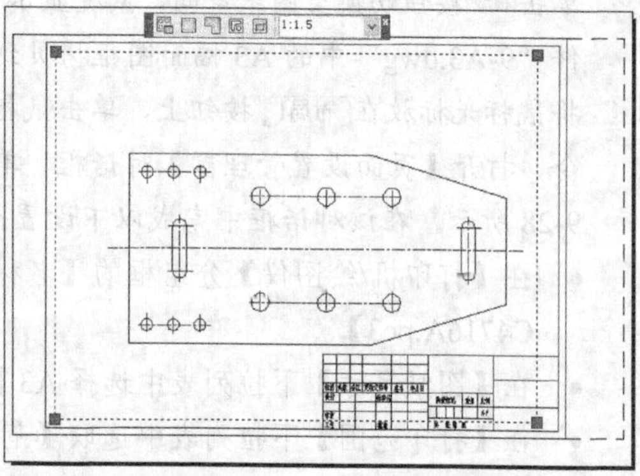

图 9-30 调整视口大小及设定视口缩放比例

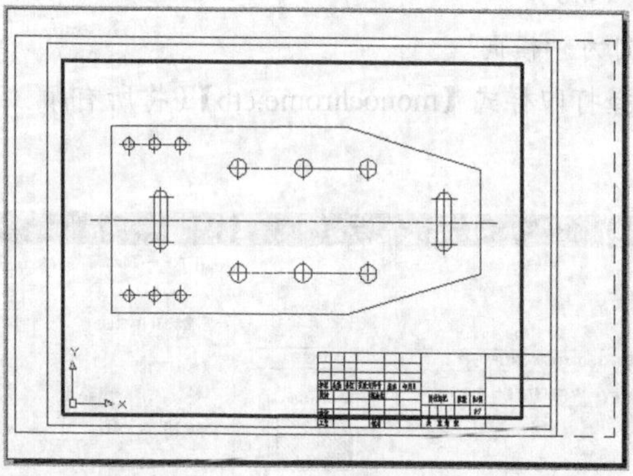

图 9-31 调整图形的位置

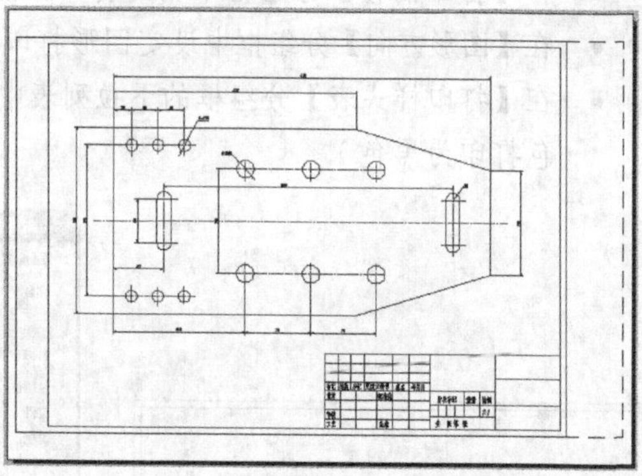

图 9-32 在图纸上标注尺寸

9. 至此，用户已经创建了一张完整的虚拟图纸，接下来就可以从图纸空间打印出图了。打印的效果与虚拟图纸显示的效果是一样的。单击【输出】选项卡【打印】面板上的按钮，打开【打印-模型】对话框，该对话框列出了新建图纸时已设定的打印参数，单击 确定 按钮开始打印。

习题

思考题

1．打印图形时，一般应设置哪些打印参数？如何设置？
2．打印图形的主要过程是什么？
3．当设置完打印参数后，应如何保存以便再次使用？
4．从模型空间出图时，怎样将不同绘图比例的图纸放在一起打印？
5．有哪两种类型的打印样式？它们的作用是什么？
6．怎样生成电子图纸？
7．从图纸空间打印图形的主要过程是什么？

第10章 三维建模

本章介绍的主要内容如下。

- 观察三维模型。
- 创建长方体、球体及圆柱体等基本立体。
- 拉伸或旋转二维对象形成三维实体或曲面。
- 通过扫掠及放样形成三维实体或曲面。
- 阵列、旋转及镜像三维对象。
- 拉伸、移动、旋转实体表面。
- 使用用户坐标系。
- 利用布尔运算构建复杂模型。

通过本章的学习，读者应掌握创建及编辑三维模型的主要命令，并了解利用布尔运算构建复杂模型的方法。

10.1 三维建模空间

用户创建三维模型时可切换至AutoCAD三维工作空间，单击快速访问工具栏上的按钮，弹出快捷菜单，选择【三维建模】命令，就切换至该空间。当用户以“acad3D.dwt”或“acadiso3D.dwt”为样板创建三维图形时，就直接进入此空间。默认情况下，三维建模空间包含【建模】面板、【实体编辑】面板、【坐标】面板、【视图】面板等，如图10-1所示。这些面板的功能如下。

- 【建模】面板：包含创建基本立体、回转体及其他曲面立体等的命令按钮。
- 【实体编辑】面板：利用该面板中的命令按钮可对实体表面进行拉伸、旋转等操作。
- 【坐标】面板：通过该面板上的命令按钮可以创建及管理UCS坐标系。
- 【视图】面板：通过该面板中的命令按钮可设定观察模型的方向，形成不同的模型视图。

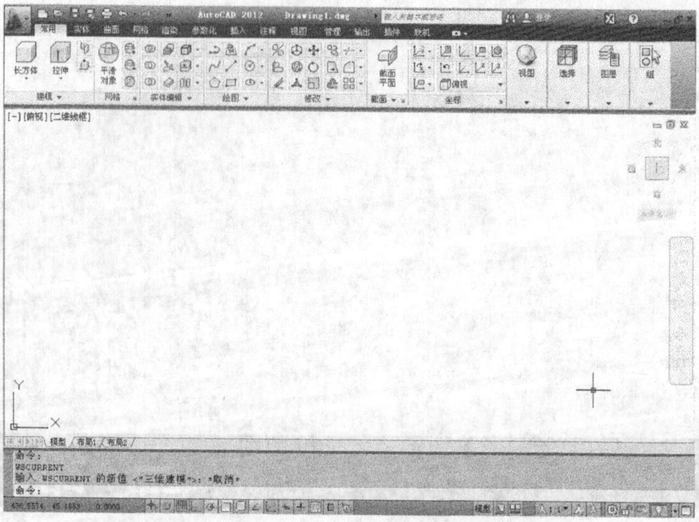

图 10-1 三维建模空间

10.2 观察三维模型的方法

在三维建模过程中，常需要从不同方向观察模型。AutoCAD 提供了多种观察模型的方法，下面介绍常用的几种方法。

10.2.1 用标准视点观察模型

任何三维模型都可以从任意一个方向观察。进入三维建模空间，该空间【常用】选项卡中【视图】面板上的【三维导航】下拉列表提供了 10 种标准视点，如图 10-2 所示。通过这些视点就能获得 3D 对象的 10 种视图，如前视图、后视图、左视图及东南轴测图等。

标准视点是相对于某个基准坐标系（世界坐标系或用户创建的坐标系）设定的。基准坐标系不同，所得视图也不同。

用户可在【视图管理器】对话框中指定基准坐标系，选取【三维导航】下拉列表中的【视图管理器】，打开【视图管理器】对话框。该对话框左边的列表框中列出了预设的标准正交视图名称，这些视图所采用的基准坐标系可在【设定相对于】下拉列表中选定，如图 10-3 所示。

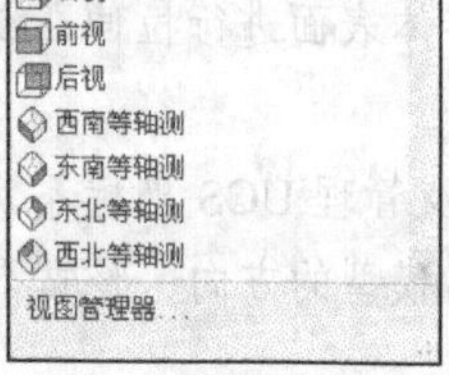

图 10-2 标准视点

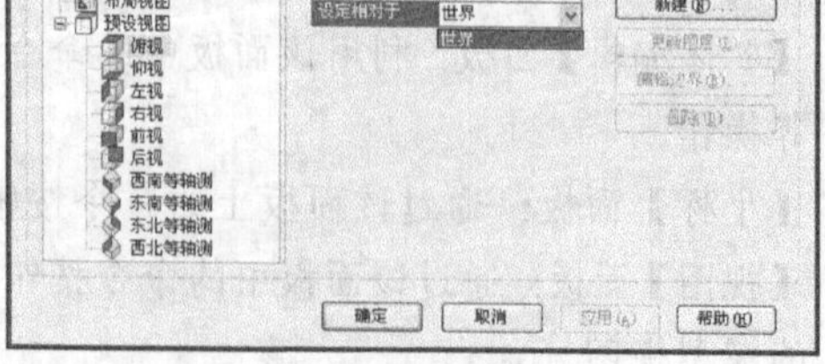

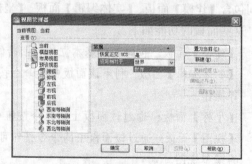

图 10-3 【视图管理器】对话框

【练习 10-1】：通过图 10-4 所示的三维模型来演示标准视点生成的视图。

1. 打开文件“10-1.dwg”，如图 10-4 所示。
2. 选择【三维导航】下拉列表中的【前视】选项，再发出消隐命令 HIDE，结果如图 10-5 所示，此图是三维模型的前视图。

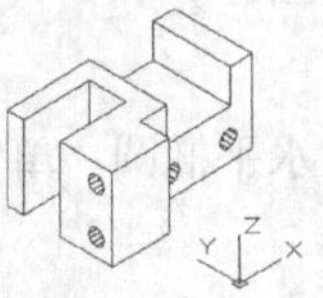

图 10-4　用标准视点观察模型

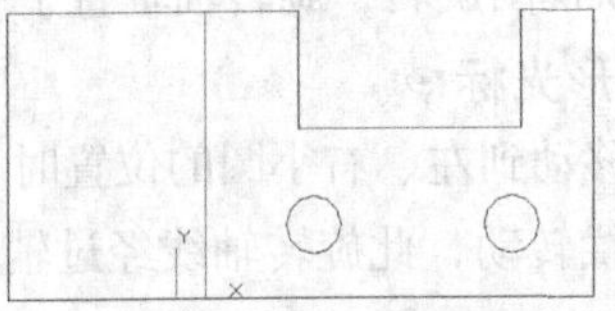

图 10-5　前视图

3. 选择【三维导航】下拉列表的【左视】选项，再发出消隐命令 HIDE，结果如图 10-6 所示，此图是三维模型的左视图。
4. 选择【三维导航】下拉列表的【东南等轴测】选项，然后发出消隐命令 HIDE，结果如图 10-7 所示，此图是三维模型的东南轴测视图。

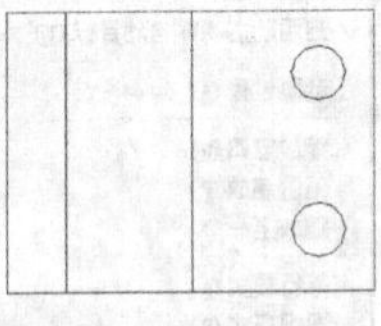

图 10-6　左视图

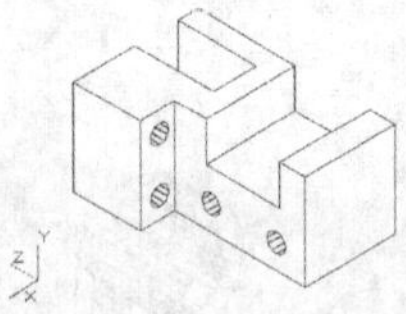

图 10-7　东南轴测图

10.2.2　三维动态旋转

3DFORBIT 命令用于激活交互式的动态视图。用户通过单击并拖动鼠标的方法来改变观察方向，从而能够非常方便地获得不同方向的 3D 视图。使用此命令时，用户可以选择观察全部的对象或模型中的一部分对象。AutoCAD 围绕待观察的对象形成一个辅助圆，该圆被 4 个小圆分成 4 等份，如图 10-8 所示。辅助圆的圆心是观察目标点，当用户按住鼠标左键并拖动时，待观察的对象（或目标点）静止不动，而视点绕着 3D 对象旋转，显示结果是，视图在不断地转动。

当用户想观察整个模型的部分对象时，应先选择这些对象，然后启动 3DFORBIT 命令，此时，仅所选对象显示在屏幕上。若其没有处在动态观察器的大圆内，就单击鼠标右键，选取【范围缩放】命令。

命令启动方法

- 菜单命令：【视图】/【动态观察】/【自由动态观察】。
- 面板：【导航】面板上的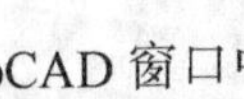按钮。
- 命令：3DFORBIT。

启动 3DFORBIT 命令，AutoCAD 窗口中就出现一个大圆和 4 个均布的小圆，如图 10-8 所示。当鼠标光标移至圆的不同位置时，其形状将发生变化。不同形状的鼠标光标表明了当前视图的旋转方向。

一、球形光标

鼠标光标位于辅助圆内时，就变为上面这种形状。此时，用户可假想一个球体把目标对象包裹起来，单击并拖动鼠标，就使球体沿鼠标光标拖动的方向旋转，模型视图也就随之旋转起来。

二、圆形光标

移动鼠标光标到辅助圆外，鼠标光标就变为上面这种形状。按住鼠标左键并将鼠标光标沿辅助圆拖动，就使 3D 视图旋转，旋转轴垂直于屏幕并通过辅助圆心。

三、水平椭圆形光标

当把鼠标光标移动到左、右小圆的位置时，其形状就变为水平椭圆。单击并拖动鼠标就使视图绕着一个铅垂轴线转动，此旋转轴线经过辅助圆心。

四、竖直椭圆形光标

将鼠标光标移动到上、下两个小圆的位置时，鼠标光标就变为上面的这种形状。单击并拖动鼠标将使视图绕着一个水平轴线转动，此旋转轴线经过辅助圆心。

当 3DFORBIT 命令激活时，单击鼠标右键，弹出快捷菜单，如图 10-9 所示。

图 10-8　3D 动态视图

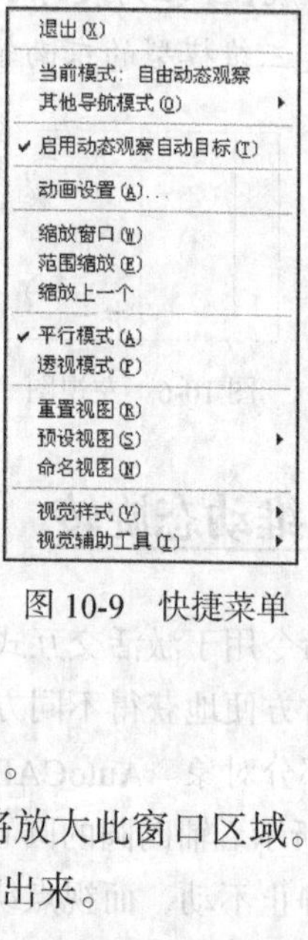

图 10-9　快捷菜单

此菜单中常用选项的功能如下。

（1）【其他导航模式】：对三维视图执行平移、缩放操作。

（2）【缩放窗口】：单击两点指定缩放窗口，AutoCAD 将放大此窗口区域。

（3）【范围缩放】：可将图形对象充满整个图形窗口显示出来。

（4）【缩放上一个】：返回上一个视图。

（5）【平行模式】：激活平行投影模式。

（6）【透视模式】：激活透视投影模式，透视图与眼睛观察到的图像极为接近。

（7）【重置视图】：将当前的视图恢复到激活 3DFORBIT 命令时的视图。

（8）【预设视图】：指定要使用的预定义视图，如左视图、俯视图等。

（8）【命名视图】：选择要使用的命名视图。

（10）【视觉样式】：提供多种着色方式，具体参见 10.2.3 小节。

10.2.3　视觉样式

AutoCAD 用线框表示三维模型。在绘制及编辑三维对象时，用户面对的都是模型的线框图。若模型较复杂，则众多线条交织在一起，用户很难清晰地观察对象的结构形状。为了获得较好的显示效果，用户可生成 3D 对象的消隐图或着色图，这两种图像都具有良好的立体感。模型经消隐处理后，AutoCAD 将使隐藏线不可见，仅显示可见的轮廓线。而对模型进行着色后，则不仅可消除隐藏线，还能使可见表面附带颜色。因此，在着色后，模型的真实感将进一步增强，如图 10-10 所示。

视觉样式用于改变模型在视口中的显示外观，从而生成消隐图或着色图等。它是一组控制模型显示方式的设置，这些设置包括面设置、环境设置及边设置等。面设置控制视口中面的外观，环境设置控制阴影和背景，边设置控制如何显示边。当选中一种视觉样式时，AutoCAD 在视口中按样式规定的形式显示模型。

AutoCAD 提供了以下 10 种默认视觉样式，用户可在【视图】面板的【视觉样式】下拉列表中进行选择，或通过菜单命令【视图】/【视觉样式】指定。

- 【二维线框】：通过使用直线和曲线表示边界的方式显示对象，如图 10-10 所示。
- 【概念】：着色对象，效果缺乏真实感，但可以清晰地显示模型细节，如图 10-10 所示。
- 【隐藏】：用三维线框表示模型并隐藏不可见线条，如图 10-10 所示。
- 【真实】：对模型表面进行着色，显示已附着于对象的材质，如图 10-10 所示。
- 【着色】：将对象平面着色，着色的表面较光滑，如图 10-10 所示。
- 【带边框着色】：用平滑着色和可见边显示对象，如图 10-10 所示。
- 【灰度】：用平滑着色和单色灰度显示对象，如图 10-10 所示。
- 【勾画】：用线延伸和抖动边修改器显示手绘效果的对象，如图 10-10 所示。
- 【线框】：用直线和曲线表示模型，如图 10-10 所示。
- 【X 射线】：以局部透明度显示对象，如图 10-10 所示。

用户可以对已有视觉样式进行修改或创建新的视觉样式。单击【视图】面板上【视觉样式】下拉列表中的【视觉样式管理器】选项，打开【视觉样式管理器】对话框，如图 10-11 所示，通过该对话框可以更改视觉样式的设置或新建视觉样式。该对话框上部列出了所有视觉样式的效果图片，选择其中之一，对话框下部就列出所选样式的面设置、环境设置及边设置等参数。用户可对这些参数进行修改。

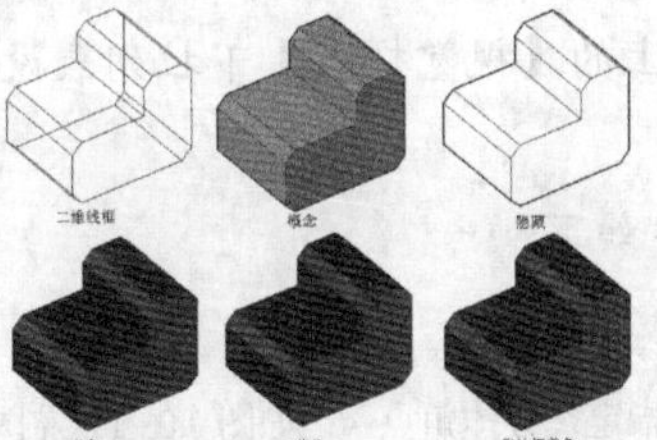

图 10-10　各种视觉样式的效果

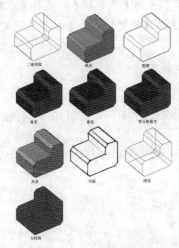

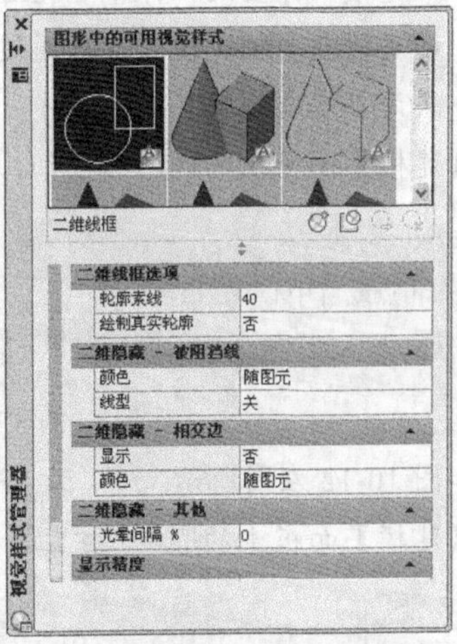

图 10-11　【视觉样式管理器】对话框

10.3 创建三维基本立体

AutoCAD 能生成长方体、球体、圆柱体、圆锥体、楔形体以及圆环体等基本立体，【建模】面板上包含了创建这些立体的命令按钮。表 10-1 列出了这些按钮的功能及操作时要输入的主要参数。

表 10-1　创建基本立体的命令按钮、功能及输入参数

按　钮	功　能	输 入 参 数
长方体	创建长方体	指定长方体的一个角点，再输入另一角点的相对坐标
球体	创建球体	指定球心，输入球半径
圆柱体	创建圆柱体	指定圆柱体底面的中心点，输入圆柱体底面半径及高度
圆锥体	创建圆锥体及圆锥台	指定圆锥体底面的中心点，输入锥体底面半径及锥体高度 指定圆锥台底面的中心点，输入锥台底面半径、顶面半径及锥台高度
楔体	创建楔形体	指定楔形体的一个角点，再输入另一对角点的相对坐标
圆环体	创建圆环	指定圆环中心点，输入圆环体半径及圆管半径
棱锥体	创建棱锥体及棱锥台	指定棱锥体底面边数及中心点，输入锥体底面半径及锥体高度 指定棱锥台底面边数及中心点，输入棱锥台底面半径、顶面半径及棱锥台高度

创建长方体或其他基本立体时，用户也可通过单击一点设定参数的方式进行绘制。当 AutoCAD 提示输入相关数据时，用户移动鼠标光标到适当位置，然后单击一点。在此过程中，立体的外观将显示出来，以便于用户初步确定立体形状。绘制完成后，用户可用 PROPERTIES 命令显示立体尺寸，并对其修改。

【练习 10-2】：创建长方体及圆柱体。

1. 进入三维建模工作空间。打开【视图】面板上的【三维导航】下拉列表，选择【东南等轴测】选项，切换到东南轴测视图。再通过【视图】面板上的【视觉样式】下拉列表设定当前模型显示方式为“二维线框”。
2. 单击【建模】面板上的［长方体］按钮，AutoCAD 提示如下。

```
命令: _box
指定第一个角点或 [中心(C)]:                    //指定长方体角点 A，如图 10-12 左图所示
指定其他角点或 [立方体(C)/长度(L)]: @100,200,300
                                              //输入另一角点 B 的相对坐标，如图 10-12 左图所示
```

结果如图 10-12 左图所示。

3. 单击【建模】面板上的［圆柱体］按钮，AutoCAD 提示如下。

```
命令: _cylinder
指定底面的中心点或 [三点(3P)/两点(2P)/切点、切点、半径(T)/椭圆(E)]:
                                              //指定圆柱体底面中心，如图 10-12 右图所示
```

```
指定底面半径或 [直径(D)] <80.0000>: 80              //输入圆柱体半径
指定高度或 [两点(2P)/轴端点(A)] <300.0000>: 300  //输入圆柱体高度
```

结果如图 10-12 右图所示。

4. 改变实体表面网格线的密度。

```
命令: -isolines
输入 ISOLINES 的新值 <4>: 40                       //设置实体表面网格线的数量，详见 10.16 节
```

选取菜单命令【视图】/【重生成】，重新生成模型，实体表面网格线变得更加密集。

5. 控制实体消隐后表面网格线的密度。

```
命令: -facetres
输入 FACETRES 的新值 <0.5000>: 5                   //设置实体消隐后的网格线密度，详见 10.16 节
```

启动 HIDE 命令，结果如图 10-12 所示。

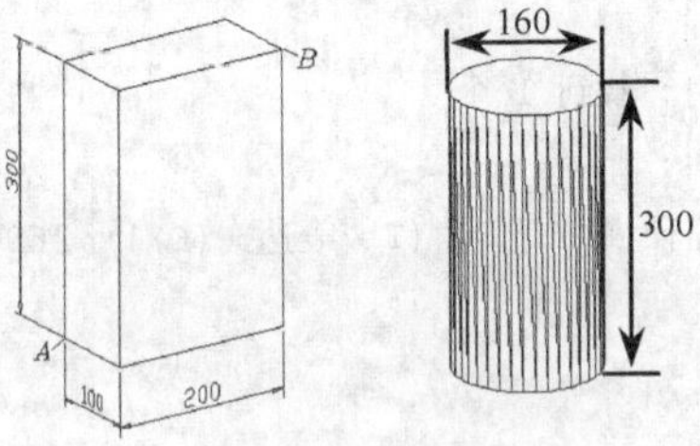

图 10-12　创建长方体及圆环体

10.4 将二维对象拉伸成实体或曲面

EXTRUDE 命令可以拉伸二维对象生成 3D 实体或曲面。若拉伸闭合对象，则生成实体，否则，生成曲面。操作时，用户可指定拉伸高度值及拉伸对象的锥角，还可沿某一直线或曲线路径进行拉伸。

EXTRUDE 命令能拉伸的对象及路径如表 10-2 所示。

表 10–2　EXTRUDE 命令拉伸对象及路径

拉 伸 对 象	拉 伸 路 径
直线、圆弧、椭圆弧	直线、圆弧、椭圆弧
二维多段线	二维及三维多段线
二维样条曲线	二维及三维样条曲线
面域	螺旋线
实体上的平面	实体及曲面的边

要点提示　实体的面、边及顶点是实体的子对象，按住 Ctrl 键就能选择这些子对象。

命令启动方法

- 菜单命令：【绘图】/【建模】/【拉伸】。
- 面板：【建模】面板上的拉伸按钮。
- 命令：EXTRUDE 或简写 EXT。

【练习 10-3】：练习 EXTRUDE 命令。

打开文件"10-3.dwg"，用 EXTRUDE 命令创建实体。

① 将图形 *A* 创建成面域，再将连续线 *B* 编辑成一条多段线，如图 10-13 所示。

② 用 EXTRUDE 命令拉伸面域及多段线，形成实体和曲面。

```
命令: _extrude
选择要拉伸的对象或[模式(MO)]: 找到 1 个                                   //选择面域
选择要拉伸的对象或[模式(MO)]:                                             //按 Enter 键
指定拉伸的高度或 [方向(D)/路径(P)/倾斜角(T)/表达式(E)] <262.2213>: 260
                                                                          //输入拉伸高度
命令:EXTRUDE                                                              //重复命令
选择要拉伸的对象或[模式(MO)]: 找到 1 个                                   //选择多段线
选择要拉伸的对象或[模式(MO)]:                                             //按 Enter 键
指定拉伸的高度或 [方向(D)/路径(P)/倾斜角(T)/表达式(E)] <260.0000>: P
                                                                          //使用"路径(P)"选项
选择拉伸路径或 [倾斜角(T)]:                                               //选择样条曲线 C
```

结果如图 10-13 右图所示。

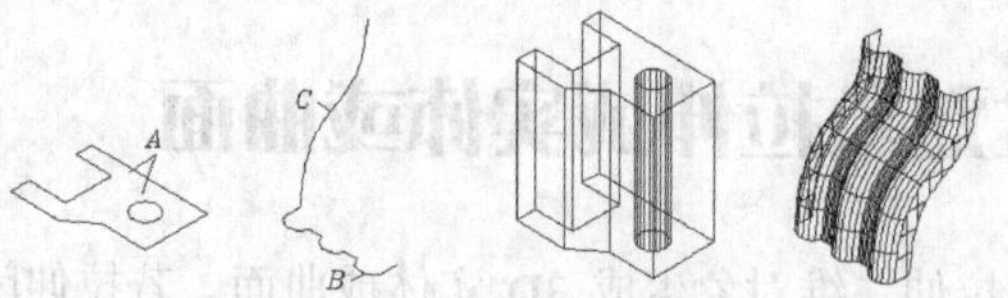

图 10-13 拉伸面域及多段线

要点提示 系统变量 SURFU 和 SURFV 用于控制曲面上素线的密度。选中曲面，启动 PROPERTIES 命令，该命令将列出这两个系统变量的值。修改它们，曲面上素线的数量就发生变化。

命令选项

- 模式（MO）：控制拉伸对象是实体还是曲面。
- 指定拉伸的高度：若输入正的拉伸高度，则对象沿 *z* 轴正向拉伸。若输入负值，则沿 *z* 轴负向拉伸。当对象不在坐标系 *xy* 平面内时，将沿该对象所在平面的法线方向拉伸对象。
- 方向（D）：指定两点，两点的连线表明了拉伸的方向和距离。
- 路径（P）：沿指定路径拉伸对象，形成实体或曲面。拉伸时，路径被移动到轮廓的形心位置。路径不能与拉伸对象在同一个平面内，也不能具有较大曲率的区域，否则，有可能在拉伸过程中产生自相交的情况。
- 倾斜角（T）：当 AutoCAD 提示"指定拉伸的倾斜角度<0>:"时，输入正的拉伸倾角，表示从基准对象逐渐变细地拉伸，而负角度值则表示从基准对象逐渐变粗地拉伸，如图 10-14 所示。用户要注意拉伸斜角不能太大。如果拉伸实体截面在到达拉伸高度前已经变成一个点，那么 AutoCAD 将提示不能进行拉伸。

- 表达式（E）：输入公式或方程式，以指定拉伸高度。

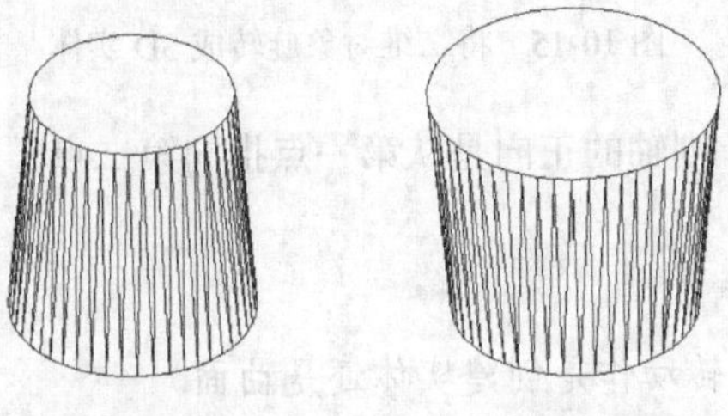

图 10-14　指定拉伸斜角

10.5 旋转二维对象形成实体或曲面

REVOLVE 命令可以旋转二维对象生成 3D 实体。若二维对象是闭合的，则生成实体，否则，生成曲面。用户通过选择直线、指定两点或 x、y 轴来确定旋转轴。

REVOLVE 命令可以旋转以下二维对象。

- 直线、圆弧、椭圆弧。
- 二维多段线、二维样条曲线。
- 面域、实体上的平面。

命令启动方法

- 菜单命令：【绘图】/【建模】/【旋转】。
- 面板：【建模】面板上的旋转按钮。
- 命令：REVOLVE 或简写 REV。

【练习 10-4】：练习 REVOLVE 命令。

打开文件“10-4.dwg”，用 REVOLVE 命令创建实体。

```
命令: _revolve
选择要旋转的对象或[模式(MO)]: 找到 1 个
                                   //选择要旋转的对象，该对象是面域，如图 10-15 左图所示
选择要旋转的对象或[模式(MO)]:          //按 Enter 键
指定轴起点或根据以下选项之一定义轴 [对象(O)/X/Y/Z] <对象>:        //捕捉端点 A
指定轴端点:                                                    //捕捉端点 B
指定旋转角度或 [起点角度(ST)/反转(R)/表达式(EX)] <360>: ST     //使用“起点角度(ST)”选项
指定起点角度 <0.0>: -30                                         //输入回转起始角度
指定旋转角度或[起点角度(ST)/表达式(EX)]<360>: 210               //输入回转角度
```

再启动 HIDE 命令，结果如图 10-15 右图所示。

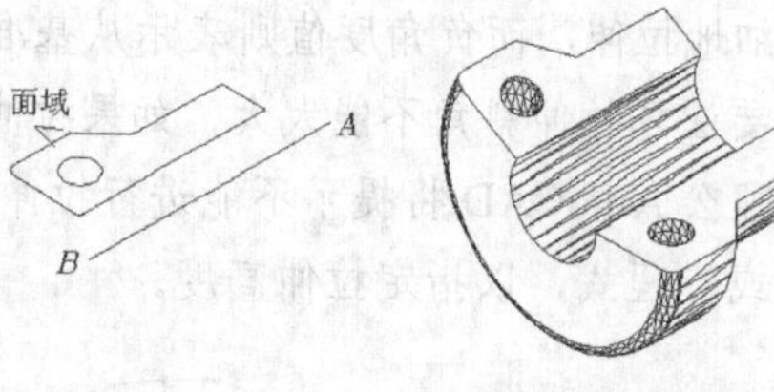

图 10-15　将二维对象旋转成 3D 实体

若拾取两点指定旋转轴，则轴的正向是从第一点指向第二点，旋转角的正方向按右手螺旋法则确定。

命令选项

- 模式（MO）：控制旋转动作是创建实体还是曲面。
- 对象（O）：选择直线或实体的线性边作为旋转轴，轴的正方向是从拾取点指向最远端点。
- X、Y、Z：使用当前坐标系的 x、y、z 轴作为旋转轴。
- 起点角度（ST）：指定旋转起始位置与旋转对象所在平面的夹角，角度的正向按右手螺旋法则确定。
- 反转（R）：更改旋转方向，类似于输入负角度值。
- 表达式（EX）：输入公式或方程式，以指定旋转角度。

要点提示　使用 EXTRUDE、REVOLVE 命令时，如果要保留原始的线框对象，就设置系统变量 DELOBJ 等于 0。

10.6　通过扫掠创建实体或曲面

SWEEP 命令可以将平面轮廓沿二维或三维路径进行扫掠，以形成实体或曲面。若二维轮廓是闭合的，则生成实体，否则，生成曲面。扫掠时，轮廓一般会被移动并被调整到与路径垂直的方向。默认情况下，轮廓形心将与路径起始点对齐，但也可指定轮廓的其他点作为扫掠对齐点。

扫掠时可选择的轮廓对象及路径如表 10-3 所示。

表 10-3　扫掠轮廓对象及路径

轮廓对象	扫掠路径
直线、圆弧、椭圆弧	直线、圆弧、椭圆弧
二维多段线	二维及三维多段线
二维样条曲线	二维及三维样条曲线
面域	螺旋线
实体上的平面	实体及曲面的边

命令启动方法

- 菜单命令：【绘图】/【建模】/【扫掠】。

- 面板：【建模】面板上的[扫掠]按钮。
- 命令：SWEEP。

【练习 10-5】：练习 SWEEP 命令。

1. 打开文件“10-5.dwg”。
2. 利用 PEDIT 命令将路径曲线 *A* 编辑成一条多段线，如图 10-16 左图所示。
3. 用 SWEEP 命令将面域沿路径扫掠。

```
命令：_sweep
选择要扫掠的对象或[模式(MO)]：找到 1 个                    //选择轮廓面域，如图 10-16 左图所示
选择要扫掠的对象或[模式(MO)]：                             //按 Enter 键
选择扫掠路径或 [对齐(A)/基点(B)/比例(S)/扭曲(T)]：B         //使用“基点(B)”选项
指定基点：  end 于                                         //捕捉 B 点
选择扫掠路径或 [对齐(A)/基点(B)/比例(S)/扭曲(T)]：          //选择路径曲线 A
```

再启动 HIDE 命令，结果如图 10-16 右图所示。

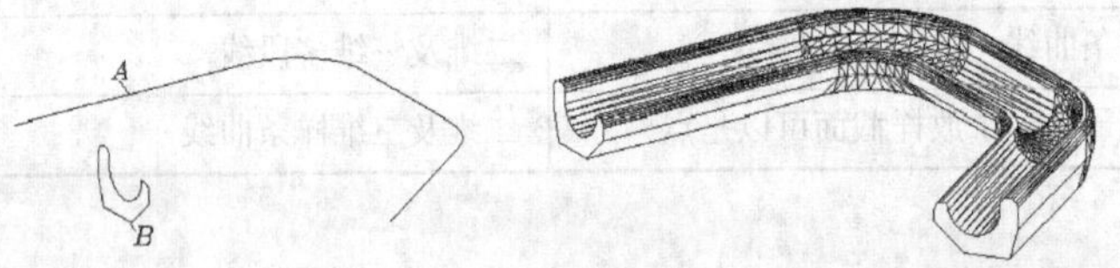

图 10-16　扫掠

命令选项

- 模式（MO）：控制扫掠动作是创建实体还是曲面。
- 对齐（A）：指定是否将轮廓调整到与路径垂直的方向或保持原有方向。默认情况下，AutoCAD 将使轮廓与路径垂直。
- 基点（B）：指定扫掠时的基点，该点将与路径起始点对齐。
- 比例（S）：路径起始点处的轮廓缩放比例为 1，路径结束处的缩放比例为输入值，中间轮廓沿路径连续变化。与选择点靠近的路径端点是路径的起始点。
- 扭曲（T）：设定轮廓沿路径扫掠时的扭转角度，角度值小于 360°。该选项包含“倾斜”子选项，可使轮廓随三维路径自然倾斜。

10.7 通过放样创建实体或曲面

LOFT 命令可对一组平面轮廓曲线进行放样，形成实体或曲面。若所有轮廓是闭合的，则生成实体，否则，生成曲面，如图 10-17 所示。注意，放样时，轮廓线或是全部闭合或是全部开放，不能使用既包含开放轮廓又包含闭合轮廓的选择集。

放样实体或曲面中间轮廓的形状可利用放样路径控制，如图 10-17 左图所示。放样路径始于第一个轮廓所在的平面，终于最后一个轮廓所在的平面。导向曲线是另一种控制放样形状的方法，将轮廓上对应的点通过导向曲线连接起来，使轮廓按预定方式进行变化，如图 10-17 右图所示。轮廓的导向曲线可以有多条，每条导向曲线必须与各轮廓相交，始于第一个轮廓，止于最后一个轮廓。

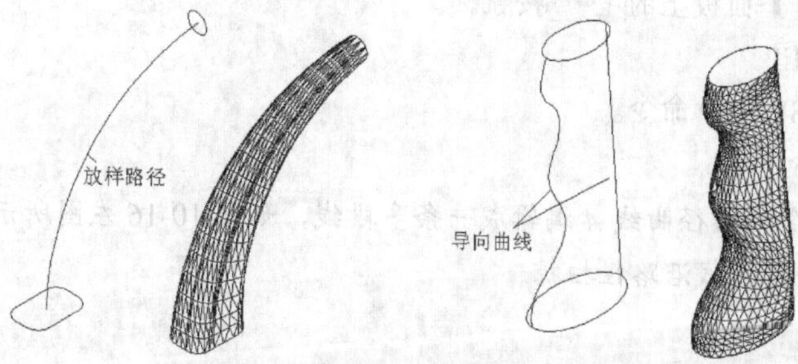

图 10-17　通过放样创建三维对象

放样时可选择的轮廓对象、路径及导向曲线如表 10-4 所示。

表 10-4　放样轮廓对象、路径及导向曲线

轮 廓 对 象	路径及导向曲线
直线、圆弧、椭圆弧	直线、圆弧、椭圆弧
二维多段线、二维样条曲线	二维及三维多段线
点对象、仅第一个或最后一个放样截面可以是点	二维及三维样条曲线

命令启动方法

- 菜单命令：【绘图】/【建模】/【放样】。
- 面板：【建模】面板上的 放样 按钮。
- 命令：LOFT。

【练习 10-6】：练习 LOFT 命令。

1. 打开文件“10-6.dwg”。
2. 利用 PEDIT 命令将线条 *A*、*D*、*E* 编辑成多段线，如图 10-18 左图所示。
3. 用 LOFT 命令在轮廓 *B*、*C* 间放样，路径曲线是 *A*。

```
命令：_loft
按放样次序选择横截面或[点(PO)/合并多条边(J)/模式(MO)]:总计 2 个
                                                    //选择轮廓 B、C，如图 10-18 左图所示
按放样次序选择横截面或[点(PO)/合并多条边(J)/模式(MO)]:    //按 Enter 键
输入选项 [导向(G)/路径(P)/仅横截面(C)/设置(S)] <仅横截面>: P
                                                    //使用“路径(P)”选项
选择路径轮廓:                                        //选择路径曲线 A
```

结果如图 10-18 所示。

4. 用 LOFT 命令在轮廓 *F*、*G*、*H*、*I*、*J* 间放样，导向曲线是 *D*、*E*。

```
命令：_loft
按放样次序选择横截面或[点(PO)/合并多条边(J)/模式(MO)]:总计 5 个   //选择轮廓 F、G、H、I、J
按放样次序选择横截面或[点(PO)/合并多条边(J)/模式(MO)]:          //按 Enter 键
输入选项 [导向(G)/路径(P)/仅横截面(C)/设置(S)] <仅横截面>: G
                                                          //使用“导向(G)”选项
```

```
选择导向轮廓或[合并多条边(J)]:总计 2 个                    //导向曲线是 D、E
```

结果如图 10-18 右图所示。

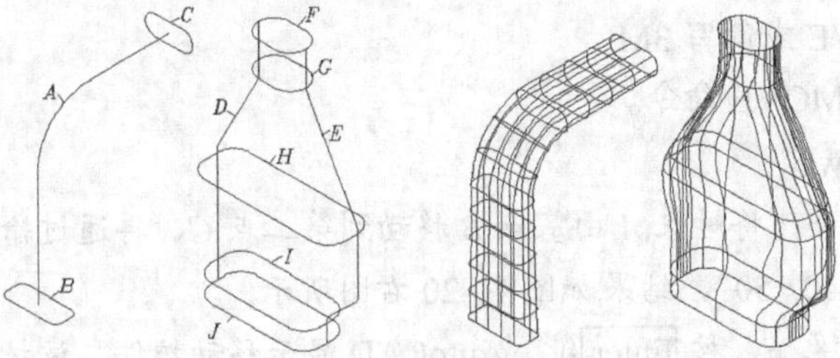

图 10-18　放样

命令选项

- 点（PO）：如果选择“点（PO）”选项，还必须选择闭合曲线。
- 合并多条边（J）：将多个端点相交曲线合并为一个横截面。
- 模式（MO）：控制放样对象是实体还是曲面。
- 导向（G）：利用连接各个轮廓的导向曲线控制放样实体或曲面的截面形状。
- 路径（P）：指定放样实体或曲面的路径，路径要与各个轮廓截面相交。
- 仅横截面（C）：在不使用导向或路径的情况下，创建放样对象。
- 设置（S）：选取此选项，打开【放样设置】对话框，如图 10-19 所示，通过该对话框控制放样对象表面的变化。

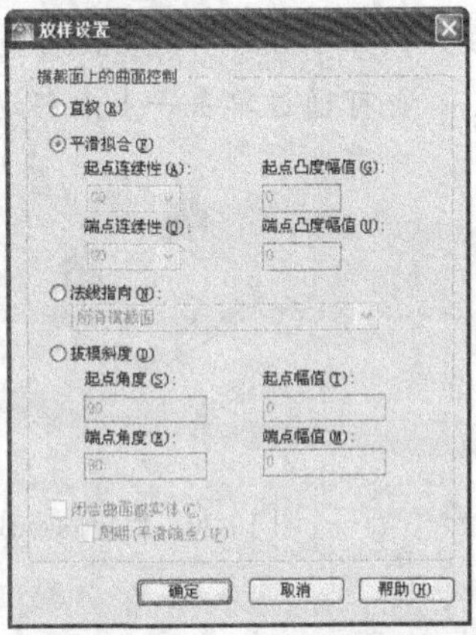

图 10-19 【放样设置】对话框

【放样设置】对话框中各选项的功能如下。

- 【直纹】：各轮廓线间是直纹面。
- 【平滑拟合】：用平滑曲面连接各轮廓线。
- 【法线指向】：此下拉列表中的选项用于设定放样对象表面与各轮廓截面是否垂直。
- 【拔模斜度】：设定放样对象表面在起始及终止位置处的切线方向与轮廓所在截面的夹角。该角度对放样对象的影响范围由【幅值】文本框中的数值决定，数值的有效范围为 1~10。

10.8 3D 移动

用户可以使用 MOVE 命令在三维空间中移动对象，操作方式与在二维空间中一样，只不过当通过输入距离来移动对象时，必须输入沿 x、y、z 轴的距离值。

AutoCAD 提供了专门用来在三维空间中移动对象的命令：3DMOVE。该命令还能移动实体的面、边及顶点等子对象（按 Ctrl 键可选择子对象）。3DMOVE 命令的操作方式与 MOVE 命令类似，但前者使用起来更形象、直观。

命令启动方法

- 菜单命令：【修改】/【三维操作】/【三维移动】。
- 面板：【修改】面板上的按钮。
- 命令：3DMOVE 或简写 3M。

【练习 10-7】：练习 3DMOVE 命令。

1. 打开文件“10-7.dwg”。
2. 启动 3DMOVE 命令，将对象 *A* 由基点 *B* 移动到第二点 *C*，再通过输入距离的方式移动对象 *D*，移动距离为“40,-50”，结果如图 10-20 右图所示。
3. 重复命令，选择对象 *E*，按 Enter 键，AutoCAD 显示移动控件，该控件 3 个轴的方向与当前坐标轴的方向一致，如图 10-21 左图所示。
4. 将鼠标光标悬停在小控件的 *y* 轴上，直至其变为黄色并显示出移动辅助线，单击鼠标左键确认，物体的移动方向被约束到与轴的方向一致。
5. 若将鼠标光标移动到两轴间的矩形边处，直至矩形变成黄色，则表明移动被限制在矩形所在的平面内。
6. 向左下方移动鼠标光标，物体随之移动，输入移动距离 50，结果如图 10-21 右图所示。用户也可通过单击一点来移动对象。

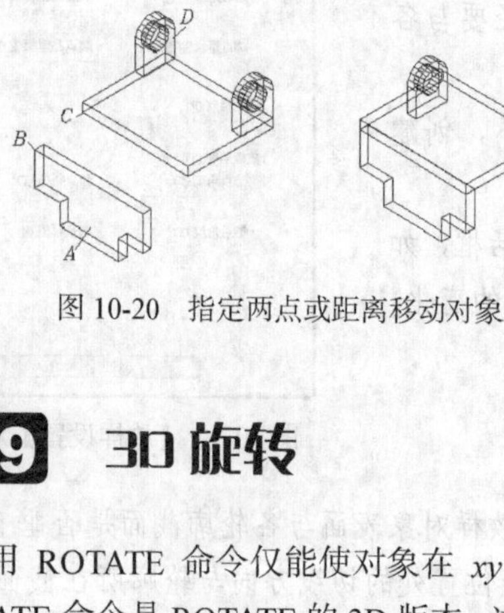

图 10-20　指定两点或距离移动对象

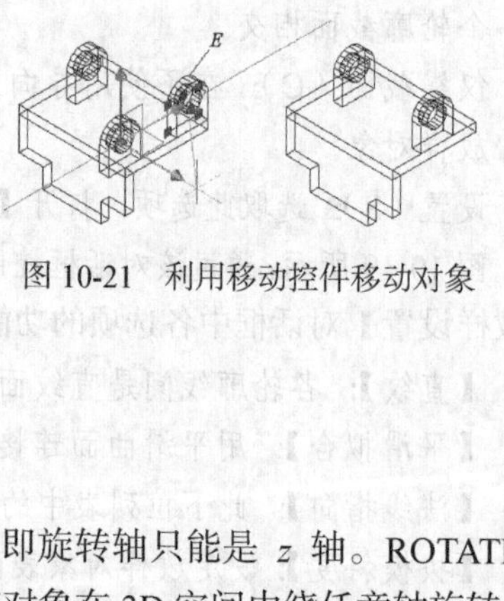

图 10-21　利用移动控件移动对象

10.9 3D 旋转

使用 ROTATE 命令仅能使对象在 *xy* 平面内旋转，即旋转轴只能是 *z* 轴。ROTATE3D 及 3DROTATE 命令是 ROTATE 的 3D 版本，这两个命令能使对象在 3D 空间中绕任意轴旋转。此外，ROTATE3D 命令还能旋转实体的表面（按住 Ctrl 键选择实体表面）。下面介绍这两个命令的用法。

命令启动方法

- 菜单命令：【修改】/【三维操作】/【三维旋转】。
- 面板：【修改】面板上的按钮。
- 命令：3DROTATE 或简写 3R。

【练习 10-8】：练习 3DROTATE 命令。

1. 打开文件“10-8.dwg”。
2. 启动 3DROTATE 命令，选择要旋转的对象，按 Enter 键，AutoCAD 显示附着在鼠标光标上的旋转控件，如图 10-22 左图所示。该控件包含表示旋转方向的 3 个辅助圆。
3. 移动鼠标光标到 *A* 点处，并捕捉该点，旋转控件就被放置在此点，如图 10-22 左图所示。
4. 将鼠标光标移动到圆 *B* 处，停住鼠标光标直至圆变为黄色，同时出现以圆为回转方向的回转轴，单击鼠标左键确认。回转轴与当前坐标系的坐标轴是平行的，且轴的正方向与坐标轴正向一致。

5. 输入回转角度值-90°，结果如图 10-22 右图所示。角度正方向按右手螺旋法则确定，也可单击一点指定回转起点，再单击一点指定回转终点。

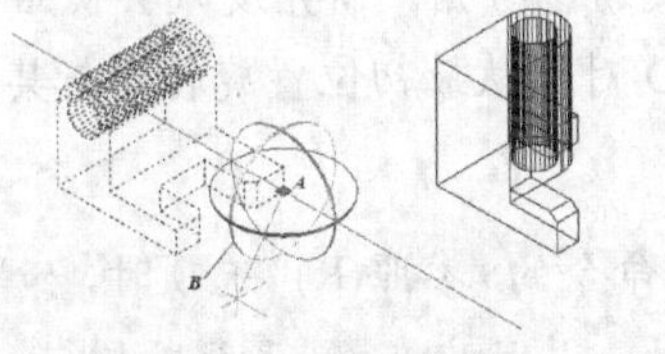

图 10-22　旋转 3D 对象

ROTATE3D 命令没有提供指示回转方向的辅助工具，但使用此命令时，可通过拾取两点来设置回转轴。就这点而言，3DROTATE 命令没有此命令方便，前者只能沿与当前坐标轴平行的方向来设置回转轴。

【练习 10-9】：练习 ROTATE3D 命令。

打开文件“10-9.dwg”，如图 10-23 左图所示，用 ROTATE3D 命令旋转 3D 对象。

```
命令: _rotate3d
选择对象: 找到 1 个                              //选择要旋转的对象
选择对象:                                        //按 Enter 键
指定轴上的第一个点或定义轴依据[对象(O)/最近的(L)/视图(V)/X 轴(X)/Y 轴(Y)/Z 轴(Z)/两点(2)]:
                                                 //指定旋转轴上的第一点 A，如图 10-23 右图所示
指定轴上的第二点:                                //指定旋转轴上的第二点 B
指定旋转角度或 [参照(R)]: 60                     //输入旋转的角度值
```

结果如图 10-23 右图所示。

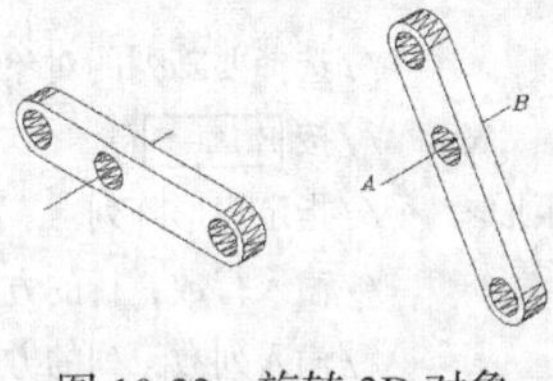

图 10-23　旋转 3D 对象

命令选项

- 对象（O）：AutoCAD 根据选择的对象来设置旋转轴。若用户选择直线，则该直线就是旋转轴，而且旋转轴的正方向是从选择点指向远离选择点的那一端。若选择了圆或圆弧，则旋转轴通过圆心并与圆或圆弧所在的平面垂直。
- 最近的（L）：该选项将上一次使用 ROTATE3D 命令时定义的轴作为当前旋转轴。
- 视图（V）：旋转轴垂直于当前视区，并通过用户的选取点。
- X 轴（X）：旋转轴平行于 x 轴，并通过用户的选取点。
- Y 轴（Y）：旋转轴平行于 y 轴，并通过用户的选取点。
- Z 轴（Z）：旋转轴平行于 z 轴，并通过用户的选取点。
- 两点（2）：通过指定两点来设置旋转轴。

- 指定旋转角度：输入正的或负的旋转角，角度正方向按右手螺旋法则确定。
- 参照（R）：选取该选项后，AutoCAD 将提示"指定参照角 <0>:"，输入参考角度值或拾取两点指定参考角度。当 AutoCAD 继续提示"指定新角度"时，再输入新的角度值或拾取另外两点指定新参考角。新角度减去初始参考角就是实际旋转角度。常用"参照(R)"选项将 3D 对象从最初位置旋转到与某一方向对齐的另一位置。

要点提示 使用 ROTATE3D 命令的"参照(R)"选项时，如果是通过拾取两点来指定参考角度，一般要使 UCS 平面垂直于旋转轴，并且应在 xy 平面或与 xy 平面平行的平面内选择点。

使用 ROTATE3D 命令时，用户应注意确定旋转轴的正方向。当旋转轴平行于坐标轴时，坐标轴的方向就是旋转轴的正方向。如果用户通过两点来指定旋转轴，那么轴的正方向是从第一个选取点指向第二个选取点。

10.10 3D 阵列

3DARRAY 命令是二维 ARRAY 命令的 3D 版本。通过该命令，用户可以在三维空间中创建对象的矩形阵列或环形阵列。

命令启动方法

- 菜单命令：【修改】/【三维操作】/【三维阵列】。
- 命令：3DARRAY。

【练习 10-10】：练习 3DARRAY 命令。

打开文件"10-10.dwg"，用 3DARRAY 命令创建矩形及环形阵列。

```
命令: _3darray
选择对象: 找到 1 个                          //选择要阵列的对象，如图 10-24 所示
选择对象:                                    //按 Enter 键
输入阵列类型 [矩形(R)/环形(P)] <矩形>:       //指定矩形阵列
输入行数 (---) <1>: 2                        //输入行数，行的方向平行于 x 轴
输入列数 (|||) <1>: 3                        //输入列数，列的方向平行于 y 轴
输入层数 (...) <1>: 3                        //指定层数，层数表示沿 z 轴方向的分布数目
指定行间距 (---): 50                         //输入行间距，如果输入负值，阵列方向将沿 x 轴反方向
指定列间距 (|||): 80                         //输入列间距，如果输入负值，阵列方向将沿 y 轴反方向
指定层间距 (...): 120                        //输入层间距，如果输入负值，阵列方向将沿 z 轴反方向
```

启动 HIDE 命令，结果如图 10-24 所示。

如果选取"环形(P)"选项，就能建立环形阵列，AutoCAD 提示如下。

```
输入阵列中的项目数目: 6                      //输入环形阵列的数目
指定要填充的角度 (+=逆时针, -=顺时针) <360>:
                                             //输入环行阵列的角度值，可以输入正值或负值，
                                             //角度正方向按右手螺旋法则确定
旋转阵列对象? [是(Y)/否(N)]<是>:             //按 Enter 键，则阵列的同时还旋转对象
指定阵列的中心点:                            //指定旋转轴的第一点 A，如图 10-25 所示
```

```
指定旋转轴上的第二点:                              //指定旋转轴的第二点 B
```

启动 HIDE 命令，结果如图 10-25 所示。

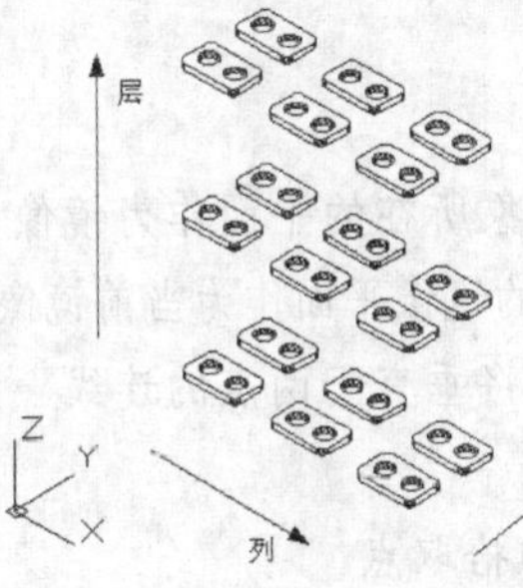

图 10-24 三维矩形阵列

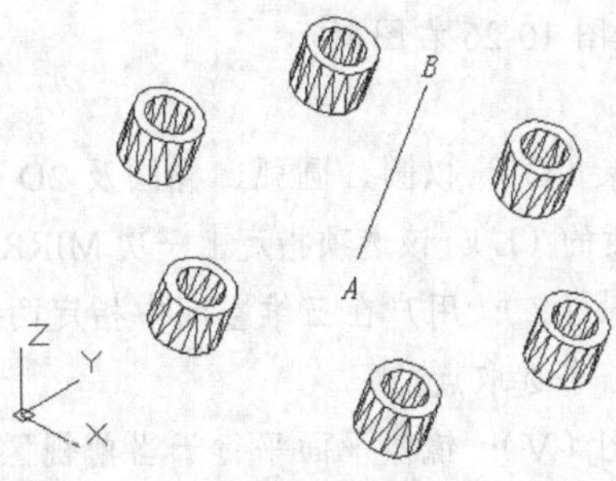

图 10-25 三维环形阵列

旋转轴的正方向是从第一个指定点指向第二个指定点，沿该方向伸出大拇指，则其他 4 个手指的弯曲方向就是旋转角的正方向。

10.11 3D 镜像

若镜像线是当前 UCS 平面内的直线，则使用常见的 MIRROR 命令就可进行 3D 对象的镜像复制。但若想以某个平面作为镜像平面来创建 3D 对象的镜像拷贝，就必须使用 MIRROR3D 命令。如图 10-26 所示，把 *A*、*B*、*C* 点定义的平面作为镜像平面，对实体进行镜像。

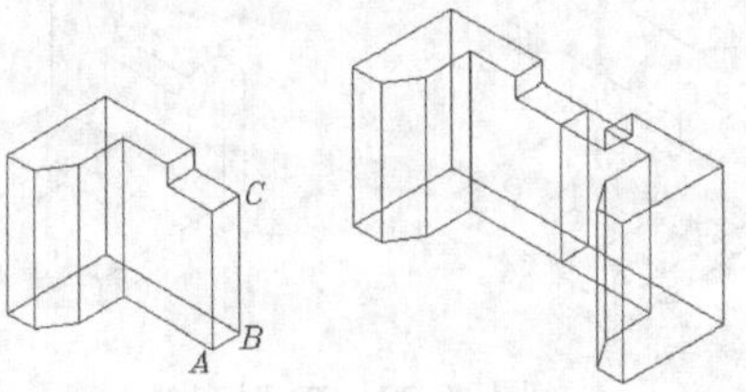

图 10-26 3D 镜像

命令启动方法

- 菜单命令：【修改】/【三维操作】/【三维镜像】。
- 面板：【修改】面板上的按钮。
- 命令：MIRROR3D。

【练习 10-11】：练习 MIRROR3D 命令。

打开文件“10-11.dwg”，如图 10-26 左图所示，用 MIRROR3D 命令创建对象的三维镜像。

```
命令: _mirror3d
选择对象: 找到 1 个                              //选择要镜像的对象
选择对象:                                        //按 Enter 键
指定镜像平面 (三点) 的第一个点或[对象(O)/最近的(L)/Z轴(Z)/视图(V)/XY平面(XY)/YZ平面(YZ)/ZX平面(ZX)/三点(3)]<三点>:
                                  //利用三点指定镜像平面，捕捉第一点 A，如图 10-26 左图所示
```

在镜像平面上指定第二点:	//捕捉第二点 *B*
在镜像平面上指定第三点:	//捕捉第三点 *C*
是否删除源对象? [是(Y)/否(N)] <否>:	//按 Enter 键不删除源对象

结果如图 10-26 右图所示。

命令选项

- 对象（O）: 以圆、圆弧、椭圆及 2D 多段线等二维对象所在的平面作为镜像平面。
- 最近的（L）: 该选项指定上一次 MIRROR3D 命令使用的镜像平面作为当前镜像平面。
- Z 轴（Z）: 用户在三维空间中指定两个点，镜像平面将垂直于两点的连线，并通过第一个选取点。
- 视图（V）: 镜像平面平行于当前视区，并通过用户的拾取点。
- XY 平面（XY）、YZ 平面（YZ）、ZX 平面（ZX）: 镜像平面平行于 *xy*、*yz* 或 *zx* 平面，并通过用户的拾取点。

10.12 3D 对齐

3DALIGN 命令在 3D 建模中非常有用。通过该命令，用户可以指定源对象与目标对象的对齐点，从而使源对象的位置与目标对象的位置对齐。例如，用户利用 3DALIGN 命令让对象 *M*（源对象）的某一平面上的三点与对象 *N*（目标对象）的某一平面上的三点对齐，操作完成后，*M*、*N* 两对象将重合在一起，如图 10-27 所示。

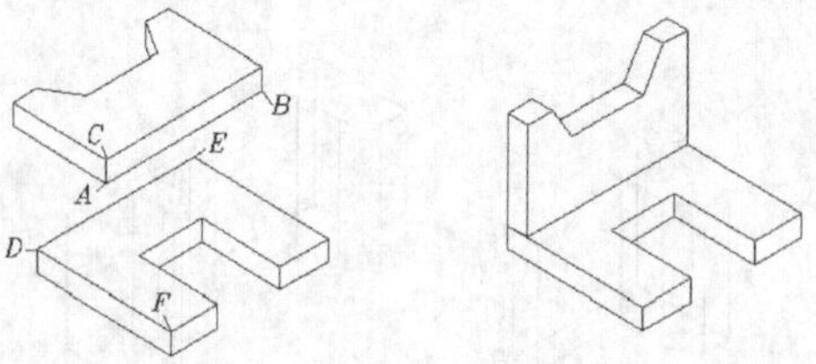

图 10-27 3D 对齐

命令启动方法

- 菜单命令:【修改】/【三维操作】/【三维对齐】。
- 面板:【修改】面板上的按钮。
- 命令: 3DALIGN 或简写 3AL。

【练习 10-12】: 在 3D 空间应用 3DALIGN 命令。

打开文件"10-12.dwg"，如图 10-27 左图所示，用 3DALIGN 命令对齐 3D 对象。

命令: _3dalign	
选择对象: 找到 1 个	//选择要对齐的对象
选择对象:	//按 Enter 键
指定基点或 [复制(C)]:	//捕捉源对象上的第一点 *A*，如图 10-27 左图所示
指定第二个点或 [继续(C)] <C>:	//捕捉源对象上的第二点 *B*
指定第三个点或 [继续(C)] <C>:	//捕捉源对象上的第三点 *C*
指定第一个目标点:	//捕捉目标对象上的第一点 *D*

```
指定第二个目标点或 [退出(X)] <X>:            //捕捉目标对象上的第二点 E
指定第三个目标点或 [退出(X)] <X>:            //捕捉目标对象上的第三点 F
```

结果如图 10-27 右图所示。

使用 3DALIGN 命令时，用户不必指定所有的 3 对对齐点。下面说明提供不同数量的对齐点时，AutoCAD 如何移动源对象。

- 如果仅指定一对对齐点，AutoCAD 就把源对象由第一个源点移动到第一个目标点处。
- 若指定两对对齐点，则 AutoCAD 移动源对象后，将使两个源点的连线与两个目标点的连线重合，并让第一个源点与第一个目标点也重合。
- 如果用户指定 3 对对齐点，那么命令结束后，3 个源点定义的平面将与 3 个目标点定义的平面重合在一起。选择的第一个源点要移动到第一个目标点的位置，前两个源点的连线与前两个目标点的连线重合。第 3 个目标点的选取顺序若与第 3 个源点的选取顺序一致，则两个对象平行对齐，否则，相对对齐。

10.13 3D 倒圆角

FILLET 命令可以给实心体的棱边倒圆角，该命令对表面模型不适用。在 3D 空间中使用此命令时与在 2D 空间中有所不同，用户不必事先设定倒角的半径值，AutoCAD 会提示用户进行设定。

命令启动方法

- 下拉菜单：【修改】/【圆角】。
- 面板：【修改】面板上的圆角按钮。
- 命令：FILLET 或简写 F。

【练习 10-13】：在 3D 空间使用 FILLET 命令。

打开文件“10-13.dwg”，如图 10-28 左图所示，用 FILLET 命令给 3D 对象倒圆角。

```
命令: _fillet
选择第一个对象或 [放弃(U)/多段线(P)/半径(R)/修剪(T)/多个(M)]:
                                         //选择棱边 A，如图 10-28 左图所示
输入圆角半径或[表达式(E)]<10.0000>:15    //输入圆角半径
选择边或 [链(C)/环(L)/半径(R)]:           //选择棱边 B
选择边或 [链(C)/环(L)/半径(R)]:                   //选择棱边 C
选择边或 [链(C)/环(L)/半径(R)]:                   //按 Enter 键结束
```

结果如图 10-28 所示。

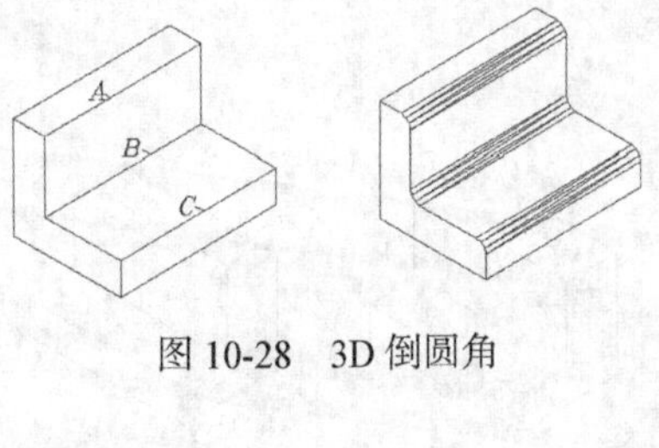

图 10-28　3D 倒圆角

要点提示 对交于一点的几条棱边倒圆角时，若各边圆角半径相等，则在交点处产生光滑的球面过渡。

命令选项

- 选择边：可以连续选择实体的倒角边。
- 链（C）：若各棱边是相切的关系，则选择其中一条边，所有这些棱边都将被选中。
- 环（L）：该选项使用户可以一次选中基面内的所有棱边。
- 半径（R）：该选项使用户可以为随后选择的棱边重新设定圆角半径。

10.14 3D 倒斜角

倒斜角命令 CHAMFER 只能用于实体，而对表面模型不适用。在对 3D 对象应用此命令时，AutoCAD 的提示顺序与对二维对象倒斜角时不同。

命令启动方法

- 下拉菜单：【修改】/【倒角】。
- 面板：【修改】面板上的按钮。
- 命令：CHAMFER 或简写 CHA。

【练习 10-14】：在 3D 空间应用 CHAMFER 命令。

打开文件“10-14.dwg”，如图 10-29 左图所示，用 CHAMFER 命令给 3D 对象倒斜角。

```
命令: _chamfer
选择第一条直线或 [放弃(U)/多段线(P)/距离(D)/角度(A)/修剪(T)/方式(E)/多个(M)]:
                                              //选择棱边 E，如图 10-29 左图所示
基面选择...                                   //平面 A 高亮显示
输入曲面选择选项 [下一个(N)/当前(OK)] <当前>: N
                                              //利用“下一个(N)”选项指定平面 B 为倒角基面
输入曲面选择选项 [下一个(N)/当前(OK)] <当前>:   //按 Enter 键
指定基面倒角距离 <12.0000>: 15                 //输入基面内的倒角距离
指定其他曲面倒角距离 <15.0000>: 10             //输入另一平面内的倒角距离
选择边或[环(L)]:                              //选择棱边 E
选择边或[环(L)]:                              //选择棱边 F
选择边或[环(L)]:                              //选择棱边 G
选择边或[环(L)]:                              //选择棱边 H
选择边或[环(L)]:                              //按 Enter 键结束
```

结果如图 10-29 右图所示。

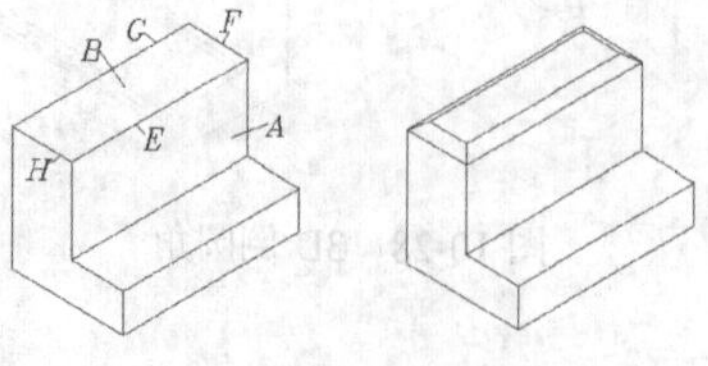

图 10-29　3D 倒斜角

实体的棱边是两个面的交线，当第一次选择棱边时，AutoCAD 将高亮显示其中一个面，这个面代表倒角基面。用户也可以通过“下一个（N）”选项使另一个表面成为倒角基面。

命令选项

- 选择边：选择基面内要倒角的棱边。
- 环（L）：该选项使用户可以一次选中基面内的所有棱边。

10.15 编辑实体的表面

用户除了可对实体进行倒角、阵列、镜像及旋转等操作外，还能编辑实体模型的表面。常用的实体表面编辑功能主要包括拉伸面、旋转面和压印对象等。

10.15.1 拉伸面

AutoCAD 可以根据指定的距离拉伸面或将面沿某条路径进行拉伸。拉伸时，如果是输入拉伸距离值，那么还可输入锥角，这样将使拉伸所形成的实体锥化。图 10-30 所示的是将实体面按指定的距离、锥角及沿路径进行拉伸的结果。

当用户输入距离值来拉伸面时，面将沿其法线方向移动。若指定路径进行拉伸，则 AutoCAD 形成拉伸实体的方式会依据不同性质的路径（如直线、多段线、圆弧和样条线等）而各有特点。

【练习 10-15】：拉伸面。

打开文件“10-15.dwg”，如图 10-30 左图所示，利用 SOLIDEDIT 命令拉伸实体表面。

单击【实体编辑】面板上的按钮，AutoCAD 主要提示如下。

```
命令: _solidedit
选择面或 [放弃(U)/删除(R)]: 找到一个面。          //选择实体表面 A，如图 10-30 左图所示
选择面或 [放弃(U)/删除(R)/全部(ALL)]:              //按 Enter 键
指定拉伸高度或 [路径(P)]: 50                      //输入拉伸的距离
指定拉伸的倾斜角度 <0>: 5                         //指定拉伸的锥角
```

结果如图 10-30 所示。

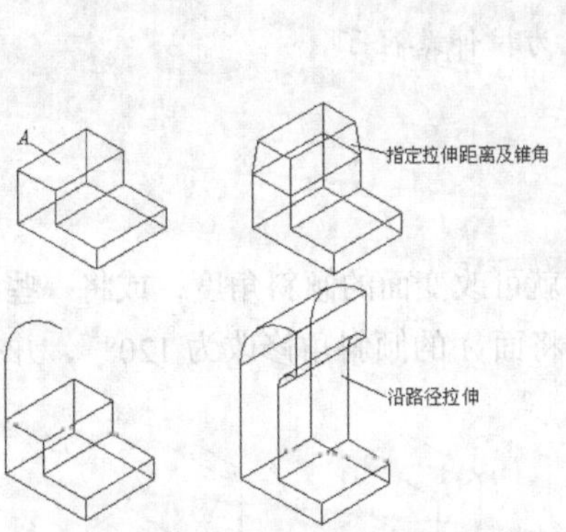

图 10-30　拉伸实体表面

选择要拉伸的实体表面后，AutoCAD 提示“指定拉伸高度或 [路径(P)]:”，各选项的功能介

绍如下。

- 指定拉伸高度：输入拉伸距离及锥角来拉伸面。对于每个面，规定其外法线方向是正方向。当输入的拉伸距离是正值时，面将沿其外法线方向移动，否则，将沿相反方向移动。在指定拉伸距离后，AutoCAD 会提示输入锥角。若输入正的锥角值，则将使面向实体内部锥化，否则，将使面向实体外部锥化，如图 10-31 所示。

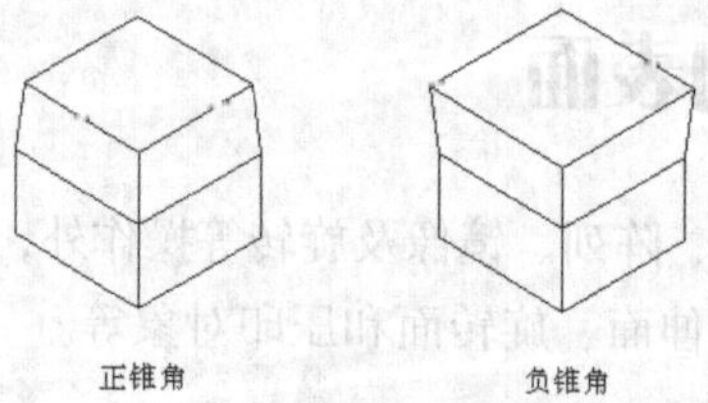

图 10-31　拉伸并锥化面

要点提示　如果用户指定的拉伸距离及锥角都较大，可能使面在到达指定的高度前已缩小成为一个点，这时 AutoCAD 将提示拉伸操作失败。

- 路径（P）：沿着一条指定的路径拉伸实体表面。拉伸路径可以是直线、圆弧、多段线及 2D 样条线等。作为路径的对象不能与要拉伸的表面共面，也应避免路径曲线的某些局部区域有较高的曲率，否则，可能使新形成的实体在路径曲率较高处出现自相交的情况，从而导致拉伸失败。

拉伸路径的一个端点一般应在要拉伸的面内，否则 AutoCAD 将把路径移动到面轮廓的中心。拉伸面时，面从初始位置开始沿路径运动，直至路径终点结束，在终点位置被拉伸的面与路径是垂直的。

如果拉伸的路径是 2D 样条曲线，拉伸完成后，在路径起始点和终止点处，被拉伸的面都将与路径垂直。若路径中相邻两条线段是非平滑过渡的，则 AutoCAD 沿着每一线段拉伸面后，将把相邻两段实体缝合在其交角的平分处。

要点提示　用户可用 PEDIT 命令的“合并(J)”选项将当前 UCS 平面内的连续几段线条连接成多段线，这样就可以将其定义为拉伸路径了。

10.15.2　旋转面

用户通过旋转实体的表面就可改变面的倾斜角度，或将一些结构特征（如孔、槽等）旋转到新的方位。如图 10-32 所示，将面 *A* 的倾斜角修改为 120°，并把槽旋转 90°。

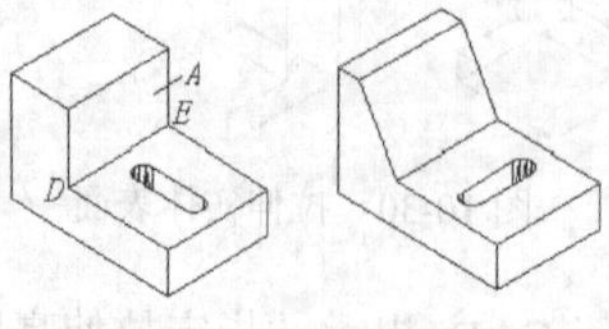

图 10-32　旋转面

在旋转面时，用户可通过拾取两点、选择某条直线或设定旋转轴平行于坐标轴等方法来指定旋转轴。另外，应注意确定旋转轴的正方向。

【练习 10-16】：旋转面。

打开文件“10-16.dwg”，如图 10-32 左图所示，利用 SOLIDEDIT 命令旋转实体表面。

单击【实体编辑】面板上的按钮，AutoCAD 主要提示如下。

```
命令: _solidedit
选择面或 [放弃(U)/删除(R)]: 找到一个面。 //选择实体表面 A，如图 10-32 左图所示
选择面或 [放弃(U)/删除(R)/全部(ALL)]:    //按 Enter 键
指定轴点或 [经过对象的轴(A)/视图(V)/X 轴(X)/Y 轴(Y)/Z 轴(Z)] <两点>:
                                        //捕捉旋转轴上的第一点 D，如图 10-32 左图所示
在旋转轴上指定第二个点:                   //捕捉旋转轴上的第二点 E
指定旋转角度或 [参照(R)]: -30            //输入旋转角度
```

结果如图 10-32 右图所示。

选择要旋转的实体表面后，AutoCAD 提示“指定轴点或 [经过对象的轴(A)/视图(V)/X 轴(X)/Y 轴(Y)/Z 轴(Z)] <两点>:”，各选项的功能如下。

- 两点：指定两点来确定旋转轴，轴的正方向是由第一个选择点指向第二个选择点。
- 经过对象的轴（A）：通过图形对象来定义旋转轴。若选择直线，则所选直线即是旋转轴。若选择圆或圆弧，则旋转轴通过圆心且垂直于圆或圆弧所在的平面。
- 视图（V）：旋转轴垂直于当前视图，并通过拾取点。
- X 轴（X）、Y 轴（Y）、Z 轴（Z）：旋转轴平行于 *x*、*y* 或 *z* 轴，并通过拾取点。旋转轴的正方向与坐标轴的正方向一致。
- 指定旋转角度：输入正的或负的旋转角，旋转角的正方向按右手螺旋法则确定。
- 参照（R）：该选项允许用户指定旋转的起始参考角和终止参考角，这两个角度的差值就是实际的旋转角。此选项常常用来使表面从当前的位置旋转到另一指定的方位。

10.15.3　压印

压印（Imprint）可以把圆、直线、多段线、样条曲线、面域及实心体等对象压印到三维实体上，使其成为实体的一部分。用户必须使被压印的几何对象在实体表面内或与实体表面相交，压印操作才能成功。压印时，AutoCAD 将创建新的表面，该表面以被压印的几何图形及实体的棱边作为边界。用户可以对生成的新面进行拉伸、复制、锥化等操作。如图 10-33 所示，将圆压印在实体上，并将新生成的面向上拉伸。

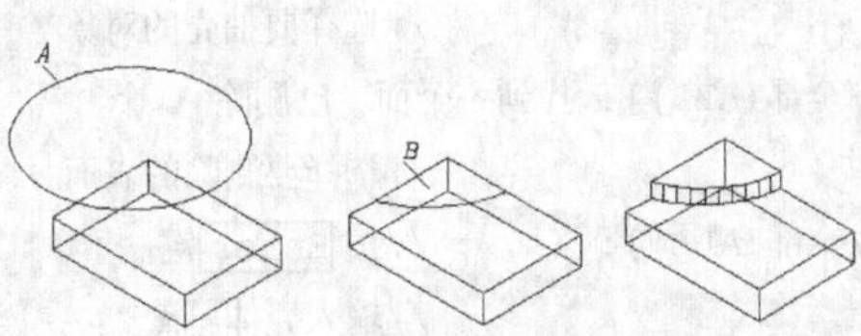

图 10-33　压印

【练习 10-17】：压印。

1. 打开文件“10-17.dwg”，如图 10-33 左图所示。
2. 单击【实体编辑】面板上的按钮，AutoCAD 主要提示如下。

选择三维实体或曲面：	//选择实体模型
选择要压印的对象：	//选择圆 *A*，如图 10-33 左图所示
是否删除源对象 [是(Y)/否(N)] <N>: Y	//删除圆 *A*
选择要压印的对象：	//按 Enter 键结束

结果如图 10-33 中图所示。

3. 单击按钮，AutoCAD 主要提示如下。

选择面或 [放弃(U)/删除(R)]：找到一个面。	//选择表面 *B*，如图 10-33 中图所示
选择面或 [放弃(U)/删除(R)/全部(ALL)]：	//按 Enter 键
指定拉伸高度或 [路径(P)]: 10	//输入拉伸高度
指定拉伸的倾斜角度 <0>:	//按 Enter 键结束

结果如图 10-33 右图所示。

10.15.4 抽壳

用户可以利用抽壳的方法将一个实心体模型创建成一个空心的薄壳。在使用抽壳功能时，用户要先指定壳体的厚度，然后 AutoCAD 把现有的实体表面偏移指定的厚度值以形成新的表面，这样，原来的实体就变为一个薄壳体。如果指定正的厚度值，AutoCAD 就在实体内部创建新面，否则，在实体的外部创建新面。另外，在抽壳操作过程中，用户还能将实体的某些面去除，以形成薄壳体的开口。图 10-34 右图所示的是把实体进行抽壳并去除其顶面的结果。

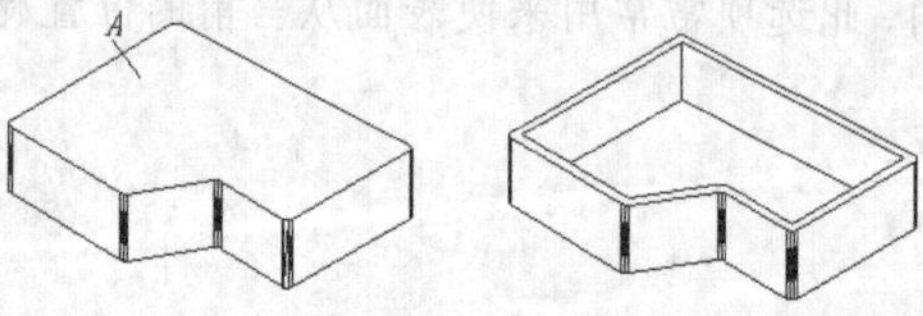

图 10-34 抽壳

【练习 10-18】：抽壳。

打开文件“10-18.dwg”，如图 10-34 左图所示，利用 SOLIDEDIT 命令创建一个薄壳体。

单击【实体编辑】面板上的按钮，AutoCAD 主要提示如下。

选择三维实体：	//选择要抽壳的对象
删除面或 [放弃(U)/添加(A)/全部(ALL)]：找到一个面，已删除 1 个	
	//选择要删除的表面 *A*，如图 10-34 左图所示
删除面或 [放弃(U)/添加(A)/全部(ALL)]：	//按 Enter 键
输入抽壳偏移距离： 10	//输入壳体厚度

结果如图 10-34 右图所示。

10.16 与实体显示有关的系统变量

与实体显示有关的系统变量有 3 个：ISOLINES、FACETRES、DISPSILH。下面分别对其进行介绍。

- 系统变量 ISOLINES：此变量用于设定实体表面网格线的数量，如图 10-35 所示。
- 系统变量 FACETRES：此变量用于设置实体消隐或渲染后的表面网格密度。此变量值的范围为 0.01~10.0。值越大，表明网格越密，消隐或渲染后表面越光滑，如图 10-36 所示。

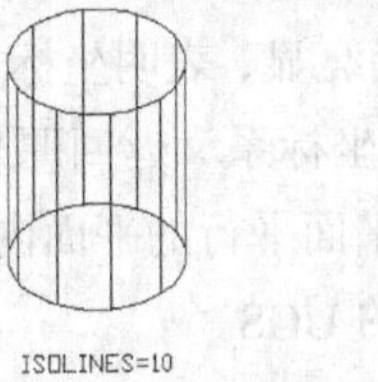

图 10-35 ISOLINES 变量

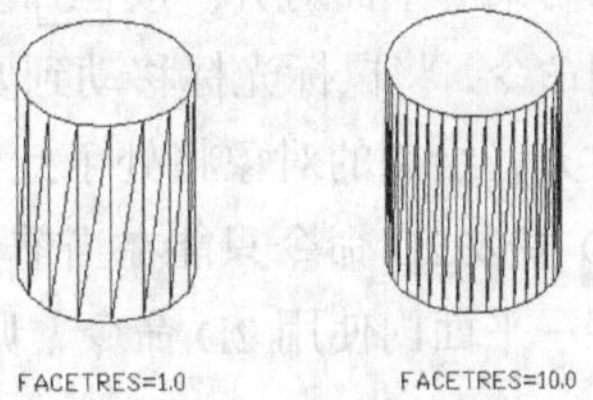

图 10-36 FACETRES 变量

- 系统变量 DISPSILH：此变量用于控制消隐时是否显示出实体表面的网格线。若此变量值为 0，则显示网格线；若其值为 1，则不显示网格线，如图 10-37 所示。

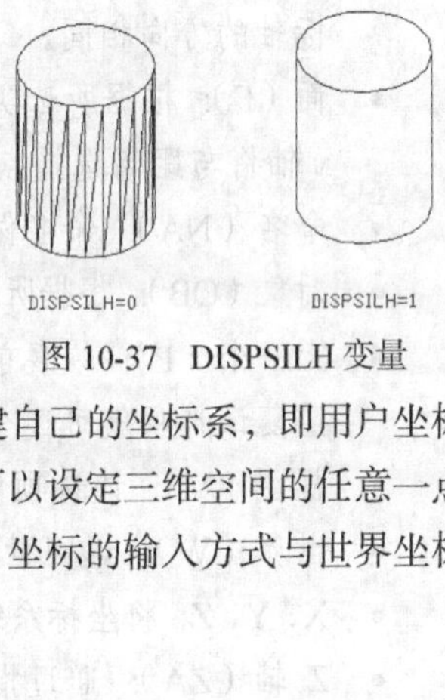

图 10-37 DISPSILH 变量

10.17 用户坐标系

为了使用户更方便地在 3D 空间中绘图，AutoCAD 允许用户创建自己的坐标系，即用户坐标系。与固定的世界坐标系不同，用户坐标系可以移动和旋转。用户可以设定三维空间的任意一点为坐标原点，也可指定任何方向为 x 轴的正方向。在用户坐标系中，坐标的输入方式与世界坐标系相同，但坐标值不是相对于世界坐标系，而是相对于当前坐标系。

命令启动方法

- 菜单命令：【工具】/【新建 UCS】。
- 面板：【坐标】面板上的按钮。
- 命令：UCS。

【练习 10-19】：练习 UCS 命令。

打开文件“10-19.dwg”，用 UCS 命令建立新坐标系，如图 10-38 所示。

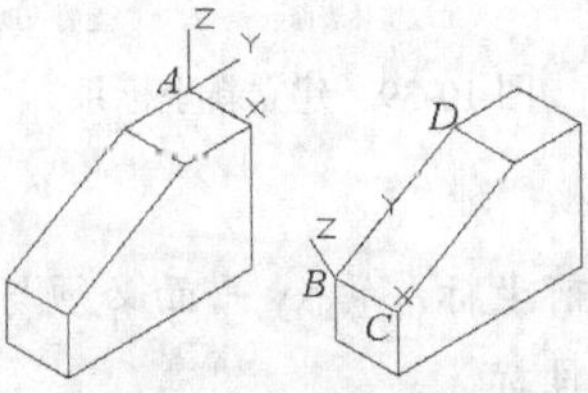

图 10-38 创建用户坐标系

```
命令: -ucs
指定 UCS 的原点或 [面(F)/命名(NA)/对象(OB)/上一个(P)/视图(V)/世界(W)/X/Y/Z/Z 轴(ZA)] <世界>:
                                        //捕捉端点 A，如图 10-38 左图所示
指定 X 轴上的点或 <接受>:                  //按 Enter 键结束
命令:UCS                                  //重复命令，根据 3 个点创建坐标系
指定 UCS 的原点或 [面(F)/命名(NA)/对象(OB)/上一个(P)/视图(V)/世界(W)/X/Y/Z/Z 轴(ZA)] <世界>:
                                        //捕捉端点 B，如图 10-38 右图所示
指定 X 轴上的点或 <接受>:                  //捕捉端点 C
指定 XY 平面上的点或 <接受>:               //捕捉端点 D
```

除用 UCS 命令改变坐标系外，用户也可打开动态 UCS 功能，使 UCS 坐标系的 *xy* 平面在绘图过程中自动与某一平面对齐。按 F6 键或按下状态栏的按钮，就打开动态 UCS 功能。启动二维或三维绘图命令，将鼠标光标移动到要绘图的实体面。该实体面亮显，表明坐标系的 *xy* 平面临时与实体面对齐，绘制的对象将处于此面内。绘图完成后，UCS 坐标系又返回原来的状态。

AutoCAD 多数 2D 命令只能在当前坐标系的 *xy* 平面或与 *xy* 平面平行的平面内执行。若用户想在空间的某一平面内使用 2D 命令，则应沿此平面位置创建新的 UCS。

命令选项

- 指定 UCS 的原点：将原坐标系平移到指定原点处，新坐标系的坐标轴与原坐标系坐标轴的方向相同。
- 面（F）：根据所选实体的平面建立 UCS 坐标系。坐标系的 *xy* 平面与实体平面重合，*x* 轴将与距离选择点处最近的一条边对齐，如图 10-39 左图所示。
- 命名（NA）：命名保存或恢复经常使用的 UCS。
- 对象（OB）：根据所选对象确定用户坐标系，对象所在平面将是坐标系的 *xy* 平面。
- 上一个（P）：恢复前一个用户坐标系。AutoCAD 保存了最近使用的 10 个坐标系，重复该选项就可逐个返回以前的坐标系。
- 视图（V）：该选项使新坐标系的 *xy* 平面与屏幕平行，但坐标原点不变动。
- 世界（W）：返回世界坐标系。
- X、Y、Z：将坐标系绕 *x*、*y* 或 *z* 轴旋转某一角度，角度的正方向按右手螺旋法则确定。
- Z 轴（ZA）：通过指定新坐标系原点及 *z* 轴正方向上的一点来建立新坐标系，如图 10-39 右图所示。

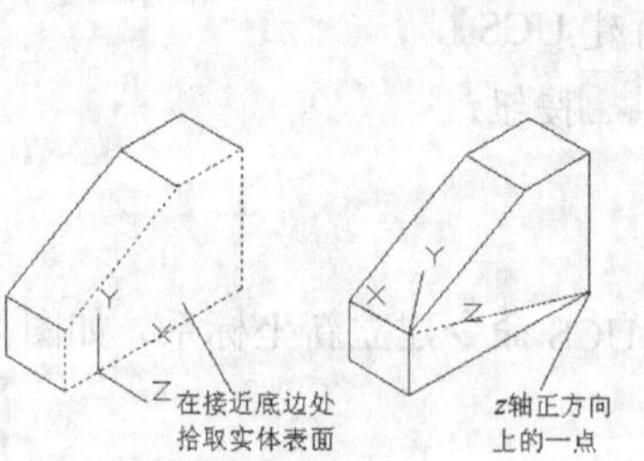

图 10-39　建立新坐标系

要点提示　有些编辑命令要求当前坐标系的 xy 平面必须与对象所在平面平行，此时，利用“对象（OB）”选项就能很快实现这一目标。

10.18 使坐标系的 XY 平面与屏幕对齐

PLAN 命令可以生成坐标系的 *xy* 平面视图，即视点位于坐标系的 *z* 轴上。该命令在三维建模过程中非常有用。例如，当用户想在 3D 空间的某个平面上绘图时，可先以该平面为 *xy* 坐标面创建 UCS 坐标系，然后使用 PLAN 命令使坐标系的 *xy* 平面视图显示在屏幕上。这样，在三维空间的某一平面上绘图就如同画一般的二维图一样。

命令启动方法

- 菜单命令：【视图】/【三维视图】/【平面视图】。
- 命令：PLAN。

【练习 10-20】：练习用 PLAN 命令建立 3D 对象的平面视图。

1. 打开文件“10-20.dwg”，如图 10-40 所示。
2. 利用 3 点建立用户坐标系。

```
命令：-ucs
指定 UCS 的原点或 [面(F)/命名(NA)/对象(OB)/上一个(P)/视图(V)/世界(W)/X/Y/Z/Z 轴(ZA)] <世界>:
                                                  //捕捉端点 A，如图 10-40 所示
指定 X 轴上的点或 <接受>:                          //捕捉端点 B
指定 XY 平面上的点或 <接受>:                       //捕捉端点 C
```

结果如图 10-40 所示。

3. 创建平面视图。

```
命令：-plan
输入选项 [当前 UCS(C)/UCS(U)/世界(W)] <当前 UCS>:    //按 Enter 键
```

结果如图 10-41 所示。

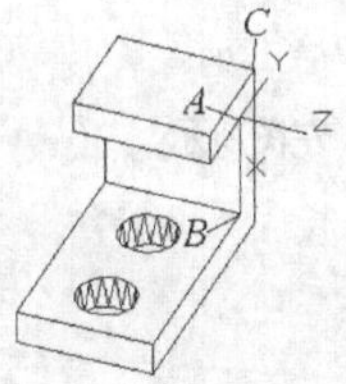

图 10-40　建立坐标系

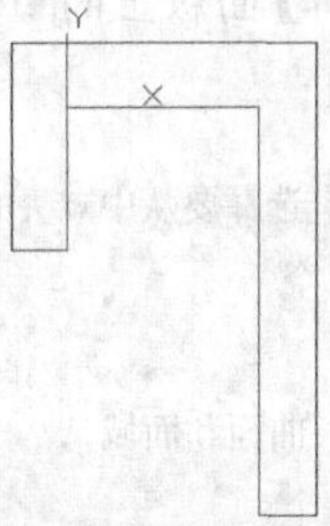

图 10-41　创建平面视图

要点提示　PLAN 命令将重新生成显示窗口，以使 x 轴在显示窗口中位于水平位置。

命令选项

- 当前 UCS（C）：这是默认选项，用于创建当前 UCS 的 *xy* 平面视图。
- UCS（U）：此选项允许用户选择一个命名的 UCS，AutoCAD 将生成该 UCS 的 *xy* 平面视图。
- 世界（W）：该选项使用户创建 WCS 的 *xy* 平面视图。

10.19 利用布尔运算构建复杂实体模型

前面已经学习了如何生成基本三维实体及由二维对象转换得到三维实体。如果将这些简单实体放在一起，然后进行布尔运算，就能构建复杂的三维模型。

布尔运算包括并集、差集、交集。

- 并集操作：UNION 命令将两个或多个实体合并在一起形成新的单一实体。操作对象既可以是相交的，也可是分离开的。

【练习 10-21】：并集操作。

打开文件“10-21.dwg”，如图 10-42 左图所示，用 UNION 命令进行并运算。

单击【实体编辑】面板上的按钮或选取菜单命令【修改】/【实体编辑】/【并集】，AutoCAD 提示如下。

```
命令：_union
选择对象：找到 2 个              //选择圆柱体及长方体，如图 10-42 左图所示
选择对象：                       //按 Enter 键结束
```

结果如图 10-42 右图所示。

- 差集操作：SUBTRACT 命令将实体构成的一个选择集从另一选择集中减去。操作时，用户首先选择被减对象，构成第一选择集，然后选择要减去的对象，构成第二选择集。操作结果是第一选择集减去第二选择集后形成的新对象。

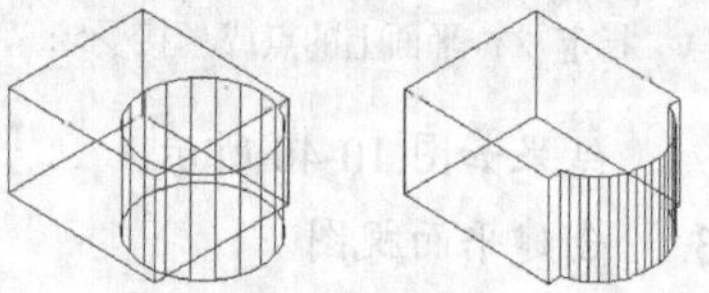

图 10-42　并集操作

【练习 10-22】：差集操作。

打开文件“10-22.dwg”，如图 10-43 左图所示，用 SUBTRACT 命令进行差运算。

单击【实体编辑】面板上的按钮或选取菜单命令【修改】/【实体编辑】/【差集】，AutoCAD 提示如下。

```
命令：_subtract 选择要从中减去的实体、曲面和面域...
选择对象：找到 1 个              //选择长方体，如图 10-43 左图所示
选择对象：                       //按 Enter 键
选择要减去的实体、曲面和面域...
选择对象：找到 1 个              //选择圆柱体
选择对象：                       //按 Enter 键结束
```

结果如图 10-43 右图所示。

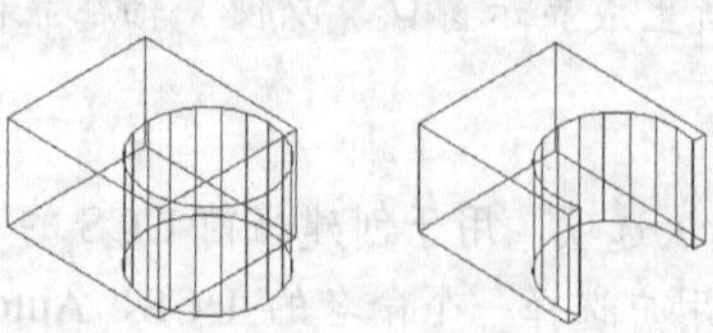

图 10-43　差集操作

- 交集操作：INTERSECT 命令可创建由两个或多个实体重叠部分构成的新实体。

【练习 10-23】：交集操作。

打开文件“10-23.dwg”，如图 10-44 左图所示，用 INTERSECT 命令进行交运算。

单击【实体编辑】面板上的按钮或选取菜单命令【修改】/【实体编辑】/【交集】，AutoCAD 提示如下。

```
命令：_intersect
选择对象：                        //选择圆柱体和长方体，如图 10-44 左图所示
选择对象：                        //按Enter键
```

结果如图 10-44 右图所示。

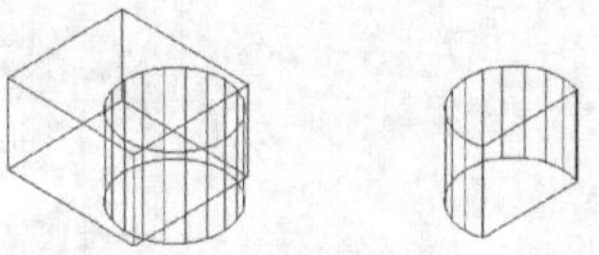

图 10-44　交集操作

【练习 10-24】：绘制图 10-45 所示的组合体的实体模型。

1. 创建一个新图形文件。
2. 选择菜单命令【视图】/【三维视图】/【东南等轴测】，切换到东南轴测视图。将坐标系绕 X 轴旋转 90°，在 XY 平面画二维图形，再把此图形创建成面域，如图 10-46 左图所示。拉伸面域形成立体，结果如图 10-46 右图所示。

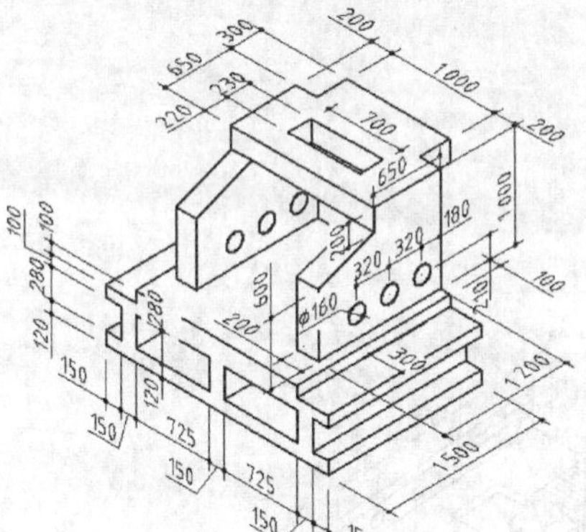

图 10-45　创建实体模型

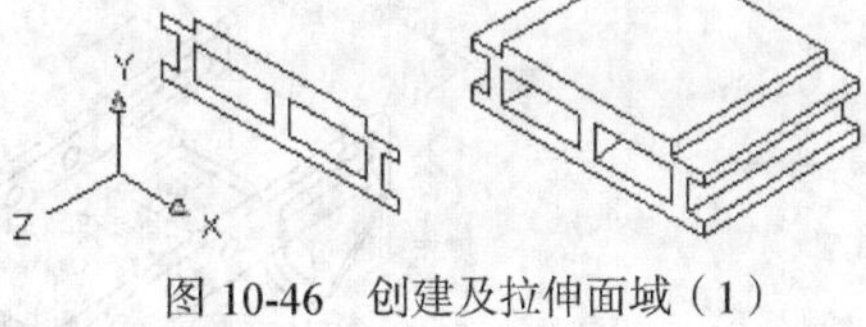

图 10-46　创建及拉伸面域（1）

3. 将坐标系绕 Y 轴旋转 90°，在 XY 平面画二维图形，再把此图形创建成面域，如图 10-47 左图所示。拉伸面域形成立体，结果如图 10-47 右图所示。
4. 用 MOVE 命令将新建立体移动到正确位置，再复制它，然后对所有立体执行“并”运算，结果如图 10-48 所示。

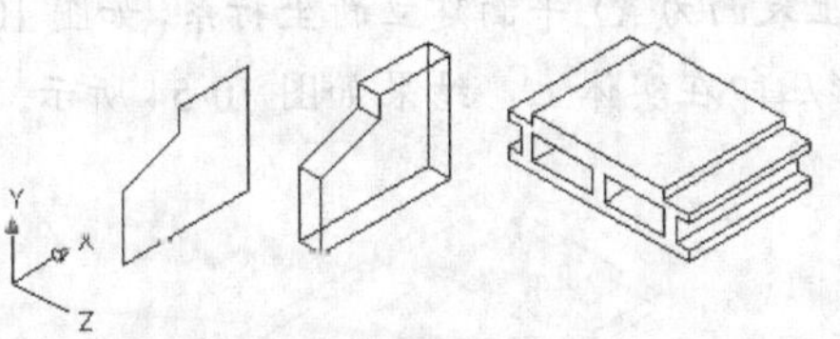

图 10-47　创建及拉伸面域（2）

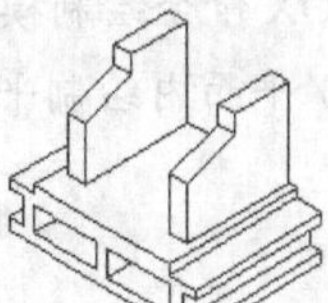

图 10-48　执行“并”运算

5. 创建 3 个圆柱体，圆柱体高度为 1 400，如图 10-49 左图所示。利用“差”运算将圆柱体从模型中去除，结果如图 10-49 右图所示。

6. 返回世界坐标系，在 *XY* 平面画二维图形，再把此图形创建成面域，如图 10-50 左图所示。拉伸面域形成立体，结果如图 10-50 中图所示。

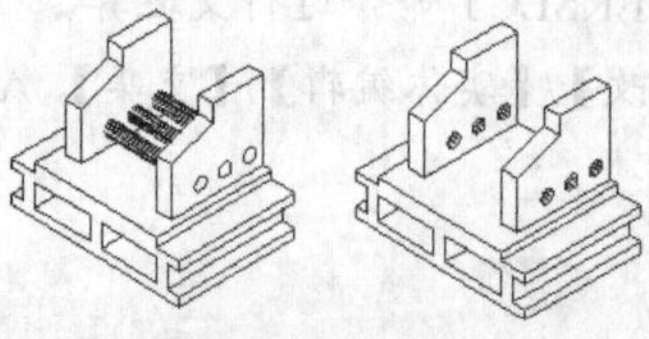

图 10-49 创建圆柱体及执行“差”运算

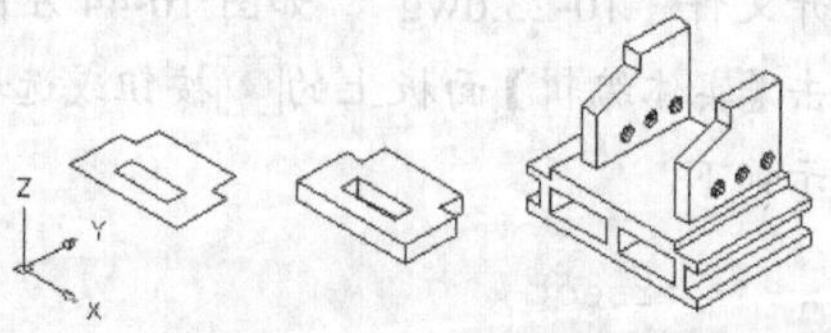

图 10-50 创建及拉伸面域

7. 用 MOVE 命令将新建立体移动到正确的位置，再对所有立体执行“并”运算，结果如图 10-51 所示。

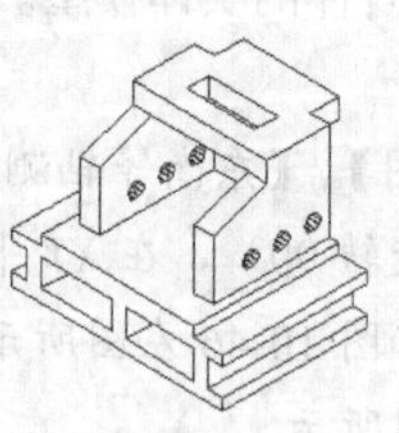

图 10-51 移动立体及执行“并”运算

10.20 实体建模综合练习

【练习 10-25】：绘制图 10-52 所示的三维实体模型。

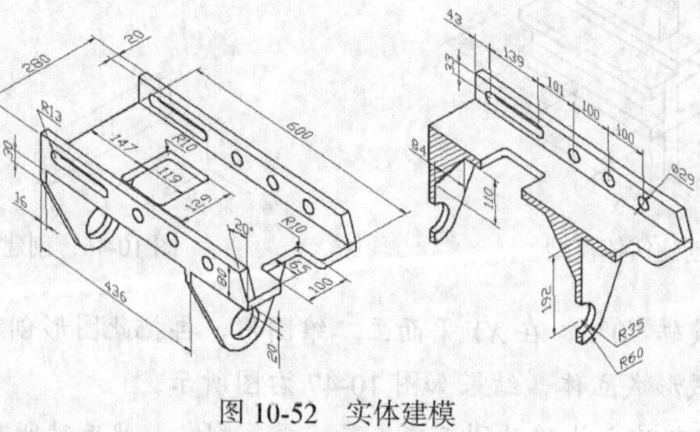

图 10-52 实体建模

1. 选取【视图】面板上【三维导航】下拉列表的【东南等轴测】选项，切换到东南轴测视图。
2. 用 BOX 命令绘制模型的底板，并以底板的上表面为 *XY* 平面建立新坐标系，如图 10-53 所示。
3. 在 *XY* 平面内绘制平面图形，再将平面图形压印在实体上，结果如图 10-54 所示。

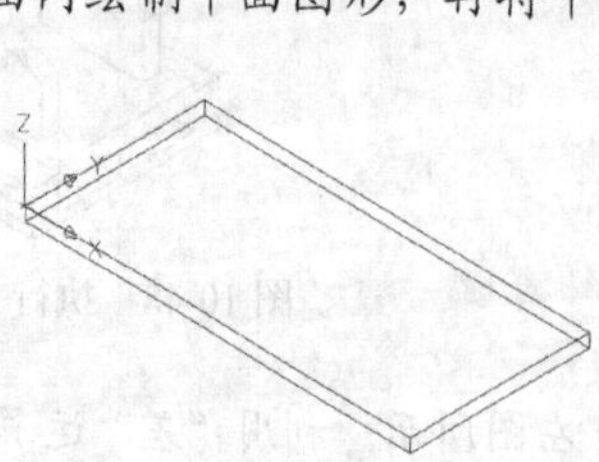

图 10-53 绘制长方体并建立新生标系

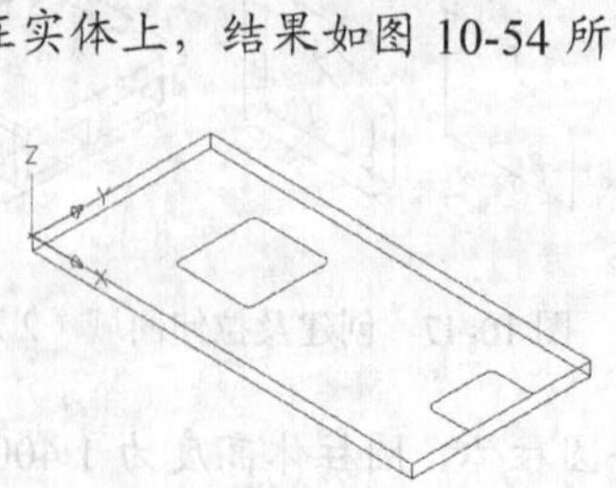

图 10-54 绘制平面图形并压印图形

要点提示 在轴测视点下绘制平面图可能使读者感到不习惯，此时可用 PLAN 命令将当前视图切换到 xy 平面视图，这样就符合大家画二维图的习惯了。

4. 拉伸实体表面，形成矩形孔及缺口，结果如图 10-55 所示。
5. 用 BOX 命令绘制模型的立板，如图 10-56 所示。

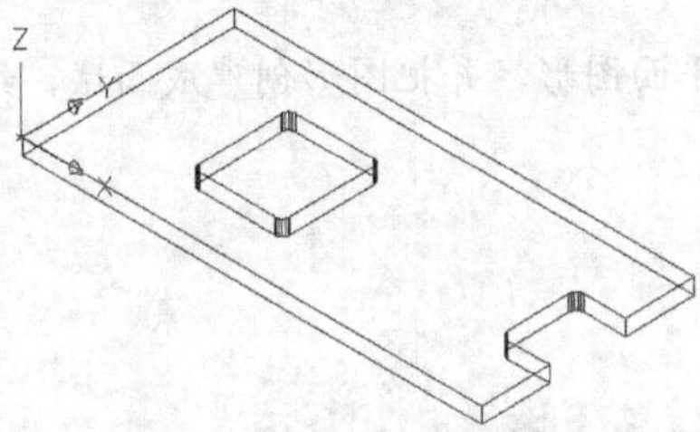

图 10-55 拉伸实体表面

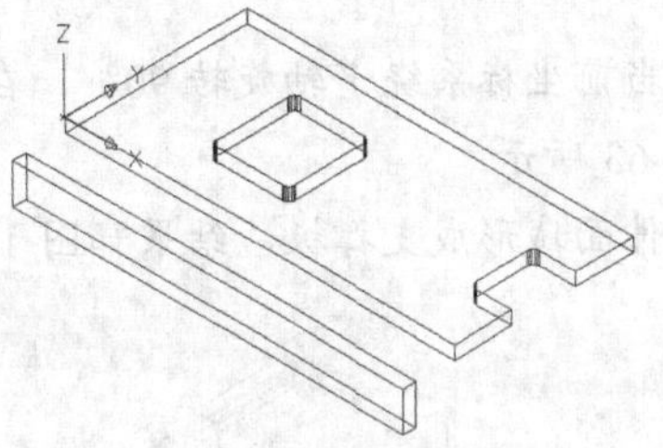

图 10-56 绘制立板

6. 编辑立板的右端面使之倾斜 20°，结果如图 10-57 所示。
7. 根据 3 点建立新坐标系，在 *XY* 平面绘制平面图形，再将平面图形 *A* 创建成面域，结果如图 10-58 所示。

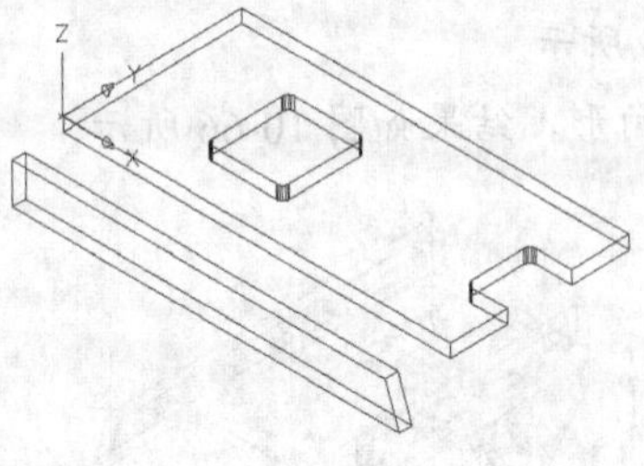

图 10-57 使立板的右端面倾斜

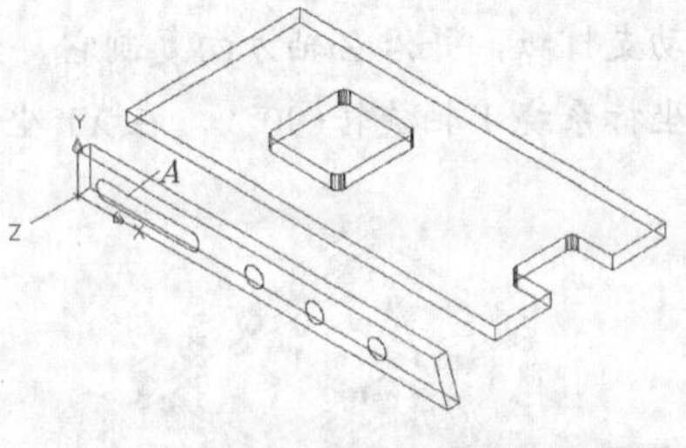

图 10-58 建立新坐标系并绘制平面图形

8. 拉伸平面图形以形成立体，结果如图 10-59 所示。
9. 利用布尔运算形成立板上的孔及槽，结果如图 10-60 所示。

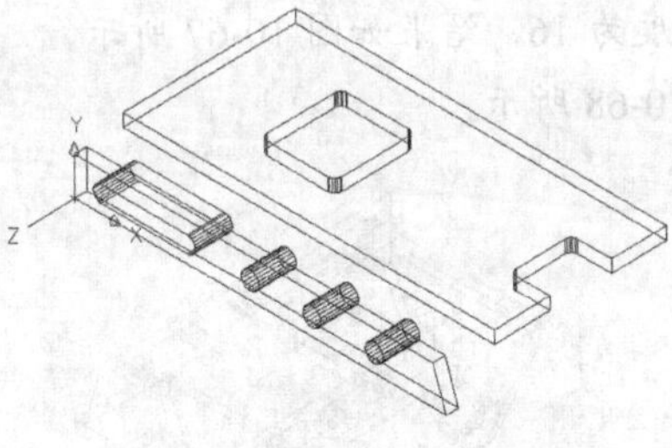

图 10-59 拉伸平面图形

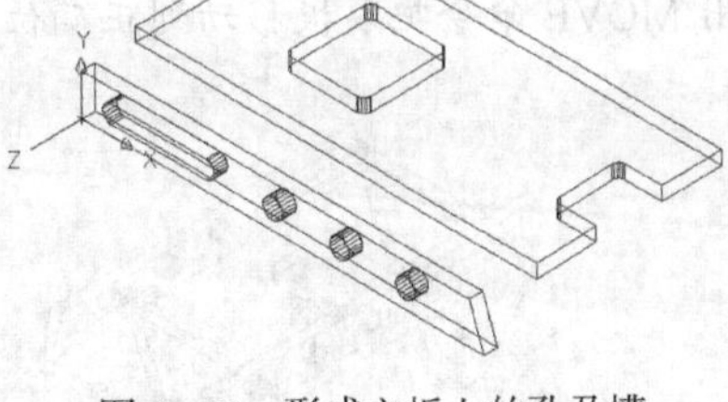

图 10-60 形成立板上的孔及槽

10. 把立板移动到正确的位置，结果如图 10-61 所示。
11. 复制立板，结果如图 10-62 所示。

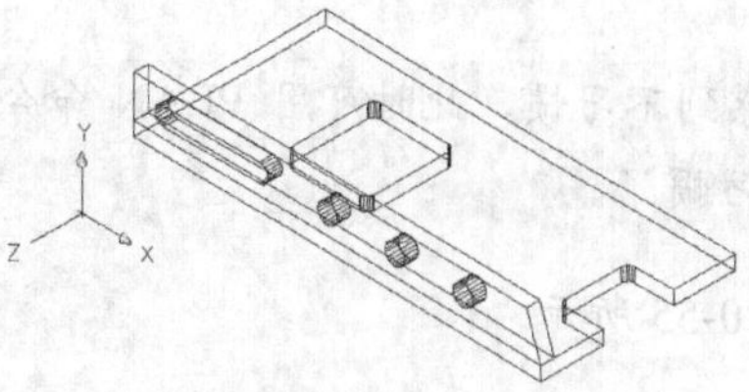

图 10-61 移动立板

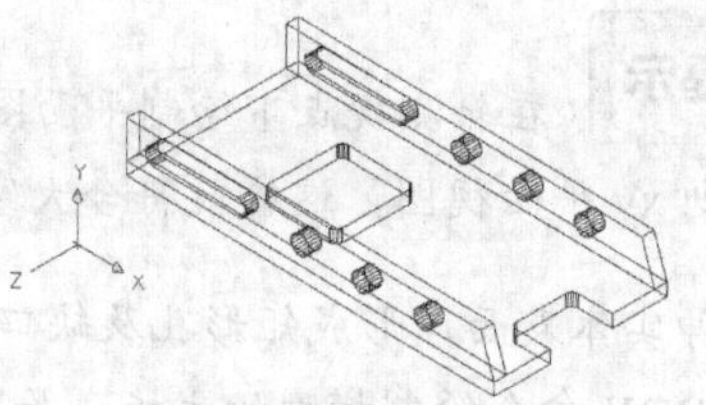

图 10-62 复制立板

12. 将当前坐标系绕 *Y* 轴旋转 90°，在 *XY* 平面绘制平面图形，并把图形创建成面域，结果如图 10-63 所示。
13. 拉伸面域形成支撑板，结果如图 10-64 所示。

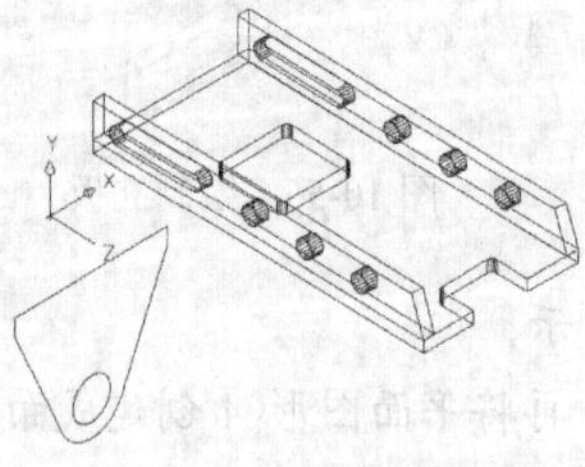

图 10-63 绘制平面图形并创建面域

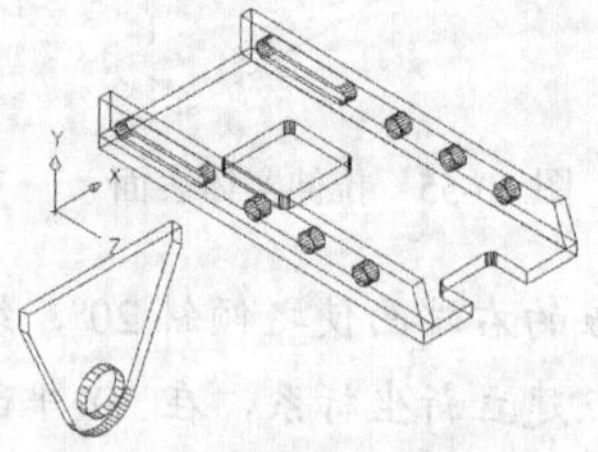

图 10-64 拉伸面域

14. 移动支撑板，并沿 *Z* 轴方向复制它，结果如图 10-65 所示。
15. 将坐标系绕 *Y* 轴旋转-90°，在 *XY* 坐标面内绘制三角形，结果如图 10-66 所示。

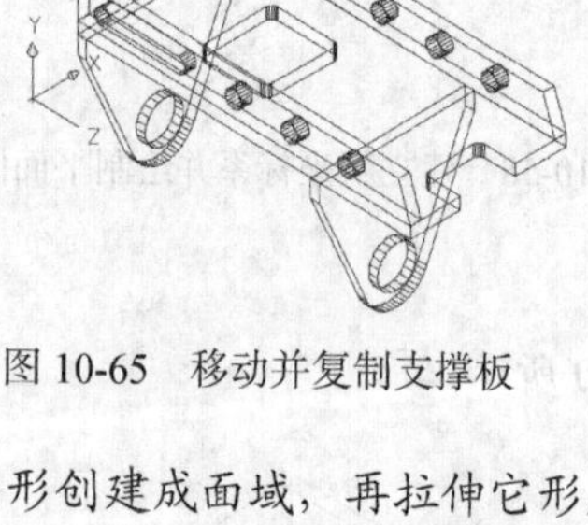

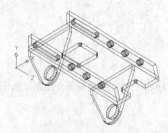

图 10-65 移动并复制支撑板

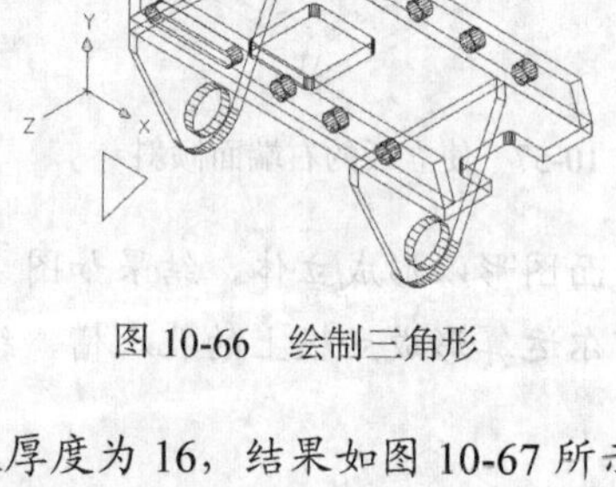

图 10-66 绘制三角形

16. 将三角形创建成面域，再拉伸它形成筋板，筋板厚度为 16，结果如图 10-67 所示。
17. 用 MOVE 命令把筋板移动到正确位置，结果如图 10-68 所示。

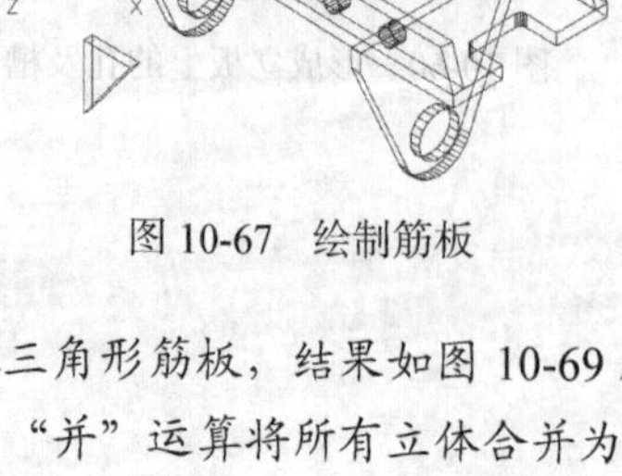

图 10-67 绘制筋板

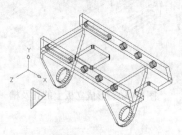

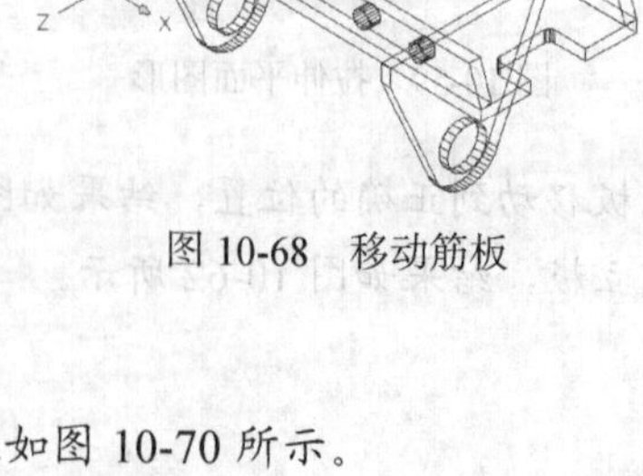

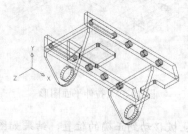

图 10-68 移动筋板

18. 镜像三角形筋板，结果如图 10-69 所示。
19. 使用“并”运算将所有立体合并为单一立体，结果如图 10-70 所示。

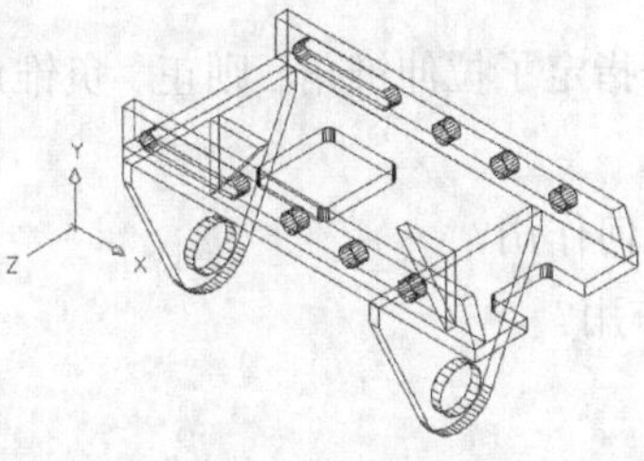

图 10-69　三维镜像

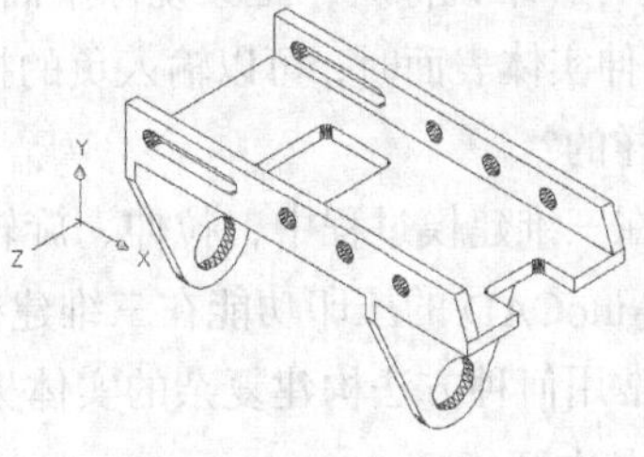

图 10-70　“并”运算

要点提示　在两个支撑板间连接一条辅助线，使通过此辅助线中点的平面是三角形筋板的镜像面，这样就能很方便地对筋板进行镜像操作了。

【练习 10-26】：绘制如图 10-71 所示的实体模型。

【练习 10-27】：绘制如图 10-72 所示的实体模型。

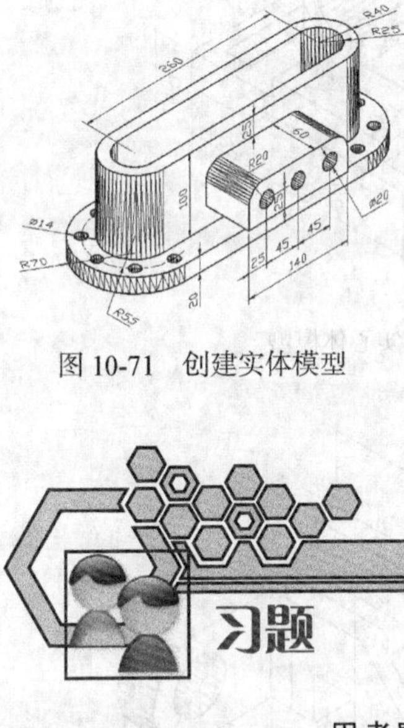

图 10-71　创建实体模型

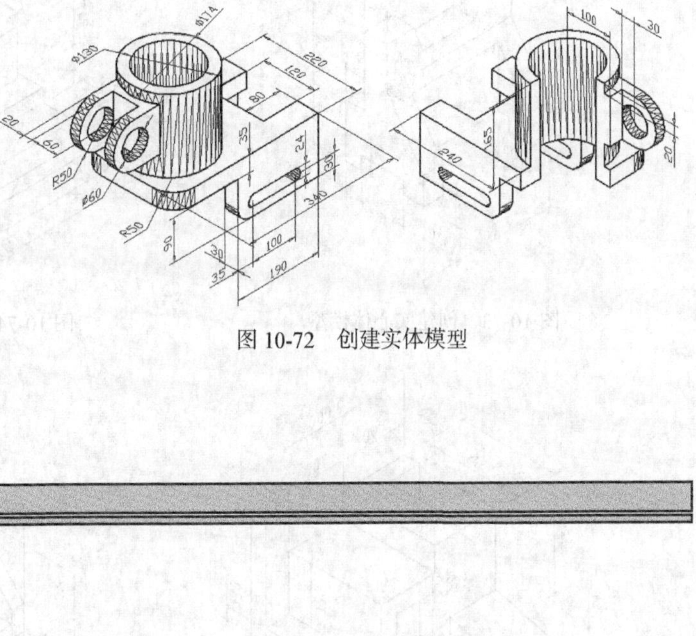

图 10-72　创建实体模型

习题

一、思考题

1．三维空间中有两个立体模型，若想用 3DFORBIT 命令观察其中之一，应该如何操作？

2. EXTRUDE 命令能拉伸哪些二维对象？拉伸时可输入负的拉伸高度吗？能指定拉伸锥角吗？

3．REVOLVE 命令可以旋转二维对象生成 3D 实体，操作时旋转角的正方向如何确定？

4．扫掠路径可以是三维样条曲线吗？试一试。

5．如何创建新的用户坐标系？列举 3 种方法。

6．若想生成当前坐标系的 xy 平面视图，应该如何操作？

7．与实体显示有关的系统变量有哪些？它们的作用是什么？

8．进行三维镜像时，定义镜像平面的方法有哪些？

9．拉伸实体表面时，可以输入负的拉伸距离吗？若指定了拉伸锥角，则正、负锥角的拉伸结果将是怎样的？

10．在三维建模过程中，拉伸、旋转实体表面各有何作用？

11．AutoCAD 的压印功能在三维建模过程中有何作用？

12．常用何种方法构建复杂的实体模型？

二、操作题

1．绘制如图 10-73 所示的实体模型。

2．绘制如图 10-74 所示的实体模型。

3．绘制如图 10-75 所示的实体模型。

4．绘制如图 10-76 所示的实体模型。

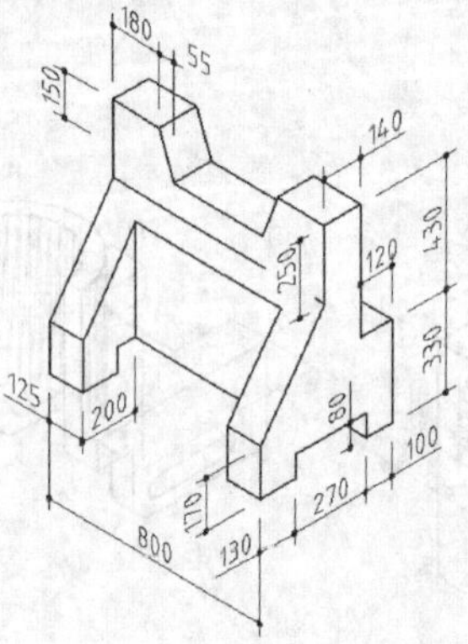

图 10-73　创建实心体模型

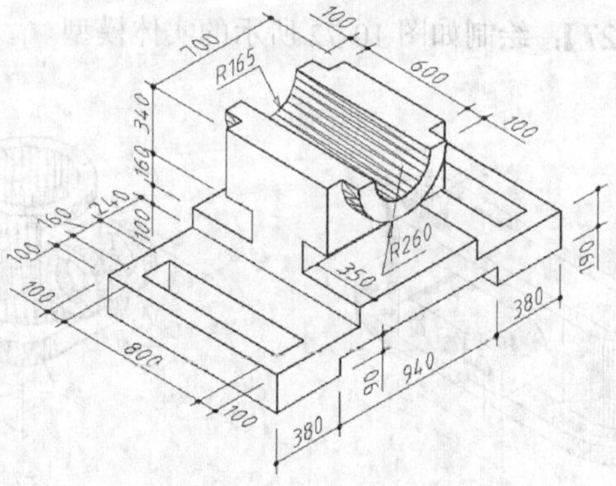

图 10-74　创建实心体模型

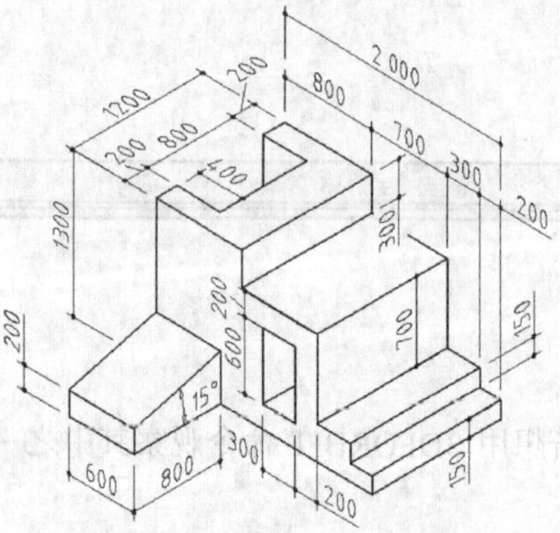

图 10-75　创建实心体模型

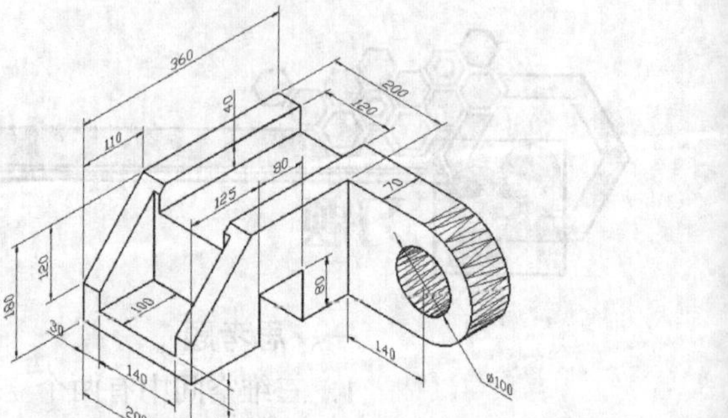

图 10-76　创建实心体模型

第11章 AutoCAD 证书考试练习题

为满足广大同学参加绘图员考试的需要，本章根据劳动部职业技能证书考试的要求，安排了一定数量的练习题，使同学们可以在考前对所学的 AutoCAD 知识进行综合演练。

【练习 11-1】：绘制几何图案，如图 11-1 所示。

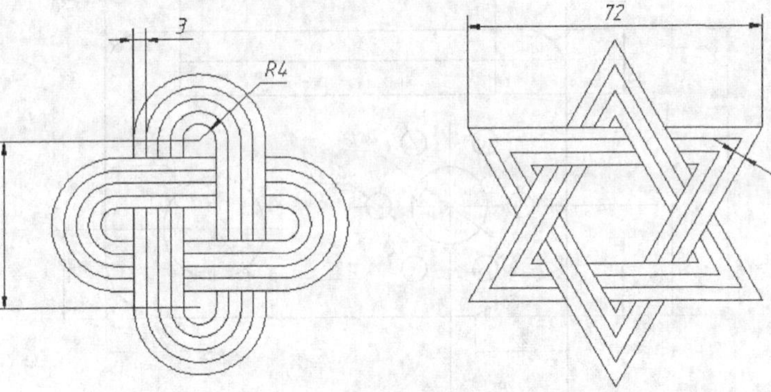

图 11-1　绘制几何图案(1)

【练习 11-2】：绘制几何图案，如图 11-2 所示，图中填充对象为 ANSI38。

【练习 11-3】：绘制几何图案，如图 11-3 所示。

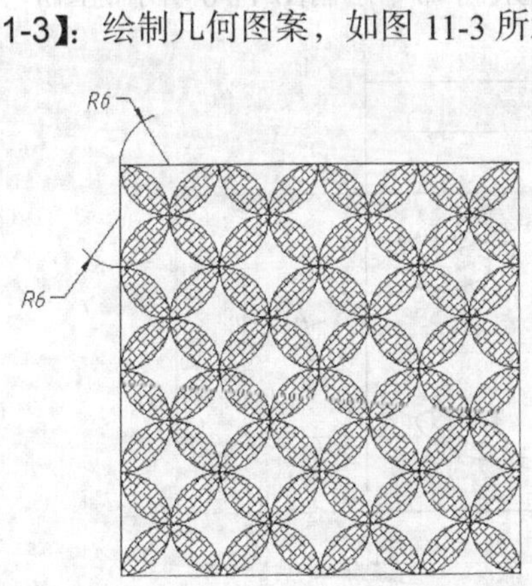

图 11-2　绘制几何图案（2）

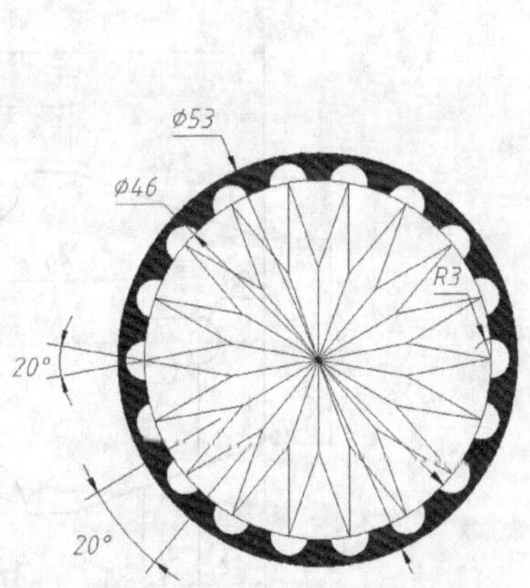

图 11-3　绘制几何图案（3）

【练习 11-4】：绘制几何图案，如图 11-4 所示。

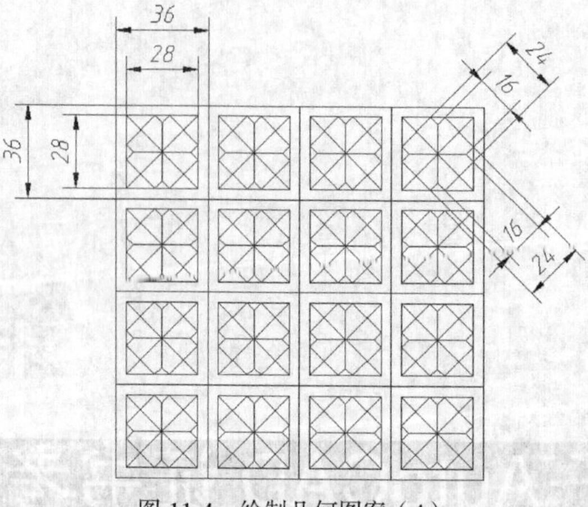

图 11-4　绘制几何图案（4）

【练习 11-5】：用 LINE、CIRCLE、OFFSET 及 ARRAY 等命令绘制图 11-5 所示的图形。

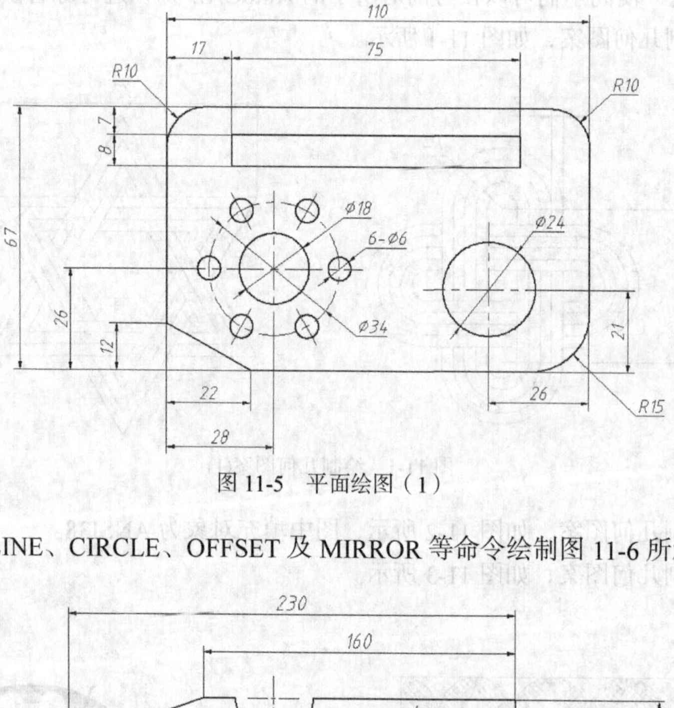

图 11-5　平面绘图（1）

【练习 11-6】：用 LINE、CIRCLE、OFFSET 及 MIRROR 等命令绘制图 11-6 所示的图形。

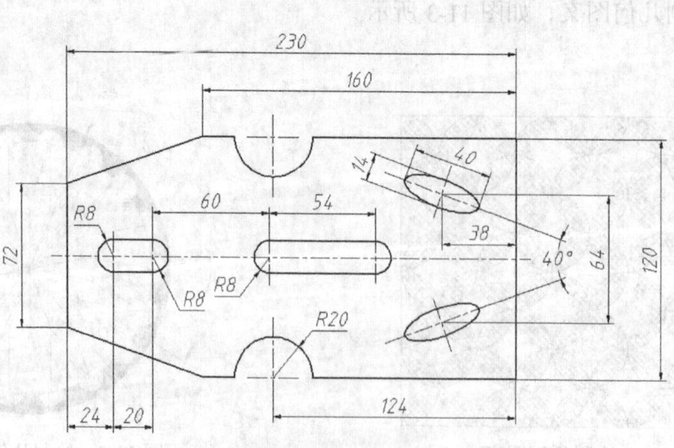

图 11-6　平面绘图（2）

【练习 11-7】：用 LINE、CIRCLE、OFFSET 及 ARRAY 等命令绘制图 11-7 所示的图形。

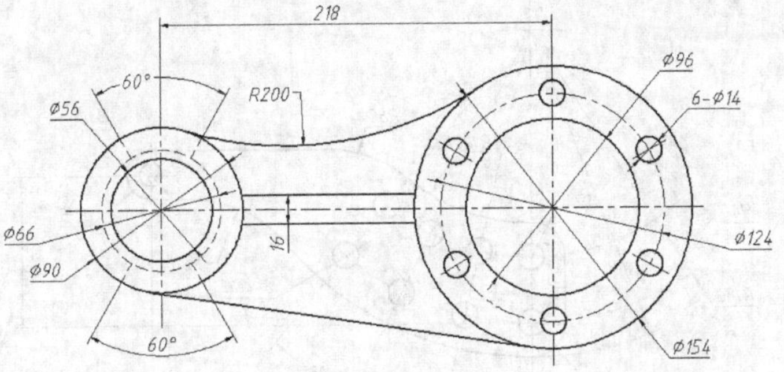

图 11-7　平面绘图（3）

【练习 11-8】：用 LINE、CIRCLE 及 COPY 等命令绘制图 11-8 所示的图形。

【练习 11-9】：用 LINE、CIRCLE 及 TRIM 等命令绘制图 11-9 所示的图形。

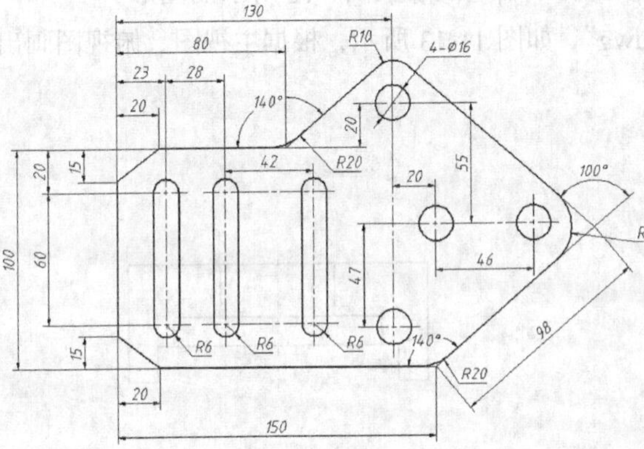

图 11-8　平面绘图（4）

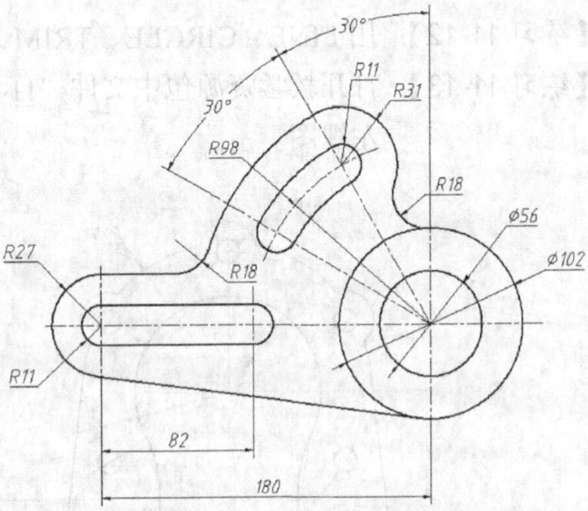

图 11-9　平面绘图（5）

【练习 11-10】：用 LINE、CIRCLE 及 TRIM 等命令绘制图 11-10 所示的图形。

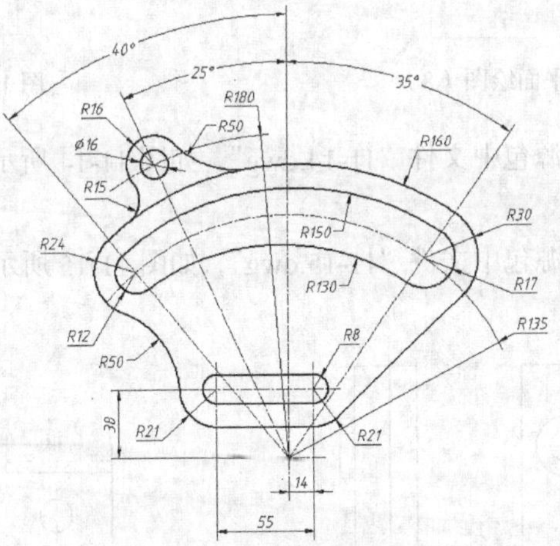

图 11-10　平面绘图（6）

【练习 11-11】: 用 LINE、CIRCLE 及 TRIM 等命令绘制图 11-11 所示的图形。

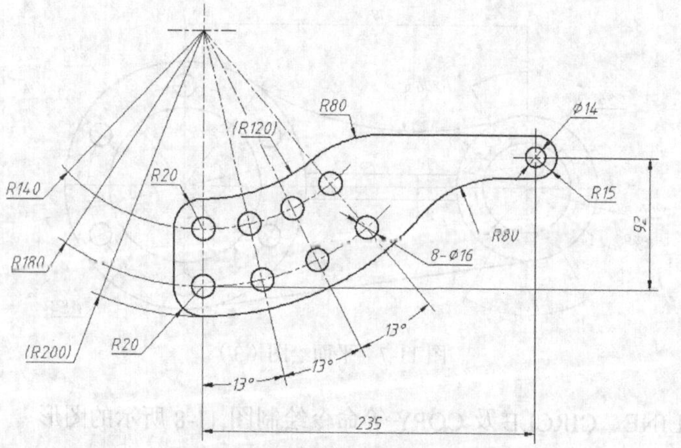

图 11-11　平面绘图（7）

【练习 11-12】: 用 LINE、CIRCLE、TRIM 及 ARRAY 等命令绘制图 11-12 所示的图形。

【练习 11-13】: 打开教学资源包中文件“11-13.dwg”，如图 11-13 所示，根据主视图、俯视图画出左视图。

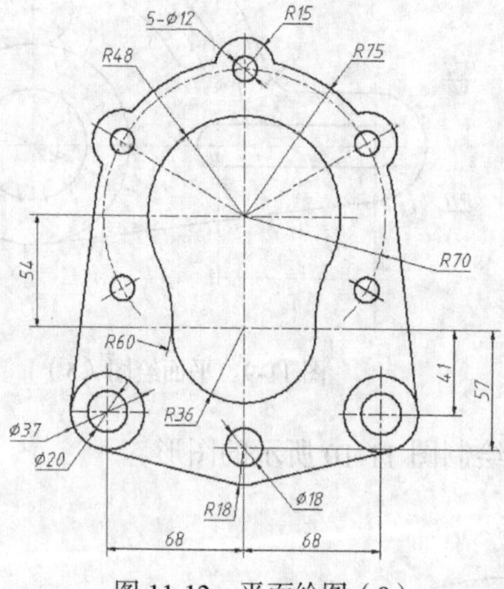

图 11-12　平面绘图（8）

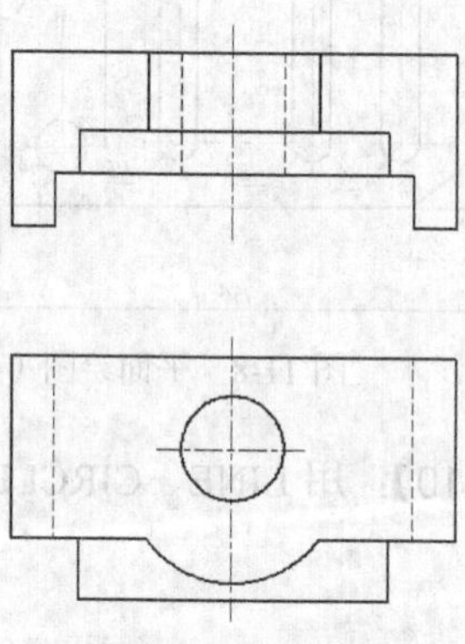

图 11-13　补画左视图

【练习 11-14】: 打开教学资源包中文件“11-14.dwg”，如图 11-14 所示，根据主视图、左视图画出俯视图。

【练习 11-15】: 打开教学资源包中文件“11-15.dwg”，如图 11-15 所示，根据主视图、左视图画出俯视图。

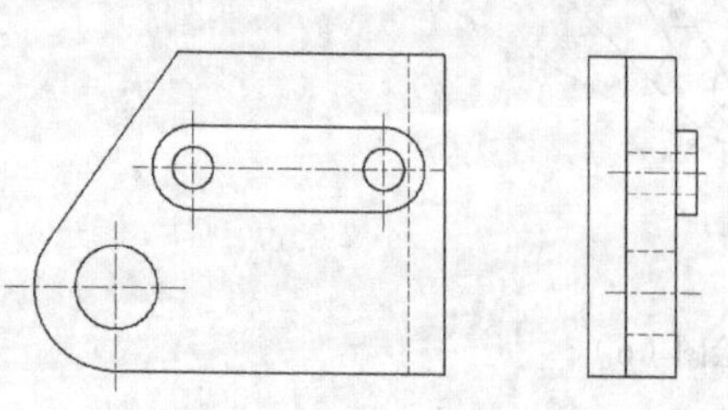

图 11-14　补画俯视图

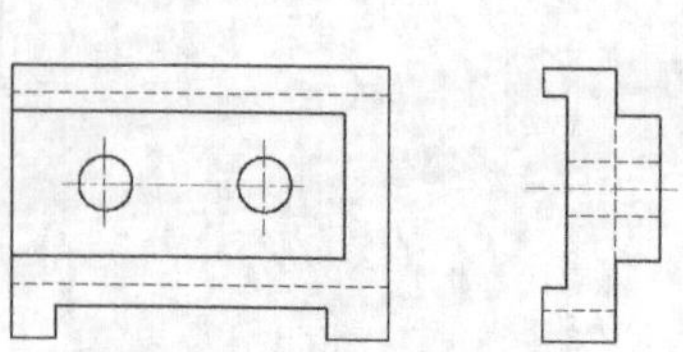

图 11-15　补画俯视图

【练习 11-16】：打开教学资源包中文件“11-16.dwg”，如图 11-16 所示，根据已有视图将主视图改画成全剖视图。

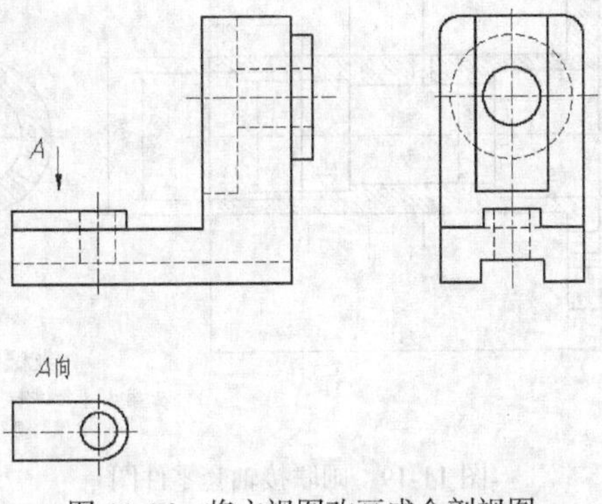

图 11-16　将主视图改画成全剖视图

【练习 11-17】：打开教学资源包中文件“11-17.dwg”，如图 11-17 所示，根据已有视图将左视图改画成全剖视图。

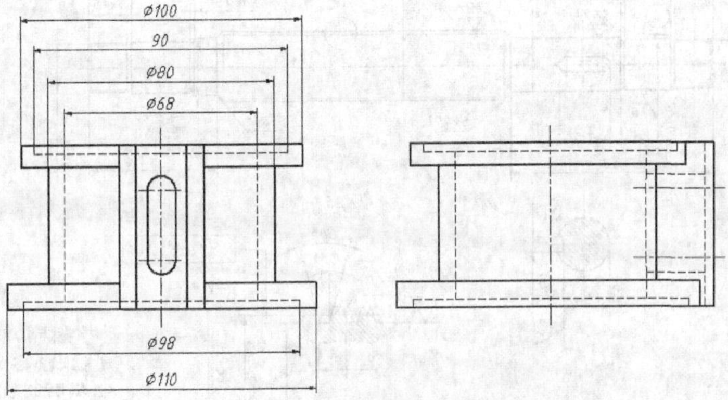

图 11-17　将左视图改画成全剖视图

【练习 11-18】：打开教学资源包中文件“11-18.dwg”，如图 11-18 所示，根据已有视图将主视图改画成半剖视图。

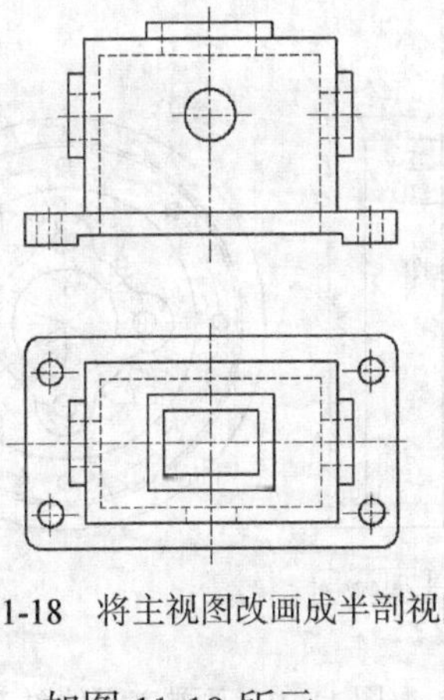

图 11-18　将主视图改画成半剖视图

【练习 11-19】：绘制联接轴套零件图，如图 11-19 所示。

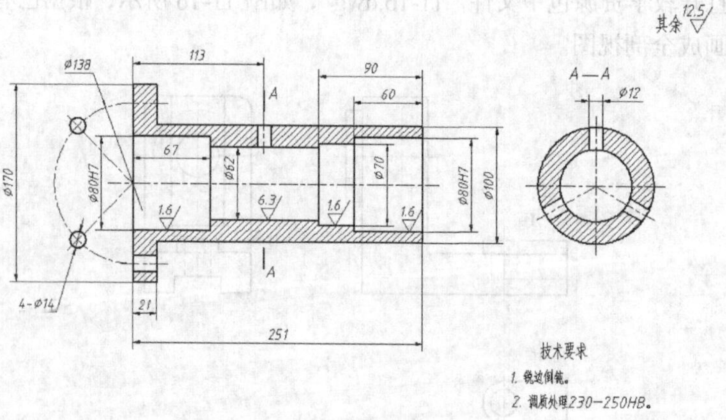

图 11-19　画联接轴套零件图

【练习 11-20】：绘制传动丝杠零件图，如图 11-20 所示。

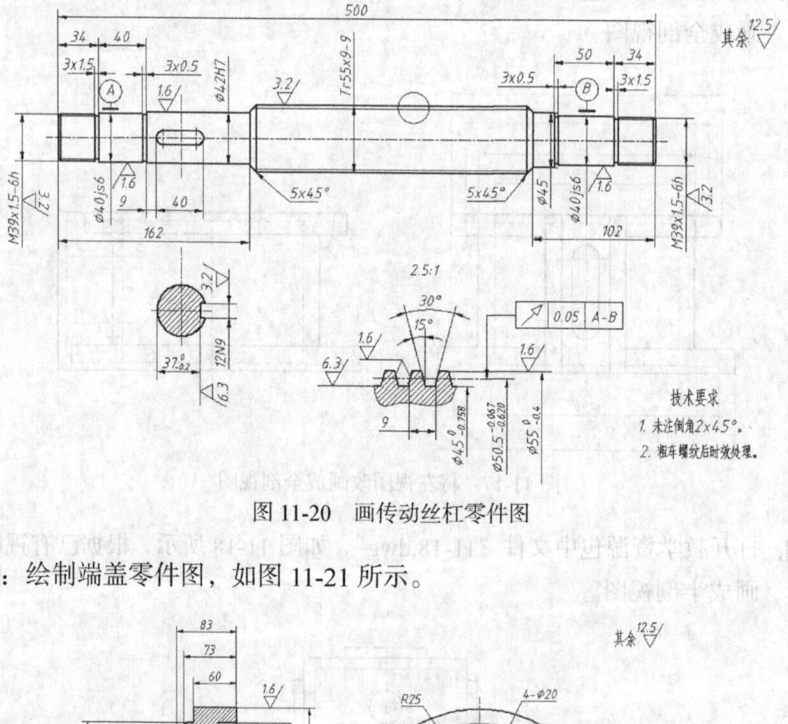

图 11-20　画传动丝杠零件图

【练习 11-21】：绘制端盖零件图，如图 11-21 所示。

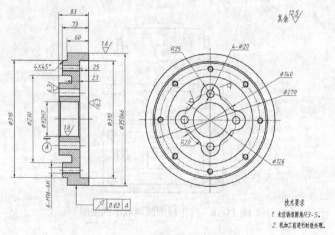

图 11-21　画端盖零件图

【练习 11-22】：绘制带轮零件图，如图 11-22 所示。

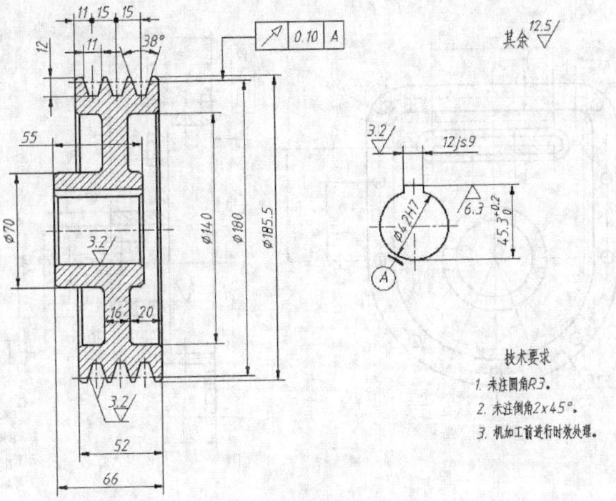

图 11-22　画带轮零件图

【练习 11-23】：绘制支承架零件图，如图 11-23 所示。

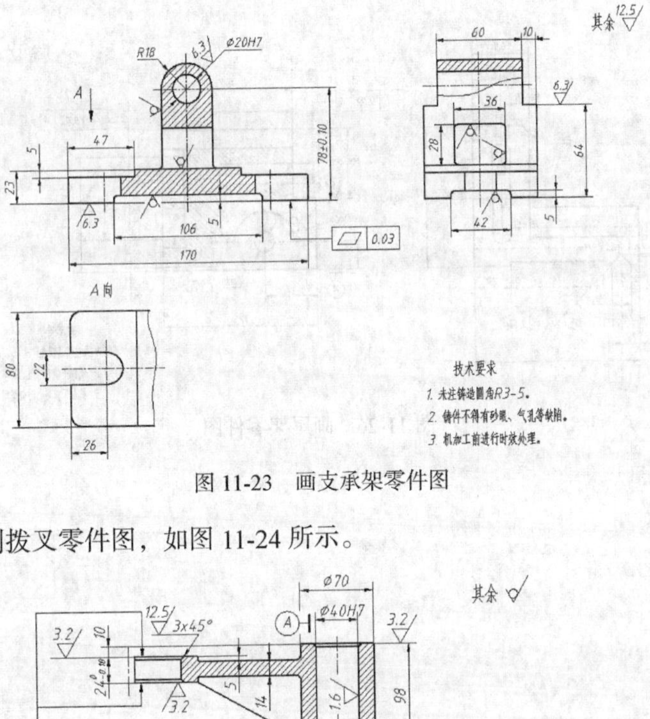

图 11-23　画支承架零件图

【练习 11-24】：绘制拨叉零件图，如图 11-24 所示。

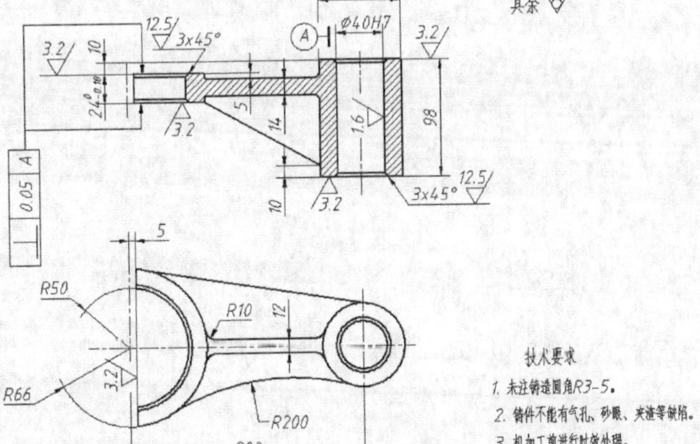

图 11-24　画拨叉零件图

【练习 11-25】：绘制箱体零件图，如图 11-25 所示。

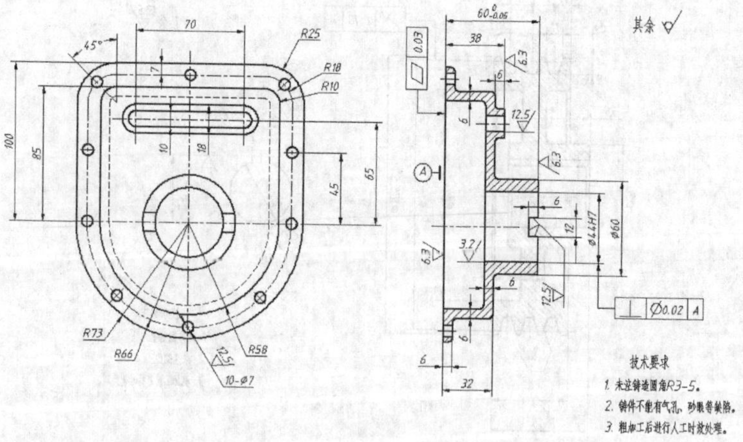

图 11-25　画箱体零件图

【练习 11-26】：绘制尾架零件图，如图 11-26 所示。

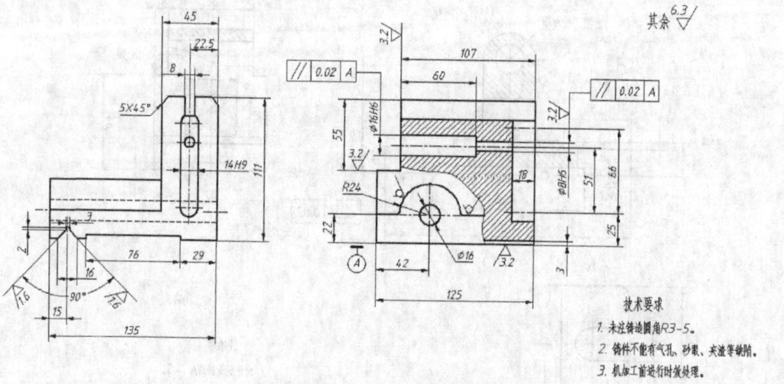

图 11-26　画尾架零件图